计算机技术开发与应用丛书

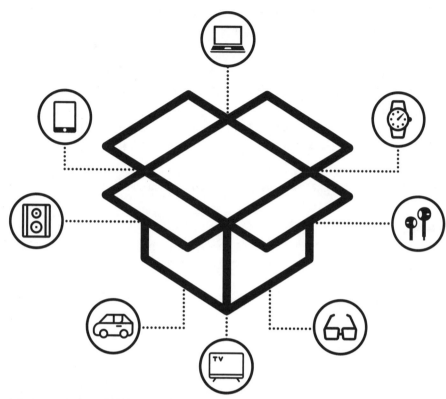

开源鸿蒙（OpenHarmony）应用开发零基础入门
微课视频版

倪红军 ◎ 主编

清华大学出版社
北京

内 容 简 介

本书定位为 OpenHarmony 应用开发从入门到综合开发能力提升的技术进阶类图书。全书用通俗易懂的语言、丰富实用的案例，循序渐进地讲解 OpenHarmony 应用开发的常用技术、相关经验和实用技巧等，使读者能够独立、完整地开发 OpenHarmony 应用。

本书注重任务驱动的实战项目开发，精心设计了 127 个技术范例，启发读者思考，促进动手实践，培养读者分析问题和解决问题的能力；精心选取了 14 个项目案例，详细讲解企业级项目需求，锻炼项目开发素养和创新力。为便于高效学习，使读者快速掌握 OpenHarmony 应用开发技术，本书提供完整的教学课件、源代码和微课视频等配套资源。

本书可作为 OpenHarmony 和 HarmonyOS(HarmonyOS NEXT)应用开发初学者的入门级书籍，也可作为高等学校、教育培训机构移动应用开发类课程的教学用户和软件开发技术人员的参考书。

版权所有，侵权必究。举报: 010-62782989, beiqinquan@tup.tsinghua.edu.cn。

图书在版编目(CIP)数据

开源鸿蒙(OpenHarmony)应用开发零基础入门: 微课视频版 / 倪红军主编. -- 北京: 清华大学出版社, 2025.5. -- (计算机技术开发与应用丛书). -- ISBN 978-7-302-68883-9

Ⅰ. TN929.53

中国国家版本馆 CIP 数据核字第 2025A8K213 号

责任编辑:	张　玥　薛　阳		
封面设计:	吴　刚		
责任校对:	刘惠林		
责任印制:	宋　林		

出版发行: 清华大学出版社
网　　址: https://www.tup.com.cn, https://www.wqxuetang.com
地　　址: 北京清华大学学研大厦 A 座　　　邮　编: 100084
社 总 机: 010-83470000　　　邮　购: 010-62786544
投稿与读者服务: 010-62776969, c-service@tup.tsinghua.edu.cn
质量反馈: 010-62772015, zhiliang@tup.tsinghua.edu.cn
课件下载: https://www.tup.com.cn, 010-83470236

印 装 者: 三河市铭诚印务有限公司
经　　销: 全国新华书店
开　　本: 186mm×240mm　　　印　张: 29.5　　　字　数: 661 千字
版　　次: 2025 年 6 月第 1 版　　　印　次: 2025 年 6 月第 1 次印刷
定　　价: 89.50 元

产品编号: 107354-01

前 言
PREFACE

OpenHarmony 是华为公司贡献主要代码、多家单位共建,并由开放原子开源基金会(OpenAtom Foundation)孵化及运营的开源项目。它是一款全领域、新一代、开源开放,并具备面向全场景、分布式等特点的智能终端操作系统。OpenHarmony 开源至今,已有超过 300 家合作伙伴加入 OpenHarmony 生态共建,7800 多名共建者参与贡献,贡献代码 1.1 亿多行,在 Gitee 活跃度指数上排名第一,累计超过 600 款软硬件产品通过 OpenHarmony 兼容性测评。目前,OpenHarmony 已成为发展最快的智能终端开源操作系统,更被业界认为是中国高科技公司打破 Android 和 iOS 垄断移动操作系统市场的开始,对中国高科技产业的独立自主具有非常重大的战略意义。

OpenHarmony 作为构建智能终端操作系统的重要基础能力平台和安全底座,对打造自主可控的国产操作系统、构建新的智能终端产业生态意义重大。深圳、北京、福州、惠州、重庆等城市也率先出台相关产业政策支持 OpenHarmony 发展,从供给侧和需求侧推动生态建设。随着 OpenHarmony 版本迭代、支持设备类型的增加和能力的提升,越来越多的合作伙伴基于 OpenHarmony 打造出自己的产品,目前已经覆盖教育、金融、交通、政务、医疗、航空等多个行业,在设备创新上取得了显著成就。例如,华为在 OpenHarmony 的基础上,通过增加 HiLink(鸿蒙智联)、HMS(华为移动服务)等定制商业服务,推出了 HarmonyOS 和 HarmonyOS NEXT 商业化操作系统。HarmonyOS 基于 OpenHarmony 和 AOSP(Android Open Source Project)打造,兼容 Android 系统;HarmonyOS NEXT 在 HarmonyOS 的基础上剔除 AOSP,不再兼容 Android 系统。

基于 OpenHarmony 的开发主要分为设备开发(南向开发)和应用开发(北向开发)两个方向:设备开发主要侧重于硬件层面的开发,涉及硬件接口控制、设备驱动开发、鸿蒙系统内核开发等;应用开发主要侧重于应用层面的开发,如 UI 设计、App 开发等,更多地关注用户体验、应用性能优化和业务逻辑的实现。对于应用开发来讲,OpenHarmony 和 HarmonyOS 没有太大区别,开发的应用都可以在两个系统上运行,应用开发中使用的 API 都是由 OpenHarmony 提供。为此,本书以 OpenHarmony 应用开发为基础,采用"案例诠释理论内涵、项目推动实践创新"的编写思路,以一个个"易学、易用、易扩展"的技术范例和"有趣、经典、综合性"的项目案例为载体,由浅入深、循序渐进地阐述基于 ArkTS 语言、ArkUI 开发框架和最新 API 开发 OpenHarmony 应用的知识体系,既有助于读者掌握理论知识和开发技术,又有助于读者在实践中灵活运用和拓展创新。

本书作者长期从事移动应用开发类课程建设与教学改革研究，有丰富的项目开发经验。本书采用作者主持研究的华为支持教育部产学合作协同育人新工科建设项目中取得的成果作为部分内容。本书提供教学大纲、教学课件、程序源码等，还提供微课视频同步讲解，读者先扫描封底刮刮卡中的二维码，再扫描书中相应位置的二维码，即可以边看边学、边学边做，真正实现"教、学、做"的有机融合，提升从案例模仿到应用创新的递进式项目化软件开发能力。

全书共 9 章，内容安排如下。

第 1 章为 OpenHarmony 应用开发环境。概要介绍 OpenHarmony 系统的发展历程、现状和技术架构，详细讲解 DevEco Studio 在 Windows、macOS 平台下的安装步骤及 OpenHarmony 应用开发环境的搭建方法。

第 2 章为 OpenHarmony 应用的工程结构。从零开始介绍 OpenHarmony 工程项目的创建流程和应用程序包结构；详细阐述 OpenHarmony 工程项目的目录结构、资源分类及引用方法，初步阐述 ArkTS 语言的基本结构。

第 3 章为 ArkTS 程序设计基础。主要介绍 ArkTS 语言中变量、常量、数据类型、运算符、控制流程的基本语法；详细阐述 ArkTS 语言中的函数、类、对象、接口、泛型与异常的基本概念和使用方法，并结合实际技术范例讲解它们的应用场景。

第 4 章为界面基础组件与布局。详细介绍组件在 OpenHarmony 应用页面中的定义和属性设置方法、事件的定义和绑定方法，介绍 Android 应用程序的设计模式、用户界面的布局管理器和组件的共有属性，并结合多个技术范例和"四则运算练习器""拼图游戏""毕业生满意度调查表"等项目案例阐述状态管理、布局及 Button、Text、TextInput、Image、Tabs、TabContent、Menu、TextTimer、Progress、Grid、GridItem、Panel、TextPicker、TextPickerDialog、DatePicker、DatePickerDialog、TimePicker、TimePickerDialog、Slider、Rating、Radio、Checkbox 和 CheckboxGroup 组件的使用方法及应用场景。

第 5 章为数据存储与访问。分别介绍数据管理和文件管理机制，包含用户首选项、键值型数据库、关系数据库等通用数据持久化接口及文件管理模块接口，并结合多个技术范例和"睡眠质量测试系统""备忘录""我爱背单词"等项目案例阐述 Toggle、Stepper、StepperItem、CustomDialog、List、ListItem、ListItemGroup、Search、Badge 等组件的使用方法和应用场景，以及 ResourceManager 接口实现应用资源的访问、用户首选项接口实现键值对存储访问数据、应用文件存储与访问接口实现文件操作、关系数据接口实现数据库操作的方法和应用场景。

第 6 章为多媒体应用开发。简要介绍音频接口、视频接口、相机接口和图片接口的基本概念和原理，并结合多个技术范例和"影音播放器""图片编辑器"等项目案例阐述 AVPlayer、XComponent、Video、Canvas 等组件的使用方法和应用场景，以及利用 CanvasRenderingContext2D、PhotoViewPicker 和图片处理接口开发多媒体应用的流程和方法。

第 7 章为网络应用开发。简要介绍 HTTP 访问网络的基本原理和方法，并结合多个技术范例和"股票行情查询工具"等项目案例阐述 Web、Swipper 组件的使用方法和应用场景,以及 ArkTS 开发框架下数据请求接口访问网络数据、解析 JSON 格式数据和 XML 格式数据的方法和应用场景。

第 8 章为传感器与位置服务应用开发。简要介绍 OpenHarmony 平台支持的传感器类别、功能及位置服务相关的概念,并结合多个技术范例和"指南针""高德地图在鸿蒙中的应用"项目案例讲解加速度、环境光强度、磁场等传感器接口的使用方法和应用场景,以及利用位置服务接口进行定位和地址编码解析的方法和应用场景。

第 9 章为元服务与端云一体化开发。分别介绍元服务、服务卡片的概念及它们之间的关系,并以"便携记分牌"项目案例的实现过程详细讲解元服务的开发流程和应用场景,以"实验室安全测试系统"项目案例的实现过程详细讲解服务卡片、端云一体化开发流程和应用场景。

本书以 OpenHarmony 最新发行版为基础,结合实际的企业应用项目案例进行编著,具有如下鲜明特点。

(1) 全书依据官方技术文档,选取侧重实战的知识点和应用场景编写,并配套所有技术范例和项目案例的微课视频,既是一本让初学者"看得懂技术、学得会步骤、做得出项目"的零基础入门级教材,也是一本让具有一定软件开发经验的学习者无缝切换到鸿蒙应用开发的快速上手参考书。

(2) 全书由浅入深的知识点体系重构和系统全面的知识点应用场景解析,既可以让零基础的初学者快速入门并掌握 OpenHarmony 应用开发技术和开发技巧,也可以让具有一定编程基础的开发者找到合适的起点,进一步提高开发水平,提升创新能力。

(3) 全书提供基于 OpenHarmony 技术点的技术范例 127 个,将理论讲解落实到代码实现上,有助于激发读者的学习兴趣,提升读者的项目编程能力。另外还结合每个技术范例提供了 14 个综合性的企业级实战项目案例,这些案例从零开始实现,对提升读者的项目创新能力具有很高的应用价值。

本书在编写过程中得到了清华大学出版社的帮助和指导,周巧扣、李霞等在资料收集和原稿校对等方面做了一些工作,在此一并表示感谢。

由于作者理论水平和实践经验有限,书中疏漏之处在所难免,恳请广大读者提出宝贵的意见和建议。

倪红军
2025 年 1 月

目 录
CONTENTS

第 1 章　OpenHarmony 应用开发环境 ·· 1

1.1　OpenHarmony 概述 ·· 1
　　1.1.1　OpenHarmony 的发展 ·· 1
　　1.1.2　OpenHarmony 的现状 ·· 3
　　1.1.3　方舟开发框架 ·· 3
　　1.1.4　OpenHarmony 的技术架构 ·· 4
　　1.1.5　OpenHarmony 的技术特性 ·· 5
　　1.1.6　OpenHarmony 的系统类型 ·· 6
1.2　OpenHarmony 应用开发环境搭建 ·· 6
　　1.2.1　DevEco Studio 介绍 ·· 7
　　1.2.2　搭建 Windows 平台开发环境 ·· 8
　　1.2.3　搭建 macOS 平台开发环境 ·· 9
小结 ·· 9

第 2 章　OpenHarmony 应用的工程结构 ·· 10

2.1　创建 OpenHarmony 工程 ·· 10
　　2.1.1　第一个 OpenHarmony 工程 ·· 10
　　2.1.2　OpenHarmony 应用程序包 ·· 15
2.2　OpenHarmony 工程目录结构 ·· 17
　　2.2.1　工程级目录结构 ·· 17
　　2.2.2　模块级目录结构 ·· 19
　　2.2.3　资源分类与引用 ·· 22
　　2.2.4　ArkTS 语言的基本结构 ·· 24
小结 ·· 25

第 3 章　ArkTS 程序设计基础 ·· 26

3.1　ArkTS 基本语法 ·· 26

	3.1.1	变量和常量	26
	3.1.2	数据类型	27
	3.1.3	运算符	31
	3.1.4	控制流程	33
3.2	函数		37
	3.2.1	标准库函数	37
	3.2.2	用户自定义函数	37
	3.2.3	函数重载	40
3.3	类和对象		40
	3.3.1	类的定义和使用	41
	3.3.2	类的继承	43
	3.3.3	可见性修饰符	44
	3.3.4	对象字面量	44
3.4	接口		45
	3.4.1	接口的定义和使用	45
	3.4.2	接口的继承	47
3.5	泛型		47
	3.5.1	泛型类/接口	47
	3.5.2	泛型函数	49
	3.5.3	泛型默认值	49
3.6	异常		50
	3.6.1	抛出异常	50
	3.6.2	捕获异常	51
小结			51

第 4 章 界面基础组件与布局 … 52

4.1	概述		52
	4.1.1	组件	52
	4.1.2	状态管理	58
	4.1.3	事件	60
	4.1.4	布局	63
4.2	四则运算练习器的设计与实现		71
	4.2.1	Button 组件	71
	4.2.2	Text 组件	72
	4.2.3	TextInput 组件	73
	4.2.4	Image 组件	76

  4.2.5 Tabs 和 TabContent 组件 ……………………………………………… 81
  4.2.6 案例：四则运算练习器 …………………………………………………… 85
 4.3 拼图游戏的设计与实现 ……………………………………………………………… 90
  4.3.1 Menu 组件 ……………………………………………………………………… 90
  4.3.2 TextTimer 组件 ……………………………………………………………… 93
  4.3.3 Progress 组件 ………………………………………………………………… 96
  4.3.4 Grid 和 GridItem 组件 …………………………………………………… 100
  4.3.5 Panel 组件 …………………………………………………………………… 105
  4.3.6 案例：拼图游戏 ……………………………………………………………… 109
 4.4 毕业生满意度调查表的设计与实现 …………………………………………… 114
  4.4.1 TextPicker 组件 …………………………………………………………… 115
  4.4.2 TextPickerDialog 组件 ………………………………………………… 116
  4.4.3 DatePicker 组件 …………………………………………………………… 118
  4.4.4 DatePickerDialog 组件 ………………………………………………… 118
  4.4.5 TimePicker 组件 …………………………………………………………… 120
  4.4.6 TimePickerDialog 组件 ………………………………………………… 121
  4.4.7 Slider 组件 …………………………………………………………………… 122
  4.4.8 Rating 组件 ………………………………………………………………… 125
  4.4.9 Radio 组件 …………………………………………………………………… 126
  4.4.10 Checkbox 和 CheckboxGroup 组件 ……………………………… 127
  4.4.11 案例：毕业生满意度调查表 …………………………………………… 130
小结 ……………………………………………………………………………………………… 134

第 5 章　数据存储与访问 ……………………………………………………………… 135

 5.1 概述 ……………………………………………………………………………………… 135
  5.1.1 数据管理机制 ………………………………………………………………… 135
  5.1.2 文件管理机制 ………………………………………………………………… 136
 5.2 睡眠质量测试系统的设计与实现 ………………………………………………… 136
  5.2.1 Toggle 组件 ………………………………………………………………… 137
  5.2.2 Stepper 和 StepperItem 组件 ………………………………………… 140
  5.2.3 页面路由 ……………………………………………………………………… 142
  5.2.4 UIAbility 组件 ……………………………………………………………… 149
  5.2.5 用户首选项存储与访问接口 ……………………………………………… 160
  5.2.6 案例：睡眠质量测试系统 ………………………………………………… 166
 5.3 备忘录的设计与实现 ………………………………………………………………… 174
  5.3.1 CustomDialog 组件 ……………………………………………………… 174

5.3.2　应用文件存储与访问接口 ………………………………………………… 178
　　5.3.3　List、ListItem 和 ListItemGroup 组件 …………………………………… 200
　　5.3.4　案例：备忘录 ……………………………………………………………… 207
5.4　我爱背单词的设计与实现 ……………………………………………………………… 216
　　5.4.1　ResourceManager 接口 …………………………………………………… 216
　　5.4.2　Search 组件 ………………………………………………………………… 221
　　5.4.3　Badge 组件 ………………………………………………………………… 225
　　5.4.4　关系数据接口 ……………………………………………………………… 227
　　5.4.5　案例：我爱背单词 …………………………………………………………… 242
小结 ……………………………………………………………………………………………… 264

第 6 章　多媒体应用开发 …………………………………………………………………… 265

6.1　概述 ……………………………………………………………………………………… 265
　　6.1.1　音频接口 …………………………………………………………………… 265
　　6.1.2　视频接口 …………………………………………………………………… 265
　　6.1.3　相机接口 …………………………………………………………………… 266
　　6.1.4　图片接口 …………………………………………………………………… 266
6.2　影音播放器的设计与实现 ……………………………………………………………… 266
　　6.2.1　AVPlayer …………………………………………………………………… 266
　　6.2.2　监听和取消监听事件 ……………………………………………………… 273
　　6.2.3　XComponent ………………………………………………………………… 276
　　6.2.4　Video 组件 ………………………………………………………………… 281
　　6.2.5　媒体查询 …………………………………………………………………… 284
　　6.2.6　案例：影音播放器 …………………………………………………………… 289
6.3　图片编辑器的设计与实现 ……………………………………………………………… 298
　　6.3.1　PhotoViewPicker …………………………………………………………… 298
　　6.3.2　图片处理接口 ……………………………………………………………… 299
　　6.3.3　Canvas 组件 ………………………………………………………………… 309
　　6.3.4　CanvasRenderingContext2D ……………………………………………… 310
　　6.3.5　案例：图片编辑器 …………………………………………………………… 325
小结 ……………………………………………………………………………………………… 334

第 7 章　网络应用开发 ……………………………………………………………………… 335

7.1　概述 ……………………………………………………………………………………… 335
　　7.1.1　HTTP 访问网络 ……………………………………………………………… 335
　　7.1.2　Web 组件 …………………………………………………………………… 336

7.2 股票行情查询工具的设计与实现 ·· 345
    7.2.1 数据请求接口 ·· 345
    7.2.2 Swiper 组件 ··· 354
    7.2.3 案例：股票行情查询工具 ·· 357
小结 ··· 366

第 8 章 传感器与位置服务应用开发 ······································ 367

8.1 概述 ··· 367
    8.1.1 传感器 ··· 367
    8.1.2 位置服务 ·· 369
8.2 传感器的应用 ·· 369
    8.2.1 传感器接口 ··· 369
    8.2.2 振动 ·· 378
    8.2.3 案例：指南针的设计与实现 ····································· 381
8.3 位置服务的应用 ··· 385
    8.3.1 位置服务接口 ·· 385
    8.3.2 案例：高德地图在鸿蒙中的应用 ······························· 393
小结 ··· 400

第 9 章 元服务与端云一体化开发 ··· 401

9.1 元服务 ··· 401
    9.1.1 什么是元服务 ·· 401
    9.1.2 元服务图标 ··· 402
    9.1.3 案例：便携记分牌元服务开发 ·································· 402
9.2 端云一体化开发 ··· 426
    9.2.1 服务卡片 ·· 426
    9.2.2 端云一体化开发 ··· 432
    9.2.3 案例：实验室安全测试系统的开发 ···························· 446
小结 ··· 457

第 1 章 OpenHarmony 应用开发环境

鸿蒙操作系统是华为公司研发的面向万物互联时代的全新的、独立的智能终端操作系统,为不同设备的智能化、互联与协同提供统一的语言。华为公司于 2019 年发布 HarmonyOS 1.0 后,分别于 2020 年、2021 年两次将鸿蒙操作系统的基础能力全部捐献给开放原子开源基金会(OpenAtom Foundation),由开放原子开源基金会整合其他参与者的贡献,形成 OpenAtom OpenHarmony 开源项目,简称 OpenHarmony 项目。

1.1 OpenHarmony 概述

目前,OpenHarmony 是由开放原子开源基金会孵化及运营的开源项目,目标是面向全场景、全连接、全智能时代,基于开源的方式搭建一个智能终端设备操作系统的框架和平台,促进万物互联产业的繁荣发展。OpenHarmony 开源项目的官方网址为 https://www.openharmony.cn,代码托管平台网址为 https://gitee.com/openharmony。

1.1.1 OpenHarmony 的发展

OpenHarmony 作为一个快速发展的操作系统,其特点是版本多并且迭代速度快。截至 2024 年 3 月,OpenHarmony 一共发布了 5 个主版本,分别是第一版本(1.x,已停止维护)、第二版本(2.x)、第三版本(3.x)、第四版本(4.x)和第五版本(5.x),每次发布的版本又包括如表 1.1 所示的不同版本类型。

表 1.1 版本类型及含义说明

版本类型	版本含义说明
LTS	Long-Term Support,长期支持版本
Release	面向开发者公开发布的正式版本,承诺 API 稳定性
Beta	面向开发者公开发布的 Beta 版本,不承诺 API 稳定性
Canary	面向特定开发者发布的早期预览版本,不承诺 API 稳定性

2020 年 9 月 10 日,OpenHarmony 1.0 版本正式上线;2021 年 4 月 1 日,OpenHarmony 1.1.0 LTS 版发布。2021 年 6 月 1 日,OpenHarmony 2.0 Canary 版发布;2021 年 6 月 22 日,

OpenHarmony 1.1.1 LTS 版发布。与 OpenHarmony 1.0 不同，OpenHarmony 2.0 覆盖设备范围延伸到百兆字节的内存及以上的富媒体终端设备。

2021 年 9 月 30 日，OpenHarmony 发布了 3.0 LTS 版和 1.1.3 LTS 版；2021 年 12 月 31 日，OpenHarmony 发布 3.1 Beta 版；2022 年 3 月 30 日，OpenHarmony 3.1 Release 版发布；2023 年 4 月 9 日，OpenHarmony 3.2 Release 版发布。

2023 年 6 月 3 日，OpenHarmony 发布了 4.0 Beta1 版；2023 年 10 月 26 日，OpenHarmony 发布了 4.0 Release 版；2023 年 12 月 31 日，OpenHarmony 发布了 4.1 Beta1 版；2024 年 3 月 30 日，OpenHarmony 发布了 4.1 Release 版。

2024 年 6 月 20 日，OpenHarmony 发布了 5.0 Beta 版本；2024 年 12 月 20 日，OpenHarmony 发布了 5.0 Release 版本。

从 OpenHarmony 1.0 版本发布以来，版本迭代很快。随着版本的快速迭代，其支持的设备类型越来越多，应用能力也越来越强，其主要版本支持的设备类型和应用能力如表 1.2 所示。

表 1.2　OpenHarmony 主要版本支持的设备类型和应用能力

版　本	发布时间	设备类型	应用能力
1.0	2020 年 9 月	支持内存为 128KB~128MB 的轻量级无屏终端设备（如蓝牙耳机、电风扇）	支持 OS 基础框架、部件化架构等
2.0	2021 年 6 月	支持内存大于 128MB 的小型带屏终端设备（如智能运动手表）	支持全面的 OS 能力和多内核，提供音视频能力和 JS 应用开发能力，可以进行简单 UI 类应用开发。如运动手表上的应用
3.0	2021 年 9 月	支持简单标准带屏设备（如显示器、照相机）	支持方舟 JS 编译工具链和运行时，提供关系数据库、分布式数据管理基础能力及 JS UI 框架应用开发能力，可以进行更多基础类应用开发。如日历、图库
3.1	2022 年 3 月	支持复杂标准带屏设备（如手机、计算机）	提供 ArkUI 自定义绘制能力和 Lottie 动画能力、键盘、鼠标交互操作能力；提供声明式 Web 组件、XComponent 组件能力及卡片能力，可以进行复杂 UI 类应用开发。如分布式游戏、地图
3.2	2023 年 4 月	支持标准系统下的所有终端设备	支持采用 ArkTS 语言+Stage 应用模型进行大型应用、原子化服务开发，可以进行所有 UI 类应用开发
4.0	2023 年 6 月	支持主流消费端的所有智能设备	4.0 Beta1 版本在 3.2 Release 版本基础上，继续提升标准系统的 ArkUI、应用框架、图形媒体等子系统能力，并提供首批 API Level 10 接口
5.0	2024 年 6 月	支持各类超级应用的开发和智能设备运行更流畅	标准系统能力持续完善，注重用户与设备之间的无缝连接，通过分布式技术，用户能够实现多个设备间的高效协同，简化跨设备的使用体验

1.1.2　OpenHarmony 的现状

OpenHarmony 是 HarmonyOS 的社区开源版本,目前由开放原子开源基金会 OpenHarmony 项目群工作委员会负责运作。HarmonyOS 是华为公司基于 OpenHarmony 开源版定制开发的商用发行版。开放原子开源基金会成立的目的是支持更多企业基于 OpenHarmony 定制开发自己的商用发行版本。也就是说,OpenHarmony 开源项目主要遵循 Apache 2.0 等商业友好的开源协议,所有企业、机构与个人都可以基于 OpenHarmony 开源代码开发自己的商业发行版。

随着 OpenHarmony 版本迭代、支持设备类型的增加和能力的提升,越来越多的企业开始涉足 OpenHarmony 领域,基于 OpenHarmony 进行设备开发(也称南向开发)和应用开发(也称北向开发)。目前已有超过 300 家合作伙伴加入 OpenHarmony 生态共建,累计超过 600 款软硬件产品通过 OpenHarmony 兼容性测评,覆盖金融、教育、交通、政务、医疗、航空等多个行业。

目前,OpenHarmony 已经是一款采用组件化设计、支持在 128KB～×GB 内存资源的设备上运行的面向全场景的开源分布式操作系统。设备开发者可基于目标硬件能力自由选择系统组件进行集成,软件开发者可以通过 OpenHarmony 提供的方舟开发框架(ArkUI 框架)、接口进行应用开发。

1.1.3　方舟开发框架

方舟开发框架(简称为"ArkUI 框架")是一套构建鸿蒙应用界面的 UI 开发框架,它提供了简洁的 UI 语法及组件、布局、动画、交互事件等丰富的 UI 功能,以满足应用开发者的可视化界面开发需求。针对不同的应用场景及技术背景,方舟开发框架提供了两种开发范式,分别是兼容 JS 的类 Web 开发范式(简称为"类 Web 开发范式")和基于 ArkTS 的声明式开发范式(简称为"声明式开发范式")。

(1) 类 Web 开发范式:采用 HML(HarmonyOS Markup Language)、CSS(Cascading Style Sheets)和 JS(JavaScript)相结合的开发方式,即使用 HML 标签文件搭建布局、使用 CSS 文件描述样式、使用 JavaScript 文件处理业务逻辑。

(2) 声明式开发范式:采用基于 TypeScript 声明式 UI 语法扩展而来的 ArkTS 语言,从组件、动画和状态管理三个维度提供 UI 绘制能力。

类 Web 开发范式更符合 Web 前端开发者的使用习惯,便于快速将已有的 Web 应用改造成方舟开发框架应用。但是从开发效率看,声明式开发范式更接近自然语义的编程方式,开发者可以直观地描述 UI,无须关心如何实现 UI 绘制和渲染,开发高效简洁;从应用性能看,两种开发范式的 UI 后端引擎和语言运行时是共用的,但是相比类 Web 开发范式,声明式开发范式不需要 JS 框架进行页面 DOM 管理,渲染更新链路更为精简,占用内存更少,应用性能更佳;从发展趋势看,声明式开发范式后续会作为主推的开发范式持续演进,为开发者提供更丰富、更强大的能力。基于上述特点,本书采用声明式开发范式介绍

OpenHarmony最新发行版的应用开发。

1.1.4 OpenHarmony的技术架构

OpenHarmony整体遵从分层设计，从下向上分别是内核层、系统服务层、框架层和应用层。系统功能按照"系统→子系统→功能/模块"逐级展开，在多设备部署场景下，支持根据实际需求裁剪某些非必要的子系统或功能/模块。OpenHarmony技术架构如图1.1所示。

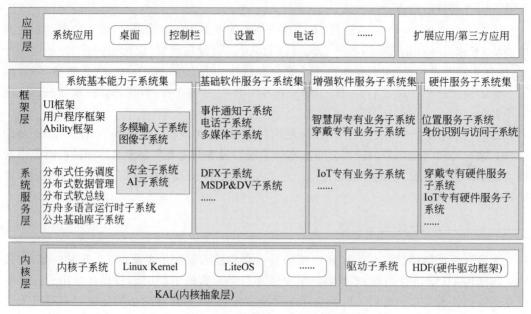

图1.1 OpenHarmony技术架构

1. 内核层

内核层包括内核子系统和驱动子系统，负责管理硬件资源和提供基础系统服务。内核子系统采用多内核（Linux Kernel或LiteOS）设计，支持针对不同资源受限设备选用合适的内核。KAL（Kernel Abstract Layer，内核抽象层）通过屏蔽多内核差异，对上层提供包括进程/线程管理、内存管理、文件系统、网络管理和外设管理等基础内核能力。驱动子系统的HDF（Hardware Driver Foundation，硬件驱动框架）是系统硬件生态开放的基础，提供统一外设访问能力和驱动开发、管理框架。

2. 系统服务层

系统服务层是OpenHarmony的核心能力集合，通过框架层对应用程序提供服务。该层包括以下4大类系统能力。

（1）系统基本能力子系统集：该子系统集中包含最重要的分布式相关技术，为分布式应用在多设备上的运行、调度和迁移等操作提供了基础能力。包括分布式软总线、分布式数据管理、分布式任务调度、方舟多语言运行时、公共基础库、多模输入、图形、安全和AI等子系统。

（2）基础软件服务子系统集：该子系统集提供公共的、通用的软件服务，由事件通知、电话、多媒体、DFX（Design For X，面向 X 的设计）和 MSDP&DV（Mobile Sensing Development Platform&Device Virtualization，移动感知 & 平台设备虚拟化）等子系统组成。

（3）增强软件服务子系统集：该子系统集提供针对不同设备的、差异化的能力增强型软件服务，由智慧屏专有业务、穿戴专有业务和 IoT（The Internet of Things，物联网）专有业务等子系统组成。

（4）硬件服务子系统集：该子系统集提供硬件服务，由位置服务、身份识别与访问、穿戴专有硬件服务和 IoT 专有硬件服务等子系统组成。

根据不同设备形态的部署环境，基础软件服务子系统集、增强软件服务子系统集、硬件服务子系统集内部可以按子系统粒度裁剪，每个子系统内部又可以按功能粒度裁剪。

3. 框架层

框架层为应用开发提供了 C、C++、JS、ArkTS 等多语言用户程序框架和 Ability 框架、适用于 JS、ArkTS 语言的 ArkUI 框架、各种软硬件服务对外开放的多语言框架 API。根据系统的组件化裁剪程度，设备支持的 API 也会有所不同。

4. 应用层

应用层包括系统应用和第三方非系统应用。Ability 是应用的重要组成部分，是应用程序所具备能力的抽象，包括 FA 和 PA 两种类型。应用由一个或多个 FA（Feature Ability）或 PA（Particle Ability）组成。其中，FA 有 UI，提供与用户交互的能力；而 PA 无 UI，提供后台运行任务的能力以及统一的数据访问抽象。基于 FA/PA 开发的应用，能够实现特定的业务功能，支持跨设备调度与分发，为用户提供一致、高效的应用体验。

1.1.5 OpenHarmony 的技术特性

OpenHarmony 作为一个面向万物互联的系统，相对于其他智能终端操作系统，具有如下显著特性。

（1）硬件互助，资源共享。OpenHarmony 采用分布式软总线、数据管理、任务调度和设备虚拟化等分布式架构，可以实现设备之间的高效通信和协同工作，提供统一的分布式能力。

① 分布式软总线：它是多设备终端的统一基座，为设备间的无缝互联提供了统一的分布式通信能力，能够快速发现并连接设备，高效地传输任务和数据。

② 分布式数据管理：它是位于基于分布式软总线之上的能力，实现了应用程序数据和用户数据的分布式管理。用户数据不再与单一物理设备绑定，业务逻辑与数据存储分离，应用跨设备运行时数据无缝衔接，为打造一致、流畅的用户体验创造了基础条件。

③ 分布式任务调度：它是基于分布式软总线、分布式数据管理、分布式 Profile 等技术特性，构建统一的分布式服务管理（发现、同步、注册、调用）机制，支持对跨设备的应用进行远程启动、远程调用、绑定/解绑，以及迁移等操作，能够根据不同设备的能力、位置、业务运行状态、资源使用情况并结合用户的习惯和意图，选择最合适的设备运行分布式任务。

④ 设备虚拟化：它可以实现不同设备的资源融合、设备管理、数据处理，将周边设备作

为手机能力的延伸，共同形成一个超级虚拟终端。

（2）一次开发，多端部署。OpenHarmony 提供统一的开发工具和框架，能够保证开发的应用在多终端运行时的一致性；开发者只需要写一次逻辑代码，就可以部署到不同终端设备上，大大提高开发效率。

（3）统一操作系统，弹性部署。OpenHarmony 通过组件化和组件弹性化等设计方法，保证硬件资源的可大可小，在多种终端设备间，按需弹性部署，全面覆盖了 ARM、RISC-C、x86 等各种类型的 CPU 及 KB～GB 级别的 RAM 设备。

1.1.6　OpenHarmony 的系统类型

OpenHarmony 是一个面向全场景，支持各类设备的系统，它既支持面向 MCU 单片机的设备，也支持面向多核心 CPU 的设备。为了能够适应各种硬件，OpenHarmony 提供了基于 LiteOS 和 Linux 内核的不同系统类型，同时又在这些系统中构建了一套统一的系统能力。目前，OpenHarmony 主要有以下三种系统类型。

1. 轻量系统

轻量系统的内核为 LiteOS-M，面向 MCU 类处理器，例如，Arm Cortex-M、RISC-V 32 位的设备，硬件资源极其有限，支持的设备内存高于 128KB，可以提供多种轻量级网络协议、轻量级图形框架及丰富的 IoT 总线读写部件等。典型产品有智能家居领域的连接类模组、传感器设备、穿戴类设备等。

2. 小型系统

小型系统的内核为 LiteOS-A 或 Linux，面向应用处理器，例如，Arm Cortex-A 的设备，支持的设备内存高于 1MB，可以提供更高的安全能力、标准的图形框架、视频编解码的多媒体能力。典型产品有智能家居领域的 IP Camera、电子猫眼、路由器以及智慧出行域的行车记录仪等。

3. 标准系统

标准系统的内核为 Linux，面向应用处理器，例如，Arm Cortex-A 的设备，支持的设备内存高于 128MB，可以提供更强的交互能力、3D 的 GPU 加速和硬件合成能力、更多控件以及动效更丰富的图形能力、完整的应用框架。典型产品有高端冰箱的显示屏、汽车的中控屏等。

1.2　OpenHarmony 应用开发环境搭建

华为提供了 HUAWEI DevEco Device Tool 和 HUAWEI DevEco Studio（简称 DevEco Studio）两种开发工具。HUAWEI DevEco Device Tool 是面向智能设备开发者提供的一站式集成开发环境和一站式资源获取通道，可以实现芯片模板工程创建、开发资源挑选定制及编码、编译、调试、调优、烧录等全流程功能，帮助开发者实现 HarmonyOS Connect/OpenHarmony 智能硬件设备的高效开发。DevEco Studio 基于 IntelliJ IDEA Community

开源版本打造，为运行在 OpenHarmony 和 HarmonyOS 系统上的应用/服务提供一站式的开发平台。本书仅介绍 OpenHarmony 应用开发，通过使用 DevEco Studio，开发者可以更高效地开发具备 OpenHarmony 分布式能力的应用，进而提升创新效率。

1.2.1 DevEco Studio 介绍

DevEco Studio 作为一款开发工具，自 2020 年 9 月 10 日发布第一个版本以来，在代码编辑、实时预览、编译构建及调测等方面做了功能修正与迭代，目前已经打造成为一个面向全场景多设备，提供一站式的分布式应用开发平台。其主要版本及相应新增主要特性如表 1.3 所示。

表 1.3　DevEco Studio 主要版本和新增主要特性

发布时间	版本	新增主要特性说明
2020 年 9 月 10 日	V2.0.8.203 Beta	第一个版本
2020 年 11 月 15 日	V2.0.10.201	支持 Mac 操作系统
2020 年 12 月 16 日	V2.0.12.201	支持手机和平板的 HarmonyOS 应用开发
2021 年 6 月 2 日	V2.1 Release	支持开发跨设备应用
2021 年 10 月 22 日	V3.0 Beta1	支持 ArkUI 方舟开发框架的开发和 ArkTS 扩展语法
2022 年 3 月 31 日	V3.0 Beta3	仅支持 OpenHarmony 应用/服务的开发，是第一个支持 OpenHarmony 应用及服务开发的版本
2022 年 7 月 6 日	V3.0 Beta4	同时支持 HarmonyOS 和 OpenHarmony 应用/服务的开发，HarmonyOS SDK 支持 API 4～8，OpenHarmony 支持 API 8～9
2022 年 9 月 6 日	V3.0 Release	在编辑器能力、测试框架能力及 C++调试能力方面做了增强
2023 年 5 月 15 日	V3.1 Release	支持应用内动态共享包 HSP 和端云一体化商城模板及云函数本地调试，HarmonyOS SDK 支持 API 4～9，OpenHarmony SDK 支持 API 7～9
2023 年 6 月 26 日	V3.1.1 Release	支持开发 API 8 的 Wearable、Lite Wearable 应用及 API 9 的 Tablet 应用

本书以最新的 DevEco Studio 版本为例介绍 Windows、macOS 平台下 OpenHarmony 应用开发环境的搭建步骤，如果使用 DevEco Studio 其他版本，可能存在与本书介绍的功能界面、操作不一致等情况，请读者以实际功能界面为准。为保证 DevEco Studio 正常运行，计算机软硬件配置建议满足表 1.4 所示的要求。

表 1.4　计算机配置推荐要求

平　台	平台最低版本	内存容量	硬盘空间	分　辨　率
Windows	Windows 10 64 位	16GB	100GB	1280px×800px
macOS	macOS 10.15	8GB	100GB	1280px×800px

DevEco Studio 提供的 SDK Manager 用来统一管理 SDK 及工具组件，包含如表 1.5 所示的组件包。

表 1.5 SDK 包和工具组件

类别	包名	说明
SDK	Native	C/C++ 语言 SDK 包
	ArkTS	ArkTS 语言 SDK 包
	JS	JS 语言 SDK 包
SDK Tool	Toolchains	SDK 工具链，应用/服务开发必备工具集，包含编译、打包、签名及数据库管理等工具的集合
	Previewer	应用预览器，可以在应用开发过程中查看界面的 UI 布局效果

1.2.2 搭建 Windows 平台开发环境

打开 https://developer.harmonyos.com/cn/develop/deveco-studio#download 网页，单击页面上的"立即下载"按钮后，在打开的下载页面上单击 Windows 行右侧的"下载"按钮，开始下载 DevEco Studio 的安装包文件。双击 deveco-studio-××××.exe 安装文件，进入 DevEco Studio 安装向导，在如图 1.2 所示的界面上选择安装路径，默认安装在 C:\Program Files 目录下，也可以单击"浏览"按钮选择其他安装路径，然后单击"下一步"按钮。在弹出的如图 1.3 所示"安装选项"对话框中勾选 DevEco Studio 复选框后，单击"下一步"按钮开始安装 DevEco Studio，直至弹出安装程序结束对话框，单击"完成"按钮，安装完成。

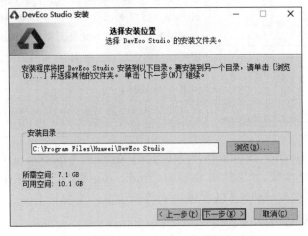

图 1.2 设置 DevEco Studio 安装目标路径

目前，最新版本的 DevEco Studio 提供开箱即用的开发体验，将 HarmonyOS SDK、Node.js、Hvigor、OHPM、模拟器平台等进行合一打包，简化 DevEcoStudio 安装配置流程。同时，HarmonyOS SDK 也已嵌入 DevEco Studio 中，无须额外下载配置。但进行 OpenHarmony 应用开发时，需要打开 Settings→OpenHarmony SDK 下载 OpenHarmony SDK。

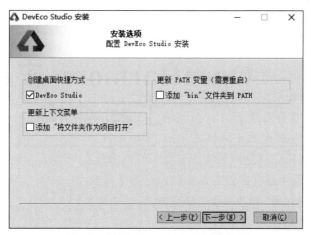

图 1.3 设置 DevEco Studio 安装选项

1.2.3 搭建 macOS 平台开发环境

打开 https://developer.harmonyos.com/cn/develop/deveco-studio#download 网页，单击页面上的"立即下载"按钮后，在打开的下载页面上单击 Mac(x86 或 ARM)行右侧的"下载"按钮，开始下载 DevEco Studio 的安装包文件。双击安装包，待文件检测验证完毕后，弹出如图 1.4 所示的安装对话框，拖动对话框中的 DevEco-Studio 图标到 Applications 图标后，即可在 macOS 平台安装 DevEco Studio。

图 1.4 macOS 平台安装 DevEco Studio

小结

本章首先介绍了 OpenHarmony 的发展与现状、技术架构和特性，然后详细介绍了 Windows 和 macOS 平台下利用 DevEco Studio 集成开发工具搭建 OpenHarmony 应用开发环境的步骤，为后续的 OpenHarmony 应用开发打下基础。

第 2 章 OpenHarmony 应用的工程结构

DevEco Studio 支持多种品类的应用/服务开发，预置丰富的工程模板，可以根据工程向导轻松创建适应于各类设备的工程，并自动生成对应的代码和资源模板。同时，DevEco Studio 还提供了多种编程语言供开发者进行 OpenHarmony 应用/服务开发，包括 C/C++、ArkTS、JS（JavaScript）、CSS（Cascading Style Sheets）和 HML（HarmonyOS Markup Language）。目前，OpenHarmony 应用程序的开发主要有 ArkTS 和 JS+CSS+HML 两种方式，本章以 DevEco Studio 环境下新建第一个 OpenHarmony 项目为例，详细介绍 OpenHarmony 应用的创建步骤及两种开发方式对应项目的工程结构和目录结构。

2.1 创建 OpenHarmony 工程

DevEco Studio 支持多种类型的应用/服务开发，提供了丰富的工程模板资源，开发者可以根据工程向导轻松创建适应于各类设备的工程，并自动生成对应的代码和资源模板。但是，不同的模板资源支持的设备类型、API 版本可能不同，在创建新工程前，需要开发者提前了解不同模板支持的开发语言、API 版本、设备等信息。不同 OpenHarmony API 版本的工程采用的自动化构建工具也不同，目前 OpenHarmony API 9 的工程采用 Hvigor 自动化构建工具。

2.1.1 第一个 OpenHarmony 工程

1. 创建 OpenHarmony 工程

安装配置完 DevEco Studio 开发环境，第一次启动 DevEco Studio 时，会打开 Welcome to DevEco Studio 欢迎页面，单击 Create Project（创建工程）选项，打开如图 2.1 所示的创建 Create Project 对话框；如果 DevEco Studio 开发环境中已经打开了一个工程，在菜单栏依次选择 File→New→Create Project 菜单命令后，也会打开如图 2.1 所示的 Create Project 对话框。

在 Create Project 对话框中，开发者需要首先选择工程类型（Application 为应用开发，需要安装后才能访问；Atomic Service 为元服务开发，不需要安装就能访问），然后选择需要

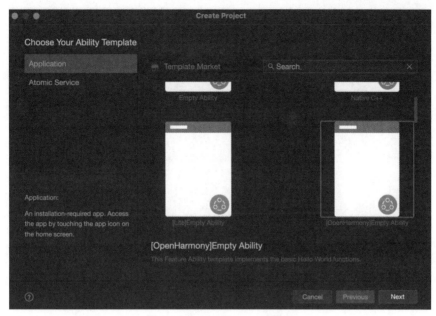

图 2.1 Create Project 对话框

的 Ability 工程模板,默认选中的模板为 Empty Ability,此模板创建的工程为 HarmonyOS 工程。本节以 Application 应用开发和[OpenHarmony]Empty Ability 模板为例介绍,在图 2.1 中选择了 Application 和[OpenHarmony]Empty Ability 模板后,单击 Next 按钮,打开如图 2.2 所示的 OpenHarmony 工程配置信息对话框,该对话框中的配置项及功能说明如下。

(1) Project name:工程名称,可以由大小写字母、数字和下画线组成。

(2) Bundle name:包名,用于标识工程的唯一性,默认情况下,应用 ID 也会使用该名称,应用发布时对应的 ID 需要保持一致。

(3) Save location:工程本地存储路径,由大小写字母、数字和下画线等组成。

(4) Compile SDK:应用/服务编译的 API 版本,在编译构建时,DevEco Studio 会根据指定的 Compile API 版本进行编译打包;API 4~7 和 API 8~9 的构建工具和构建插件不同,API 4~7 构建体系是由 Gradle 构建工具和构建插件组成,API 8~9 构建体系是由 Hvigor 构建工具和构建插件组成。如果选择 API 9 及以上版本,则没有 Language 选项;如果选择 API 8 版本,则 Language 选项可以选择 ArkTS 或 JS 语言;如果选择 API 7 及以下版本,则 Language 选项可以选择 Java 或 JS 语言。

(5) Compatible SDK:兼容的最低 API 版本。

(6) Module name:默认工程模块名称。

(7) Model:应用支持的模式,包括 Stage 和 FA 两种。

(8) Device type:该工程支持的设备类型。

按照如图 2.2 所示内容在对话框中配置完成工程信息,单击 Finish 按钮后,DevEco

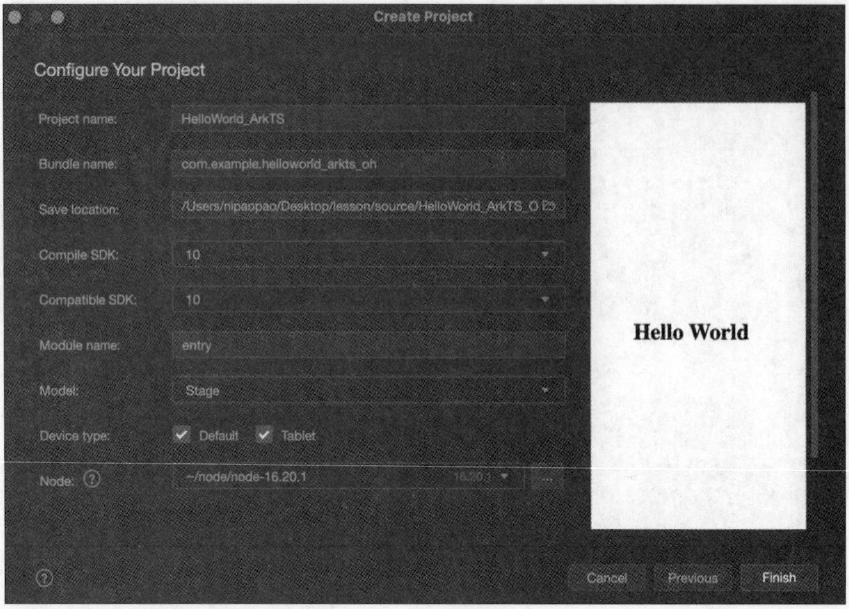

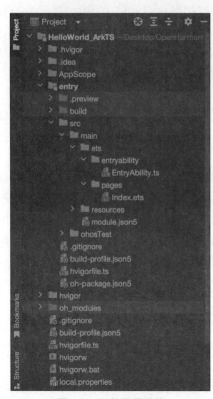

图 2.2　配置项目对话框（OpenHarmony）

Studio 开始自动生成 OpenHarmony 工程的示例代码和相关资源。

例如，如图 2.2 所示的工程配置对话框中的信息表示创建一个工程名为 HelloWorld_ArkTS 的 OpenHarmony 应用工程，该工程使用 Stage 模式和 ArkTS 语言开发，可运行在 Phone（手机）和 Tablet（平板）等设备上，该项目的目录结构如图 2.3 所示。从图 2.3 可以看出，当前创建的 HelloWorld_ArkTS 工程仅有一个页面，该页面对应的文件为 Index.ets。如果需要为该工程中添加一个新页面，可以用鼠标右击图 2.3 中 pages 文件夹，选择 New→Page 菜单命令，在 New Page 对话框中输入新页面名称（例如，Home），单击 Finish 按钮后在 pages 文件夹下会新建一个页面文件（例如，Home.ets）。

OpenHarmony 工程创建完成后，需要打开 entry/build-profile.json5 文件，并将 targets 中的 runtimeOS 字段值修改为"OpenHarmony"，然后单击右上角的 Sync Now 命令重新同步工程环境后，才表示当前可以进行 OpenHarmony 应用开发，本书以 DevEco Studio 4.0 Release 集成开发工具为

图 2.3　工程目录结构

例，其他版本可能稍有不同，请读者以官方文档介绍为准。

2. 在工程中添加 Module

Module（模块）是应用/服务的基本功能单元，包含源代码、资源文件、第三方库及应用/服务配置文件，每一个 Module 都可以独立进行编译和运行。右击工程名称，在弹出的菜单栏中依次选择 New→Module 菜单命令；或在 DevEco Studio 集成开发环境窗口的菜单栏选择 File→New→Module 菜单命令，打开如图 2.4 所示的 Choose Your Ability Template（选择 Ability 模板）对话框。

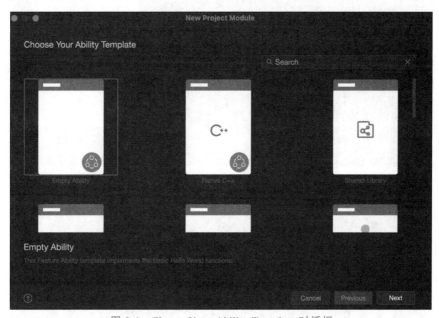

图 2.4 Choose Your Ability Template 对话框

在选择 Ability 模板对话框中选择需要的模板后，单击 Next 按钮，打开如图 2.5 所示的 Configure New Module（模板配置对话框），在该对话框中需要配置的信息及功能说明如下。

（1）Module name：新建 Module 的名称。

（2）Module type：新建 Module 的类型。

（3）Enable Super Visual：是否使用低代码开发方式。

（4）Device type：选择新建 Module 可运行的设备类型。

在模板配置对话框中输入配置信息后，单击 Next 按钮，弹出如图 2.6 所示 Configure Ability（配置 Ability）对话框，在该对话框中输入 Ability 名称后，单击 Finish 按钮即可完成 Module 创建。

3. 在 Module 中添加 Ability

Ability 是应用/服务所具备的能力抽象，一个 Module 可以包含一个或多个 Ability。右击需要添加 Ability 组件的 Module，在弹出的快捷菜单中选择 New→Ability 菜单命令。打开如图 2.7 所示的 Configure Your Ability（配置您的 Ability）对话框，在该对话框中输入

图 2.5　Configure New Module 对话框

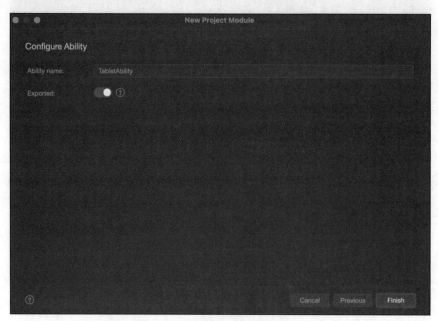

图 2.6　Configure Ability 对话框

Ability name(Ability 名称)、选择 Language(编程语言,默认为 ArkTS),单击 Finish 按钮后,就可在该 Module 的 src/main/ets 目录下创建以 Ability 名称命名的目录及 TS 文件。

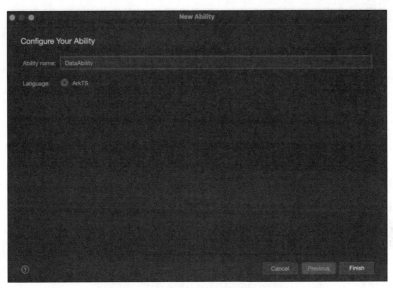

图 2.7　Configure Your Ability 对话框

4. 运行 OpenHarmony 项目

应用创建完成后,一般需要真机设备进行运行和调试。但实际开发中,也可以直接使用 HarmonyOS 的开发环境及本地模拟器进行运行和调试。读者可以参阅华为官方文档或观看本书配套微课视频学习 OpenHarmony 项目的运行和调试方法。

2.1.2　OpenHarmony 应用程序包

应用程序泛指运行在操作系统之上,为用户提供特定服务的程序,通常简称为"应用"。一个应用所对应的软件包文件称为应用程序包。OpenHarmony 提供了应用程序包开发、安装、查询、更新、卸载的管理机制,方便开发者开发和管理 OpenHarmony 应用。应用模型是 OpenHarmony 为开发者提供的应用程序所需能力的抽象提炼,它提供了应用程序必备的组件和运行机制。有了应用模型,开发者可以基于一套统一的模型进行应用开发,使应用开发更简单、高效。

一个应用/服务通常会包含一个或多个 Module,也就是说,在一个工程中可以创建多个 Module,Module 分为 Ability Module 和 Library Module 两种类型。Ability Module 是能力模块,用于实现对应的页面和功能;Library Module 是共享模块,里面的功能和已经创建的组件可以被其他模块共同调用,减少重复代码。

在开发态,一个工程可以包含一个或多个 Module,但只能有一个 entry 模块,即入口模块(核心),该模块包含 APP(应用)的主要功能。Ability Module 对应于编译后的 HAP (Harmony Ability Package);Library Module 对应于 HAR(Harmony Archive)或者 HSP (Harmony Shared Package)。一个 Module 可以包含一个或多个 UIAbility 组件,APP、Module、UIAbility 及 Page 之间的关系如图 2.8 所示。

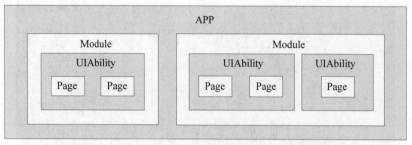

图 2.8 APP、Module、UIAbility 及 Page 之间的关系

开发者用 DevEco Studio 集成开发环境把应用编译为一个或多个.hap 文件,即 HAP。HAP 是应用安装的基本单位,包含编译后的代码、资源、三方库及配置文件。HAP 可分为 Entry 和 Feature 两种类型。

(1) Entry 类型的 HAP:它是应用的主模块。在 module.json5 配置文件中,type 标签配置项的值为"entry"。同一个应用中的同一设备类型只支持一个 Entry 类型的 HAP,通常用于实现应用的入口界面、入口图标、主特性功能等。

(2) Feature 类型的 HAP:它是应用的动态特性模块。在 module.json5 配置文件中,type 标签配置项的值为"feature"。一个应用程序包可以包含一个或多个 Feature 类型的 HAP,也可以不包含;Feature 类型的 HAP 通常用于实现应用的特性功能,可以配置成按需下载安装,也可以配置成随 Entry 类型的 HAP 一起下载安装(由 module.json5 配置文件中的 deliveryWithInstall 标签配置,true 表示按需下载安装)。

每个应用可以包含多个.hap 文件,一个应用中的.hap 文件打包成一个.app 文件(称为 Bundle),由 bundleName 标识。需要特别说明的是,在应用上架到应用市场时,需要把应用包含的所有.hap 文件(即 Bundle)打包为一个.app 文件,该.app 文件称为 App Pack(Application Package),其中同时包含描述 App Pack 属性的 pack.info 文件;在云侧分发和端侧安装时,都是以 HAP 为单位进行分发和安装的。基于 Stage 模型开发的应用,经编译打包后,其应用程序包结构如图 2.9 所示,打包后的 HAP 包结构包括 ets、libs、resources 等目录和 resources.index、module.json、pack.info 等文件,它们的具体功能如下。

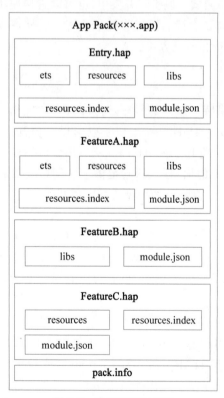

图 2.9 应用程序包结构

(1) ets 目录:用于存放应用代码编译后的字

节码文件。

（2）libs 目录：用于存放库文件。库文件是应用依赖的第三方代码(.so 二进制文件)。

（3）resources 目录：用于存放应用的资源文件(字符串、图片等)。

（4）resources.index：资源索引表文件，由 IDE 编译工程时生成。

（5）module.json：HAP 的配置文件，内容由工程配置中的 module.json5 和 app.json5 组成，该文件是 HAP 中必不可少的文件。IDE 会自动生成一部分默认配置，开发者可以根据需要修改其中的配置。

（6）pack.info：Bundle 中用于描述每个 HAP 属性的文件。例如，app 中的 bundleName 和 versionCode 信息，module 中的 name、type 和 abilities 等信息，由 IDE 工具构建 Bundle 包时自动生成。

2.2 OpenHarmony 工程目录结构

OpenHarmony 应用支持 Stage 和 FA 两种模式，使用 Stage 模式和 ArkTS 语言开发的 OpenHarmony 应用工程目录结构包括工程级目录结构和模块级目录结构。

2.2.1 工程级目录结构

工程级目录结构如图 2.10 所示，其包含的主要目录及文件的功能如下。

（1）.hvigor 目录：用于存放工程项目的构建配置文件，由系统自动生成，一般情况下不需要修改。

（2）.idea 目录：用于存放工程项目的配置信息。

（3）AppScope 目录：用于存放工程项目全局的公共资源，该目录结构如图 2.11 所示。

图 2.10 工程级目录结构

图 2.11 resources 文件夹结构

其中，resources 目录用于存放工程项目所用到的图形、多媒体、字符串、布局文件等资源文件；app.json5 文件是工程项目的全局配置文件，用于存放工程项目的全局配置信息，通常包含 Bundle 名称、开发厂商、版本号等基本信息及特定设备类型的配置信息，其关键代码及功能说明如下。

```
1   {
2     "app": {
3       "bundleName": "com.example.helloworld_arkts",      //包名称(不可省略)
4       "bundleType": "atomicService",      //Bundle 类型(可省略，默认值为 app)
5       "vendor": "example",                //应用程序的供应商名称(可省略)
6       "versionCode": 1000000,             //区分应用程序版本(不可省略)
7       "versionName": "1.0.0",             //应用程序的版本号(不可省略)
8       "icon": "$media:app_icon",          //应用程序的显示图标(不可省略)
9       "label": "$string:app_name"         //应用程序的名称(不可省略)
10      "description": "$string:description_application",   //应用程序的描述信息(可省略)
11      "minAPIVersion": 9,                 //应用程序运行需要的 API 最小版本
12      "targetAPIVersion": 9,              //应用程序运行需要的 API 目标版本
13      "apiReleaseType": "Release",        //应用程序运行需要的 API 版本类型(可省略)
14      "debug": false,                     //应用程序是否可调试(可省略，默认值为 false)
15      "car": {                            //应用程序对 car 设备的特殊配置(可省略)
16        "minAPIVersion": 8,
17      },
18    }
19  }
```

上述第 8 行代码的 icon 标签表示引用 base/media 目录下的 app_icon.png 图片作为应用的图标；第 9 行代码的 label 标签表示引用 base/element 目录下 string.json 文件中的 app_name 键对应的值作为应用的标签名称。图标和标签通常一起配置，可以分为应用图标、应用标签和入口图标、入口标签，应用图标、应用标签分别对应 app.json5 配置文件中的 icon 和 label 标签，入口图标、入口标签分别对应 module.json5 配置文件中的 icon 和 label 标签。应用图标和标签在设置应用中使用，例如，设置应用中的应用列表；入口图标在应用安装完成后显示在设备桌面上。

（4）entry 目录：模块级目录结构，用于存放应用模块的代码、资源等。

（5）hvigor 目录：用于存放构建工程项目的配置文件信息，Hvigor 是一款基于 TypeScript 实现的前端构建任务编排工具。

（6）oh_modules 目录：用于存放工程依赖的第三方库源文件。

（7）.gitignore：是 Git 版本管理需要忽略的文件。

（8）build-profile.json5：工程级配置文件，声明包括签名、产品配置等工程对应的编译构建参数，其关键代码及功能说明如下。

```
1   {
2     "app": {
3       "signingConfigs": [],               //工程的签名信息，可包含多个签名信息
4       "compileSdkVersion": 9,             //指定应用/服务编译时的 SDK 版本
5       "compatibleSdkVersion": 9,          //指定应用/服务兼容的最低 SDK 版本
6       "products": [                       //定义构建的产品配置
```

```
  7        {
  8          "name": "default",              //定义产品的名称
  9          "signingConfig": "default",     //指定当前产品品类对应的签名信息
 10        }
 11      ]
 12    },
 13    "modules": [
 14      {
 15        "name": "entry",                  //模块名称
 16        "srcPath": "./entry",             //模块根目录相对工程根目录的相对路径
 17        "targets": [    //定义构建的APP包,由product和各模块定义的targets共同定义
 18          {
 19            "name": "default",
                                //target名称,由模块的build-profile.json5中的targets定义
 20            "applyToProducts": [
 21              "default"    //将该模块下的"default"Target打包到"default"Product中
 22            ]
 23          }
 24        ]
 25      }
 26    ]
 27  }
```

一个工程由一个或多个模块组成,工程的构建产物为APP包,APP包用于应用/服务发布上架应用市场。由于国内版、国际版、普通版、VIP版、免费版和付费版等不同的业务场景,需要定制不同的应用包,因此引入了product概念。一个工程可以定义多个product,每个product对应一个定制化应用包,通过配置可以实现一个工程构建出多个不同的应用包。

工程内的每一个Entry/Feature模块,对应的构建产物为HAP,HAP是应用/服务可以独立运行在设备中的形态。由于在不同的业务场景中,同一个模块可能需要定制不同的功能或资源,因此引入target的概念。一个模块可以定义多个target,每个target对应一个定制的HAP,通过配置可以实现一个模块构建出不同的HAP。

(9) hvigorfile.ts:工程级编译构建脚本。

(10) hvigorw和hvigorw.bat:OHPM编译构建工具。

(11) local.properties:用于存储本地属性的文件。

(12) oh-package.json5:工程级依赖配置文件,用于设记录引入包的配置信息。

2.2.2 模块级目录结构

entry是OpenHarmony工程项目的默认模块,编译构建生成一个HAP包。模块级目录结构如图2.12

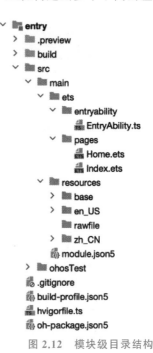

图2.12 模块级目录结构

所示，其包含的主要目录及文件的功能如下。

(1) build 目录：由当前模块编译后自动生成，用于存放最终编译完成后的应用程序包，也就是 HAP 包。HAP 包中包含项目中用到的图片、代码及各种资源等。

(2) src/main/ets 目录：用于存放 ArkTS 源代码。

(3) src/main/ets/entryability 目录：用于存放模块的入口 Ability 文件，以便对当前 Ability 应用逻辑和生命周期进行管理。

(4) src/main/ets/pages 目录：用于存放模块 UI 对应的页面文件，默认会自动生成一个以 Index.ets 命名的页面。

(5) src/main/resources 目录：用于存放模块所用到的图形、多媒体、字符串、布局文件等资源文件。

(6) src/main/module.json5 文件：模块配置文件，每一个模块都有一个 module.json5。该文件用于存放对应 Module 的基本配置信息，主要包含 Module 名称、类型、描述信息、支持的设备类型等基本信息及应用组件信息、应用运行过程中所需的权限信息。其关键代码及功能说明如下。

```
1   {
2     "module": {
3       "name": "entry",                              //Module 的名称
4       "type": "entry",                              //Module 的类型
5       "description": "$string:module_desc",         //Module 的描述信息
6       "mainElement": "EntryAbility",                //Module 的入口 UIAbility 或
                                                      //ExtensionAbility 名称
7       "deviceTypes": [                              //Module 可运行在哪类设备上
8         "default",                                  //表示能够使用全部系统能力的设备
9         "tablet"                                    //表示平板设备
10      ],
11      "deliveryWithInstall": true,                  //Module 对应的 HAP 是否跟随应用一起安装
12      "installationFree": false,                    //Module 是否支持免安装特性
13      "pages": "$profile:main_pages",               //Module 的 profile 资源(列举每个页面信息)
14      "abilities": [                                //Module 中 UIAbility 的配置信息
15        {
16          "name": "EntryAbility",                   //当前 UIAbility 的名称
17          "srcEntry": "./ets/entryability/EntryAbility.ts",   //入口 UIAbility
                                                      //的代码路径
18          "description": "$string:EntryAbility_desc",  //当前 UIAbility 的描述信息
19          "icon": "$media:icon",                    //当前 UIAbility 组件的图标
20          "label": "$string:EntryAbility_label",    //当前 UIAbility 组件显示的名称
21          "startWindowIcon": "$media:icon",         //当前 UIAbility 组件启动页面图标
22          "startWindowBackground": "$color:s_w_bg", //当前 UIAbility 组件启动
                                                      //页面背景
23          "exported": true,
24          "skills": [        //当前 UIAbility 或 ExtensionAbility 组件能够接收的 Want
                               //特征集
25            {
26              "entities": [  //设置能够接收的 Want 的 Ability 的类别(如视频、桌面
                               //应用等)
```

```
27              "entity.system.home"         //主屏幕有图标单击入口类别
28          ],
29          "actions": [                      //设置能够接收的 Want 的 Action 值
30              "action.system.home"         //启动应用入口组件的动作
31          ]
32        }
33       ]
34      }
35     ]
36   }
37 }
```

上述第 19 行代码的 icon 标签表示配置入口图标;第 20 行代码的 label 标签表示配置入口标签名称。入口图标和入口标签是以 UIAbility 为粒度,支持同一个应用存在多个入口图标和入口标签,单击后进入对应的 UIAbility 界面。

(7) build-profile.json5 文件:模块级配置文件,声明包括 buildOption、targets 等模块对应的编译构建参数;其关键代码及功能说明如下。

```
1  {
2    "apiType": 'stageMode',
3    "buildOption": {
4    },
5    "targets": [                    //定义不同的 target
6      {
7        "name": "default",          //默认 target 名称 default
8        "runtimeOS": "openHarmony",
9      },
10     {
11       "name": "free",             //免费版 target 名称
12       "runtimeOS": "openHarmony",
13     },
14     {
15       "name": "pay",              //付费版 target 名称
16       "runtimeOS": "openHarmony",
17     }
18   ]
19 }
```

为了适用于不同的应用场景,在模块级的 build-profile.json5 文件中每一个模块都可以定制不同的 target。上述代码表示以 ArkTS Stage 模型为例,定义一个免费版和付费版的 target,在编译构建时,会同时打包生成 default、free 和 pay 三个不同的 HAP。

在定义应用/服务的 target 时,runtimeOS 字段用于标识该 target 可运行在 HarmonyOS 或 OpenHarmony 设备上的 HAP。如果该字段的值为"HarmonyOS",则表示该 target 可运行在 HarmonyOS 设备上;如果未定义该字段,或该字段的值为"OpenHarmony",则表示该 target 可运行在 OpenHarmony 设备上。

(8) hvigorfile.ts 文件:模块级编译构建任务脚本。

(9) oh-package.json5 文件:模块级依赖配置文件。

2.2.3 资源分类与引用

开发者开发应用程序时,经常需要用到颜色、字符串、图片和音频等资源,这些资源分为系统资源和应用资源两种。

1. 系统资源

系统资源指开发者可以直接使用系统预置的资源定义。通过使用系统资源,不同的开发者可以开发出具有相同视觉风格的应用。引用系统资源的代码格式如下。

```
1    $r('sys.type.resource_id')
```

上述代码中,sys 代表系统资源;type 代表资源类型(如 color、float、string、media);resource_id 代表资源 ID。

2. 应用资源

应用资源借助资源文件能力,开发者在应用中可以自定义应用资源。开发者引用的应用资源只有放入特定的子目录中,才便于使用和维护。Stage 模型工程项目下多模块共享的应用资源文件保存在 AppScope/resources 目录中,各模块的应用资源文件保存在"模块名/src/main/resources"目录中。这两个 resources 目录下都可以包括 base 目录、限定词目录和 rawfile 目录。

1)base 目录

base 目录是默认目录。当应用的 resources 目录中没有与设备状态匹配的限定词目录时,会自动引用该目录中的资源文件。base 目录的二级子目录为资源目录,用于存放字符串、颜色、布尔值等基础元素及媒体、动画、布局等资源文件,资源目录及功能说明如表 2.1 所示。

表 2.1 资源目录及功能说明

资源目录	功能说明
element	存放字符串、整型数、颜色、样式等资源的 JSON 文件。每个资源均由 JSON 格式进行定义,文件名称建议用 boolean.json(布尔型)、color.json(颜色)、float.json(浮点型)、intarray.json(整型数组)、integer.json(整型)、pattern.json(样式)、plural.json(复数形式)、strarray.json(字符串数组)、string.json(字符串值)等,每个文件中只能包含同一类型的数据
media	存放图片、音频、视频等非文本格式的媒体资源文件,支持.png、.gif、.mp3、.mp4 等文件格式
profile	表示自定义配置文件,其文件内容可通过包管理接口获取
rawfile	存放任意格式的原始资源文件。rawfile 不会根据设备的状态去匹配不同的资源,需要指定文件路径和文件名进行引用

base 目录中的资源文件会被编译成二进制文件,并赋予资源文件 ID,通过指定资源类型(type)和资源名称(name)来引用。引用应用资源的代码格式如下。

```
1    $r('app.type.name')
```

上述代码中的 app 代表是应用内 resources 目录中定义的资源;type 代表资源类型(如

color、float、string、plural、media)或资源的存放位置；name 代表资源名称，由开发者定义资源时确定。

2) 限定词目录

应用使用资源时，系统会根据当前设备状态优先从相匹配的限定词目录中寻找该资源。限定词目录中的资源文件会被编译成二进制文件，并赋予资源文件 ID，通过指定资源类型(type)和资源名称(name)来引用。例如，en_US 和 zh_CN 是默认存在的两个限定词目录，如果设备的语言环境是美式英文时，优先匹配 en_US 目录下的资源；如果设备的语言环境是简体中文时，优先匹配 zh_CN 目录下的资源。开发者可以根据应用开发需要自行创建其他限定词目录，限定词目录由一个或多个表征应用场景或设备特征的限定词组合而成，包括国家码、移动网络码、语言、文字、国家或地区、横竖屏、设备类型、颜色模式和屏幕密度等维度，限定词之间通过下画线(_)或者中画线(-)连接。可以根据应用程序的使用场景和设备特征选择其中的一类或几类组成目录名称。例如，zh_CN-vertical-car-mdpi 限定词目录中的 zh 表示中文、CN 表示中国、vertical 表示竖屏、car 表示车机设备、mdpi 表示中规模屏幕密度，合起来表示如果是中国中文竖屏中分辨率的车机设备，就可以适配此子目录中的资源文件。限定词目录的二级子目录为资源组目录，与 base 目录的二级子目录一样。

3) rawfile 目录

在 rawfile 目录中可以创建多层子目录，子目录名称可以自定义，文件夹内可以自由放置各类资源文件。rawfile 目录中的文件不会根据设备状态去匹配不同的资源。目录中的资源文件会被直接打包进应用，不经过编译，也不会被赋予资源文件 ID。通过指定文件路径和文件名来引用。引用 rawfile 目录下的应用资源代码格式如下。

```
1    $rawfile('filename')
```

上述代码中的 filename 代表 rawfile 目录下资源文件的相对路径，文件名需要包含后缀。

【例 2-1】 在文本组件 Text 上显示红色的"南京师范大学泰州学院"。

string.json 的代码如下。

```
1    {
2      "string": [
3        {
4          "name": "nnutc_name",
5          "value": "南京师范大学泰州学院"
6        }
7      ]
8    }
```

Text 组件定义代码如下。

```
1    Text($r('app.string.nnutc_name'))                              //引用应用资源
2        .fontColor($r('sys.color.ohos_id_color_badge_red'))        //引用系统资源
```

2.2.4 ArkTS 语言的基本结构

OpenHarmony 工程创建完成后在 entry/src/main/ets/pages 目录下自动生成 Index.ets 文件,该文件为该工程的默认入口页面文件,通常由装饰器、自定义组件、UI 描述、系统组件(内置组件)、事件方法和属性方法等组成。Index.ets 的默认代码如下。

```
1   @Entry
2   @Component
3   struct Index {
4     @State message: string ='Hello World';
5     build() {
6       Row() {
7         Column() {
8           Text(this.message)              //子组件
9             .fontSize(50)                  //属性方法
10            .fontWeight(FontWeight.Bold)
11        }
12        .width('100%')
13      }
14      .height('100%')
15    }
16  }
```

装饰器用来装饰类、结构、方法及变量,并赋予其特殊的含义。如上述第 1、2 和 4 行代码中的@Entry、@Component 和@State 是装饰器。其中,@Entry 表示该自定义组件为入口组件;@Component 表示自定义组件,即第 3 行代码定义的 struct Index 为自定义组件;@State 表示组件中的状态变量,状态变量变化会触发 UI 刷新。

自定义组件是可以复用的 UI 单元,可以与其他组件组合,如上述@Component 装饰的 struct Index。

UI 描述表示用声明式来描述 UI 的结构,即上述第 5~15 行代码中 build()中的代码块。

系统组件是 ArkUI 框架中默认内置的基础和布局组件,可以由开发者在设计 UI 时直接调用,如上述代码中的 Row、Column、Text 为默认内置的系统组件。

属性方法用于组件属性的配置,可以以链式调用属性方法的方式为组件设置多项属性,如上述第 9、10 行代码表示为 Text 组件设置字体大小(fontSize())和字体粗细(fontWeight())。

事件方法用于为组件对事件添加响应逻辑,可以以链式调用事件方法为组件添加事件的响应逻辑。例如,在页面上添加一个"欢迎"按钮组件(Button),单击按钮,将上述页面上的 Text 组件显示的内容修改为"欢迎使用 ArkTS!",只要在上述代码的第 10 行后面添加如下代码即可。

```
1   Button($r('app.string.btnName'))        //引用应用资源
2     .onClick(() =>{                        //事件方法
3       this.message ="欢迎使用 ArkTS!"
4     })
```

ArkTS语言以声明方式组合和扩展组件来描述应用的用户界面,同时还提供了基本的属性、事件和子组件配置方法,帮助开发者实现应用交互逻辑。

1. 创建组件

根据组件构造方法的不同,创建组件包含有参数和无参数两种方式。如果组件的接口定义没有包含必选构造参数,则组件后面的"( )"不需要配置任何内容。例如,上述第6、7行代码的 Row()和 Column()就属于无参数方式创建组件。如果组件的接口定义包含构造参数,则在组件后面的"( )"配置相应参数。例如,Image 组件在创建时就必须指定参数。

2. 配置属性

每个组件都可以以链式调用属性方法的方式设置它的样式和其他属性。例如,上述第9、10 行代码分别为 Text 组件设置了字体大小和字体粗细。

3. 配置事件

事件是应用程序 UI 和用户交互的必要元素。事件绑定在组件上,当组件达到事件的触发条件时,它就会执行相应的业务功能逻辑。ArkUI 框架既提供了触摸、鼠标、键盘按键及焦点等通用事件,也提供了基于通用事件进一步识别的单击手势、长按手势、拖动手势、捏合手势、旋转手势及滑动手势等事件。

每个组件都可以以链式调用事件方法的方式绑定事件。为组件绑定事件可以使用箭头函数、匿名函数表达式、成员函数三种方式。上述为 Button 组件绑定的单击事件就是采用箭头函数的方式,修改为匿名函数表达式方式和成员函数方式的代码如下。

```
1    //匿名函数表达式方式绑定事件
2    Button($r('app.string.btnName'))
3        .onClick(function(){
4            this.message ="欢迎使用 ArkTS!"
5        }.bind(this))
6    //定义成员函数
7    myClick():void{
8        this.message ="欢迎使用 ArkTS!"
9    }
10   //成员函数方式绑定事件
11   Button($r('app.string.btnName'))
12       .onClick(this.myClick.bind(this))
```

小结

本章首先详细介绍了 OpenHarmony 工程项目的创建步骤、应用在真机设备和模拟器环境下的运行和调试方法,然后详细阐述了 OpenHarmony 工程的目录结构、项目配置文件的组成结构和作用等,让读者对 OpenHarmony 应用工程的创建、调试、运行及目录结构有一个初步的认识。

第 3 章 ArkTS 程序设计基础

ArkTS 是在 TypeScript(TS)生态基础上匹配 ArkUI 框架、目前用于鸿蒙系统应用开发的主力开发语言。它兼容 TypeScript 语言,拓展了声明式 UI、状态管理、并发任务等能力,既让开发者以更简洁、更自然的方式开发应用,又能够提升程序执行的稳定性和性能。

3.1 ArkTS 基本语法

TypeScript 是在 JavaScript 基础上通过添加类型定义扩展而来的,而 ArkTS 则是在继承 TypeScript 语法的基础上进行了优化,并旨在保持 TypeScript 的大部分语法,让开发者快速上手。

3.1.1 变量和常量

1. 变量

变量来源于数学,是计算机语言中能存放计算结果或能表示值的标识符,变量既可以通过变量名获取变量的值,也可以通过变量名给变量赋值。变量名的命名规则如下。

(1) 变量名必须由数字、字母、下画线或中文字符组成。
(2) 变量名开头不能是数字。
(3) 变量名不能是保留字或关键字。
(4) 变量名区分大小写。

变量使用前必须先声明,ArkTS 中用 let 声明变量有下列 4 种方式。

```
1   let 变量名:类型 =值         //声明指定类型和初始值的变量
2   let 变量名:类型             //声明指定类型的变量,其初始值默认为 undefined
3   let 变量名 =值              //声明指定值的变量,其类型由值类型决定
4   let 变量名                  //声明指定变量,其类型任意
```

【例 3-1】 定义一个用于存放学生姓名、语文成绩、数学成绩和总成绩的变量。代码如下。

```
1  let stuName: string ="张三"
2  let cScore =86
3  let mScore =78
4  let sum =cScore +mScore
5  console.log("姓名:", stuName)
6  console.log("语文:", cScore)
7  console.log("数学:", mScore)
8  console.log("总分:", sum)
```

上述第 1 行代码表示声明一个 string 类型的 stuName 变量;第 2 行代码表示声明一个 cScore 变量,该变量的数据类型由赋予值的类型决定,即 86 默认为 number 类型,所以 cScore 变量为 number 类型。如果接着输入下列两行代码,则第 1 行代码正常编译,而第 2 行代码会报错。

```
1  cScore =100           //100 默认为 number 类型,与 cScore 数据类型一致
2  cScore ="78.8"        //"78.8"默认为 string 类型,与 cScore 数据类型不一致
```

2. 常量

常量也称常数,是指在整个程序运行过程中一种恒定的或不可变的数据。它既可以是不随时间变化的某些量和信息,也可以是表示某一数据的字符或字符串,通常直接用数值或常量名表示,ArkTS 中用 const 声明常量,可以有下列两种方式。

```
1  const 常量名:类型 =值    //声明指定类型和值的常量
2  const 常量名 =值         //声明指定值的常量,其类型由值类型决定
```

例如,直接声明一个 pi 常量并赋值的代码如下。

```
1  const pi =3.1425
```

上述代码表示声明一个 pi 常量,该 pi 常量的数据类型由赋予值的类型决定,即 3.1425 默认为 number 类型,所以 pi 常量为 number 类型。如果接着输入下列一行代码,则该行代码会报错。

```
1  pi =3.1415926
```

由于 pi 在前面的代码中已经用 const 声明为常量,一旦常量已经赋值,就不能再给该常量重新赋值。

3.1.2 数据类型

ArkTS 语言支持数值、字符串、布尔、数组、枚举、void、Object、联合等数据类型。

1. 数值类型

数值类型(number)的数据可以表示任何整数和浮点数。整数可以用十进制、十六进制(以 0x 或 0X 开头)、八进制(以 0o 或 0O 开头)及二进制(以 0b 或 0B 开头)表示。浮点数可以包含小数点(".")或以"e""E"开头的指数部分。

【例 3-2】 下列代码表示用不同的形式定义整数变量和浮点数变量。

```
1  let n1 =117              //十进制整数
2  let n2 =0x117            //十六进制整数
```

```
3    let n3 =0o117                    //八进制整数
4    let n4 =0b110                    //二进制整数
5    let n5 =3.1415926                //浮点数
6    let n6 =.5                       //浮点数
7    let n7 =1.5e3                    //浮点数,表示 1500
```

2. 字符串类型

字符串类型(string)的数据由单引号(')或双引号(")之间括起来的零个或多个字符组成。反引号(`)定义字符串模板中包含的多行文本或内嵌表达式。

【例 3-3】 下列代码表示用双引号定义字符串、反引号定义内嵌表达式。

```
1    let osName: string ="OpenHarmony";
2    let years: number =2;
3    let content: string =`今年是 ${ osName } 发布 ${ years +1} 周年`;
4    console.log("info",content)              //输出:今年是 OpenHarmony 发布 3 周年
```

上述第 3 行代码中的"${ osName }"和"${ years + 1}"为内嵌表达式,内嵌表达式的值作为字符串模板内容。

字符串由一个个的字符元素组成,ArkTS 中提供了一些方法和属性对字符串进行操作。表 3.1 中以 let detail = "Hello World!"和 let info = "hello World!"为例介绍字符串的常用操作方法和属性。

表 3.1 字符串常用操作方法和属性功能说明

代 码	功 能 说 明	返 回 值
detail.length	返回 detail 的长度	12
detail[6]	返回 detail 中第 7 个字符(元素下标为 6)	W
detail.charAt(6)	返回 detail 中第 7 个字符(元素下标为 6)	W
detail.concat(info)	连接两个或更多个字符串,并返回新的字符串	Hello World! hello World!
detail.indexOf("l")	返回"l"在 detail 中首次出现的位置	2
detail.lastIndexOf("o")	返回"o"在 detail 中最后一次出现的位置	7
detail.split(" ")	返回 detail 根据" "分隔的子字符串数组	[Hello,World!]
detail.substring(0,3)	返回 detail 中 0(含)~3(不含)索引号之间的字符	Hel
detail.toLowerCase()	把 detail 转换为小写	hello world!
detail.toUpperCase()	把 detail 转换为大写	HELLO WORLD!

3. 布尔类型

布尔类型(boolean)的数据表示逻辑值 true(真)和 false(假)。

4. 数组类型

数组(array)是一个可以容纳多个数据的容器,容器中每个数据称为数组元素,每个数组元素按顺序存储在一串连续的内存空间中,数组的长度由数组中元素的个数确定,数组中第一个元素的索引下标为 0。声明变量为数组的语法格式如下。

```
1    let 数组名:数组类型[]                    //声明数组变量
2    数组名 =[元素 1,元素 2,…]                //初始化数组元素
```

或者直接在声明时初始化数组元素。

```
1    let 数组名:数组类型[] = [元素1,元素2,…]    //声明数组变量,并初始化数组元素
```

【例 3-4】 下列代码表示声明一个能够存放班级平均分的 avgs 数组,班级平均分分别为 87、79、73、85、65。

```
1    let avgs: number[]
2    avgs = [87, 79, 73, 85, 65]
```

上述两行代码也可以用如下代码替换,即直接在声明数组变量时初始化数组元素。

```
1    let avgs: number[] = [87, 79, 73, 85, 65]
```

上述"avgs:number[]"表示 avgs 数组元素的数据类型必须为 number。如果不能确定数组元素的类型,也可以用如下代码声明 avgs 数组。

```
1    let avgs = [87, 79, 73, 85, 65]
```

例如,下列代码表示定义一个 info 数组,该数组中可以包括 number、boolean、string 类型的数组元素。

```
1    let info = [87,73, 85, 65,true,"key"]
```

也可以使用数组泛型声明数组,语法格式如下。

```
1    let 数组名:Array<数组类型>=[元素1,元素2,…]
```

例如,例 3-3 中的 avgs 数组也可以用如下代码声明。

```
1    let avgs:Array<number>=[87, 79, 73, 85, 65]
```

ArkTS 中提供了一些方法和属性对数组进行操作。表 3.2 中以 let arr1:number[] = [1,2,3,1]和 let arr2:string[] = ["a","b","c","d"]为例介绍数组的常用操作方法和属性。

表 3.2 数组常用操作方法和属性功能说明

代 码	功 能 说 明	返 回 值
arr1.length	返回 arr1 的长度	4
arr1.indexOf(1,2)	在 arr1 中从索引号 2 开始搜索"1",并返回它所在的位置。若返回值为-1,则表示没有搜索到	3
arr1.join("+")	将数组的所有元素组成一个字符串,元素间用"+"连接	1+2+3+1
arr1.pop()	删除 arr1 的最后一个元素并返回删除的元素	1
arr1.push(12)	向 arr1 的末尾添加一个或更多个元素,并返回新的长度	5
arr1.reverse()	将 arr1 数组元素的顺序反转	1,3,2,1
arr1.sort()	对 arr1 数组元素升序排序	1,1,2,3
arr1.shift()	删除 arr1 的第一个元素并返回删除的元素	1
arr1.slice(1,3)	返回 arr1 中 1(含)~3(不含)索引号之间的元素	2,3

续表

代码	功能说明	返回值
arr1.splice(1,2)	删除 arr1 中从索引号 1 开始的两个数组元素,并返回删除的数组元素	2,3
arr1.unshift(10)	向 arr1 的开头添加一个或更多个元素,并返回新的长度	5
arr1.map(Math.sqrt)	通过指定函数处理数组的每个元素,并返回处理后的数组	1,1.4142135623730951,1.7320508075688772,1

5. 枚举类型

枚举类型(enum)是预先定义的一组命名值的值类型,其中,命名值又称为枚举常量。使用枚举常量时必须以枚举类型名称为前缀。

【例 3-5】 下列代码表示声明一个存放茶叶名称的枚举类型值,并给福建产的茶叶赋值。

```
1    enum teaNames {"龙井", "碧螺春", "铁观音", "毛峰", "大红袍"}
2    let fujianTea =teaNames.大红袍           //福建产茶叶
3    console.log("福建产茶叶:", fujianTea)     //输出:福建产茶叶:4
```

6. void 类型

void 类型用于指定函数没有返回值,该类型只有一个 void 值。由于 void 是引用类型,所以它可以用于泛型类型参数。

7. Object 类型

Object 类型是所有引用类型的基类型。任何值都可以直接被赋给 Object 类型的变量。例如,下列代码编译不会报错。

```
1    let title: Object
2    title =102211                          //102211 为 number 类型
3    title ="102211"                        // "102211"为 string 类型
```

8. 联合类型

联合类型(Union)是由多个类型组合成的引用类型。联合类型包含变量可能的所有类型。联合类型的语法格式如下。

```
1    type 联合类型名 =数据类型 1|数据类型 2|…
```

【例 3-6】 定义一个可以存放 number 和 string 类型数据的联合类型,并声明一个该联合类型变量,实现代码如下。

```
1    type  msgType =number|string
2    let   msg:msgType
3    msg ="kate"                            //string 类型
4    msg =124                               //number 类型
5    msg =true                              //boolean 类型,报错
```

上述第 1 行代码定义 msgType 为联合类型,该类型可以包含 number 和 string 类型;第 2 行代码声明一个 msgType 类型的 msg 变量。

3.1.3 运算符

运算符是对包括数值或变量在内的操作数执行操作的特殊字符,ArkTS 语言中包括算术运算符、比较运算符、逻辑运算符、位运算符和赋值运算符,不同的运算符应用于不同的开发场景。使用运算符、常量和变量等可以组成表达式,同一个表达式中的运算符在运算时有先后顺序(优先级),通常情况下,算术运算符的优先级高于关系运算符,关系运算符的优先级高于逻辑运算符。

1. 算术运算符

算术运算符用于执行基本的数学运算,使用算术运算符、常量和变量等可以组成算术表达式。表 3.3 中以 let a = 4 和 let b = 5 介绍 ArkTS 语言支持的算术运算符及功能。

表 3.3　算术运算符及功能说明

运算符	功能说明	示例表达式	表达式的值
+	加法	a+b	9
−	减法	a−b	−1
*	乘法	a*b	20
/	除法	a/b	0.8
%	取模(余数)	a%b	4
++	自增	++a	5(a 的值为 5)
		a++	4(a 的值为 5)
−−	自减	−−b	4(b 的值为 4)
		b−−	5(b 的值为 4)

2. 比较运算符

比较运算符用于对操作数与操作数之间进行关系比较,使用关系运算符、常量和变量等可以组成比较表达式,比较表达式的值只能为 true 或 false。表 3.4 中以 let a = 4 和 let b = 5 介绍 ArkTS 语言支持的比较运算符及功能。

表 3.4　比较运算符及功能说明

运算符	功能说明	示例表达式	表达式的值
>	大于	a>b	false
<	小于	a<b	true
>=	大于或等于	a>=b	false
<=	小于或等于	a<=b	true
==	等于	a==b	false
!=	不等于	a!=b	true

3. 逻辑运算符

逻辑运算符用于判断操作数之间的关系,使用逻辑运算符、常量和变量等可以组成逻辑表达式。表 3.5 中以 let a = 4 和 let b = 5 介绍 ArkTS 语言支持的逻辑运算符及功能。

表 3.5　逻辑运算符及功能说明

运算符	功能说明	示例表达式	表达式的值
&&	与操作。如果所有表达式都为 true，则返回 true	(a>0) && (b>1)	true
||	或操作。如果任何表达式为 true，则返回 true	(a>b)||(b>10)	false
!	取反操作。true 取反为 false，false 取反为 true	!(a==b)	true

4. 位运算符

位运算是对位模式按位或二进制数的一元和二元操作。表 3.6 中以 let a = 4 和 let b = 5 介绍 ArkTS 语言支持的逻辑运算符及功能。

表 3.6　位运算符及功能说明

运算符	功能说明	示例表达式	表达式的值
&	按位与：如果两个操作数的对应位都为 1，则将这个位设置为 1，否则设置为 0	a&b	4
|	按位或：如果两个操作数的相应位中至少有一个为 1，则将这个位设置为 1，否则设置为 0	a|b	5
~	按位非：反转操作数的位	~a	−5
^	按位异或：如果两个操作数的对应位不同，则将这个位设置为 1，否则设置为 0	a^b	1
<<	左移：a<<b 表示将 a 的二进制向左移 b 位，高位丢弃，低位补 0	a<<1	8
>>	算术右移：a>>b 表示将 a 的二进制向右移 b 位，带符号扩展	a>>1	2
>>>	逻辑右移：a>>>b 表示将 a 的二进制向右移 b 位，左边补 0	a>>>1	2

5. 赋值运算符

赋值运算符用于将值赋给一个变量，值的分配从右到左。表 3.7 中以 let a = 4 和 let b = 5 介绍 ArkTS 语言支持的赋值运算符及功能。

表 3.7　赋值运算符及功能说明

运算符	功能说明	示例表达式	等价表达式	a 的值
=	赋值	a=b	a=b	5
+=	相加和赋值	a+=b	a=a+b	9
−=	相减和赋值	a−=b	a=a−b	−1
*=	相乘和赋值	a*=b	a=a*b	20
/=	相除和赋值	a/=b	a=a/b	0.8
%=	取模(余数)和赋值	a%=b	a=a%b	4

6. 其他运算符

1) 三元运算符

三元运算符(?:)也称为条件表达式，它包含三个操作数，并且需要判断布尔表达式的值。该运算符主要是决定哪个值应该赋值给变量。例如,求两个数中较大的数可以用如下代码实现。

```
1   let a = 4
2   let b = 5
3   let r = a > b ? a : b
```

2) 类型运算符

类型运算符(typeof)是一元运算符,返回操作数的数据类型。例如,输出 a 变量的数据类型可以用如下代码实现。

```
1   console.log("a 的数据类型为:", typeof a)
```

3.1.4 控制流程

所有程序设计语言在设计程序时都包括顺序结构、条件分支(选择)结构和循环(重复)结构。顺序结构是最简单的程序结构,也是最常用的程序结构,程序员按照解决问题的顺序写出相应的语句,程序执行时按照自上而下的顺序依次执行,其执行流程如图 3.1 所示。条件分支结构表示程序的处理步骤出现了分支,它需要根据某一特定的条件选择其中的一个分支执行,条件分支结构有单分支、双分支和多分支三种形式,双分支结构的执行流程如图 3.2 所示。循环结构是指在程序中需要反复执行某个功能,它根据循环体中的条件判断是继续执行某个功能,还是退出循环。根据判断条件,循环结构又分为当型循环和直到型循环,当型循环的执行流程如图 3.3 所示。

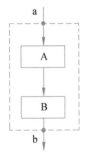
图 3.1 顺序结构

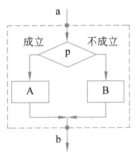
图 3.2 条件分支结构

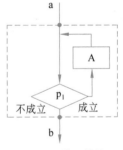
图 3.3 循环结构

1. 条件分支结构

条件分支结构用条件语句实现,ArkTS 语言中包括以下 4 种条件语句。

1) if 语句

if 语句由布尔表达式及代码块组成,其语法格式如下。

```
1   if (布尔表达式) {
2       代码块
3   }
```

if 语句表示如果布尔表达式的值为 true,则执行代码块。

【例 3-7】 产生一个 10~100 的随机整数,如果该随机整数为偶数,则输出"产生的随机数是偶数"。实现代码如下。

```
1   let range =100 -10
2   let rnd =Math.floor(Math.random() * range)+10
3   if (rnd%2 ==0) {
4       console.log("rand:",`产生的随机数${rnd}是偶数`)
5   }
```

2) if…else 语句

if…else 语句由 if 语句及 else 语句组成,其语法格式如下。

```
1   if (布尔表达式) {
2       代码块 1
3   } else {
4       代码块 2
5   }
```

if…else 语句表示如果布尔表达式的值为 true,则执行代码块 1,否则执行代码块 2。例如,在例 3-7 的基础上,如果该随机数为奇数,则输出"产生的随机数是奇数"。实现代码如下。

```
1   if (rnd%2 ==0) {
2       console.log("rand:",`产生的随机数${rnd}是偶数`)
3   } else {
4       console.log("rand:",`产生的随机数${rnd}是奇数`)
5   }
```

3) if…else if…else 语句

if…else if…else 语句在执行多个判断条件时很有用,其语法格式如下。

```
1   if(布尔表达式 1) {
2       代码块 1
3   } else if(布尔表达式 2) {
4       代码块 2
5   } else {
6       代码块 3
7   }
```

if…else if…else 语句表示如果布尔表达式 1 的值为 true,则执行代码块 1;如果布尔表达式 2 的值为 true,则执行代码块 2,否则执行代码块 3。

【例 3-8】 产生一个 $-100 \sim 100$ 的随机整数 x,如果 $x>0$,则输出"x>0";如果 $x=0$,则输出"x=0";如果 $x<0$,则输出"x<0"。实现代码如下。

```
1   let range =100 - (-100)
2   let rnd =Math.floor(Math.random() * range) + (-100)
3   if (rnd >0) {
4       console.log("rand:", `${rnd}>0`)
5   } else if (rnd ==0) {
6       console.log("rand:", `${rnd}=0`)
7   } else {
8       console.log("rand:", `${rnd}<0`)
9   }
```

4) switch 语句

switch 语句用来选择多个代码块中某一个代码块执行,也就是执行与 switch 表达式值匹配的代码块。其语法格式如下。

```
switch(表达式){
    case 常量值 1:
        代码块 1
        break                        //可选
    case 常量值 2:
        代码块 2
        break                        //可选
    …
    default:                         //可选
        代码块 n
}
```

当被测试的表达式值等于某 case 中的常量值时,该 case 后跟的语句将被执行,直到遇到 break 语句为止;当遇到 break 语句时,switch 终止,控制流将跳转到 switch 语句后的下一行。default 表示当表达式的值与所有 case 中的常量值都不匹配时执行的代码块。如果 case 语句不包含 break,控制流将会继续执行后续的 case,直到遇到 break 为止。

【例 3-9】 产生一个随机整数 week(week 代表星期几),根据 week 值判断主食内容,周一、周三、周五吃面条;周二、周四、周六吃米饭;周日吃馒头。实现代码如下。

```
let range = 8 - 1
let week = Math.floor(Math.random() * range) + 1
switch (week) {
    case 1:
    case 3:
    case 5:
        console.log("info", `周${week}吃面条`)
        break
    case 2:
    case 4:
    case 6:
        console.log("info", `周${week}吃米饭`)
        break
    default:
        console.log("info", `周${week}吃馒头`)
}
```

2. 循环结构

循环结构用于控制代码的执行次数,由循环语句实现,ArkTS 语言中包括以下 4 种条件语句。

1) for 循环语句

for 循环语句用于多次执行一个语句块,其语法结构如下。

```
for ( 初始化表达式; 条件表达式; 更新表达式){
    循环体
}
```

首先执行初始化表达式,然后判断条件表达式,如果条件表达式的值为 true,则执行循环体,循环体语句执行完后,执行更新表达式,然后继续判断条件表达式,如果条件表达式的值为 true,则执行循环体,以此重复;如果条件表达式的值为 false,则退出循环体。

【例 3-10】 求 10 的阶乘,实现代码如下。

```
1    let fact = 1
2    for (let i = 10; i > 0; i--) {
3        fact = fact * i
4    }
```

2) for…of 循环语句

for…of 循环语句用于遍历数组、字符串等可迭代的数据,其语法结构如下。

```
1    for (循环变量 of 数组/字符串) {
2        循环体
3    }
```

【例 3-11】 用 for…of 循环语句输出交通工具名称,实现代码如下。

```
1    let vehicles = ['飞机', '轮船', '汽车', '自行车']
2    for (let vehicle of vehicles) {
3        console.log("info", `交通工具为:${vehicle}`)
4    }
```

3) while 循环语句

while 循环表示根据条件重复执行循环体的内容。它有 while 和 do…while 两种形式。

while 形式是先判断条件,然后才根据条件决定是否执行循环体。也就是当条件为真时,才重复执行循环体。其语法结构格式如下。

```
1    while (条件表达式) {
2        //循环体
3    }
```

【例 3-12】 求满足 1+2+3+4+5+…+n<10 000 表达式中最大的 n 值,实现代码如下。

```
1    let s = 0
2    let n = 0
3    while (s < 1000) {
4        n++
5        s = s + n
6    }
7    console.log("info", `最大的 n 值:${n-1}`)
```

上述第 7 行代码输出的 n−1 值为满足表达式最大值,因为当 s≥1000 时,循环终止执行,但是此时 n=n+1 已经执行了一次,也就是多加了 1,所以必须在最终结果中将其减掉。

do…while 形式是先执行循环体,然后判断条件,当条件为真时,才继续重复执行循环体。其语法结构格式如下。

```
1    do{
2        //循环体
3    }while (条件)
```

由于在检查条件之前首先要执行 do…while 循环体,所以 do…while 循环体至少执行一次,即使 while 内的条件为 false 也要执行一次。例如,例 3-12 也可以用如下代码实现。

```
1   do {
2       n++
3       s = s + n
4   } while (s < 10000)
```

4) break、continue 和 return

break 语句的作用是在循环结构中终止本层循环体,从而提前结束本层循环。continue 语句的作用是跳过本次循环体中余下尚未执行的语句,立即进行下一次的循环条件判定,也就是仅结束本次循环。return 语句的作用是终止程序的运行。

例如,下列语句执行时将 0~100 的所有奇数相加。

```
1   for (let x = 0; x < 100; x++) {
2       if (x % 2 == 0) {
3           continue
4       }
5       sum += x
6   }
```

上述第 2~4 行代码表示,如果 x 能被整除,则跳过本次循环并进入下一次循环的条件判定。如果 continue 替换为 break,则上述循环体仅执行一次,即 sum 的最终值为 0。

3.2 函数

函数是一组一起执行一个任务的语句,既可以封装在编程语言的标准库中(即标准库函数),也可以根据一个特定的任务由用户自定义(用户自定义函数)。

3.2.1 标准库函数

已经存在于 ArkTS 语言标准库中的函数称为标准库函数或内置函数或预定义函数。例如,前面用到的 Math.random() 函数,表示取 0~1 的随机数,它在标准函数库中已经存在,所以可以直接在代码中调用。还有前面用到的 Math.floor()、console() 等也是标准库函数,开发者可以选择所需的标准库函数在代码中直接使用。

3.2.2 用户自定义函数

用户自定义函数是由用户根据实际功能需要编写的代码块,这些代码块既能够在程序语句中重用,也能够让程序更易于管理。在使用函数之前需要先进行函数的声明定义,ArkTS 语言中函数的声明定义格式如下。

```
1   function 函数名(参数名1:参数类型1,参数名2:参数类型2,…):返回值类型 {
2       函数体
3   }
```

上述第 1 行代码中的 function 用来声明一个函数,表示它后面的内容是一个函数;"函数名"用来指定自定义函数的名称,命名规则同变量名命名规则;"参数名:参数类型"用来指定自定义函数的参数及参数类型;"函数体"用来指定函数要执行的主体内容;如果函数执行完后需要返回值,则需要指定函数返回值类型;如果函数执行完后不需要返回值,则可以用void或者直接省略,即表示函数返回值类型为空。

根据不同的应用场景,ArkTS语言中将函数分为无参函数、有参函数、匿名函数和箭头函数。无参数就是声明函数时,不需要定义参数,调用时不需要传入参数。例如,下列函数调用时不需要传入参数,会直接显示版权信息。

```
1  function  showInfo(){
2      console.log("版权所有@南京师范大学泰州学院")
3  }
```

1. 有参函数

有参函数中的参数又可细分为没有默认值参数、有默认值参数、可选参数和剩余参数。

1) 没有默认值参数

没有默认值参数也称为必选参数,就是在函数声明时并没有指定参数的默认值,但是在调用函数时必须指定参数的值。

【例 3-13】 定义一个求两数中较大值的函数,实现代码如下。

```
1  /*声明函数*/
2  function max(a: number, b: number): number {
3      return a >b ? a : b;
4  }
5  /*调用函数*/
6  let value =max ( 3,4 )                    //value 的值为 4
```

上述代码定义的 max(a: number, b: number)函数,a、b 参数没有指定默认的参数值,调用该函数时,必须指定 a、b 参数的值。

2) 有默认值参数

有默认值参数就是在函数声明时指定了参数默认值,调用函数时,如果不传入该参数的值,则使用默认参数。例如,用有默认值参数函数实现例 3-13 功能的代码如下。

```
1  /*声明函数*/
2  function max(a: number, b: number =9): number {
3      return a >b ? a : b;
4  }
5  /*调用函数*/
6  let value1=max ( 3 )                       //value1 的值为 9
7  let value2 =max ( 13,23 )                  //value2 的值为 23
```

3) 可选参数

可选参数表示在调用时可以传入参数的值,也可以不传入参数的值,声明函数时用"?"标识参数名。例如,下列代码表示根据传入的参数返回结果。

```
1  /*声明函数*/
2  function buildName(fName: string, lName? : string) {
3      if (lName)
```

```
4        return fName +" " +lName;
5    else
6        return fName;
7  }
8  /*调用函数*/
9  let result1 =buildName("Rose", "Yalsad")      //result1 的值为 Rose Yalsad
10 let result2 =buildName("Kate")                //result2 的值为 Kate
```

4) 剩余参数

在不能确定传入参数个数的开发场景中,可以用"…"将函数的参数声明为剩余参数。

【例 3-14】 定义一个能够求任意多个数之和的函数,实现代码如下。

```
1  /*声明函数*/
2  function addSums(...elements:number[]){
3    let  i;
4    let sum:number =0;
5    for(i =0;i<elements.length;i++) {
6      sum =sum +elements[i];
7    }
8    console.log("info",`和为:${sum}`)
9  }
10 /*调用函数*/
11 addSums(1,2,3,5)                          //将 1,2,3,5 相加
12 addSums(10,23,22,23,34,45)                //将 10,23,22,23,34,45 相加
```

2. 匿名函数

匿名函数是一个没有函数名的函数。它在程序运行时动态声明,除了没有函数名外,其他与自定义函数一样。例如,用匿名函数求两数之和的实现代码如下。

```
1  /*声明匿名函数*/
2  let sum =function (a: number, b: number) {
3      return a +b
4  }
5  /*调用匿名函数*/
6  console.log("info", `两数之和:${sum(10,23)}`)
```

3. 箭头函数

箭头函数也称为 Lambda 函数,这种函数只有函数体而没有函数名称。箭头函数的语法格式如下。

```
1  ( [参数 1,参数 2,…] ) =>  {代码块 }
```

括号内传入的函数参数,可以有 0 到多个,箭头后是函数的代码块。

【例 3-15】 定义一个求两数之和的 Lambda 函数,实现代码如下。

```
1  /*定义匿名函数*/
2  let abc =(a: number, b: number) =>{
3      return a +b
4  }
5  /*调用匿名函数*/
6  console.log("info",abc(10,20))
```

3.2.3 函数重载

函数重载是指通过为同一函数(函数名相同)提供多个不同的签名(包括参数类型、数量),以便根据实际传入的参数类型和数量,在编译时选择正确的函数进行调用。声明函数重载的语法格式如下。

```
1  function 函数名(参数名 1:参数类型 1):返回类型 1
2  function 函数名(参数名 2:参数类型 2):返回类型 2
3  function 函数名(参数名 3:参数类型 1|参数类型 2):返回类型 3{
4      //函数体
5  }
```

函数重载由多个函数声明组成,但仅有最后一个函数声明包含具体功能实现的函数体。每个重载函数声明的返回值类型可以相同,也可以不相同;如果返回值类型不相同,则最后一个函数声明的返回值类型为 any。例如,下面前三个函数的参数类型、函数返回值类型均不相同,最后一个具体功能实现函数的返回值类型为 any。

```
1   function pInput(v: string): string
2   function pInput(v: number): number
3   function pInput(v:string,w:string):void
4   function pInput(v: string | number,w?:string): any {
5       if (typeof v =='string') {
6         console.log("info", `${v}是 string 类型!`);
7         if (w!=undefined) {
8           console.log("info", `${w}`);
9         }
10      } else if (typeof v =='number') {
11        console.log("info", `${v}是 number 类型!`);
12      }
13  }
14  pInput(100)                    //输出:100 是 number 类型!
15  pInput("hello")                //输出:hello 是 string 类型!
16  pInput("ArkTS","HarmonyOS")    //输出:ArkTS 是 string 类型!换行    HarmonyOS
```

上述第 4 行代码中的 w 为可选参数,函数的参数数量不同时,可以将不同的参数设置为可选。上述第 14 行代码表示调用第 1 个重载函数、第 15 行代码表示调用第 2 个重载函数、第 16 行代码表示调用第 3 个重载函数。

3.3 类和对象

任何一门面向对象编程语言中,类(class)是非常基础和重要的一项内容。类是对现实世界的抽象,包括表示类特征的数据(属性)和对数据的操作(方法)。对象是类的实例化,对象之间通过消息传递相互通信,以此来模拟现实世界中不同实体间的联系。在 ArkTS 语言中所有类都有一个共同的超类 Object。

3.3.1 类的定义和使用

类描述了所创建对象共同的特殊属性和方法。类的定义语法格式如下。

```
1   class 类名{
2       //定义字段
3       //定义构造函数
4       //定义方法
5   }
```

类名的首字母一般为大写字母。字段用于表示类对象的有关属性特征；构造函数在类实例化对象时调用，用于为类对象分配内存；方法用于描述类对象的有关行为。类中定义的字段、构造函数、方法都属于类的成员。类的构造函数是类的一种特殊方法，它会在每次创建类对象时调用。定义类时如果没有自定义任何构造函数，那么就会有一个默认的构造函数可以调用。但是，如果使用 constructor 声明构造函数后，默认构造函数就会失效。为了减少运行时的错误和获得更好的执行性能，ArkTS 语法中要求所有字段在声明时或者构造函数中显式初始化。

类定义后，可以使用 new 关键字创建实例化对象，对象的成员用"."引用。实例化对象和引用对象成员的语法格式如下。

```
1   let 对象名 = new 类名()          //实例化对象
2   对象名.字段名                    //引用字段
3   对象名.方法名                    //引用方法
```

【例 3-16】 定义一个 Person 类，包含姓名、年龄两个特征属性和一个说话方法，实现代码如下。

```
1   /*定义类*/
2   class Person {
3       name: string = "李四"              //声明时初始化姓名
4       age: number = 35                   //声明时初始化年龄
5       say(): void {
6           console.log("info", `${this.name}的年龄:${this.age}`)
7       }
8   }
9   /*使用类*/
10  let person = new Person()              //实例化 Person 类对象 person
11  person.say()                           //输出：李四的年龄:35
12  person.name = "张三"                   //给 name 属性重新赋值
13  person.age = 23                        //给 age 属性重新赋值
14  person.say()                           //输出：张三的年龄:23
```

上述定义的 Person 类中并没有定义任何构造函数，但是在第 10 行代码实例化 person 对象时，调用了默认的 Person() 构造函数，并使用 name 和 age 的默认初始值实例化对象。如果自定义构造函数实现上述功能，可以使用如下代码。

```
1   class Person {
2       name: string
3       age: number
4       constructor(name: string, age: number) {
5           this.name = name              //构造函数中显式初始化姓名
6           this.age = age                //构造函数中显式初始化年龄
7       }
8       //say()方法代码与例 3-16 一样,此处略
9   }
10  let person = new Person("张三", 24)
11  person.say()
12  let person2 = Person()                //报错
```

1. 字段

字段是直接在类中声明的某种类型的变量。类中可以定义实例字段或者静态字段。实例字段存在于类的每个实例化对象上,每个实例化对象都有自己的实例字段集合。要访问实例字段,需要使用类的实例化对象。例如,例 3-16 中的 person 是实例化对象,name 和 age 就是 person 对象的实例字段。静态字段用 static 关键字修饰,它属于类本身,类的所有实例化对象共享一个静态字段,静态字段使用类名访问。

【例 3-17】 定义一个动物类,包含一个用于计数的静态字段,用来记录动物的数量,实现代码如下。

```
1   class Animal {
2       static animalCount:number = 0              //静态字段
3       name:string
4       leg:number
5       constructor(name: string, leg: number) {
6           this.name = name
7           this.leg = leg
8           Animal.animalCount ++                  //类名访问静态字段
9       }
10  }
11  let animal1 = new Animal("小猫 1", 4)
12  let animal2 = new Animal("小猫 2", 4)
13  let animal3 = new Animal("小鸟", 2)
14  console.log("info", Animal.animalCount)        //输出:3
```

上述第 11~13 行代码表示实例化 Animal 类型对象 animal1、animal2 和 animal3,第 14 行代码通过 Animal 类名访问静态字段 animalCount。

2. 方法

方法是直接在类中声明的某种行为。类中可以定义实例方法或者静态方法,实例方法既可以访问静态字段,也可以访问实例字段。要访问实例方法,需要使用类的实例化对象。静态方法用于定义类的一个公共行为,用 static 关键字修饰;静态方法属于类本身,只能访问静态字段,静态方法使用类名访问。例如,在例 3-17 的基础上添加静态方法,用于输出动物的数量。实现代码如下。

```
1   /*声明静态方法*/
2   static printInfo(){
3          console.log("info",`${Animal.animalCount}`)    //调用静态字段
4   }
5   /*调用静态方法*/
6   Animal.printInfo()
```

3.3.2 类的继承

类的继承与现实生活中子承父业、徒弟继承师父的手艺等含义一样。在面向对象编程思想下,可以在创建类时继承一个已存在的类,这个已存在的类称为父类或基类,继承它的类称为子类或派生类。子类既可以继承父类的字段和方法,也可以覆盖父类的方法(覆写方法),并且可以新增定义字段和方法。类的继承定义语法格式如下。

```
1   class 子类名 extends 父类名 {
2         //类体
3   }
```

【例 3-18】 定义一个继承自 Person 类的 Student 子类,在 Student 子类中新增 school 字段代表学校、study()方法代表学习行为,实现代码如下。

```
1    class Student extends Person {
2          school: string                           //学校字段
3          constructor(name: string, age: number, school: string) {
4            super(name, age);                     //调用父类构造函数
5            this.school=school
6          }
7          study(): void {                         //定义 study()方法
8            console.log("info", `${this.name} 在 ${this.school} 就读`)
9          }
10   }
11   let student =new Student("张国庆", 20, "第二中学")   //实例化对象
12   student.study()                                    //输出:张国庆 在 第二中学 就读
```

【例 3-19】 定义继承自 Student 类的 PStudent 和 MStudent 子类,分别代表小学生类和中学生类,并覆写 study()方法,实现代码如下。

```
1    class PStudent extends Student{
2          study():void{
3            console.log("info", `${this.name} 是在 ${this.school} 就读的小学生`)
4          }
5    }
6    class MStudent extends Student{
7          study():void{
8            console.log("info", `${this.name} 是在 ${this.school} 就读的中学生`)
9          }
10   }
11   let p =new PStudent("李小思",10,"红旗小学")
12   p.study()                                    //输出:李小思是在红旗小学就读的小学生
13   let m =new MStudent("王红红",16,"北方中学")
14   m.study()                                    //输出:王红红是在北方中学就读的中学生
```

上述第 2～4 行代码和第 7～9 行代码对例 3-18 中的 study()方法进行了覆写,同一个方法对于不同类型的对象产生了不同的行为,在面向对象编程中体现了多态的特征。

3.3.3 可见性修饰符

类的字段和方法可以使用 public、private 和 protected 等可见性修饰符来控制访问权限,默认修饰符为 public。由 public 修饰的类成员,可以在程序的任何可访问类的地方访问;由 private 修饰的类成员,只能在声明该成员的类内部访问;由 protected 修饰的类成员,可以在声明该成员的类内部和子类中访问。

【例 3-20】 下列代码定义在同一个程序中,分析它们的执行情况。

```
1    class Base {
2        a: number =1              //默认情况下为 public,可以在访问 Base 类的任何地方访问
3        private b =2              //只能在 Base 类中访问
4        protected c =3            //可在 Base 类及其子类中访问
5        protected printInfo() {   //可在 Base 类及其子类中访问
6            console.log("info", this.b)   //正确,b 只可以在 Base 类中访问
7        }
8    }
9    class Derived extends Base {
10       showInfo() {
11           this.printInfo()              //正确,用 protected 修饰的方法可以在子类中访问
12           console.log("info",this.b)    //报错,用 private 修饰的 b,只能在定义它的类中访问
13           console.log("info", this.c)   //正确,用 protected 修饰的 c,可以在子类中访问
14       }
15   }
16   let derived =new Derived()
17   derived.showInfo()                    //正确,showInfo()默认为 public,可以在任何地方访问
```

3.3.4 对象字面量

对象字面量是一个表达式,用于代替 new 创建类实例,并同时提供一些初始值,以便提高实例化对象的方便性。

【例 3-21】 定义一个 Bird 类,并用对象字面量分别实例化两个 bird 对象,实现代码如下。

```
1    class Bird{
2        name:string                                          //名称
3        type:string                                          //类型
4    }
5    let sparrow:Bird ={name:"麻雀",type:"留鸟"}
6    console.log("info", `${sparrow.name}是${sparrow.type}`)   //输出:麻雀是留鸟
7    let swallow:Bird ={name:"燕子",type:"候鸟"}
8    console.log("info", `${swallow.name}是${swallow.type}`)   //输出:燕子是候鸟
9    function flyInfo(bird:Bird){
10       console.log("info", `${bird.name}是${bird.type}`)
11   }
12   flyInfo({name:"喜鹊",type:"留鸟"})                        //输出:喜鹊是留鸟
```

上述第 5 行、第 7 行和第 12 行代码分别用对象字面量实例化 Bird 类型的对象。对象

字面量的使用格式为"{字段名1:值1,字段名2:值2,…}"。

3.4 接口

在实际应用开发中,如果需要定义一个子类拥有父类的函数和属性,但并不需要父类里方法和属性的具体实现,那么就可以把父类声明为接口(interface)。

3.4.1 接口的定义和使用

接口通常包含字段和方法的声明,这些字段和方法都是抽象的,需要由具体的类去实现后才可以使用。接口的定义语法格式如下。

```
1  interface 接口名 {
2      //抽象字段
3      //抽象方法
4  }
```

【例3-22】 编写一个能求解多种平面图形(如圆形、三角形)面积与周长的程序,实现步骤如下。

(1) 编写一个图形接口,分别在接口中定义图形名称抽象字段及图形条件输入、判断能否构成图形、计算图形面积和计算图形周长的4个抽象方法。

```
1   /*定义图形接口*/
2   interface Graphics {
3       name: string                                //图形名称
4       /*图形条件输入*/
5       input(a: number, b?: number, c?: number)
6       /* 判断能否构成图形,能构成返回true,否则返回false */
7       judge(): Boolean
8       /*计算图形面积,返回计算结果*/
9       area(): number
10      /*计算图形周长,返回计算结果*/
11      perimeter(): number
12  }
```

(2) 根据接口定义圆形、三角形等图形的类,依次实现接口的抽象字段和方法。

```
1   /*定义圆形类*/
2   class Circle implements Graphics {
3       name: string
4       r: number                                    //圆的半径
5       constructor(name: string) {
6           this.name =name
7       }
8       input(a: number, b?: number, c?: number) {   //b、c为可选参数
9           this.r =a                                //为半径赋值
10      }
11      judge(): Boolean {
12          if (this.r >0) return true               //若半径大于0,则可以构成圆
13          return false
14      }
```

```
15          area(): number {
16              return Math.PI * this.r * this.r
17          }
18          perimeter(): number {
19              return 2 * Math.PI * this.r
20          }
21      }
22      /*定义三角形类*/
23      class Triangle implements Graphics {
24          name: string;
25          a: number                                   //三角形第一条边
26          b: number                                   //三角形第二条边
27          c: number                                   //三角形第三条边
28          constructor(name) {
29              this.name = name
30          }
31          input(a: number, b?: number, c?: number) {
32              this.a = a                              //为第一条边赋值
33              this.b = b                              //为第二条边赋值
34              this.c = c                              //为第三条边赋值
35          }
36          judge(): Boolean {
37              if ((this.a + this.b > this.c) && (this.a + this.c > this.b) && (this.b + this.c > this.a))
38                  return true
39              return false
40          }
41          area(): number {
42              let s = (this.a + this.b + this.c) / 2
43              return Math.sqrt(s * (s - this.a) * (s - this.b) * (s - this.c))
44          }
45          perimeter(): number {
46              return this.a + this.b + this.c
47          }
48      }
```

(3) 自定义 result() 函数输出图形面积和周长。

```
1   /*定义输出图形面积和周长的函数*/
2   function result(graphic: Graphics) {
3       if (graphic.judge()) {
4           console.log("info", `${graphic.name}的面积为: ${graphic.area()}`)
5           console.log("info", `${graphic.name}的周长为: ${graphic.perimeter()}`)
6       } else {
7           console.log("info", `不能构成${graphic.name}`)
8       }
9   }
```

(4) 实例化圆形对象、三角形对象,并调用 result() 函数输出图形面积和周长。

```
1   let circle = new Circle("圆")                //实例化圆形对象
2   circle.input(2)                             //为圆的半径赋值
3   result(circle)                              //输出圆的面积和周长
4   let triangle = new Triangle("三角形")         //实例化三角形对象
```

```
5    triangle.input(3,4,5)              //为三角形的三边赋值
6    result(triangle)                   //输出三角形的面积和周长
```

上述第1~3行代码表示首先实例化一个圆形对象,然后为圆的半径赋值,最后调用 result()函数输出圆的面积和周长;上述第4~6行代码表示首先实例化一个三角形对象,然后为三角形的三边赋值,最后调用 result()函数输出三角形的面积和周长。

3.4.2 接口的继承

接口可以继承其他接口,继承接口包含被继承接口的所有属性和方法,还可以添加自己的属性和方法。接口的继承定义语法格式如下。

```
1    interface 子接口名 extends 父接口名 {
2        //抽象字段
3        //抽象方法
4    }
```

【例3-23】 定义一个四边形图形接口,该接口继承自例3-22中定义的 Graphics,四边形图形接口中包含4条边字段和1个判断是否为正方形的方法,实现代码如下。

```
1    interface Quard extends Graphics {
2        a: number  //边1字段
3        b: number  //边2字段
4        c: number  //边3字段
5        d: number  //边4字段
6        /*判断是否为正方形,若是则返回 true,否则返回 false*/
7        isSquare(): boolean
8    }
```

3.5 泛型

泛型是强类型编程语言的一种特性,它允许程序员编写代码时并不在类型定义部分直接指出明确的类型,而是用尖括号(<>)括起的 T(Type,类型)、E(Element,元素)、K(Key,键)或 V(Value,值)等大写或小写字母表示。

3.5.1 泛型类/接口

泛型类/接口的定义语法格式如下。

```
1    /*泛型类*/
2    class 类名<T>{
3        //类体
4    }
5    /*泛型接口*/
6    interface 接口名<T>{
7        //接口体
8    }
```

【例3-24】 下列代码定义了一个多功能数据类型打印机类,该打印机可以打印基本类

型数据或自定义类型数据。分析它们的执行情况。

```
1   /*声明泛型类*/
2   class DataPrint<E>{
3       e: E
4       constructor(e: E) {
5         this.e =e
6       }
7       printInfo(): E {
8         console.log("info", `打印内容:${this.e}`)
9         return this.e
10      }
11  }
12  let dPrintString =new DataPrint<string>("this is a string!")
                                                            //实例化 string 类型打印机
13  dPrintString.printInfo()                    //输出:打印内容:this is a string!
14  let dPrintNumber =new DataPrint<number>(123456) //实例化 number 类型打印机
15  dPrintNumber.printInfo()                    //输出:打印内容:t123456
16  let dPrintBoolean =new DataPrint (false)    //实例化 boolean 类型打印机
17  dPrintBoolean.printInfo()                   //输出:打印内容:false
```

上述第 2~11 行代码声明了一个 DataPrint 泛型类,并指定其成员属性类型为泛型 E;因为第 12、14 行代码分别创建 DataPrint 类的实例时指定了类型参数分别为 string 和 number,所以使用构造函数创建实例对象时分别传入了 string、number 类型的值。第 16 行代码在创建 DataPrint 类的实例时并没有指定类型参数,编译器会根据传入的值自动推断参数类型。

【例 3-25】 下列代码定义了一个多功能 USB 接口类,该接口可以连接磁盘和学生的 U 盘读写数据。分析它们的执行情况。

```
1   /*声明泛型接口*/
2   interface Usb<E>{
3       inPut(e: E)                    //输入方法
4       outPut(): E                    //输出方法
5   }
6   /*声明磁盘类*/
7   class DiskUsb implements Usb<string>{
8       e: string
9       inPut(e: string) {             //向磁盘写数据的方法
10        console.log("info", `正在向磁盘写入:${e}`)
11        this.e =e
12      }
13      outPut(): string {             //从磁盘读数据的方法
14        console.log("info", `正在从磁盘读出:${this.e}`)
15        return this.e
16      }
17  }
18  /*声明学生 U 盘类*/
19  class StudentUsb implements Usb<Student>{
20      student: Student               //Student 类声明参见例 3-18
21      inPut(student: Student) {      //向学生 U 盘写数据的方法
22        console.log("info", `正在向${student.name}的 U 盘写数据`)
```

```
23            this.student =student
24        }
25        outPut(): Student {                //从学生U盘读数据的方法
26            console.log("info", `正在从${student.name}的U盘读数据`)
27            return this.student
28        }
29    }
```

上述第 2~5 行代码定义一个 USB 泛型接口，该接口包含两个抽象方法，分别表示通过 USB 接口写入、读出泛型类数据。第 7~17 行代码定义一个实现 USB 接口的磁盘类，该类覆写了 USB 接口的两个方法，分别表示通过 USB 接口写入、读出 string 类型数据。第 19~29 行代码定义一个实现 USB 接口的学生 U 盘类，该类覆写了 USB 接口的两个方法，分别表示通过 USB 接口写入、读出 Student 类型的数据。

3.5.2　泛型函数

泛型函数定义的语法格式如下。

```
1    function  函数名<T>( t:T){
2        //函数体
3    }
```

泛型函数与其所在的类是否是泛型没有关系。泛型函数使得该函数能够独立于其所在类而产生变化。

【例 3-26】　下列代码用泛型函数实现例 3-24 的功能。分析它们的执行情况。

```
1    /*声明泛型函数*/
2    function dataPrint<T>(t: T): T {
3        console.log("info", `打印内容:${t}`)
4        return t
5    }
6    /*调用泛型函数*/
7    let printString =dataPrint<string>("this is a string!")
8    let printNumber =dataPrint<number>(789)
```

上述第 2~5 行代码声明了一个 dataPrint 泛型函数，并指定其成员属性类型为泛型 T；因为第 7、8 行代码分别调用 dataPrint 泛型函数时指定的类型参数分别为 string 和 number，所以传入的函数参数值类型对应为 string、number 类型。

3.5.3　泛型默认值

泛型类型的类型参数可以设置默认值。这样可以不指定实际的类型实参，而只使用泛型类型名称。其定义语法格式如下。

```
1    /*泛型类(含默认值)*/
2    class 类名<T =默认类型>{
3        //类体
4    }
5    /*泛型接口(含默认值)*/
```

```
6   interface 接口名<T =默认类型>{
7       //接口体
8   }
9   /*泛型函数(含默认值)*/
10  function  函数名<T =默认类型>( t:T){
11      //函数体
12  }
```

【例 3-27】 下列用泛型默认值声明了泛型类、泛型接口和泛型函数,分析它们的执行情况。

```
1   class A { }
2   interface Interface<T1=A>{ }          //默认类型为 A
3   class B { }
4   class MyBase<T2=B> { }                //默认类型为 B
5   class Child1 extends MyBase implements Interface { }
6   class Child2 extends MyBase<B> implements Interface<A> { }    // Child1 在语
    //义上等价于 Child2
7   function foo<T =number>(): T {
8       let t: T
9       return t
10  }
11  foo<number>()
12  foo()                                  //此函数调用语句在语义上等价于第 11 行代码的调用
13  foo<false>()
```

上述第 5 行代码定义的 Child1 类继承自 MyBase 类(使用默认类型 B),并实现 Interface 接口(使用默认类型 A),而第 6 行代码在定义 Child2 类时直接指定了继承类和实现接口的参数类型,所以这两个语句的功能完全等价。上述第 7~10 行代码在声明 foo 函数时指定的参数默认类型为 number,第 11 行代码调用该函数时直接指定了泛型类型,而第 12 行代码调用该函数时直接使用默认类型 number,所以这两个语句的功能也完全等价。

3.6 异常

异常是指程序在执行过程中出现内存空间不足、数组下标越界、除数为零等非正常情况,从而导致程序异常终止。如果要在程序执行期间处理这些非正常情况,就需要使用异常处理技术。在 ArkTS 语言中使用 try、catch、finally 和 throw 代码块来处理程序中的异常。

3.6.1 抛出异常

ArkTS 语言中的抛出异常用 throw 语句实现,throw 语句可以抛出任何类型的值。抛出异常的语法格式如下。

```
1   throw new Error(表达式)
```

【例 3-28】 定义一个 100 除以某数的函数,如果该数为 0 时,抛出"除数不能为 0"的异常信息。实现代码如下。

```
1    function division(i: number): number {
2        if (i ==0) throw new Error(`除数不能为${i}!`)
3        return 100 / i
4    }
```

上述定义的 division 函数表示：如果传递的参数 i 为 0，则抛出 Error 类型的异常对象，否则返回 100 除以参数 i 的商。

3.6.2 捕获异常

try…catch 语句用来捕获可能抛出异常的代码块，并在 catch 语句中处理异常；finally 语句块用来执行清理操作，即无论是否发生异常，都会执行该语句块，所以 finally 代码块一般用于执行重要的功能。捕获异常并处理的语法结构格式如下。

```
1    try {
2        //可能抛出异常的代码块
3    } catch (e) {
4        //捕获异常后的处理代码块,若有异常抛出,则必选此代码块
5    } finally {
6        //最终都要执行的代码块,可选代码块
7    }
```

【例 3-29】 调用例 3-28 定义的 division 函数，并作异常处理。实现代码如下。

```
1    try {
2        let discuss =division(0)
3        console.log("info", `商为:${discuss}`)
4        discuss =division(10)
5        console.log("info", `商为:${discuss}`)
6    } catch (e) {
7        console.log("info", `${e}`)
8    } finally {
9        console.log("info", `程序运行结束!`)
10   }
```

执行上述代码输出如图 3.4 所示的信息。当执行到上述第 2 行代码时，调用 division 函数，执行例 3-28 的第 2 行代码，并抛出 Error 类型异常，由上述第 6 行代码的 catch 语句捕获后，执行第 7 行及下面的所有代码。从分析可知，上述第 3~5 行的代码根本不会被执行。

图 3.4 抛出异常

小结

本章详细介绍了 ArkTS 语言中的变量、常量、数据类型、运算符、控制流程、函数、类、对象、接口、泛型及异常的基本概念和使用方法，并以实际应用开发范例阐述了它们的应用场景。读者通过对本章 ArkTS 语言编程概念和理念的理解，为高效开发 OpenHarmony 应用奠定基础。

第 4 章 界面基础组件与布局

用户界面(User Interface,UI)作为用户和系统交互的基础,是人机交互的核心。现在,UI 开发的效率和质量已经成为影响整个软件产品质量的一个重要因素,基于 OpenHarmony 平台的移动终端设备应用软件也不例外。为了方便开发者进行 OpenHarmony 应用程序的开发,方舟开发框架提供了许多 UI 组件(如按钮、文本显示、单选框等)和 UI 布局方式(如线性、弹性、层叠等),开发者通过组件及布局的组合可以方便地构建出符合用户需求的 UI。

4.1 概述

基于 ArkTS 的声明式开发范式的方舟开发框架是一套开发极简、高性能、支持跨设备的 UI 开发框架,提供了构建 OpenHarmony 应用 UI 所必需的能力。开发者可以将应用的 UI 设计为多个功能页面,每个页面进行单独的文件管理,并通过页面路由 API 完成页面间的跳转、回退等调度管理,以实现应用内的功能解耦。

4.1.1 组件

组件是构建 OpenHarmony 应用页面的基本组成单元。方舟开发框架提供了一系列系统内置组件让开发者直接使用;开发者也可以根据业务需要,将系统内置组件组合为自定义组件,以便实现页面不同单元的独立创建、开发和复用。目前,方舟开发框架提供的常用系统内置组件及功能说明如表 4.1 所示。

1. 组件的属性

组件的属性用于设定组件显示特征,包括通用属性和私有属性。通用属性是所有组件都支持的用来设置组件外观显示特征的属性,常用的通用属性和功能如表 4.2 所示;私有属性是某些组件特定支持的用来设置组件特征的属性,如表 4.3 所示为 Text 组件的私有属性。

表 4.1 常用系统内置组件及功能说明

组件类别	组 件 名	功 能 说 明	组件类别	组 件 名	功 能 说 明
基础组件	Button	按钮	容器组件	Column	沿垂直方向布局
	Radio	单选框		Row	沿水平方向布局
	Checkbox	复选框		Flex	以弹性方式布局
	Toggle	切换按钮		Stack	堆叠布局
	Progress	进度条		Grid	网格容器
	Text	文本显示		GridItem	网格容器中单项内容容器
	TextInput	单行文本输入		List	列表
	TextArea	多行文本输入		ListItem	列表 item
	Image	图片		Navigator	路由容器
	Slider	滑动条		Panel	可滑动面板
	Rating	评分		Scroll	可滚动的容器
	ScrollBar	滚动条		Swiper	滑动视图容器
	TimePicker	时间选择器		Tabs	Tab 选项卡容器
	CalendarPicker	日历选择器		TabContent	展示 Tab 选项卡的内容区
	DatePicker	日期选择器	媒体组件	Video	播放视频
绘制组件	Rect	矩形、圆角矩形	绘制组件	Polyline	折线
	Circle	圆形		Polygon	多边形
	Ellipse	椭圆		Shape	绘制组件的父组件
	Path	路径		Line	线条
画布组件	Canvas	画布			

表 4.2 通用属性及功能说明

属性名称	参数说明	功能描述	示例代码
width	Length	设置组件的宽度,省略时使用自身内容需要的宽度	例如,width("50%")表示设置宽度占容器宽度的 50%;width("100px")表示设置宽度为 100px;width(350)表示设置宽度为 350vp
height	Length	设置组件的高度,省略时使用自身内容需要的高度	例如,height("50%")表示设置高度占容器高度的 50%

size	{
	width?: Length,
	height?: Length
	}
		设置宽和高的尺寸	例如,size({ width: "100%", height: 200 })表示设置宽度占容器宽度的 100%,高度为 200vp

续表

属性名称	参数说明	功能描述	示例代码
padding	Padding | Length	设置内边距，默认值为0	例如，padding({ top: "10", right: "20", bottom: "10", left: "20" })表示设置上、右、下和左侧的内边距分别为10vp、20vp、10vp和20vp；padding(10)表示设置4个内边距都为10vp
margin	Margin | Length	设置外边距，默认值为0	例如，margin({ top: "10", right: "20", bottom: "10", left: "20" })表示设置上、右、下和左侧的外边距分别为10vp、20vp、10vp和20vp；margin(10)表示设置4个外边距都为10vp
border	BorderOptions	设置边框线	例如，border({ width:"5", color:"#0000ff", radius:"20", style: BorderStyle.Dotted })表示设置边框线宽度为5vp、颜色为蓝色、边角弧度为20、样式为点线
backgroundColor	ResourceColor	设置背景颜色	例如，backgroundColor("#00ff00")表示设置背景色为绿色

表 4.3　Text 组件的私有属性及功能说明

属性名称	参数说明	功能描述	示例代码
fontSize	number | string | Resource	设置字体大小	例如，fontSize(20)表示设置字体大小为20vp
fontColor	ResourceColor	设置前景色	例如，fontColor("#ffffff")表示设置前景色为白色

【例 4-1】　实现如图 4.1 所示的页面效果的代码如下。

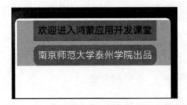

图 4.1　组件属性控制页面显示效果

```
1   struct Index {
2     @State welcome: string = '欢迎进入鸿蒙应用开发课堂';
3     @State company: string = '南京师范大学泰州学院出品';
4     build() {
5       Column() {
6         Text(this.welcome)
7           .fontSize(22)                          //字号
8           .backgroundColor("#ff0000")            //背景色
9           .padding(10)                           //内边距(上、右、下、左均为 10vp)
```

```
10      Text(this.company)
11        .fontSize(22)                    //字号
12        .fontColor("#ffffff")            //字的颜色
13        .margin({ top: 10 })             //外边距(上外边距为10vp)
14        .backgroundColor("#ff0000")      //背景色
15        .padding(10)                     //内边距(上、右、下、左均为10vp)
16        .border({ radius: 15 })          //边框线(边角弧度为15)
17    }.width('100%').margin(5).backgroundColor("#00ff00")
18   }
19 }
```

上述第 5 行代码的 Column() 表示创建一个沿垂直方向布局的容器,并分别用第 17 行的 width、margin 和 backgroundColor 属性设置该容器的宽度、外边距和背景色。第 6~9 行代码表示创建一个显示"欢迎进入鸿蒙应用开发课堂"的 Text 组件,并分别用 fontSize、backgroundColor 和 padding 属性设置 Text 组件的字号、背景色和内边距。第 10~16 行代码表示创建一个显示"南京师范大学泰州学院出品"的 Text 组件,并用相应的属性设置该组件显示的效果。

2. 自定义组件

进行 UI 开发时,为了提高代码可复用性,降低业务逻辑与 UI 设计的耦合度,开发者可以组合使用系统内置组件及其属性和方法,通过自定义组件的方式提高开发效率。自定义组件的基本结构如下。

```
1 @Component
2 struct 自定义组件名称 {
3   //定义组件参数
4   build() {
5     //…
6   }
7 }
```

@Component 装饰器仅能装饰 struct 关键字声明的数据结构。struct 被@Component 装饰后具备组件化的能力,而且需要实现 build() 方法,用它来描述 UI;一个 struct 只能被一个@Component 装饰。

【例 4-2】 用自定义组件实现如图 4.2 所示的页面效果。

图 4.2 自定义组件页面显示效果

(1)构建自定义组件。

从图 4.2 可以看出,页面上除了显示的 Basic、C/C++、Java 和 Kotlin 内容不一样外,其他显示样式完全一样,所以本例用构建自定义组件的实现代码如下。

```
1 @Component
2 struct MyText {                          //自定义组件名称
3   private info: string                   //自定义组件参数
4   build() {
```

```
5       Text(this.info)
6         .width("100%")
7         .fontSize(40)
8         .fontColor(Color.White)
9         .backgroundColor(Color.Blue)
10        .textAlign(TextAlign.Center)    //文本对齐方式
11        .margin(5)
12    }
13  }
```

(2) 使用自定义组件。

页面上显示的"计算机语言"可以由 Text 组件实现,其他显示的 Basic、C/C++、Java 和 Kotlin 等内容可以由自定义组件 MyText 实现。详细实现代码如下。

```
1   @Entry
2   @Component
3   struct Home {
4     @State message: string = '计算机语言'
5     build() {
6       Column() {
7         Text(this.message).fontSize(40).fontWeight(FontWeight.Bold)
8         MyText({ info: "Basic" })
9         MyText({ info: "C/C++" })
10        MyText({ info: "Java" })
11        MyText({ info: "Kotlin" })
12      }.width('100%')
13    }
14  }
```

上述第 8 行代码表示创建 MyText 实例,并设置该实例的成员参数 info 的值为 "Basic",即在页面上实现"Basic"所在行的效果。

3. 自定义构建函数

@Builder 装饰器是 ArkUI 提供的一种更轻量的 UI 元素重用机制,它所装饰的函数遵循 build()函数语法规则,开发者可以将重复使用的 UI 元素抽象成一个方法,在 build()方法里调用。用@Builder 装饰的函数称为自定义构建函数,其语法格式如下。

```
1   @Builder 自定义构建函数名() {
2       //…
3   }
```

【例 4-3】 用自定义构建函数实现如图 4.2 所示的页面效果。

(1) 构建自定义构建函数。

从图 4.2 可以看出,页面上除了显示的 Basic、C/C++、Java 和 Kotlin 内容不一样外,其他显示样式完全一样,用自定义构建函数的实现代码如下。

```
1   @Builder myText(msg:string){
2     Text(msg)
3       .width("100%")
4       //其他代码与例 4-2 类似,此处略
5   }
```

(2) 使用自定义构建函数。

自定义构建函数可以在所属组件的 build() 方法和其他自定义构建函数中调用。详细实现代码如下。

```
1   build() {
2       Column() {
3           Text(this.message) .fontSize(40).fontWeight(FontWeight.Bold)
4           this.myText("Basic")
5           this.myText("C/C++")
6           this.myText("Java")
7           this.myText("Kotlin")
8       }.width('100%')
9   }
```

上述代码中的 this 表示当前所属组件,即在当前所属组件内调用自定义构建函数 myText,但不允许在组件外调用。如果要让自定义构建函数能够在所属组件外调用,可以声明全局自定义构建函数,其语法格式如下。

```
1   @Builder function 全局自定义构建函数名() {
2       //…
3   }
```

例如,用全局自定义构建函数实现如图 4.2 所示的页面效果的步骤如下。

(1) 构建全局自定义构建函数。

```
1   @Builder function omyText(msg: string) {
2       //代码与例 4-2 类似,此处略
3   }
```

(2) 使用全局自定义构建函数。

```
1   build() {
2       Column() {
3           Text(this.message).fontSize(40).fontWeight(FontWeight.Bold)
4           omyText("Basic")
5           omyText("C/C++")
6           omyText("Java")
7           omyText("Kotlin")
8       }.width('100%')
9   }
```

全局自定义构建函数可以被整个应用获取,不要用 this 或 bind() 方法调用。如果不涉及组件状态变化,建议使用全局自定义构建函数。

4. 自定义组件重用样式

为了代码简洁及后期方便维护,ArkUI 提供了一种 UI 元素样式重用机制——@Style 装饰器,通过它可以提炼 UI 元素的公共样式,以便在 UI 组件中重用,其语法格式如下。

```
1   @Styles 重用样式名() {
2       //通用属性代码
3       //通用事件代码
4   }
```

【例4-4】 用自定义组件重用样式实现如图4.1所示的页面效果。

（1）自定义组件重用样式。

从例4-1的实现代码可看出，显示"欢迎进入鸿蒙应用开发课堂"Text组件和"南京师范大学泰州学院出品"Text组件的backgroundColor和padding属性相同，自定义这两个属性的重用样式myStyle的实现代码如下。

```
1  @Styles myStyle() {
2    .backgroundColor("#ff0000")
3    .padding(10)
4  }
```

（2）引用自定义组件重用样式。

自定义组件重用样式的引用方式与组件的属性引用方式一样，实现如图4.1所示的页面效果的代码如下。

```
1  Column() {
2      Text(this.welcome)
3        .myStyle()                        //引用自定义组件重用样式
4        .fontSize(22)
5      Text(this.company)
6        .fontSize(22)
7        .fontColor("#ffffff")
8        .margin({ top: 10 })
9        .border({ radius: 30 })
10       .myStyle()                        //引用自定义组件重用样式
11 }.width('100%').margin(5).backgroundColor("#00ff00")
```

上述代码中声明的myStyle属于组件内自定义重用样式，它只能在当前所属组件内引用。如果要让自定义组件重用样式在所属组件外引用，可以声明全局自定义组件重用样式，其语法格式如下。

```
1  @Styles function 重用样式名() {
2      //通用属性代码
3      //通用事件代码
4  }
```

例如，用全局自定义组件样式实现如图4.1所示的页面效果，可以先按照如下代码声明全局自定义组件样式，然后在组件中直接引用全局自定义组件样式。

```
1  @Styles function myStyle() {
2    .backgroundColor("#ff0000")
3    .padding(10)
4  }
```

4.1.2 状态管理

在声明式UI编程框架中，UI是程序状态的运行结果，用户构建了一个UI模型，其中应用运行时的状态是参数。当参数改变时，UI作为返回结果，也将进行对应的改变，这些运行时的状态变化会引起UI的重新渲染，在ArkUI中统称为状态管理机制。ArkUI提供了多种状态装饰器管理组件的状态数据。常用的状态装饰器及功能说明如表 4.4 所示。

表 4.4 常用的状态装饰器及功能说明

装饰器	可装饰的变量类型	功能描述	同步类型	初始值
@State	Object、class、string、number、boolean、enum 类型,以及这些类型的数组	被该装饰器装饰的变量,状态变量值的改变才会引起 UI 的渲染更新	不与父组件中任何类型的变量同步	声明时必须本地初始化值
@Prop	string、number、boolean、enum 类型	当父组件中的数据源更改时,与之相关的 @Prop 装饰的变量都会自动更新	单向同步,即父组件状态变量值的修改会引起子组件相应的更新,反之不更新	声明时不必初始化
@Link	Object、class、string、number、boolean、enum 类型,以及这些类型的数组	当任何一个组件中的数据源更新时,另一个组件的状态都会随之更新	双向同步,即父子组件同时渲染更新	声明时不能初始化

【例 4-5】 分析下列代码的执行情况。

```
1   /*自定义组件 MyComponent */
2   @Component
3   struct MyComponent {
4     @State sCount: number =1
5     @Prop pCount: number =1
6     build() {
7       Column() {
8         Text(`State 修饰的 sCount 值:${this.sCount}`).fontSize(25).margin(5)
9         Text(`Prop 修饰的 pCount 值:${this.pCount}`).fontSize(25).margin(5)
10        Button("子组件").fontSize(25)
11          .onClick(() =>{
12            this.sCount++
13            this.pCount++
14          })
15      }.width("100%").backgroundColor(Color.Yellow)
16    }
17  }
18  /*入口组件*/
19  @Entry
20  @Component
21  struct P4_5{
22    @State i: number =1
23    build() {
24      Column() {
25        Text(`State 修饰的 i 值:${this.i}`).fontSize(40).fontWeight(FontWeight.Bold)
26        Button("父组件").fontSize(25).onClick(() =>{
27          this.i++
28        })
29        MyComponent()
30        MyComponent({ sCount: this.i })
31        MyComponent({ pCount: this.i })
32      }.width('100%')
33    }
34  }
```

上述第29行代码表示直接用sCount和pCount的初始值实例化MyComponent对象，单击该对象上的"子组件"按钮后，Text组件上显示的sCount值和pCount值会递增，但是单击页面上的"父组件"按钮，该对象上的Text组件显示内容不受影响。上述第30行代码表示直接用pCount的初始值和指定的sCount值（传递的i值）实例化MyComponent对象，单击页面上的"父组件"按钮，该对象上的Text组件显示内容也不受影响，因为用@State装饰的sCount变量不与父组件的变量同步。上述第30、31行代码表示直接用sCount的初始值和指定的pCount（传递的i值）实例化MyComponent对象，单击页面上的"父组件"按钮，该对象上引用pCount状态变量的Text组件显示内容会受影响，因为用@Prop装饰器的pCount变量会与父组件建立单向的同步关系，即父组件中的i值更新会触发子组件UI重新渲染。

如果将上述第5行代码修改为"@Link pCount: number"，此时第29行和第30行代码会报错，因为此时的pCount变量没有初始值，在实例化MyComponent对象时，必须指定pCount变量的值。如果注释掉上述第29行和第30行代码，单击第31行代码创建的实例化MyComponent对象上的"子组件"按钮后，该对象上引用pCount状态变量的Text组件显示内容会受影响，同时页面上用@State装饰的i变量会同步更新，即上述第25行代码中的Text显示内容会随之更新。单击页面上的"父组件"按钮，第25行代码中的Text显示内容会受影响，同时第31行代码实例化的MyComponent对象中的Text显示内容也会随之更新；即子组件中被@Link装饰的变量与其父组件中对应的数据源建立双向数据绑定。

4.1.3 事件

在全场景的数字体验中，越来越多类型的智能终端设备应用于用户的日常生活中，可交互的用户界面广泛应用于智能手机、平板、个人计算机(PC)、智能穿戴、电视、车机等设备。应用可能在多种设备上运行或在单一设备上被用户通过多种输入方式操控，只有用户界面能够自动识别和支持不同的输入方式，才能让用户以习惯的、舒适的方法与设备进行交互。例如，当应用运行在触屏设备上时，用户可以通过手指长按打开快捷菜单；当应用运行在个人计算机上时，用户可以通过单击鼠标右键打开快捷菜单。

典型的输入方式包括触屏设备用手指或手写笔等直接交互、鼠标、触摸板、键盘、表冠、遥控器、车机摇杆、旋钮、手柄、隔空手势等间接交互及语音交互等。为确保输入方式能够以正确的、符合用户习惯的方式进行响应，开发者在设计和开发应用时，既要考虑应用具有使用多种输入方式的可能性，也要实现相应的功能，这些功能通常都是由单击事件、触摸事件、拖曳事件、按键事件、焦点事件、鼠标事件的触发实现的。

1. 单击事件

单击事件是指通过手指或手写笔做出一次完整的按下和抬起动作。当发生单击事件时，会触发以下回调函数。

```
1    onClick(event: (event?: ClickEvent) =>void)
```

event返回值为ClickEvent类型，该类型对象包含单击事件相对于窗口或组件的坐标位置、发生单击的事件源等。

【例 4-6】 下列代码表示单击"单击"按钮后,显示单击位置相对于被单击元素左上角的(X,Y)坐标、目标元素的区域信息。

```
1   Button("单击")
2       .onClick((event:ClickEvent)=>{
3           console.log("info",event.x)    //输出单击位置相对于该按钮左上角的 X 坐标
4           console.log("info",event.y)    //输出单击位置相对于该按钮左上角的 Y 坐标
5           console.log("info",event.target.area.width)     //输出该按钮的宽度
6           console.log("info",event.target.area.height)    //输出该按钮的高度
7       })
```

2. 触摸事件

当手指或手写笔在组件上触碰时,会触发不同动作所对应的事件响应,包括按下(Down)、滑动(Move)、抬起(Up)事件。当发生触摸事件时,会触发以下回调函数。

```
1   onTouch(event: (event?: TouchEvent) =>void)
```

event 返回值为 TouchEvent 类型,该类型对象包含触摸事件的类型、全部手指信息、当前发生变化的手指信息等。例如,下列代码表示触摸"单击"按钮时,显示触摸事件的类型,触摸移动结束时,显示 X、Y 轴方向移动的距离。

```
1   Button("单击").onTouch((event: TouchEvent) =>{
2       let xStart = 0                          //保存手指刚按下时的 X 轴坐标值
3       let yStart = 0                          //保存手指刚按下时的 Y 轴坐标值
4       let xEnd = 0                            //保存手指抬起时的 X 轴坐标值
5       let yEnd = 0                            //保存手指抬起时的 Y 轴坐标值
6       if (event.type ==TouchType.Down) {
7           console.log("手指按下", event.type)   //event.type 的返回值为 0
8           xStart =event.touches[0].x          //取手指刚按下时的 X 轴坐标值
9           yStart =event.touches[0].y          //取手指刚按下时的 Y 轴坐标值
10      }
11      if (event.type ==TouchType.Up) {
12          console.log("手指抬起", event.type)   //event.type 的返回值为 1
13          xEnd =event.touches[0].x            //取手指抬起时的 X 轴坐标值
14          yEnd =event.touches[0].y            //取手指抬起时的 Y 轴坐标值
15          console.log("移动的距离",`X 轴方向:${xEnd -xStart}`)
                                                //X 轴方向移动的距离
16          console.log("移动的距离",`Y 轴方向:${yEnd -yStart}`)
                                                //Y 轴方向移动的距离
17      }
18      if (event.type ==TouchType.Move) {
19          console.log("手指移动", event.type)   //event.type 的返回值为 2
20      }
21  })
```

3. 按键事件

当键盘、遥控器等按键设备上的键按下、松开时触发的事件响应,按键事件适用于所有可获焦组件。绑定该事件的组件获焦后,按键动作会触发以下回调函数。

```
1   onKeyEvent(event: (event?: KeyEvent) =>void)
```

event 返回值为 KeyEvent 类型,该类型对象包含按键的类型、键码、键值等信息。例如,下列代码表示按 Tab 键让"按键绑定"按钮获得焦点后,显示按键的类型、键码和键值。

```
1   Button("按键绑定").onKeyEvent((event: KeyEvent) =>{
2       if (event.type ==KeyType.Down) {
3           console.log("按键按下", event.type) //event.type 的返回值为 0
4       }
5       if (event.type ==KeyType.Up) {
6           console.log("按键弹起", event.type) //event.type 的返回值为 1
7       }
8       console.log("按键事件", `键码:${event.keyCode},键值:${event.keyText} `)
9   })
```

上述代码运行后,按 Tab 键让"按键绑定"按钮获得焦点,如果此时按 F 键,则输出"键码:2022,键值:KEYCODE_F"信息。

4. 拖曳事件

组件被长按后拖曳时触发的事件称为拖曳事件,它通过长按、拖动平移操作进行判断,一旦手指平移的距离达到 5vp 就可触发如表 4.5 所示的回调函数。

表 4.5 拖曳事件回调函数

回调函数名称	功能描述
onDragStart(event:(event?: DragEvent, extraParams?: string) => CustomBuilder | DragItemInfo)	第一次拖曳此事件绑定的组件时,触发该回调函数
onDragEnter(event:(event?: DragEvent, extraParams?: string) => void)	拖曳进入组件范围内时,触发该回调函数
onDragMove(event:(event?: DragEvent, extraParams?: string) => void)	拖曳在组件范围内移动时,触发该回调函数
onDragLeave(event:(event?: DragEvent, extraParams?: string) => void)	拖曳离开组件范围内时,触发该回调函数
onDrop(event:(event?: DragEvent, extraParams?: string) => void)	绑定此事件的组件可作为拖曳释放目标,当在本组件范围内停止拖曳行为时,触发该回调函数
onDragEnd(event:(event?: DragEvent, extraParams?: string) => void)	绑定此事件的组件触发的拖曳结束后,触发该回调函数

【例 4-7】 下列代码表示一旦拖动"拖曳"按钮,就显示拖曳开始位置(相对于被拖曳元素左上角的 x、y 坐标);如果释放"拖曳"按钮,则会将"拖曳"按钮移动到释放位置处。

```
1   struct P4_7 {
2     @State message: string ='拖曳'
3     @State pxy: Position ={ x: 100,y: 100 }        //Button 组件的位置
4     build() {
5       Column() {
6         Button(this.message).onDragStart((event: DragEvent) =>{
7           console.log("info", `拖曳开始位置:x=${event.getX()} y=${event.getY()}`)
8         }).onDrop((event: DragEvent) =>{
```

```
 9          console.log("info", `拖曳释放位置:x=${event.getX()} y=${event.getY()}`)
10          this.pxy = { x: event.getX(), y: event.getY() }
11        }).position(this.pxy)
12     }
13     .width('100%')
14   }
15 }
```

上述第 10 行代码表示将保存 Button 组件 x、y 坐标的 pxy 值更新为拖曳释放位置处的坐标,第 11 行代码表示将 Button 组件定位到指定坐标处。

4.1.4 布局

布局是页面的框架基础,统一的布局结构能够让用户体验舒服和友好,页面上的组件按照布局要求依次排列,并按照指定的属性在页面上设置组件的大小和位置。

1. 线性布局

线性布局是应用开发中最常用的布局,它以水平(horizontal)或垂直(vertical)方式在页面上排列组件。ArkUI 开发框架中提供了 Row 容器和 Column 容器来构建线性布局页面,组件默认沿主轴排列,Row 容器主轴为横向,Column 容器主轴为纵向。垂直于主轴方向的轴线称为交叉轴,Row 容器交叉轴为纵向,Column 容器交叉轴为横向。在 Row 容器中,它里面的所有子组件沿主轴方向摆放在同一行,如图 4.3 所示;在 Column 容器中,它里面的所有子组件沿主轴方向摆放在同一列,如图 4.4 所示。

图 4.3　水平布局

图 4.4　垂直布局

Row 和 Column 的接口格式如下。

```
1   Row(value?:{space?: number | string })      //沿水平方向布局组件
2   Column(value? : {space?: string | number})  //沿垂直方向布局组件
```

Row 布局中的 space 参数用于指定水平方向布局子组件间距,Column 布局中的 space 参数用于指定垂直方向布局子组件间距,间距默认值为 0,单位为 vp。space 的值为大于或等于 0 的数字或可转换为数字的字符串。另外,Row 和 Column 还提供了如表 4.6 所示的属性设置容器中子组件的对齐方式。

表 4.6 属性及功能说明

属 性 名	属性值类型	功能描述
alignItems	HorizontalAlign	设置子组件在交叉轴上水平方向的对齐格式,其值包括 HorizontalAlign.Start(起始端)、HorizontalAlign.Center(居中,默认值)、HorizontalAlign.End(末端)
	VerticalAlign	设置子组件在交叉轴上垂直方向的对齐格式,其值包括 VerticalAlign.Top(顶部)、VerticalAlign.Center(居中,默认值)、VerticalAlign.Bottom(底部)
justifyContent	FlexAlign	设置子组件在主轴方向上的对齐格式,其值包括 FlexAlign.Start(首端对齐,默认值)、FlexAlign.Center(中心对齐)、FlexAlign.End(尾部对齐)、FlexAlign.SpaceBetween(相邻元素之间距离相同,第一个子组件与行首对齐,最后一个子组件与行尾对齐)、FlexAlign.SpaceAround(相邻元素之间距离相同,第一个子组件到行首的距离和最后一个子组件到行尾的距离是相邻子组件之间距离的一半)、FlexAlign.SpaceEvenly(相邻元素之间距离,第一个子组件与行首的间距、最后一个子组件到行尾的间距都相等)

【例 4-8】 实现如图 4.5 所示的页面效果。

图 4.5 Row 与 Column 页面布局效果

从图 4.5 可以看出,整个页面分为上下两部分,上半部分由三个 Text 组件水平排列组成,下半部分由三个 Text 组件垂直排列组成,实现代码如下。

```
1    Column() {
2      //上半部分代码
3      Row({ space: 50 }) {
4        Text("1").fontSize(25).border({ width: 1 })
5        Text("2").fontSize(25).border({ width: 1 })
6        Text("3").fontSize(25).border({ width: 1 })
7      }
8      .alignItems(VerticalAlign.Bottom)            //垂直方向底部对齐
9      .height("30%")
10     .width('100%')
11     .backgroundColor(Color.Yellow)
```

```
12        //下半部分代码
13    Column() {
14        //代码与第 3～5 行一样,此处略
15    }
16    .alignItems(HorizontalAlign.Center)    //交叉轴水平方向居中对齐
17    .justifyContent(FlexAlign.SpaceEvenly) //主轴垂直方向子组件等距离布局
18    .height("30%")
19    .width('100%')
20    .backgroundColor(Color.Red)
21 }
```

为了让应用的页面既美观,又能适配不同屏幕大小的设备,在线性布局下,可以设置布局的自适应拉伸及缩放能力。自适应拉伸能力通常用空白填充组件 Blank,在容器主轴方向自动填充空白空间,达到自适应拉伸效果。当 Row 和 Column 作为布局容器时,只需要添加宽高为百分比,当屏幕宽高发生变化时,会产生自适应效果。自适应缩放能力是指子组件随容器尺寸的变化而按照预设的比例自动调整尺寸,用于适应各种不同大小的设备。

【例 4-9】 实现如图 4.6 所示的页面效果。

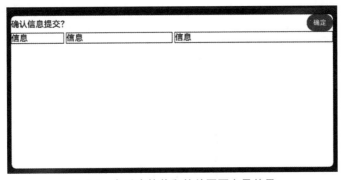

图 4.6 自适应拉伸和缩放页面布局效果

从图 4.6 可以看出,第 1 行左侧的"确认信息提交?"由 Text 组件实现、右侧的"确定"按钮由 Button 组件实现、中间由 Blank 组件填充;第 2 行由三个 Text 组件及指定的 layoutWeight 属性实现,实现代码如下。

```
1  Column() {
2      Row() {
3          Text("确认信息提交?").fontSize(20)
4          Blank()
5          Button("确定")
6      }.width('100%')
7      Row({ space: 5 }) {
8          Text("信息").fontSize(20).layoutWeight(1).border({ width: 1 })
9          Text("信息").fontSize(20).layoutWeight(2).border({ width: 1 })
10         Text("信息").fontSize(20).layoutWeight(3).border({ width: 1 })
11     }.width('100%')
12 }.height('100%')
```

上述第 2～6 行代码用于实现如图 4.6 所示的第一行信息,第 7、8 行代码用于实现如

图 4.6 所示的第二行信息,其中,layoutWeight 属性用于设置子组件和兄弟元素在主轴上的权重,并忽略元素本身尺寸设置,使它们在任意尺寸的设备下自适应占满剩余空间。

2. 层叠布局

层叠布局用于在屏幕上预留一块区域以重叠方式布局组件。ArkUI 开发框架中提供了 Stack 容器实现位置的固定定位与层叠,容器中的子组件依次入栈,后一个子组件覆盖前一个子组件,子组件默认以居中对齐方式进行堆叠。Stack 的接口格式如下。

```
1   Stack(value?: { alignContent?: Alignment })
```

alignContent 参数用于指定子组件在 Stack 容器中的堆叠对齐方式,其参数值及功能说明如表 4.7 所示。

表 4.7 alignContent 参数值及功能说明

属性值	功能描述	属性值	功能描述
Alignment.TopStart	顶部起始端对齐	Alignment.End	尾端纵向居中对齐
Alignment.Top	顶部横向居中对齐	Alignment.BottomStart	底部起始端对齐
Alignment.TopEnd	顶部尾端对齐	Alignment.Bottom	底部横向居中对齐
Alignment.Start	起始端纵向居中对齐	Alignment.BottomEnd	底部尾端对齐
Alignment.Center	横向和纵向居中对齐		

【例 4-10】 实现如图 4.7 所示的页面效果。

图 4.7 层叠布局效果

从图 4.7 可以看出,从里到外共有 7 个正方形图案,每个正方形由指定背景色、宽度和高度等属性值的 Text 组件实现,实现代码如下。

```
1   Stack({alignContent:Alignment.Center}) {            //设置堆叠对齐方式
2       Text("").backgroundColor(Color.Red).width(350).height(350)
3       Text("").backgroundColor(Color.Orange).width(300).height(300)
4       Text("").backgroundColor(Color.Yellow).width(250).height(250)
5       Text("").backgroundColor(Color.Green).width(200).height(200)
6       Text("").backgroundColor(Color.Brown).width(150).height(150)
7       Text("").backgroundColor(Color.Pink).width(100).height(100)
```

```
8         Text("").backgroundColor(Color.Gray).width(50).height(50)
9      }
10     //.alignContent(Alignment.Center)          //与第1行代码中的参数功能相同
11     .height('100%').width('100%')
```

上述第10行代码的功能与第1行代码中Stack参数完全相同,都是用来设置子组件在Stack容器中的堆叠方式。另外,Stack容器中的子组件显示层级关系可以通过设置它的zIndex属性改变,zIndex值越大,显示层级越高,即zIndex值大的组件会覆盖在zIndex值小的组件上方。在层叠布局中,如果后面子组件尺寸大于前面子组件尺寸,则前面子组件完全被覆盖而不可见。

3. 弹性布局

弹性布局提供更加有效的方式对容器中的子组件进行排列、对齐和分配剩余空间。采用弹性布局的元素,称为flex容器(flex container,简称为"容器"),flex容器中的所有子元素,称为flex项目(flex item,简称为"项目")。flex布局的坐标系是以容器左上角的点为原点,自原点向右、向下有两个坐标轴,即一个主轴(main axis)和一个交叉轴(cross axis),交叉轴与主轴互相垂直。主轴的开始位置(与边界的交叉点)称为主轴起点(main start),主轴的结束位置称为主轴终点(main end);交叉轴的开始位置(与边界的交叉点)称为交叉轴起点(cross start),交叉轴的结束位置称为交叉轴终点(cross end)。项目默认沿主轴方向排列,单个项目占据的主轴空间称为main size,单个项目占据的交叉轴空间称为cross size。flex默认布局中自原点向右的坐标轴为主轴,自原点向下的坐标轴为交叉轴,如图4.8所示。

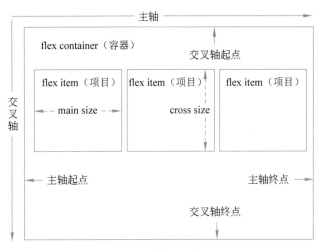

图4.8 弹性布局模型

ArkUI开发框架中提供了Flex容器实现弹性布局,其接口格式如下。

```
1  Flex(value?: { direction?: FlexDirection, wrap?: FlexWrap, justifyContent?:
   FlexAlign, alignItems?: ItemAlign, alignContent?: FlexAlign })
```

(1) direction参数用于设置容器的主轴方向,主轴方向决定了项目在容器中的摆列方式,其参数值及功能说明如表 4.8 所示。

表 4.8 direction 参数值及功能说明

参 数 值	功 能 描 述
FlexDirection.Row	默认值,设置主轴为自左向右的水平方向
FlexDirection.Column	设置主轴为自上向下的垂直方向
FlexDirection.RowReverse	设置主轴为自右向左的水平方向
FlexDirection.ColumnReverse	设置主轴为自下向上的垂直方向

【例 4-11】 下列代码运行后的页面效果如图 4.9 所示。

```
1    Flex({ direction: FlexDirection.Row}) {
2        Text("1").fontSize(20).border({width:2})
3        Text("2").fontSize(20).border({width:2})
4        Text("3").fontSize(20).border({width:2})
5        Text("4").fontSize(20).border({width:2})
6    }
```

如果将第 1 行代码的 direction 参数值设置为 FlexDirection.RowReverse,则显示如图 4.10 所示页面效果。

图 4.9　direction 设置效果(1)　　　图 4.10　direction 设置效果(2)

(2) wrap 参数用于设置容器中的项目是否换行,其参数值及功能说明如表 4.9 所示。

表 4.9　wrap 参数值及功能说明

参 数 值	功 能 描 述
FlexWrap.NoWrap	默认值,设置不允许项目换行。如果所有项目按主轴方向排列时超过了容器的宽度或高度,则每个项目的宽度或高度会自动沿主轴方向压缩;如果压缩后仍然超过容器的宽度或高度,则超过的项目不显示
FlexWrap.Wrap	设置允许项目换行。如果所有项目按主轴方向排列时超过了容器的宽度或高度,则超过容器宽度或高度的项目会另起一行或一列
FlexWrap.WrapReverse	设置允许项目换行,每一行项目按照主轴反方向排列

(3) justifyContent 参数用于设置项目在主轴方向的对齐方式及分配项目与项目之间、多余空间的间隙,其参数值包含 FlexAlign.Start、FlexAlign.Center、FlexAlign.End、FlexAlign.SpaceBetween、FlexAlign.SpaceAround 和 FlexAlign.SpaceEvenly,功能说明如表 4.6 所示。

(4) alignItem 参数用于设置项目在交叉轴方向的对齐方式,其参数值及功能说明如表 4.10 所示。

表 4.10　alignItem 参数值及功能说明

参 数 值	功 能 描 述
ItemAlign.Auto	默认值，设置使用 Flex 容器中默认配置
ItemAlign.Start	设置交叉轴方向首部对齐
ItemAlign.Center	设置交叉轴方向居中对齐
ItemAlign.End	设置交叉轴方向底部对齐
ItemAlign.Stretch	设置交叉轴方向拉伸填充，在未设置尺寸时，拉伸到容器尺寸
ItemAlign.Baseline	设置交叉轴方向文本基线对齐

【例 4-12】　下列代码运行后的页面效果如图 4.11 所示。

```
1    Flex({ direction: FlexDirection.Column, alignItems: ItemAlign.Center }) {
2        Text("1").fontSize(20).border({ width: 2 }).width(200)
3        Text("2").fontSize(20).border({ width: 2 })
4        Text("3").fontSize(20).border({ width: 2 })
5        Text("4").fontSize(20).border({ width: 2 })
6    }.width('100%')
```

如果将第 1 行代码的 alignItems 参数值设置为 ItemAlign.Stretch，则显示如图 4.12 所示页面效果。

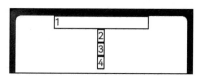 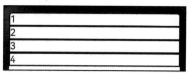

图 4.11　alignItem 设置效果（1）　　　　图 4.12　alignItem 设置效果（2）

（5）alignContent 参数用于设置项目各行在交叉轴剩余空间内的对齐方式，只在多行的 Flex 布局中生效，其参数值包含 FlexAlign.Start、FlexAlign.Center、FlexAlign.End、FlexAlign.SpaceBetween、FlexAlign.SpaceAround 和 FlexAlign.SpaceEvenly，功能说明如表 4.6 所示。

4. 相对布局

相对布局是一种允许子组件指定自己相对于父容器或其他兄弟组件在用户界面上位置的布局类型，即子组件支持指定兄弟组件作为锚点，也支持指定父容器作为锚点，基于锚点做相对位置布局。ArkUI 开发框架中提供了 RelativeContainer 容器实现相对布局，其接口格式如下。

```
1    RelativeContainer()
```

【例 4-13】　实现如图 4.13 所示的页面效果。

从图 4.13 可以看出，整个页面显示的内容位于页面中心位置，实现时可以先确定中心位置的文本，然后以中心位置的文本作为参照物（锚点，由 anchor 参数指定）摆放其他组件，实现代码如下。

图 4.13 相对布局页面效果

```
1    RelativeContainer() {
2        Text("中心")
3          .textAlign(TextAlign.Center).fontSize(25)
4          .width(50).height(50).backgroundColor(Color.Red)
5          .alignRules({ top: { anchor: '__container__', align: VerticalAlign.Center },
6            middle: { anchor: '__container__', align: HorizontalAlign.Center } })
7          .id("txt1")                    //指定该 Text 的 id 为 txt1
8        Text("左上")
9          //其他代码与第 3、4 行代码一样,此处略
10         .alignRules({ right: { anchor: 'txt1', align: HorizontalAlign.Start },
11           bottom: { anchor: 'txt1', align: VerticalAlign.Top } })
12         .id("txt2")                    //指定该 Text 的 id 为 txt2
13       Text("右上")
14         //其他代码与第 3、4 行代码一样,此处略
15         .alignRules({ left: { anchor: 'txt1', align: HorizontalAlign.End },
16           bottom: { anchor: 'txt1', align: VerticalAlign.Top } })
17         .id("txt3")                    //指定该 Text 的 id 为 txt3
18       Text("左下")
19         //其他代码与第 3、4 行代码一样,此处略
20         .alignRules({ right: { anchor: 'txt1', align: HorizontalAlign.Start },
21           top: { anchor: 'txt1', align: VerticalAlign.Bottom } })
22         .id("txt4")                    //指定该 Text 的 id 为 txt4
23       Text("右下")
24         //其他代码与第 3、4 行代码一样,此处略
25         .alignRules({ left: { anchor: 'txt1', align: HorizontalAlign.End },
26           top: { anchor: 'txt1', align: VerticalAlign.Bottom } })
27         .id("txt5")                    //指定该 Text 的 id 为 txt5
28   }.height("100%").width("100%")
```

当 RelativeContainer 为父容器且指定为锚点时,"__container__"表示父容器的 id。其余子元素的 ID 由 id 属性设置,未设置 ID 的子元素在 RelativeContainer 容器中不会显示。上述第 5 行代码表示"中心"文本的顶端相对于父容器垂直方向居中(VerticalAlign.Center)对齐,第 6 行代码表示"中心"文本的中间相对于父容器水平方向居中(HorizontalAlign.Center)对齐;上述第 10 行代码表示"左上"文本的右端相对于 txt1 的水平方向起始端对齐,第 11 行代码表示"左上"文本的底端相对于 txt1 的垂直方向顶部对齐;上述第 15 行代码表示"右上"文本的左端相对于 txt1 的水平方向末端对齐,第 16 行代码表示"右上"文本的底端相对于 txt1 的垂直方向顶部对齐;上述第 20 行代码表示"左下"文本的右端相对于 txt1 的水平方向起始端对齐,第 21 行代码表示"左下"文本的顶端相对于 txt1 的垂直方向底部对齐;上述第 25 行代码表示"右下"文本的左端相对于 txt1 的水平方向末端对齐,第 26 行代码表示"右下"文本的底端相对于 txt1 的垂直方向底部对齐。

4.2 四则运算练习器的设计与实现

随着电子设备的广泛应用,具有学习和测试功能的应用越来越受到广大用户的青睐。本节采用 Button、Text、Text Input、Image 组件和弹性布局设计一款能够快速进行四则运算出题和练习测试的应用程序。

4.2.1 Button 组件

Button(按钮)组件是 OpenHarmony 应用开发中最常用的组件之一,通常用于响应用户的单击操作,可包含单个子组件。其接口格式如下。

```
1    //创建包含子组件的 Button
2    Button(options?: {type?: ButtonType, stateEffect?: boolean})
3    //创建不包含子组件的 Button
4    Button(label?: ResourceStr, options?: { type?: ButtonType, stateEffect?: boolean })
```

(1) type 参数用于设置按钮显示样式,其参数值包含 ButtonType.Capsule(默认值,胶囊形)、ButtonType.Normal(矩形)、ButtonType.Circle(圆形)。

(2) stateEffect 参数用于设置按钮按下时是否开启按压态显示效果,其参数值包含 true(默认,开启)、false(不开启)。

(3) label 参数用于设置按钮上显示的文本。

【例 4-14】 实现如图 4.14 所示的按钮效果。

图 4.14 中普通样式按钮的样式为"ButtonType.Normal",按钮上的文本由 Text 组件实现,并指定 Text 组件的字号、文字颜色、文字对齐方式及内边距等

图 4.14 相对布局页面效果

属性,实现代码如下。

```
1  Button({ type: ButtonType.Normal, stateEffect: true }) {
2      Text("普通样式按钮")
3          .fontSize(25).fontColor(Color.White).width(200).textAlign(TextAlign.Center).padding(5)
4  }.backgroundColor(Color.Blue)
```

除了用接口参数指定按钮样式和是否开启按压态显示效果外,也可以设置 Button 的 type 和 stateEffect 属性实现一样的效果,即上述代码也可以用如下代码实现。

```
1  Button() {
2      Text("普通样式按钮")
3          .fontSize(25).fontColor(Color.White).width(200).textAlign(TextAlign.Center).padding(5)
4  }.type(ButtonType.Normal).stateEffect(true).backgroundColor(Color.Blue)
```

图 4.14 中"胶囊样式按钮"的样式为"ButtonType.Capsule"、"圆形样式按钮"的样式为"ButtonType.Circle",其他实现方法与普通样式按钮完全一样,限于篇幅,不再赘述。

图 4.14 中"进度文本样式按钮"的样式为"ButtonType.Capsule",按钮上由前后两个显示加载动效的 LoadingProgress 组件及显示文本的 Text 组件组成,实现代码如下。

```
1  Button({ type: ButtonType.Capsule, stateEffect: true }) {
2      Row() {
3          LoadingProgress().width(50).height(50)        //加载动效组件
4          Text("进度文本样式按钮").fontSize(25).textAlign(TextAlign.Center)
                                                           //显示文本
5          LoadingProgress().width(50).height(50)        //加载动效组件
6      }
7  }
```

图 4.14 中"确定"按钮的样式为"ButtonType.Normal",按钮的四角由 borderRadius 属性指定边框圆角,当按钮上显示"确定"时,单击按钮,按钮上显示"取消";当按钮上显示"取消"时,单击按钮,按钮上显示"确定"。实现代码如下。

```
1   struct P4_13{
2      @State btnLabel: string = '确定'
3      build() {
4          Button(this.btnLabel, { type: ButtonType.Normal }).onClick(() =>{
5              if (this.btnLabel == "确定") {
6                  this.btnLabel = "取消"
7              } else {
8                  this.btnLabel = "确定"
9              }
10         }).fontSize(25).borderRadius(10)
11     }
12  }
```

4.2.2 Text 组件

Text(文本)组件用于显示一段文本信息,可以包含 Span 和 ImageSpan 子组件。其接口格式如下。

```
1    Text(content?: string | Resource)
```

content 参数用于设置显示的文本内容,但包含子组件 Span 时不生效,显示 Span 内容,并且此时 text 组件的样式不生效。默认值为空字符串""。Text 组件除支持通用属性外,还支持如表 4.11 所示的属性。

表 4.11 Text 组件属性及功能说明

属 性 名	类 型	功 能 说 明
textAlign	TextAlign	设置文本段落在水平方向的对齐方式,默认值为 TextAlign.Start
textOverflow	{overflow: TextOverflow}	设置文本超长时的显示方式,属性值包括 TextOverflow.Clip(默认值,截断)、TextOverflow.None、TextOverflow.Ellipsis(文本末尾显示…),这些属性值需与 maxLines 属性配合使用,单独设置不生效;如果属性值为 TextOverflow.Marquee 时,文本在一行内滚动显示
maxLines	number	设置文本的最大行数。默认情况下,文本会自动换行
lineHeight	string | number	设置文本的文本行高
letterSpacing	number | string	设置文本字符间距
textCase	TextCase	设置文本大小写,属性值包括 Normal(默认值,保持原文本)、LowerCase(全小写)、UpperCase(全大写)
caretColor	Color|number|string	设置输入框光标颜色,默认值为"♯007DFF"
copyOption	CopyOptions	设置输入的文本是否可复制,属性值包括 LocalDevice(默认值,支持设备内复制)、None(不可复制)、InApp(支持应用内可复制)

4.2.3 TextInput 组件

TextInput(单行文本输入框)组件用于获取用户信息,通过该组件可以输入单行文本。其接口格式如下。

```
1    TextInput ( value?: { placeholder?: ResourceStr, text?: ResourceStr,
     controller?: TextInputController})
```

(1) placeholder 参数用于设置输入框中无输入时的提示文本。

(2) text 参数用于设置输入框当前的文本内容。

(3) controller 参数用于设置 TextInput 控制器,该控制器为 TextInputController 类型。

为了满足各种应用开发场景的需要,TextInput 组件除支持通用属性和通用事件外,还支持如表 4.12 所示的属性和如表 4.13 所示的事件。

表 4.12 TextInput 组件属性及功能说明

属 性 名	类 型	功 能 说 明
type	InputType	设置输入框类型,属性值包括 Normal(默认值,单行文本输入框)、Number(数字输入框)、PhoneNumber(电话号码输入框)、Email(电子邮件地址输入框)、Password(密码输入框)
placeholderColor	Color|number|string	设置 placeholder 文本颜色,如 Color.red、0xff00ff、"rgb(100,20,200)"。默认值跟随主题
placeholderFont	Font	设置 placeholder 文本样式
enterKeyType	EnterKeyType	设置软键盘 Enter 按钮的类型,属性值包括 Done(默认值,确认)、Next(下一项)、Go(前往)、Send(发送)、Search(搜索)
showPasswordIcon	boolean	设置是否显示密码框末尾的图标,属性值包括 true(默认值,显示)和 false,仅当 type 属性值为 Password 时生效
maxlength	number	设置输入框中最多可输入的字符数量,默认表示不限数量
caretColor	Color|number|string	设置输入框光标颜色,默认值为"#007DFF"
copyOption	CopyOptions	设置输入的文本是否可复制,属性值包括 LocalDevice(默认值,支持设备内复制)、None(不可复制)、InApp(支持应用内可复制)

表 4.13 TextInput 组件事件及功能说明

事 件 名	功 能 说 明
onChange(callback:(value: string) => void)	输入内容发生变化时触发该回调。value 表示输入的文本内容
onSubmit(callback:(enterKey: EnterKeyType) => void)	按下输入法软键盘 Enter 键触发该回调,返回值为当前软键盘 Enter 键的类型
onEditChange(callback:(isEditing: boolean) => void)	输入状态变化时触发该回调。有光标时为编辑态,无光标时为非编辑态。isEditing 为 true 表示正在输入
onCopy(callback:(value: string) => void)	长按输入框内部区域弹出剪贴板后,单击剪切板"复制"按钮触发该回调。value 表示复制的文本内容
onCut(callback:(value: string) => void)	长按输入框内部区域弹出剪贴板后,单击剪切板"剪切"按钮触发该回调。value 表示剪切的文本内容
onPaste(callback:(value: string) => void)	长按输入框内部区域弹出剪贴板后,单击剪切板"粘贴"按钮触发该回调。value 表示粘贴的文本内容

【例 4-15】 设计如图 4.15 所示的登录界面,在"请输入已验证手机"输入框和"请输入密码"输入框中输入登录用户名和密码后,在登录界面下方显示用户输入的手机号码和密码,显示效果如图 4.16 所示。

从图 4.15 可以看出,整个页面从上至下垂直线性布局,"请输入已验证手机"输入框和"请输入密码"输入框由不同 type 属性的 TextInput 组件实现,"忘记密码?""还没有账号?""立即注册->"及页面下方显示用户输入的手机号和密码等由不同 fontColor 属性的 Text 组件实现,"登录"按钮由 Button 组件实现。

图 4.15　登录界面（1）　　　　图 4.16　登录界面（2）

1. 自定义组件重用样式

由于"请输入已验证手机"输入框和"请输入密码"输入框的宽度、外边距、边框宽度、边框颜色及边角弧度等外观样式相同，所以本例由自定义的 customStyle 样式实现，详细代码如下。

```
1   @Styles
2   customStyle(){
3     .width("80%")              //输入框宽度
4     .margin(10)                //外边距
5     .borderWidth(1)            //边框宽度
6     .borderColor(Color.Gray)   //边框颜色
7     .borderRadius(5)           //边角弧度
8   }
```

2. 功能实现

为了控制页面下方是否显示"您输入的手机号……"等信息，默认状态下状态变量 isShow 的值为 false，单击"登录"按钮后，isShow 的值转换为 true，详细代码如下。

```
1   struct P4_14 {
2     @State isShow: boolean = false      //是否显示输入的手机号和用户名信息
3     @State loginUser: string = ''       //手机号
4     @State loginPwd: string = ''        //密码
5   //自定义组件 customStyle 重用样式代码如上，此处略
6     build() {
7       Column() {
8         TextInput({ placeholder: "请输入已验证手机",text:this.loginUser })
```

```
9         .type(InputType.PhoneNumber)
10        .placeholderColor("#ffb0adb0")
11        .placeholderFont({ size: 20 })
12        .fontSize(25)
13        .customStyle()                      //样式重用
14        .onChange((value: string) =>{
15          this.loginUser =value              //获得手机号
16        })
17      TextInput({ placeholder: "请输入密码",text:this.loginPwd})
18        .type(InputType.Password)
19      //placeholderColor、placeholderFont、fontSize 及 customStyle()与第 9~
        //13 行代码一样
20        .onChange((value: string) =>{
21          this.loginPwd =value               //获得密码
22        })
23      Text ("忘记密码?").fontColor(0xFF1E97D7).width("80%").textAlign
    (TextAlign.End)
24      Button("登录", { type: ButtonType.Normal }).width("80%").fontSize(20)
25        .backgroundColor(0xFF1E97D7)
26        .onClick(() =>{
27          this.isShow =true
28        })
29      Row() {
30        Text("还没有账号?")
31        Text("立即注册->").fontColor("rgba(30,151, 215, 1.00)")
32      }.margin(10)
33      Divider()                              //分隔线
34      if (this.isShow) {
35        Text(`您输入的手机号:${this.loginUser}\n 您输入的密码:${this.loginPwd}`).
    customStyle()
36      }
37    }.backgroundColor(0xFFC2F1E2).height("100%").width("100%")
38      .justifyContent(FlexAlign.Center)    //整个页面垂直线性布局,主轴方向居中对齐
39    }
40  }
```

上述第 29~32 行代码表示,将两个 Text 组件按水平方向线性布局;第 34~36 行代码表示,如果状态变量 isShow 的值为 true,则将 Text 组件显示在页面上。

4.2.4 Image 组件

Image(图片)组件用于在应用的页面上展示图片,展示的图片格式包含.png、.jpg、.bmp、.svg 和.gif 等类型。其接口格式如下。

```
1   Image(src: PixelMap | ResourceStr | DrawableDescriptor)
```

src 参数是用于设置图片的数据源,该数据源可以是本地资源、网络资源、Resource 资源、媒体库资源和 Base64 编码资源。

(1) 本地资源:在 ets 文件夹下创建一个存放图片的文件夹,将图片文件存放到该文件夹后,用如下代码加载图片。但该方式不支持跨包/跨模块引用图片资源文件。

```
1   Image("img/quit.png")      //img 为在 ets 文件夹下创建的文件夹
```

（2）网络资源：应用需要具有访问网络资源的权限，即在 module.json5 配置文件中声明访问网络资源权限，代码如下。

```
1  {
2     "module": {
3        //…其他配置代码
4        "requestPermissions": [
5          {
6             "name": "ohos.permission.INTERNET"
7          }
8        ],
9        //…其他配置代码
10     }
11 }
```

在 module.json5 配置文件中声明访问网络资源权限后，用如下代码加载图片。

```
1  Image("https://news.nnutc.edu.cn/images/a14.png")
```

（3）Resource 资源：将图片资源文件存放到 resources/base/media 文件夹下，通过 $r 资源接口读取并转换成 Resource 格式，代码如下。该方式支持跨包/跨模块引用图片资源文件。

```
1  Image($r("app.media.spring"))    //spring.png 已保存在 resources/base/media 文件夹下
```

也可以将图片放在 resources/rawfile 文件夹下，代码如下。

```
1  Image($rawfile("spring"))    //spring.png 已保存在 resources/rawfile 文件夹下
```

Image 组件除支持通用属性和通用事件外，还支持如表 4.14 所示的属性和如表 4.15 所示的事件。

表 4.14 Image 组件属性及功能

属 性 名	类 型	功 能 说 明
alt	string|Resource	设置图片加载时的占位图（包括 .png、.jpg、.bmp、.svg 和 .gif 类型），不支持网络图片。默认值为 null
objectFit	ImageFit	设置图片的填充效果，属性值包括 Cover（默认值，保持宽高比进行缩放，使得图片两边都大于或等于显示边界）、Contain（保持宽高比进行缩放，使得图片完全显示在显示边界内）、Fill（不保持宽高比进行缩放，使得图片填充满显示边界）、None（保持原有尺寸显示）、ScaleDown（保持宽高比，图片缩小或者保持不变）、Auto（自适应显示）
objectRepeat	ImageRepeat	设置图片的重复样式，属性值包括 NoRepeat（默认值，不重复）、X（仅水平轴上重复）、Y（仅垂直轴上重复）、XY（两个轴上都重复）
sourceSize	{width:number, height:number}	设置图片解码尺寸（单位：px），降低图片的分辨率，常用于需要让图片显示尺寸比组件尺寸更小的场景。与 ImageFit.None 配合使用时可在组件内显示小图

续表

属性名	类型	功能说明
autoResize	boolean	设置图片解码过程中是否对图源自动缩放,属性值包括true(默认值,组件会根据显示区域尺寸决定用于绘制的图源尺寸,以便减少内存占用。如原图大小为1920×1080,而显示区域大小为200×200,则图片解码采样为200×200)和false(按原图尺寸解码,提升显示效果)
copyOption	CopyOptions	设置图片是否可复制,属性值包括None(默认值,不可复制)、InApp(应用内可复制)和LocalDevice(设备内可复制)

表 4.15 Image 组件事件及功能

事件名	功能说明
onComplete(callback:(event?:{width:number; height: number; componentWidth:number;componentHeight: number; loadingStatus: number;}) => void)	图片数据加载成功和解码成功时均触发该回调,返回成功加载的图片尺寸。其中,width表示图片宽度,height表示图片高度,componentWidth表示组件宽度,componentHeight表示组件高度,loadingStatus表示图片加载成功的状态值(0表示加载成功,1表示解码成功)
onError(callback:(event?:{componentWidth:number, componentHeight: number, message: string}) => void)	图片加载异常时触发该回调,返回组件尺寸及报错信息。其中,componentWidth表示组件宽度,componentHeight表示组件高度,message表示报错信息
onFinish(event:() => void)	当加载的源文件为带动效的.svg图片时,动效播放完成时会触发该回调。若动效为无限循环动效,则不会触发。该回调仅支持.svg图片

【例 4-16】 设计如图 4.17 所示的应用启动界面,在启动界面上向左或向右滑动时,循环切换界面的背景图片;单击界面上的"退出"按钮时退出应用程序。

为了向左或向右滑动时切换 Image 组件加载的图片,则需要为 Image 组件绑定 gesture 手势事件,绑定 gesture 手势事件的接口格式如下。

```
1   gesture(gesture: GestureType, mask?: GestureMask): T
```

(1) gesture 参数用于设置绑定的手势类型,手势类型包括 TapGesture(单击手势,支持单次/多次单击识别)、LongPressGesture(长按手势)、PanGesture(平移手势,滑动距离需达到 5vp)、PinchGesture(捏合手势)、RotationGesture(旋转手势)、SwipeGesture(滑动手势,滑动速度需达到 100vp/s)、GestureGroup(手势识别组,多种手势组合为复合手势,支持连续识别、并行识别和互斥识别)。

(2) mask 参数用于设置事件响应类型,事件响应类型包括 Normal(不屏蔽子组件的手势,按照默认手势识别顺序进行识别)、IgnoreInternal(屏蔽子组件的手势,包括子组件上系统内置的手势)。

由于本例实现的功能为向左或向右滑动时切换 Image 组件加载的图片,所以绑定手势事件时设置的手势类型为 PanGesture(平移手势),PanGesture 接口格式如下,PanGesture 接口对象可绑定的事件如表 4.16 所示。

图 4.17　启动界面

```
1   PanGesture(value?: { fingers?: number; direction?: PanDirection; distance?:
    number } | PanGestureOptions)
```

（1）fingers 参数用于设置触发拖动的最少手指数，最小值为 1 指，最大值为 10 指，默认值为 1。

（2）direction 参数用于设置触发滑动的手势方向，手势方向包括 All（默认值，所有方向）、Horizontal（水平方向）、Vertical（竖直方向）、Left（向左滑动）、Right（向右滑动）、Up（向上滑动）、Down（向下滑动）、None（不可触发滑动手势事件）。该参数支持逻辑与（&）和逻辑或（|）运算。例如，触发向左或向右滑动的手势方向，可以将该参数值设置为"PanDirection.Left | PanDirection.Right"。

（3）distance 参数用于设置最小拖动识别距离（单位为 vp），默认值为 5vp。若 Tabs 组件滑动与该手势事件同时存在时，该参数值可设为 1，使拖动更灵敏，避免造成事件错乱。

表 4.16　PanGesture 接口事件及功能

事件名	功能说明
onActionStart(event: (event?: GestureEvent) => void)	滑动手势开始识别成功回调
onActionUpdate(event: (event?: GestureEvent) => void)	滑动手势移动过程中回调
onActionEnd(event: (event?: GestureEvent) => void)	滑动手势识别成功并且手指抬起后回调
onActionCancel(event: () => void)	滑动手势识别成功并且接收到触摸取消事件后回调

当滑动手势开始识别成功，获得的 x 轴坐标值大于手指抬起后获得的 x 轴坐标值时，则

表示此时手势向左滑动,否则向右滑动。实现Image组件的功能代码如下。

```
1    //初始化变量
2      @State index: number = 0            //保存当前背景图片在数组中的元素下标
3      lists =[$r("app.media.spring"), $r("app.media.summer"), $r("app.media.
    autumn"), $r("app.media.winter")]       //图片需要事先保存到resources/base/
    //media下
4      x1: number = 0                     //开始滑动点的x坐标
5      x2: number = 0                     //结束滑动点的x坐标
6    //实例化Image对象
7    Image(this.lists[this.index])
8        .gesture(
9           PanGesture({ direction: PanDirection.Left | PanDirection.Right })
                                          //指定手势方向
10          .onActionStart((event: GestureEvent) =>{
11             this.x1=event.offsetX     //滑动手势开始识别成功获得的x坐标
12          })
13          .onActionEnd((event: GestureEvent) =>{
14             this.x2=event.offsetX     //滑动手势抬起后获得的x坐标
15             if (this.x2-this.x1<=0) {  //表示向左滑动
16                 if (++this.index >= this.lists.length) this.index = this.
    lists.length -1
17             } else {                   //表示向右滑动
18                 if (--this.index <=0) this.index = 0
19             }
20    }))
```

上述第10～12行代码表示当开始手势滑动时,将当前位置的x坐标保存到x1中;第13～19行代码表示当滑动手势抬起时,将当前位置的x坐标保存到x2中,并根据"this.x2 - this.x1 <= 0"表达式判断滑动手势的方向,如果向左滑动,则将保存当前背景图片在数组中的元素下标index加1,否则将保存当前背景图片在数组中的元素下标index减1。

启动界面右下角的"退出"按钮由Button组件实现,该组件由水平布局的Image组件和Text组件组成,其中,左侧的Image组件用于加载存放在ets/img下的quit.png图片,右侧为Text组件用于显示"退出"文本信息。并为"退出"按钮Button组件绑定单击事件,实现退出应用程序功能,详细代码如下。

```
1    Button({ type: ButtonType.Normal }) {
2        Row() {
3            Image("/img/quit.png").objectFit(ImageFit.ScaleDown).width(30).height(30)
4            Text("退出").fontColor(Color.White).fontSize(18)
5        }.backgroundColor(Color.Green)
6    }.onClick(() =>{
7        const context =getContext(this) as common.UIAbilityContext
8        context.terminateSelf()
9    }).margin(10)
```

上述第7、8行代码表示通过停止Ability自身的方式退出应用程序,该功能也可以通过退出当前进程的方式实现,即上述第7、8行代码可以用如下代码替换。

```
1    let pro =new process.ProcessManager()      //获得当前进程管理对象
2    pro.exit(0)                                //退出当前进程
```

从图 4.17 可以看出，背景图片和"退出"按钮以层叠方式布局，用 Stack 组件实现，实现代码如下。

```
1   struct P4_15 {
2     //定义 index、lists、x1、x2
3     build() {
4       Stack() {
5         //定义 Image 组件
6         //定义 Button 组件
7       }.alignContent(Alignment.BottomEnd)    //层叠内容右下角对齐
8       .width('100%')
9     }
10  }
```

4.2.5 Tabs 和 TabContent 组件

Tabs（选项卡容器）组件用于在一个页面区域通过选项卡切换显示不同内容视图，每个选项卡对应一个内容视图，该组件只能包含子组件 TabContent。其接口格式如下。

```
1   Tabs (value?: {barPosition?: BarPosition, index?: number, controller?:
    TabsController})
```

（1）barPosition 参数用于设置 Tabs 的选项卡位置，选项卡位置包括 Start（默认值，vertical 属性为 true 时，选项卡位于容器左侧，否则位于容器顶部）、End（vertical 属性为 true 时，选项卡位于容器右侧，否则位于容器底部）。

（2）index 参数用于设置当前显示选项卡的索引，默认值为 0。

（3）controller 用于设置 Tabs 控制器。TabsController 用于控制 Tabs 组件进行选项卡切换。不支持一个 TabsController 控制多个 Tabs 组件。

Tabs 组件除支持通用属性和通用事件外，还支持如表 4.17 所示的属性和如表 4.18 所示的事件。

表 4.17 Tabs 组件属性及功能

属 性 名	类 型	功 能 说 明
vertical	boolean	设置选项卡方向，属性值包括 false（默认值，横向选项卡）、true（纵向选项卡）
scrollable	boolean	设置是否可以通过滑动切换页面，属性值包括 true（默认值，可以）、false（不可以）
barMode	BarMode	设置导航栏是否可以滚动，属性值包括 Fixed（默认值，固定）、Scrollable（可滚动）
barWidth	number | Length	设置 TabBar 的宽度值
barHeight	number | Length	设置 TabBar 的高度值

续表

属性名	类型	功能说明
animationDuration	number	设置单击 TabBar 选项卡切换 TabContent 的动画时长。不设置时,单击 TabBar 选项卡切换 TabContent 无动画。默认值为 300ms

表 4.18 Tabs 组件事件及功能

事件名	功能说明
onChange(event:(index: number) => void)	Tab 选项卡切换后触发的事件。index 表示当前显示的 index 索引,索引从 0 开始计算
onTabBarClick(event:(index: number) => void)	Tab 选项卡单击后触发的事件。index 表示被单击的 index 索引,索引从 0 开始计算

TabContent 组件只能在 Tabs 组件中使用,每一个 TabContent 对应一个切换选项卡的内容视图。其接口格式如下。除支持通用属性外,还支持如表 4.19 所示的属性。

```
1    TabContent()
```

表 4.19 TabContent 组件属性及功能

属性名	类型	功能说明
tabBar	string | Resource | {icon?: string | Resource, text?: string | Resource} | CustomBuilder	设置 TabBar 上显示内容。CustomBuilder 构造器的内部可以传入组件
tabBar	SubTabBarStyle | BottomTabBarStyle	设置 TabBar 上显示内容。SubTabBarStyle 类型表示子选项卡样式,参数为文字;BottomTabBarStyle 类型表示底部选项卡和侧边选项卡样式,参数为文字和图片

TabContent 组件不支持设置通用宽度属性,其宽度默认撑满 Tabs 父组件。TabContent 组件不支持设置通用高度属性,其高度由 Tabs 父组件高度与 TabBar 组件高度决定。

【例 4-17】 实现如图 4.18 所示的页面,在页面上左右滑动时可以实现页面内容的切换,并且在页面上显示当前选项卡的索引值。

由于页面中间显示的选项卡索引值会随着选项卡的改变而改变,所以需要定义 1 个状态变量保存选项卡索引值,实现代码如下。

```
1    struct P4_16{
2      @State currentIndex: number = 0        //选项卡索引值
3      build() {
4        Tabs() {
5          TabContent() {                      //首页选项卡内容
6            Text(`首页页面,选项卡索引值:${this.currentIndex}`)
7              .textAlign(TextAlign.Center).fontSize(25).width("100%").height("100%")
8          }.backgroundColor(Color.Pink).margin(5)
9          .tabBar("首页")                      //首页选项卡 TabBar 显示的内容
10         TabContent() {                      //视频选项卡内容
11           Text(`视频页面,选项卡索引值:${this.currentIndex}`)
```

```
12              .textAlign(TextAlign.Center).fontSize(25).width("100%").height("100%")
13          }.backgroundColor(Color.Yellow).margin(5)
14          .tabBar("视频")                    //视频选项卡 TabBar 显示的内容
15          //商城选项卡内容定义代码与首页选项卡内容一样，此处略
16      }.onChange((index: number) =>{        //选项卡切换后触发
17          this.currentIndex = index
18      })
19   }
20  }
```

如果要实现如图 4.19 所示的选项卡页面效果，可以首先将选项卡 TabBar 上显示的图片存放到 ets/img 文件夹下或 resources/base/media 文件夹下，然后将上述第 9 行和第 14 行代码替换为如下代码。

图 4.18　选项卡页面效果(1)

图 4.19　选项卡页面效果(2)

```
1   .tabBar({ icon: "/img/sye.png", text: "首页" })       //替换第 9 行代码
2   .tabBar({ icon: "/img/sping.png", text: "视频" })     //替换第 14 行代码
3   .tabBar({ icon: "/img/scheng.png", text: "商城" })    //"商城"选项卡
```

如果将上述第 4 行代码替换为"Tabs({barPosition:BarPosition.End})"代码，则选项卡位于页面底部，显示效果如图 4.20 所示。如果在上述第 18 行代码下面添加".vertical(true)"代码，则选项卡位于页面左侧纵向排列，显示效果如图 4.21 所示。如果要自定义选项卡显示样式，则需要 CustomBuilder 构造器传入子组件，例如，实现如图 4.22 所示选项卡页面效果，则需要按照如下步骤实现。

(1) 定义状态变量。

```
1   @State currentIndex: number =0              //当前选项卡索引值
2   @State sfontColor: string ="#ff0000"        //当前选项卡 TabBar 显示文字的颜色
```

```
3       @State fontColor: string ="#0000ff"      //其他选项卡 TabBar 显示文字的颜色
```

图 4.20　选项卡页面效果(3)

图 4.21　选项卡页面效果(4)

图 4.22　选项卡页面效果(5)

（2）自定义组件。

从图 4.22 可以看出，选项卡 TabBar 由横向布局的 Image 组件和 Text 组件构成，实现代码如下。

```
1    @Builder
2    TabBuilder(index: number, name: string, img: string) {
3      Row() {
4        Image(img).width(32).height(32)          //TabBar 左侧图片
5        Text(name).fontSize(20)                   //TabBar 右侧文字
6          .fontColor(this.currentIndex ==index ? this.sfontColor : this.fontColor)
7      }
8    }
```

上述代码中的 index 表示 TabBar 的索引号、name 表示 TabBar 显示的文字、img 表示 TabBar 显示的图片。上述第 6 行代码表示如果当前选项卡的索引值与选项卡索引号相同，则将选项卡 TabBar 右侧的文字显示为红色(#ff0000)，否则显示为蓝色(#0000ff)。

（3）功能实现。

将选项卡 TabBar 上显示的图片存放到 ets/img 文件夹下或 resources/base/media 文件夹下，然后引用自定义 TabBuilder 组件实现 TabBar 效果，详细代码如下。

```
1    struct P4_17 {
2      //定义状态变量
3      //自定义组件
```

```
4      build() {
5        Tabs() {
6          TabContent() {
7            Text(`首页,选项卡索引值:${this.currentIndex}`)
8              .textAlign(TextAlign.Center).fontSize(25).width("100%").height("100%")
9          }.backgroundColor(Color.Pink).margin(5)
10         .tabBar(this.TabBuilder(0,"首页", "/img/sye.png"))
11         TabContent() {
12           Text(`视频,选项卡索引值:${this.currentIndex}`)
13             .textAlign(TextAlign.Center).fontSize(25).width("100%").height("100%")
14         }.backgroundColor(Color.Yellow).margin(5)
15         .tabBar(this.TabBuilder(1, "视频", "/img/sping.png"))
16         //商城选项卡内容定义代码与首页选项卡内容一样,此处略
17        }.onChange((index: number) =>{
18          this.currentIndex = index
19        })
20      }
21    }
```

4.2.6 案例:四则运算练习器

1. 需求描述

四则运算练习器运行后显示如图 4.23 所示页面,默认生成 10 道 100 以内的加法运算题目。用户单击选项卡上的"加""减""乘""除"图标或左右滑动页面时,每个页面可以分别生成 10 道加、减、乘、除四则运算题目。用户在每道题目的输入框中输入答案后,单击"确认提交"按钮,四则运算练习器自动判断用户输入的答案是否正确,如果答案正确,则在题目后面显示"笑脸"图标并加 10 分,否则显示"哭脸"图标,如图 4.24 所示,同时也会在页面上显示"你的得分:*"提示信息;单击"再来一次"按钮,则重新生成 10 道题目。

2. 设计思路

根据四则运算练习器页面的显示效果和需求描述,整个页面从上到下分为选项卡切换顶部区、题目作答区、得分显示区和操作按钮底部区。选项卡切换顶部区的加、减、乘、除四则运算切换图标由 Tabs 组件、TabContent 组件的 tabBar 属性实现;题目操作区的题目编号、参与运算的第一个数、运算符、参与运算的第二个数和"="用 Text 组件实现,答案输入框用 TextInput 组件实现,"笑脸"或"哭脸"图标用 Image 组件实现。得分显示区的显示信息用 Text 组件实现。操作按钮底部区用两个 Button 组件实现。

3. 实现流程

1) 准备工作

从图 4.23 中可以看出,选项卡分别由代表加、减、乘、除的图标实现,每一道题末尾的正确或错误提示由代表"笑脸"或"哭脸"的图标实现,所以需要将代表加、减、乘、除图标的 add.png、dec.png、mul.png、div.png 图片文件和代表笑脸、哭脸图标的 smile.png、cry.png 图片文件复制到项目的 ets/img 文件夹中。

图 4.23 四则运算练习器（1）

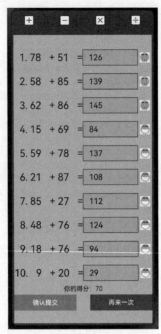
图 4.24 四则运算练习器（2）

2）修改应用程序标签名和图标

首先，打开项目中的 resources/base/element/string.json 文件，在该文件的最下方添加如下代码。同时，为了确保多语言的国际化规范，在 resources/en_US/element/string.json 文件中和 resources/zh_CN/element/string.json 文件中也需要添加类似代码。

```
1  {
2    "string": [
3      //原代码不变,以下为添加代码
4      ,{
5        "name": "App_Name",
6        "value": "四则运算练习器"
7      }
8    ]
9  }
```

然后，将代表应用程序图标的 calcApp.png 文件复制到项目的 resources/base/media 文件夹中，并打开 module.json5 文件，对 module 属性配置项中的 abilities 属性项代码做如下修改。

```
1  "abilities": [
2    {
3      //原代码不变,以下为修改代码
4      "icon": "$media:calcApp",
5      "label": "$string:App_Name",
6    }
7  ],
```

上述第 4 行代码的 icon 属性用于设置应用的图标，第 5 行代码的 label 属性用于设置应用的标签名称。

3）定义 Ti 类声明题目内容

每道题目包含题号、第一个操作数、运算符、第二个操作数、标准答案、用户答案和对错表情等属性，Ti 类的详细代码如下。

```
1   class Ti {
2     tiid: number                          //题号
3     tida: number                          //第一个操作数
4     tido: string                          //运算符
5     tidb: number                          //第二个操作数
6     tidr: number                          //标准答案
7     tidu: string                          //用户答案
8     tidm: string                          //对象表情
9     constructor(tiid, tida, tido, tidb, tidr, tidu, tidm) {
10      this.tiid =tiid
11      //其他代码类似,此处略
12    }
13  }
```

4）定义 show 函数随机生成 10 道题目

根据运算符、随机数的最小值和最大值生成 10 道题目，并将每道题目包含的题号、第一个操作数、运算符、第二个操作数、标准答案、用户答案和对错表情等详细信息保存到 Ti 类型的数组中，show 函数的详细代码如下。

```
1   function show(oper: string, min: number, max: number): Ti[] {
2     let tis: Ti[] =[]
3     for (let index =0; index <10; index++) {
4       let a =Math.floor(Math.random() * (max -min)) +min   //产生 min~max 的随机数
5       let b =Math.floor(Math.random() * (max -min)) +min   //产生 min~max 的随机数
6       let c: number
7       switch (oper) {
8         case "+":
9           c =a +b                                          //加法运算结果
10          break
11        case "-":
12          c =a -b                                          //减法运算结果
13          break
14        case "×":
15          c =a * b                                         //乘法运算结果
16          break
17        case "÷":
18          c =a / b                                         //除法运算结果
19      }
20      let ti =new Ti(index+1, a, oper, b, c, "", "/img/smile.png")   //实例化 Ti 类对象
21      tis.push(ti)
22    }
23    return tis
24  }
```

上述第 20 行代码表示根据题号（index＋1）、第一个操作数（a）、运算符（oper）、第二个

操作数(b)、标准答案(由第7~19行代码决定)、用户答案(默认为"")及对错表情(默认为笑脸图片)实例化Ti类型对象。

5) 定义变量

由于选项卡切换时当前选项卡索引值会随着选项卡的改变而改变,所以需要定义一个状态变量currentIndex保存选项卡索引值;应用启动时"+"选项卡对应的页面上会默认生成10道0~100范围内的加法运算题目,这些题目的内容保存在tis数组中;只有单击"确认提交"按钮后得分显示区才会显示在页面上,该功能可以定义一个boolean类型的flag状态变量和保存最终得分的score状态变量实现。代码如下:

```
1    @State currentIndex: number = 0              //保存当前选项卡索引值
2    opers: string[] = ["+", "-", "×", "÷"]      //运算符数组
3    @State tis: Ti[] = show(this.opers[this.currentIndex], 0, 100)   //生成10道
     //加法运算题目
4    @State flag: boolean = false    // false表示得分显示区不显示,true表示得分显
     //示区显示
5    @State score: number = 0                      //保存得分
```

6) 页面上显示题目内容

从图4.23可以看出,每道题目的题号、第一个操作数、运算符、第二个操作数、用户答案和对错表情以水平方向显示在一行上,而10道题目以垂直方向显示在页面上,实现代码如下。

```
1    Column() {
2        ForEach(this.tis, (item: Ti, index: number) =>{
3            Row() {
4                Text (`${item.tiid}.`).layoutWeight(1).textAlign(TextAlign.End).fontSize(25)   //题号
5                Text (`${item.tida}`).layoutWeight(1).textAlign(TextAlign.End).fontSize(25)   //第一个操作数
6                Text (`${item.tido}`).layoutWeight(1).textAlign(TextAlign.End).fontSize(25)   //运算符
7                Text (`${item.tidb}`).layoutWeight(1).textAlign(TextAlign.End).fontSize(25)   //第二个操作数
8                Text (`=`).layoutWeight(1).textAlign(TextAlign.End).fontSize(25)   //等号
9                TextInput({ placeholder: "请输入答案", text: `${item.tidu}`})   //答案输入框
10                   .layoutWeight(4).borderRadius(0).fontSize(20).borderWidth(1)
11                   .onChange((value: string) =>{
12                       item.tidu = value
13                   })
14               Image(item.tidm).width(25).height(25)         //笑脸或哭脸图
15                   .layoutWeight(1).objectFit(ImageFit.Contain)
16           }.width("100%").justifyContent(FlexAlign.SpaceAround).margin(10)
17       })
18   }
```

上述第9~13行代码表示当输入框中的内容发生改变时,将输入框中的内容作为当前

7)操作按钮底部区的实现

操作按钮底部区的"确认提交"和"再来一次"按钮以水平方式显示在一行上,单击"确认提交"按钮,将存放题目内容 tis 数组中的每道题目的标准答案与用户答案比较,如果答案相同,则得分加 10,并将对错表情设为笑脸图片(/img/smile.png),否则将对错表情设为哭脸图片(/img/cry.png);同时,将控制得分显示区的 flag 状态变量值设为 true(显示得分区)。单击"再来一次"按钮,调用 show()方法重新生成 10 道题目,并将控制得分显示区的 flag 状态变量值设为 false(不显示得分区),详细代码如下。

```
1    Row() {
2        Button("确认提交", { type: ButtonType.Normal }).width("45%").onClick(() =>{
3            this.score = 0
4            let ctis: Ti[] = []
5            for (let index =0; index <this.tis.length; index++) {
6                ctis.push(this.tis[index])
7                if (this.tis[index].tidr ==Number(this.tis[index].tidu)) {
8                    this.score =this.score +10    //答案正确,得分加 10
9                    ctis[index].tidm ="/img/smile.png"    //答案正确,对错表情为笑脸
10               } else {
11                   ctis[index].tidm ="/img/cry.png"    //答案不正确,对错表情为哭脸
12               }
13           }
14           this.flag =true
15           this.tis =ctis
16       }).enabled(this.flag ? false : true)
17       Button("再来一次", { type: ButtonType.Normal }).width("45%")
  .onClick(() =>{
18           this.tis =show(this.opers[this.currentIndex], 0,100)    //重新生成10道题
19           this.flag =false
20       })
21   }.width("100%").margin(5).justifyContent(FlexAlign.SpaceBetween)
```

上述第 3 行代码表示单击"确认提交"按钮后,首先将保存得分的 score 状态变量值设为 0;第 16 行代码表示单击"确认提交"按钮后,将"确认提交"设置为不可用。

8)四则运算练习器的实现

从图 4.23 可以看出,加、减、乘、除法选项卡对应页面内的 10 道题目内容、得分显示区和操作按钮按垂直方向布局在页面上,并且每个选项卡对应的页面内容显示超过一屏时,可以通过上下滑动页面操作显示全部内容,所以在 TabContent 中用 Scroll 和 Column 组合实现,详细代码如下。

```
1    struct MathsExecise {
2        //定义变量功能代码
3        build() {
4            Tabs() {
5                TabContent() {
6                    Scroll() {
7                        Column() {
```

```
8                    //页面上显示题目内容功能代码
9                    if (this.flag)  Text(`你的得分:${this.score}`)    //得分显示区
10                   //操作按钮底部区的实现功能代码
11                 }
12               }
13             }.backgroundColor(Color.Pink).margin(5)
14             .tabBar({ icon: "/img/add.png" })          //加法选项卡图片
15             //减法选项卡实现代码与加法选项卡实现代码类似,此处略
16             //乘法选项卡实现代码与加法选项卡实现代码类似,此处略
17             //除法选项卡实现代码与加法选项卡实现代码类似,此处略
18           }.onChange((index: number) =>{
19              this.currentIndex = index                 //当前选项卡索引值
20              this.flag = false                         //得分显示区不显示
21              this.score = 0                            //得分设置为 0
22              this.tis = show(this.opers[this.currentIndex], 0,100)   //产生 10 道题目
23           }).backgroundColor(Color.Brown)
24       }
25   }
```

4.3 拼图游戏的设计与实现

拼图游戏是广受欢迎的一种智力游戏,通过摆放碎片拼成完整的图案,既能够锻炼玩家的观察能力,又能锻炼玩家的分析能力。它的变化多端、玩法简单等特性受到广大儿童和成人青睐。本节采用 Menu、TextTimer、Progress、Panel 组件和网格布局设计一款在鸿蒙设备上运行的拼图游戏。

4.3.1 Menu 组件

Menu(菜单)组件用于以垂直列表形式显示的菜单,包含 MenuItem 和 MenuItemGroup 子组件。Menu 的接口格式如下。

```
1   Menu()
```

Menu 组件作为菜单的固定容器,该接口没有参数。自 API Version 10 开始,它除支持通用属性外,还支持如表 4.20 所示的属性。

表 4.20 Menu 组件属性及功能

属 性 名	类 型	功 能 说 明
font	Font	设置 Menu 中所有文本的字体样式
fontColor	ResourceColor	设置 Menu 中所有文本的颜色
radius	Dimension | BorderRadiuses	设置 Menu 边框圆角半径
width	Length	设置 Menu 边框宽度

MenuItem 组件用来展示菜单中具体的菜单项,它的接口格式如下。

```
1   MenuItem(itemValue?: MenuItemOptions| CustomBuilder)
```

itemValue 参数用于设置菜单项的各项信息。MenuItemOptions 类型功能说明如表 4.21

所示;CustomBuilder 类型用来自定义 UI 描述,需要结合@Builder 使用。

表 4.21 MenuItemOptions 类型功能说明

属性名称	类型	功能说明
startIcon	ResourceStr	设置菜单项左侧的图标
content	ResourceStr	设置菜单项的内容信息
endIcon	ResourceStr	设置菜单项右侧的图标
labelInfo	ResourceStr	设置结束标签信息,如快捷键 Ctrl+C
builder	CustomBuilder	设置构建的二级菜单

MenuItemGroup 组件用来展示菜单项的分组,它的接口格式如下。

```
1  MenuItemGroup(groupValue?: MenuItemGroupOptions)
```

groupValue 参数用于设置菜单项分组的标题和尾部显示的各项信息。MenuItemGroupOptions 类型功能说明如表 4.22 所示。

表 4.22 MenuItemGroupOptions 类型功能说明

属性名称	类型	功能说明
header	ResourceStr|CustomBuilder	设置对应菜单项分组的标题显示信息
footer	ResourceStr|CustomBuilder	设置对应菜单项分组的尾部显示信息

【例 4-18】 实现如图 4.25 所示的页面,单击页面上的"Hello World"文本,弹出如图 4.25 所示的垂直菜单;单击菜单中的"背景色"菜单项,弹出如图 4.26 所示的二级菜单;单击二级菜单中的"红色(背景)""蓝色(背景)"菜单项,页面上的"Hello World"文本的背景随之改变。

从图 4.25 可以看出,"Hello World"文本信息用 Text 组件实现,垂直菜单中包含二级菜单,用@Builder 构造器构建垂直菜单组件和二级菜单组件。

1. 自定义二级菜单组件

二级菜单组件包含"红色(背景)""蓝色(背景)"菜单项,单击菜单项时,将控制 Text 组件背景属性的 bgc 变量值改变。实现代码如下。

```
1   @Builder
2   BsubMenu() { //背景色
3     Menu() {
4       MenuItem({ content: "红色(背景)" }).onClick(() =>{
5         this.bgc =Color.Red
6       })
7       MenuItem({ content: "蓝色(背景)" }).onClick(() =>{
8         this.bgc =Color.Blue
9       })
10    }
11  }
```

2. 自定义垂直菜单组件

图 4.25 中垂直菜单自上至下分为"撤销、重做""复制、剪切、粘贴"和"前景色、背景色"

三部分,实现代码如下。

图4.25 垂直菜单效果

图4.26 二级菜单效果

```
1    @Builder
2    EditMenu() {
3        Menu() {
4            MenuItem({ content: "撤销" })
5            MenuItem({ content: "重做" })
6            MenuItemGroup({ header: "菜单组 1 开始", footer: "菜单组 1 结束" }) {
7                MenuItem({startIcon:$r("app.media.copy"), content: "复制", labelInfo: "Ctrl+C" })
8                MenuItem({ content: "剪切", labelInfo: "Ctrl+X" })
9                MenuItem({ content: "粘贴", labelInfo: "Ctrl+V" })
10           }
11           MenuItemGroup() {
12               MenuItem({ content: "前景色", endIcon: $r("app.media.rightArrow"), builder: (): void =>
13                   this.FsubMenu()         //FsubMenu()的构建代码与BsubMenu()类似,此处略
14               })
15               MenuItem({ content: "背景色", endIcon: $r("app.media.rightArrow"), builder: (): void =>
16                   this.BsubMenu()         //构建背景色二级菜单
17               })
18           }
19       }.font({size:25,style:FontStyle.Normal})
20   }
```

上述第6~10行代码表示将"复制、剪切、粘贴"菜单项作为一个菜单项分组,其中第7行代码表示为"复制"菜单项设置左侧图片。上述第11~18行代码表示将"前景色、背景色"

菜单项作为一个菜单项分组,其中的 builder 属性用于构建二级菜单。需要说明的是,上述代码中引用的图片需要事先保存到项目的 resource/base/media 文件夹下。

3. 功能实现

在页面上用 Column 布局 Text 组件,并为 Text 组件绑定垂直菜单,详细代码如下。

```
1   @Component
2   struct P4_17 {
3     @State message: string = 'Hello World'
4     @State bgc: Color = Color.Orange        //背景色默认色
5     @State fgc: Color = Color.White         //前景色默认色
6     //构建背景色二级菜单,此处略
7     //构建前景色二级菜单,此处略
8     //构建垂直菜单,此处略
9     build() {
10      Column() {
11        Text(this.message).fontSize(50)
12          .backgroundColor(this.bgc)
13          .fontColor(this.fgc)
14          .bindMenu(this.EditMenu())       //绑定垂直菜单
15      }.width('100%')
16    }
17  }
```

4.3.2 TextTimer 组件

TextTimer(文本显示计时信息)组件用于文本显示计时信息并控制计时器状态的组件,其接口格式如下。

```
1   TextTimer(options?: { isCountDown?: boolean, count?: number, controller?:
    TextTimerController })
```

(1) isCountDown 参数用于设置是否倒计时,默认值为 false(不倒计时)。

(2) count 参数用于设置倒计时时间(仅 isCountDown 参数为 true 时生效),单位为 ms。取值范围为 0＜count＜86 400 000,否则,使用默认值(60 000)作为倒计时初始值。

(3) controller 参数为 TextTimerController 类型,用于控制文本计时器,一个 TextTimer 组件仅支持绑定一个控制器。

为了满足各种应用开发场景的需要,TextTimer 组件除支持通用属性和通用事件外,还支持如表 4.23 所示的属性和如表 4.24 所示的事件。

表 4.23 TextTimer 组件属性及功能

属性名	类型	功能说明
format	string	设置计时信息显示格式,需至少包含 HH、mm、ss、SS 中的一个关键字,否则使用默认值"HH:mm:ss.SS"

表 4.24　TextTimer 组件事件及功能

事件名	功能说明
onTimer（event：（utc：number，elapsedTime：number）=> void）	时间文本发生变化时触发。utc 为 Linux 时间戳（自 1970 年 1 月 1 日起经过的时间），elapsedTime 为计时器经过的时间。但锁屏状态和应用后台状态下不会触发该事件

【例 4-19】 实现如图 4.27 所示的页面,页面默认显示距离某个指定日期的天数、小时数、分钟数和秒数,单击页面上的"开始"按钮,距离的时间开始倒计时;单击页面上的"暂停"按钮,倒计时暂停;单击页面上的"重置"按钮,恢复倒计时时间。

图 4.27　倒计时显示屏效果

从图 4.27 可以看出,第一行的"距离×年×月×日还有×天"用 Text 组件实现,第二行的"小时数:分钟数:秒数.毫秒数"用 TextTimer 组件实现,第三行代码用三个 Button 组件实现。

(1) 自定义 getDayTime 函数。

由于距离的指定日期可以由用户设定,所以可以将指定日期作为 getDayTime 函数的参数;由于页面上第一行的"距离×年×月×日还有×天"和第二行的"小时数:分钟数:秒数.毫秒数"是根据当前日期时间与用户指定的日期计算出来的,所以该函数的返回值为第一行和第二行显示的内容,详细代码如下。

```
1    function getDayTime(y: number, m: number, d: number): ArrayList<number | string>{
2      const mills = 24 * 60 * 60 * 1000                //24 小时转换为毫秒
3      let result = new ArrayList<number | string>()
4      let endTime = new Date(y, m - 1, d)              //月份从 0 开始
5      let currentTime = new Date()                     //获得当前日期时间
6      let allTime = Date.parse(endTime.toString()) - Date.parse(currentTime.toString())
7      let remainDay = Math.floor(allTime / mills)      //获得距离指定日期的天数
8      let remainTime = allTime % mills                 //获得减去距离天数的毫秒数
9      result.add(`距离${y}年${m}月${d}日还有${remainDay}天`)
10     result.add(remainTime)
11     return result
12   }
```

上述第 9 行代码表示将"距离×年×月×日还有×天"的字符串信息保存到 ArrayList 中,第 10 行代码表示将减去距离天数的毫秒数保存到 ArrayList 中。

(2) 功能实现。

页面加载时首先调用 getDayTime 函数返回页面上显示的第一行信息及减去距离天数的毫秒数，然后将第一行信息用 Text 组件显示、将减去距离天数的毫秒数作为 TextTimer 的 count 参数。实现代码如下。

```
1   struct P4_18 {
2     controller=new TextTimerController()
3     @State days: number =getDayTime(2025, 1, 1)[0]       //获得第一行距离指定日期
//的天数信息
4     @State mSeconds: number =getDayTime(2025, 1, 1)[1]   //获得减去天数的毫秒数
5     build() {
6       Row() {
7         Column() {
8           Text(`${this.days}`).fontSize(25)              //显示第一行信息
9           TextTimer ({ isCountDown: true, count: this.mSeconds, controller: this.controller})
10             .fontSize(25).format("HH:mm:ss SS").width("100%").align(Alignment.Center)
11             .fontColor(Color.White).backgroundColor(Color.Red)
12             .onTimer((utc: number, eTime: number) =>{
13               if (eTime >=this.mSeconds) {
14                 this.days =getDayTime(2025, 1, 1)[0]
15                 this.mSeconds =getDayTime(2025, 1, 1)[1]
16                 setTimeout(() =>{
17                   this.controller.reset()
18                   this.controller.start()
19                 }, 5);                                   //5ms 后执行 reset()和 start()
20               }
21             })
22           Row() {
23             Button("开始").onClick(() =>{
24               this.controller.start()
25             }).type(ButtonType.Normal).fontSize(20)
26             Button("暂停").onClick(() =>{
27               this.controller.pause()
28             }).type(ButtonType.Normal).margin(5).fontSize(20)
29             Button("重置").onClick(() =>{
30               this.controller.reset()
31             }).type(ButtonType.Normal).fontSize(20)
32           }
33         }.width('100%')
34       }.height('100%')
35     }
36   }
```

上述第 3 行代码表示定义一个状态变量 days 用于保存页面上显示的第一行内容(距离指定日期的天数信息)，第 4 行代码表示定义一个状态变量 mSeconds 用于保存 TextTimer 组件的倒计时时间 count 参数(减去天数的毫秒数)。上述第 12～21 行代码表示时间文本发生变化时，如果计时器经过的时间与倒计时时间相同，则需要调用 getDayTime 函数重新计算当前日期与指定日期距离的天数及减去天数的毫秒数。需要说明的是，如果

TextTimer 的 count 参数发生变化后就立即调用 reset()和 start()方法开始计时,则不能实现该效果,而需要一个短暂延时才能确保 TextTimer 正常开启计时功能,所以上述第 16~19 行代码用内置的 setTimeout()函数实现延时功能。setTimeout 函数用来延迟执行某个函数,并在等待一定时间后执行,其基本语法如下。

```
1    setTimeout(func: any, delay?: number, …args: any[]): number;
```

其中,func 是要执行的函数,delay 是延迟的毫秒数,args 是传递给函数的参数。延迟结束后,setTimeout()函数会调用指定的函数。例如,下述代码表示 sayHello()函数将在 2s 后被执行,即在 2s 后在控制台输出"Hello,World!"。

```
1    function sayHello() {
2        console.log("Hello, World!");
3    }
4    setTimeout(sayHello, 2000);
```

4.3.3 Progress 组件

Progress(进度条)组件用于显示内容加载或操作处理等进度的组件,其接口格式如下。

```
1    Progress(options: {value: number, total?: number, type?: ProgressType})
```

(1) value 参数用于设置当前进度值,其取值范围为 0~total。

(2) total 参数用于设置进度条最大值,默认值为 100。

(3) type 参数为 ProgressType 类型,用于设置进度条类型,进度条类型值如表 4.25 所示,其默认值为 ProgressType.Linear。

表 4.25 ProgressType 类型值及说明

类型值	说 明	图 例
Linear	线性样式,默认类型	
Ring	环形无刻度样式,环形圆环逐渐显示至完全填充效果	
Eclipse	圆形样式,显示类似月圆月缺的进度展示效果,从月牙逐渐变化至满月	
ScaleRing	环形有刻度样式,显示类似时钟刻度形式的进度展示效果	
Capsule	胶囊样式	

为了满足各种应用开发场景的需要,Progress 组件除支持通用属性和通用事件外,还支持如表 4.26 所示的属性。

表 4.26 Progress 组件属性及功能

属 性 名	类 型	功 能 说 明
value	number	设置当前进度值,其取值范围为 0~total
color	ResourceColor | LinearGradient	设置进度条前景色,从 API Version 10 开始支持利用 LinearGradient 设置 Ring 样式的渐变色
backgroundColor	ResourceColor	设置进度条底色

续表

属 性 名	类 型	功 能 说 明
style	ProgressStyleOptions| CapsuleStyleOptions| RingStyleOptions| LinearStyleOptions| ScaleRingStyleOptions| EclipseStyleOptions	设置进度条的样式。ProgressStyleOptions 仅可设置各类型进度条的基本样式；CapsuleStyleOptions 设置 Capsule 的样式；RingStyleOptions 设置 Ring 的样式；LinearStyleOptions 设置 Linear 的样式；ScaleRingStyleOptions 设置 ScaleRing 的样式；EclipseStyleOptions 设置 Eclipse 的样式

(1) ProgressStyleOptions 类型包括 strokeWidth 属性(设置进度条宽度，默认值为 4.0vp)、scaleCount 属性(设置环形进度条总刻度数，默认值为 120)、scaleWidth 属性(设置环形进度条刻度粗细，默认值为 2.0vp)、enableSmoothEffect 属性(设置进度平滑动效的开关，开启平滑动效后设置进度，进度会从当前值渐变至设定值，否则进度从当前值突变至设定值，默认值为 true)。

(2) CapsuleStyleOptions 类型包括 borderColor 属性(设置内描边颜色，默认值为"♯33006cde")、borderWidth 属性(设置内描边宽度，默认值为 1vp)、content 属性(设置文本内容)、font 属性(设置文本样式，文本大小默认值为 12fp)、fontColor 属性(设置文本颜色，默认值为"♯ff182431")、enableScanEffect 属性(设置扫光效果的开关，默认值为 false)、showDefaultPercentage 属性(设置显示百分比文本的开关，开启后会在进度条上显示当前进度的百分比，如果设置了 content 属性，则该属性不生效，默认值为 false)、enableSmoothEffect 属性。

(3) RingStyleOptions 类型包括 strokeWidth 属性、shadow 属性(设置进度条阴影开关，默认值为 false)、status 属性(设置进度条状态，当设置为 LOADING 时会开启检查更新动效，此时设置进度值不生效；当从 LOADING 设置为 PROGRESSING，检查更新动效会执行到终点再停止。默认值为 ProgressStatus.PROGRESSING)、enableScanEffect 属性、enableSmoothEffect 属性。

(4) LinearStyleOptions 类型包括 strokeWidth 属性、strokeRadius 属性(设置线性进度条圆角半径，取值范围为[0, strokeWidth / 2]，默认值为 strokeWidth / 2)、enableScanEffect 属性、enableSmoothEffect 属性。

(5) ScaleRingStyleOptions 类型包括 strokeWidth 属性、scaleCount 属性、scaleWidth 属性(设置环形进度条刻度粗细，默认值为 2.0vp)、enableSmoothEffect 属性。

(6) EclipseStyleOptions 类型包括 enableSmoothEffect 属性。

【例 4-20】 实现如图 4.28 所示的页面，页面上显示了不同类型的进度组件。

从效果图可以看出，页面上的进度条包括线性样式(Linear)、环形无刻度样式(Ring)、圆形样式(Eclipse)、环形有刻度样式(ScaleRing)和胶囊样式(Capsule)。实现代码如下。

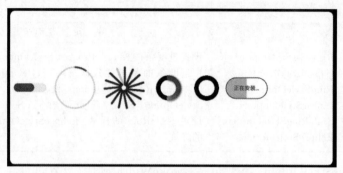

图 4.28　不同类型进度条效果图

```
1    Row({space:5}) {
2        Progress({ value: 50,total: 100,type: ProgressType.Linear })
                                              //线性样式
3          .style({ strokeWidth: 20 })        //设置进度条宽度,即粗细
4          .color(Color.Red).backgroundColor(Color.Yellow)
5          .width("10%")
6        Progress({ value: 10,type: ProgressType.ScaleRing }).width(100)
                                              //环形有刻度样式
7        Progress({ value: 90,total: 100,type: ProgressType.ScaleRing })
                                              //环形有刻度样式
8          .color(Color.Grey).width(100)
9          .style({ strokeWidth: 45, scaleCount: 15, scaleWidth: 5 })
10       Progress({ value: 50,total: 100,type: ProgressType.Ring })
                                              //环形无刻度样式
11         .style({ strokeWidth: 10,shadow: true })
                                              //有阴影
12         .color(this.lGradient).backgroundColor(Color.Blue)
                                              //使用渐变色效果
13       Progress({ value: 50,total: 100,type: ProgressType.Ring })
                                              //环形无刻度样式
14         .style({strokeWidth: 10,status: ProgressStatus.LOADING, enableScanEffect:
    true, shadow: true })
15         .color(this.lGradient).backgroundColor(Color.Blue)
16         .margin(10)
17       Progress({ value: 50,total: 100,type: ProgressType.Capsule })
                                              //胶囊样式
18         .width(100).height(50)
19         .style({
20             borderColor: Color.Blue,
21             borderWidth: 1,              //边框粗细
22             content: '正在安装...',       //胶囊样式的进度条上显示的内容
23             font: { size: 13, style: FontStyle.Normal },
24             fontColor: Color.Gray,
25             enableScanEffect: false,
26             showDefaultPercentage: false
27         })
28   }.width('100%').height("100%")
```

上述第 15 行设置进度条的颜色为线性渐变颜色描述，线性渐变颜色描述接口如下。

```
1    LinearGradient(colorStops: ColorStop[]),
```

ColorStop 为颜色断点类型，用于描述渐变色颜色断点，它包含 color 属性（设置颜色值）、offset 属性（设置渐变色断点，其取值范围为 0～1 的比例值，若数据值小于 0 则置为 0，若数据值大于 1 则置为 1）。lGradient 对象的详细代码如下。

```
1    lGradient: LinearGradient =new LinearGradient([
2        { color: Color.Red, offset: 0.5 },
3        { color: Color.Orange,offset: 1.0 }
4    ])
```

【例 4-21】 实现如图 4.29 所示的页面，页面上显示正在安装进度条、线性递减进度条和计时器。单击"开始"按钮，10s 内安装进度条中的文本进度会递增、线性进度条中的进度会递减、计时器会更新计时值；单击"暂停"按钮，上述更新会暂停；单击"重置"按钮，进度条和计时器状态恢复为初始值。

为了统一控制正在安装进度条、线性递减进度条和计时器，分别用 count 保存计时终止时间、currentValue 保存进度条当前值、txtTimeController 作为计时器的控制器，实现代码如下。

图 4.29　安装进度条效果图

```
1    @State count: number =10000              //计时 10s
2    @State currentValue: number =100         //进度条最大值 100
3    txtTimeController =new TextTimerController()  //计时器控制器
```

从效果图可以看出，正在安装进度条由胶囊进度条（Capsule）实现，线性递减进度条由线性进度条（Linear）实现，计时器由 TextTimer 实现，按钮由 Button 实现。详细代码如下。

```
1    //安装进度条
2    Progress({ value: 100 - this.currentValue, total: 100, type: ProgressType.
     Capsule }).width("90%").height(50)
3            .style({
4                borderColor: Color.Blue,             //边框线颜色
5                borderWidth: 4,                      //边框线粗
6                content: `正在安装...${100-this.currentValue}%`,  //进度条内显示的内容
7                font: { size: 13, style: FontStyle.Normal },
8                fontColor: Color.Red,
9                enableScanEffect: false,
10               showDefaultPercentage: false
11   }).margin(50)
12   //线性递减进度条
13   Progress({ value: this.currentValue }).width("80%").backgroundColor(Color.Red)
14   //计时器
15   TextTimer ({ isCountDown: false, count: this.count, controller: this.
     txtTimeController })
```

```
16              .fontSize(50).fontWeight(FontWeight.Bold)
17              .onTimer((utc: number, eTime: number) =>{
18                 this.currentValue =Math.round((this.count-eTime)/this.count * 100)
                                                                  //进度条当前值
19                 if (eTime>=this.count) {
20                    this.txtTimeController.pause()
21                 }
22              }).format("mm:ss.SS")
23     //按钮
24     Row() {
25        Button("开始").onClick(() =>{
26           this.txtTimeController.start()
27        })
28        Button("暂停").onClick(() =>{
29           this.txtTimeController.pause()
30        })
31        Button("重置").onClick(() =>{
32           this.txtTimeController.reset()
33        })
34     }
```

上述第 15 行代码 isCountDown 参数设置为 false,表示该计时器不是使用倒计时器功能,而是当计时达到 count 参数值时停止;第 19～21 行代码表示如果计时器经过的时间达到计时时间,则计时器暂停。

4.3.4 Grid 和 GridItem 组件

Grid(网格)组件作为网格容器,由"行"和"列"分割的单元格组成,通过指定 GridItem(项目)到单元格中而设计出各式各样的布局。Grid 一般与 GridItem 一起使用,网格中的每一个项目对应一个 GridItem。其接口格式如下。

```
1   Grid(scroller?: Scroller, layoutOptions?: GridLayoutOptions)
```

(1) scroller 参数用于设置 Grid 组件的控制器。

(2) layoutOptions 参数用于设置 Grid 布局选项。

为了满足各种应用开发场景的需要,Grid 组件除支持通用属性和通用事件外,还支持如表 4.27 所示的属性和如表 4.28 所示的事件。

表 4.27 Grid 组件属性及功能

属 性 名	类 型	功 能 说 明
columnsTemplate	string	设置当前网格布局列的数量或最小列宽值,默认为 1 列。例如,'1fr 1fr 2fr'是将父组件分为三列,将父组件允许的宽分为 4 等份,第一列占 1 份,第二列占 1 份,第三列占 2 份
rowsTemplate	string	设置当前网格布局行的数量或最小行高值,默认为 1 行。例如,'1fr 1fr 2fr'是将父组件分为三行,将父组件允许的高分为 4 等份,第一行占 1 份,第二行占 1 份,第三行占 2 份
columnsGap	Length	设置列与列的间距。默认值为 0

续表

属 性 名	类 型	功 能 说 明
rowsGap	Length	设置行与行的间距。默认值为 0
scrollBar	BarState	设置滚动条状态。API Version 9 及以下版本默认值为 BarState.Off，API Version 10 的默认值为 BarState.Auto
scrollBarColor	string|number|Color	设置滚动条的颜色
scrollBarWidth	string | number	设置滚动条的宽度。默认值为 4vp
cachedCount	number	设置预加载的 GridItem 数量，只在 LazyForEach 中生效，默认值为 1。设置缓存后会在 Grid 显示区域上下各缓存 cachedCount×列数 个 GridItem。LazyForEach 超出显示和缓存范围的 GridItem 会被释放
editMode	boolean	设置 Grid 是否进入编辑模式，进入编辑模式可以拖曳 Grid 组件内部的 GridItem。默认值为 false(不进入编辑模式)
layoutDirection	GridDirection	设置布局的主轴方向。属性值包括 GridDirection.Row(默认值，水平方向自左至右布局)、GridDirection.Column(垂直方向自上往下布局)、GridDirection.RowReverse(水平方向自右向左布局)、GridDirection.ColumnReverse(垂直方向自下往上布局)
maxCount	number	当 layoutDirection 是 Row/RowReverse 时，表示可显示的最大列数；当 layoutDirection 是 Column/ColumnReverse 时，表示可显示的最大行数
minCount	number	当 layoutDirection 是 Row/RowReverse 时，表示可显示的最小列数；当 layoutDirection 是 Column/ColumnReverse 时，表示可显示的最小行数
cellLength	number	当 layoutDirection 是 Row/RowReverse 时，表示一行的高度。当 layoutDirection 是 Column/ColumnReverse 时，表示一列的宽度

表 4.28　Grid 组件事件及功能

事 件 名	功 能 说 明
onScrollIndex(event：(first：number，last：number) => void)	当前网格显示的起始位置/终止位置的 GridItem 发生变化时触发。网格初始化时会触发一次。first 表示当前显示的网格起始位置的索引值；last 表示当前显示的网格终止位置的索引值。Grid 显示区域上第一个子组件/最后一个组件的索引值有变化就会触发
onItemDragStart(event：(event：ItemDragInfo，itemIndex：number) => (() => any) | void)	开始拖曳网格元素时触发，且手指必须长按 GridItem 时才触发该事件。event 表示拖曳点事件，可以获得拖曳点的(x，y)坐标；itemIndex 表示被拖曳网格元素索引值。如果返回 void，则不能拖曳
onItemDragEnter（event：（event：ItemDragInfo）=> void)	拖曳进入网格元素范围内时触发

续表

事 件 名	功能说明
onItemDragMove(event：(event：ItemDragInfo, itemIndex：number, insertIndex：number) => void)	拖曳在网格元素范围内移动时触发。event 表示拖曳点事件,可以获得拖曳点的(x,y)坐标;itemIndex 表示拖曳起始位置,insertIndex 表示拖曳插入位置
onItemDragLeave(event：(event：ItemDragInfo, itemIndex：number) => void)	拖曳离开网格元素时触发。event 表示拖曳点事件,可以获得拖曳点的(x,y)坐标;itemIndex 表示拖曳离开的网格元素索引值
onItemDrop(event：(event：ItemDragInfo, itemIndex：number, insertIndex：number, isSuccess：boolean) => void)	绑定该事件的网格元素可作为拖曳释放目标,当在网格元素内停止拖曳时触发。event 表示拖曳点事件,可以获得拖曳点的(x,y)坐标;itemIndex 表示拖曳起始位置,insertIndex 表示拖曳插入位置,isSuccess 表示是否成功释放

GridItem(网格项)组件是 Grid 中单项内容容器。其接口格式如下,支持的属性如表 4.29 所示。

```
1    GridItem()
```

表 4.29　GridItem 组件属性及功能

属 性 名	类 型	功能说明
rowStart	number	设置当前网格项起始行号。其最小值为 0,表示从第 1 行开始
rowEnd	number	设置当前网格项终止行号。其最大值为总行数−1,表示最后 1 行结束
columnStart	number	设置当前网格项起始列号。其最小值为 0,表示从第 1 列开始
columnEnd	number	设置当前网格项终止列号。其最大值为总列数−1,表示最后 1 列结束
selectable	boolean	设置当前网格项是否可以被鼠标框选,外层 Grid 容器的鼠标框选开启时,GridItem 的框选才生效。默认值为 true
selected	boolean	设置当前网格项选中状态。默认值为 false

【例 4-22】　实现如图 4.30 所示的计算器页面,拖曳 1~9 数字键区的任何一个按键,只要在该区域内的某个按键处松开,被拖曳的按键内容与目标按键内容替换。

从图 4.30 可以看出,计算器页面从上至下分为结果显示区、1~9 数字键显示区、运算符等控制键显示区。数字键及控制键上显示的字符可以由以下定义的数组实现。

```
1    @State datas: string[] =["1", "2", "3", "4", "5", "6", "7", "8", "9"]
2    @State opers: string[] =["0", "+", "-", "×", "÷", "=", ".", "DEL"]
```

(1) 结果显示区实现。

结果显示区由 TextArea 组件实现,其详细代码如下:

```
1    TextArea({ text: "23+45+0.3=" })
2        .textAlign(TextAlign.End).align(Alignment.BottomEnd)
                                                        //设置显示内容对齐方式
3        .fontSize(30)
4        .borderRadius(0).border({ width: 3 }).borderColor(Color.Blue)
                                                        //设置边框样式
5        .height("28%").width("100%")
```

图 4.30　安装进度条效果图

TextArea(多行文本输入框)组件用于输入多行文本内容的输入框,当输入的文本内容超过组件宽度时会自动换行显示。该组件未设置高度时,默认自适应内容高度,未设置宽度时,默认撑满最大宽度。其接口如下。

```
1   TextArea ( value?: { placeholder?: ResourceStr, text?: ResourceStr,
        controller?: TextAreaController})
```

placeholder、text、controller 参数的功能及组件的属性和事件与 TextInput 组件基本一样,限于篇幅,不再赘述。

(2) 1～9 数字键显示区实现。

1～9 数字键显示区由 3 行 3 列的网格组成,每个网格中数字键用 Button 组件实现,其详细代码如下。

```
1   Grid() {
2       ForEach(this.datas, (item: string, index) =>{
3         GridItem() {
4           Button(item).type(ButtonType.Normal).fontSize(30)
5             .width("100%").height("100%")
6         }
7       })
8   }.height(200).margin({top:10})
9    .columnsTemplate("1fr 1fr 1fr")        //设置 3 列
10   .rowsTemplate("1fr 1fr 1fr")           //设置 3 行
11   .columnsGap(10) .rowsGap(10)           //设置列间距、行间距都为 10
```

上述第 2～7 行代码表示用 ForEach 语句将 datas 数组元素迭代为网格项(GridItem),每个网格项的内容为 Button 组件。其中,item 表示数组的迭代元素,index 表示数组的迭代元素索引(下标)。

由于拖曳某个数字键到目标位置需要与目标位置的数字交换,所以根据拖曳数字在数组中的元素下标和目标位置数字在数组中的元素下标,定义一个 swapData 函数实现数字交换功能,实现代码如下。

```
1  swapData(index1: number, index2: number) { //交换数组位置
2      let temp: string =this.datas[index1];
3      this.datas[index1] =this.datas[index2];
4      this.datas[index2] =temp;
5  }
```

为了能够在拖曳过程中显示被拖曳的数字键,则需要自定义一个能够在 onItemDragStart()事件中返回当前拖曳的数字键组件,该自定义组件的实现代码如下。

```
1  @State text: string ='拖曳数字'
2  @Builder
3  tempBuilder() {
4      Column() {
5        Text(this.text).fontSize(16).backgroundColor(Color.Blue)
6          .width(20).height(20).textAlign(TextAlign.Center)
7      }
8  }
```

因为只有 Grid 进入编辑模式,才可以拖曳 Grid 组件内部的 GridItem,所以需要设置它的 editMode 属性,同时需要绑定 onItemDragStart()事件和 onItemDrop()事件,详细实现代码如下。

```
1  .editMode(true)
2  .onItemDragStart((event: ItemDragInfo, itemIndex: number) =>{
3      this.text =this.datas[itemIndex]
4      return this.tempBuilder()      //设置拖曳过程中显示的组件
5  })
6  .onItemDrop((event: ItemDragInfo, itemIndex: number, insertIndex: number,
   isSuccess: boolean) =>{
7      if (!isSuccess || insertIndex >=this.datas.length) {
8        return
9      }
10     this.swapData(itemIndex, insertIndex)
11 })
```

(3) 运算符等控制键显示区。

"+、-、×、÷、="等控制键显示区由 4 行 3 列的网格组成,每个网格中控制键用 Button 组件实现,其详细代码如下。

```
1  Grid() {
2      ForEach(this.opers, (item: string, index) =>{
3        if (index ==0) {
4          GridItem() {                              //0 键
5            Button(item).type(ButtonType.Normal).fontSize(30)
6              .width("100%").height("100%")
7          }.rowStart(0).rowEnd(1)                   //设置 0~1 行跨行
8        } else if (index ==5) {
9          GridItem() {                              //=键
```

```
10              Button(item).type(ButtonType.Normal).fontSize(30)
11                .width("100%").height("100%")
12              }.rowStart(0).rowEnd(1)                    //设置0~1行跨行
13                .columnStart(0).columnEnd(1)             //设置0~1列跨列
14            }else {
15              GridItem() {                               //其他键
16                Button(item).type(ButtonType.Normal).fontSize(30)
17                  .width("100%").height("100%")
18              }
19            }
20          })
21        }.height(300).margin({top:10})
22        .columnsTemplate("1fr 1fr 1fr")                  //3列
23        .rowsTemplate("1fr 1fr 1fr 1fr")                 //4行
24        .columnsGap(10).rowsGap(10)
```

4.3.5 Panel 组件

Panel(可滑动面板)组件用于从页面底部弹出一个轻量的内容展示窗口,该展示窗口可以根据需要在不同尺寸间切换,可以包含子组件。其接口格式如下。

```
1  Panel(show:boolean)
```

show 参数用于设置 Panel 的显示或隐藏。Panel 组件除支持通用属性和通用事件外,还支持如表 4.30 所示的属性和如表 4.31 所示的事件。

表 4.30　Panel 组件属性及功能

属 性 名	类　　型	功 能 说 明
type	PanelType	设置类型,属性值包括 Foldable(默认值,内容永久展示类型,提供大、中、小三种尺寸展示切换效果)、Minibar(提供 Minibar 和类全屏展示切换效果)、Temporary(内容临时展示区,提供大、中两种尺寸展示切换效果)和 CUSTOM(配置自适应内容高度,不支持尺寸切换效果)
mode	PanelMode	设置初始状态,属性值包括 Full(值为 2,类全屏状态)、Mini(值为 0,Minibar 类型的默认值。若类型为 Minibar 和 Foldable 时,则初始状态为最小状态;若类型为 Temporary,则不生效)和 Half(值为 1,其余类型的默认值。若类型为 Foldable 和 Temporary 时,则初始状态为类半屏状态;若类型为 Minibar,则不生效)
dragbar	boolean	设置是否存在 dragbar,属性值包括 true(默认值,存在)和 false
customHeight	Dimension | PanelHeight	设置 CUSTOM 类型下的高度,默认值为 0
fullHeight	string | number	设置 Full 类型下的高度,默认值为当前组件主轴大小－8vp
halfHeight	string | number	设置 Half 状态下的高度,默认值为当前组件主轴大小/2
miniHeight	string | number	设置 Mini 状态下的高度,默认值为 48vp
backgroundMask	ResourceColor	设置背景蒙层
showCloseIcon	boolean	设置是否显示关闭图标,属性值包括 true 和 false(默认值,不显示)

表 4.31　Panel 组件事件及功能

事　件　名	功 能 说 明
onChange（event：（width：number，height：number，mode：PanelMode）=> void）	当可滑动面板发生状态变化时触发，width 为内容区宽度值，height 为内容区高度值
onHeightChange(callback：(value：number)=> void）	当可滑动面板发生高度变化时触发，value 为内容区高度值

【例 4-23】　设计如图 4.31 所示的页面，单击"分享"图标，弹出如图 4.31 所示页面下方的可滑动面板，该面板内容可永久展示，初始状态为 Mini 模式，Mini 状态下的高度为 250vp，点击面板上的"取消"按钮，关闭可滑动面板；点击页面上的"下载"图标，弹出如图 4.32 所示页面下方的可滑动面板，该面板内容可永久展示，初始状态为 Half 模式，没有拖动栏，点击面板上的"×"按钮，关闭可滑动面板。

图 4.31　分享 Panel 效果图　　图 4.32　下载 Panel 效果图

根据页面效果图和功能描述，该页面包括"分享""收藏""留言""点赞""下载"图标和文字效果实现、分享 Panel 效果实现和下载 Panel 效果实现。

(1)"分享""收藏""留言""点赞""下载"图标和文字效果的实现。

页面上的"分享""收藏""留言""点赞""下载"图标和文字按列方向布局后放置在 1 行 5 列的网格中，实现时首先将代表"分享""收藏""留言""点赞""下载"的图片资源文件存放到 resources/base/media 文件夹下，并定义 imgs 数组保存图片资源、定义 titles 数组保存文字信息，详细实现代码如下。

```
1   @State imgs: Resource[] =[$r("app.media.share"), $r("app.media.collect"),
    $r("app.media.talk"), $r("app.media.zan"), $r("app.media.down")]
2   @State titles: string[] =["分享", "收藏", "留言", "点赞", "下载"]
3   @State flagShare: boolean =false            //保存分享 Panel 显示状态
4   @State flagDown: boolean =false             //保存下载 Panel 显示状态
5   Grid() {
6           ForEach(this.imgs, (item: Resource, index) =>{
7             GridItem() {
8               Column() {
9                 Image(item).width(40).height(40)       //显示图片
10                Text(this.titles[index]).width(40).textAlign(TextAlign.Center)
                                                         //显示文本
11              }
12              .onClick(() =>{
13                if (item.id ==$r("app.media.share").id) {    //单击分享图片
14                  this.flagShare =true                       //显示分享 Panel
15                }
16                if (item.id ==$r("app.media.down").id) {     //单击下载图片
17                  this.flagDown =true                        //显示下载 Panel
18                }
19              })
20            }
21          })
22  }.height(80)
23  .columnsTemplate("1fr 1fr 1fr 1fr 1fr")               //1 行 5 列
```

上述第 8~11 行代码表示将图片和文本信息按列方向布局；第 12~19 行代码表示单击图片和文本所在列需要实现的功能。

（2）分享 Panel 效果的实现。

单击"分享"图片和文字，页面上弹出分享可滑动面板，面板上部显示"头条""微信""朋友圈""QQ""抖音"图标和文字，面板下部显示"取消"按钮。上部的图标和文字也是按列方向布局后放置在 1 行 5 列的网格中，"取消"按钮由 Button 组件实现。该面板上显示的内容用自定义组件实现，实现代码如下：

```
1   @State imgsBottom: Resource[] =[$r("app.media.toutiao"), $r("app.media.
    wechat"), $r("app.media.friend"), $r("app.media.qq"), $r("app.media.
    douyin")]
2   @State titlesBottom: string[] =["头条", "微信", "朋友圈", "QQ", "抖音"]
3   @Builder
4   shareBuilder() {
5       Column() {
6         Grid() {
7           ForEach(this.imgsBottom, (item: Resource, index) =>{
8             GridItem() {
9               Column() {
10                Image(item).width(40).height(40)
11                Text(this.titlesBottom[index]).width(40).textAlign
    (TextAlign.Center).fontSize(12)
12              }
13              .onClick(() =>{
```

```
14                    //单击头条、微信、朋友圈、QQ、抖音图片执行的功能
15                })
16            }
17        })
18    }.height(80).columnsTemplate("1fr 1fr 1fr 1fr 1fr")
19    Button("取消").type(ButtonType.Normal).width("100%").onClick(()=>{
20        this.flagShare = false        //单击"取消"按钮,关闭分享 Panel
21    })
22   }
23 }
```

(3) 下载 Panel 效果的实现。

单击"下载"图片和文字,页面上弹出下载可滑动面板,面板从上至下依次显示"选择清晰度""蓝光 1080P""超清 720P""高清 480P""省流 360P"文本信息,这些文本信息由 Text 组件实现。该面板上显示的内容用自定义组件实现,实现代码如下。

```
1  @State downs: string[] = ["蓝光 1080P", "超清 720P", "高清 480P", "省流 360P"]
2  @Builder
3  downBuilder() {
4      Column() {
5         Text("选择清晰度").fontSize(20)
6         ForEach(this.downs, (item: string, index) =>{
7             Text(`${item}`).margin(20)
8         })
9      }
10 }
```

(4) 功能实现。

从图 4.31 和图 4.32 的效果图可以看出,"分享""收藏""留言""点赞""下载"图标文字、分享 Panel 和下载 Panel 按列方式显示在页面上,详细实现代码如下。

```
1  struct P4_22 {
2  //定义 flagShare、flagDown、imgs、titles、imgsBottom、titlesBottom 和 downs 状态
   //变量,此处略
3  //自定义分享 Panel 组件,此处略
4  //自定义下载 Panel 组件,此处略
5   build() {
6     Column() {
7         //"分享""收藏""留言""点赞""下载"图标和文字的实现,此处略
8        Panel(this.flagShare) {        //分享 Panel
9            this.shareBuilder()        //分享可滑动面板显示内容
10       }.type(PanelType.Minibar)
11        .miniHeight(250)
12       Panel(this.flagDown) {         //下载 Panel
13           this.downBuilder()         //下载可滑动面板显示内容
14       }.type(PanelType.Foldable)
15        .mode(PanelMode.Half)
16        .showCloseIcon(true)          //显示关闭图标
17     }.width('100%')
18   }
19 }
```

4.3.6 案例：拼图游戏

1. 需求描述

拼图游戏运行后显示如图 4.33 所示页面，默认在 4×4 的网格中加载 16 张图片碎片，点击"开始游戏"按钮，可以拖动图片碎片并开始 100s 倒计时。如果经过拖动的图片碎片拼成了与参考图一致的图片，则在页面下方显示"成功"。如果倒计时时间结束或点击"结束游戏"按钮，并且拼成的图片与参考图不一致，则在页面下方显示"失败"，否则显示成功，如图 4.34 所示。点击页面上的"放大镜"图像，从页面底部弹出显示参考图的可滑动面板，如图 4.35 所示。点击页面上的"设置"图像，弹出游戏难易度选择菜单，如图 4.36 所示；例如，用户在菜单中选择"容易"选项时，倒计时设置为 100s；用户在菜单中选择"较难"选项时，倒计时设置为 60s；用户在菜单中选择"最难"选项时，倒计时设置为 30s。点击"重玩游戏"按钮，重新加载网格中图片碎片，并且倒计时重新开始计时。

图 4.33 拼图游戏(1)

图 4.34 拼图游戏(2)

2. 设计思路

根据拼图游戏页面的显示效果和需求描述，整个页面从上到下分为游戏设置区、拼图游戏区、倒计时区、按钮区及可滑动面板区。游戏设置区包括游戏名称、预览参考图、设置难易度及切换其他参考图等组成。拼图游戏区由 4×4 网格中加载的 16 张图片碎片组成。倒计时区用 Progress 组件和 TextTimer 组件实现。按钮及结果显示区由 3 个 Button 组件和 1 个 Text 组件实现。可滑动面板区由 Panel 组件实现。

图 4.35 拼图游戏(3)

图 4.36 拼图游戏(4)

3. 实现流程

1) 准备工作

从需求描述可以看出,需要在 resources/base/media 文件夹中存放 4×4 网格中加载的 16 张图片碎片、难易度菜单中的图片及"放大镜"图片、"设置"图片及其他参考图切换图片。

2) 游戏设置区的实现

页面上方是游戏设置区,单击游戏设置区的放大镜图标,从页面底部弹出可滑动面板,可滑动面板上显示的参考图片(即最终拼接成功的效果图)由 4×4 网格拼接而成,滑动面板上的参考图片由 panelBuilder 自定义组件实现,详细代码如下。

```
1   @State yimgsP1: Resource[] = [$rawfile("p2/1.jpg"), $rawfile("p2/2.jpg"),
    $rawfile("p2/3.jpg"), $rawfile("p2/4.jpg"), $rawfile("p2/5.jpg"), $rawfile
    ("p2/6.jpg"), $rawfile("p2/7.jpg"), $rawfile("p2/8.jpg"), $rawfile("p2/9.
    jpg"), $rawfile("p2/10.jpg"), $rawfile("p2/11.jpg"), $rawfile("p2/12.
    jpg"), $rawfile("p2/13.jpg"), $rawfile("p2/14.jpg"), $rawfile("p2/15.
    jpg"), $rawfile("p2/16.jpg")]    //保存拼接成功的效果图碎片
2   @Builder
3   panelBuilder() {                          //自定义组件
4       Column() {
5           Grid() {
6               ForEach(this.yimgsP1, (item: Resource, index) =>{
7                   GridItem() {
8                       Column() {
9                           Image(item)
10                      }
```

```
11              }
12          })
13      }.height("50%")
14      .columnsTemplate("1fr 1fr 1fr 1fr").rowsTemplate("1fr 1fr 1fr 1fr")
15  }
16 }
```

可滑动面板上显示参考图片的 panelBuilder 组件实现后,由 Panel 接口实例化可滑动面板对象,详细代码如下。

```
1 @State panelFlag: boolean = false       //保存可滑动面板的显示或隐藏状态
2 Panel(this.panelFlag) {
3          this.panelBuilder()
4 }.height("100%").type(PanelType.Foldable).mode(PanelMode.Half)
```

单击游戏设置区的游戏难易度菜单选项设置图标,弹出游戏难易度选择菜单,难易度选择菜单由 levelMenu 自定义组件实现,详细代码如下。

```
1  @State count: number =100000         //存放倒计时时间,默认为 100s
2  @Builder
3  levelMenu() {
4     Menu() {
5       MenuItem({ content: "容易", startIcon: $r("app.media.yi"), builder: (): void =>{
6         this.count =100000          //倒计时 100s
7       } })
8       MenuItem({ content: "较难", startIcon: $r("app.media.zhong"), builder: (): void =>{
9         this.count =60000           //倒计时 60s
10       } })
11      MenuItem({ content: "最难", startIcon: $r("app.media.nan"), builder: (): void =>{
12        this.count =30000           //倒计时 30s
13      } })
14    }.font({ size: 25, style: FontStyle.Normal })
15 }
```

游戏设置区的游戏名称由 Text 组件实现,预览参考图的放大镜图标、弹出游戏难易度菜单选项的设置图标及拼图切换图标由 Image 组件实现,这些组件按 Row 方式布局,实现代码如下。

```
1  Row() {
2       Text("拼图游戏").fontSize(25).fontColor(Color.White)
3       Row() {
4         Image($r("app.media.xianshi")).height(35).padding({ right: 10 }).onClick(() =>{
5            this.panelFlag =!this.panelFlag     //显示、隐藏可滑动面板
6         })
7         Image($r("app.media.shezhi")).height(35).padding({ right: 10 }).bindMenu(this.levelMenu())           //绑定菜单
8         Image($r("app.media.zhuangban")).height(35).padding({ right: 10 })
9       }
10      }.width("100%").padding(10).backgroundColor(Color.Gray).justifyContent(FlexAlign.SpaceBetween)
```

3) 拼图游戏区的实现

拼图游戏区由 4×4 网格中加载的 16 张图片碎片组成，这些图片碎片需要经过打乱后才能由 Image 组件加载到网格，自定义 getRandomArr 函数实现数组元素打乱功能，详细代码如下。

```
1  getRandomArr(sArray: Resource[]): Resource[] {   //自定义函数，实现数组元素打乱
2      let array: Resource[] =sArray
3      array.sort(()=>{
4        return 0.5-Math.random()
5      })
6      return array
7  }
```

图片碎片打乱后，将其加载到 4×4 网格中。用户可以对照参考图片拖动网格中的图片碎片到目标位置实现图片碎片的交换，为了能够在拖曳过程中显示被拖曳的图片碎片，需要自定义一个能够在 onItemDragStart() 事件中返回当前拖曳的图片碎片组件，tempBuilder 自定义组件的实现代码如下。

```
1  @State img1: Resource =this.imgsP1[0]             //保存当前拖曳的图片碎片
2  @Builder
3  tempBuilder() {
4    Column() {
5      Image(this.img1).padding(1)
6    }
7  }
```

由于拖曳某个图片碎片到目标位置需要与目标位置的图片碎片交换，所以根据拖曳图片碎片在数组中的元素下标和目标位置图片碎片在数组中的元素下标自定义一个 swapData 函数实现图片碎片的交换功能，实现代码如下。

```
1  @State imgsP1: Resource[] =[$rawfile("p1/1.jpg"),    //其他 2~16 图片类似,此处
   //代码略
2  @State tArray: Resource[] =this.getRandomArr(this.imgsP1)   //打乱数组中的图
   //片碎片
3  swapData(index1: number, index2: number) {
4      let temp1=this.tArray[index1];
5      this.tArray[index1] =this.tArray[index2];
6      this.tArray[index2] =temp1;
7  }
```

每拖曳交换一次图片碎片，就要判断图片碎片交换后的拼接图与参考图是否一致，如果一致，则拼图成功，游戏结束；如果不一致且游戏时间还没有结束，则可以继续游戏，否则拼图失败。参考图由排列顺序正确的拼接图组成，保存在 aArray 数组中；拖曳图片碎片后交换的拼接图，保存在 bArray 数组中。本案例通过比较这两个数组中的元素是否完全相同来实现此功能，详细代码如下。

```
1  jugdeArray(bArray: Resource[], aArray: Resource[]): boolean {
2      for (let index =0; index <bArray.length; index++) {
3        if (bArray[index].params !=aArray[index].params) {
4          return false
```

```
5        }
6    }
7    return true
8 }
```

拼图游戏区的 4×4 网格中加载的 16 张图片碎片实现代码如下。

```
1  @State result: string =""              //保存拼图游戏结果
2  Grid() {
3            ForEach(this.tArray, (item: Resource, index) =>{
4              GridItem() {
5                Column() {
6                  Image(item).padding(1)
7                }
8              }
9            })
10         }.height("50%").columnsTemplate("1fr 1fr 1fr 1fr").rowsTemplate
   ("1fr 1fr 1fr 1fr")
11         .editMode(true)
12         .onItemDragStart((event: ItemDragInfo, itemIndex: number) =>{
13           this.img1=this.tArray[itemIndex]
14           return this.tempBuilder()
15         })
16         .onItemDrop((event: ItemDragInfo, itemIndex: number, insertIndex:
   number, isSuccess: boolean) =>{
17             if (!isSuccess || insertIndex >=this.tArray.length) {
18               return
19             }
20             this.swapData(itemIndex, insertIndex)
21             if (this.jugdeArray(this.imgsP1, this.yimgsP1)) {
22               this.result ="成功"
23             } else {
24               this.result ="失败"
25             }
26          })
```

4) 倒计时区的实现

倒计时区用 Progress 组件和 TextTimer 组件实现，详细实现代码如下。

```
1  @State currentValue: number =100       //保存进度条当前进度值
2  txtTimeController =new TextTimerController()
3  Progress({ value: this.currentValue })
4  .backgroundColor (Color. Yellow). width ( " 100%"). style ({ strokeWidth: 8,
   strokeRadius: 0 })
5  TextTimer ({ isCountDown: false, count: this. count, controller: this.
   txtTimeController })
6           .fontSize(50).fontWeight(FontWeight.Bold)
7           .onTimer((utc: number, eTime: number) =>{
8             this.currentValue = Math.round((this.count - eTime) / this.
   count * 100)
9             if (eTime >=this.count) {
10              this.txtTimeController.pause()
11              if(this.jugdeArray(this.imgsP1, this.yimgsP1)){
```

```
12                    this.result ="成功"
13                }else {
14                    this.result ="失败"
15                }
16            }
17        }).format("mm:ss.SS")
```

上述第 8~16 行代码表示倒计时结束,调用 jugdeArray()函数判断图片碎片交换后的拼接图与参考图是否一致,如果一致,则在页面显示"成功",否则显示"失败"。

5) 按钮及游戏结果显示区的实现

按钮及游戏结果显示区在页面上分为两行显示,按钮行由三个水平布局的 Button 组件实现,游戏结果显示行由 Text 组件实现,详细代码如下。

```
1    Row() {
2        Button("开始游戏").type(ButtonType.Normal).margin({ right: 1 })
3            .onClick(() =>{
4                this.txtTimeController.start()
5            })
6        Button("重玩游戏").type(ButtonType.Normal).margin({ right: 1 })
7            .onClick(() =>{
8                this.txtTimeController.reset()
9                this.tArray =this.getRandomArr(this.imgsP1)        //重新打乱图
//片碎片顺序
10                this.currentValue =100
11            })
12        Button("结束游戏").type(ButtonType.Normal).margin({ right: 1 })
13            .onClick(() =>{
14                this.txtTimeController.pause()
15                if ( this.jugdeArray(this.imgsP1, this.yimgsP1)) {
16                    this.result ="成功"
17                } else {
18                    this.result ="失败"
19                }
20            })
21    }.justifyContent(FlexAlign.SpaceAround).width("100%")
22    Text(this.result).backgroundColor(Color.Red).fontSize(30).margin(10)
```

上述第 2~5 行代码表示单击"开始游戏"按钮,文本计时器开始计时;第 6~11 行代码表示单击"重玩游戏"按钮,文本计时器重置,网格中加载的图片碎片打乱,默认倒计时设置为 100s;第 12~20 行代码表示单击"结束游戏"按钮,文本计时器停止,判断当前拼图结果与参考图是否一致,如果一致,则显示成功,否则显示失败。切换其他参考图的功能实现步骤限于篇幅,不再赘述。

4.4 毕业生满意度调查表的设计与实现

每年有很多大学毕业生步入社会,为了能及时了解高校毕业生的就业质量和他们对学校课程设置、任课教师及条件设施等方面的满意度,各高校一般都需要对毕业生进行满意度情况调查。本节采用 TextPicker、TextPickerDialog、DatePicker、DatePickerDialog、TimePicker、TimePickerDialog 及 Rating、Slider、Radio、Checkbox 等组件设计一款毕业生满意度调查表应用程序，毕业生通过该应用程序可以向母校反馈兴趣爱好、毕业时间、目前薪资水平及课程设置、设施设备和师资水平等方面的满意度评价。

4.4.1 TextPicker 组件

TextPicker(滑动文本选择器)组件用于在滑动文本选择器中选择文本内容，其接口格式如下。

```
1   TextPicker(options?: {range: string[]|Resource, selected?: number, value?: string})
```

（1）range 参数用于设置选择器中供选择的数据列表。
（2）selected 参数用于设置选择器中默认选中项在数据列表中的索引值，默认值为 0。
（3）value 参数用于设置选择器中默认选中项的值，优先级低于 selected 参数，默认值为数据列表中第一个元素值。

为了满足各种应用开发场景的需要，TextPicker 组件除支持通用属性和通用事件外，还支持如表 4.32 所示的属性和如表 4.33 所示的事件。

表 4.32   TextPicker 组件属性及功能

属 性 名	类 型	功 能 说 明
defaultPickerItemHeight	number|string	设置选择器中各选择项的高度

表 4.33   TextPicker 组件事件及功能

事 件 名	功 能 说 明
onChange(callback：(value: string, index: number) => void)	滑动选中文本选择器中的文本内容后，触发该回调。value 表示当前选中项的文本，index 表示当前选中项的索引值。当显示文本或图片加文本列表时，value 值为选中项中的文本值，当显示图片列表时，value 值为空

【例 4-24】　在页面上实现如图 4.37 所示的选择所在城市滑动文本选择器，当滑动选择器上的城市，"所在城市"后面显示选择器中选择的城市名称。

从图 4.37 可以看出，页面从上至下分为选择城市区、所在城市显示区。选择城市区显示的城市列表可以由以下定义的 citys 数组实现，所在城市显示区显示的城市信息由以下定义的 city 实现。

```
1   citys:string[]=["泰州","南通","扬州","盐城"]
2   @State city: string ='泰州'
```

页面从上至下采用 Column 布局选择城市区和所在城市显示区，选择城市区的 Text 组件和 TextPicker 组件采用 Row 方式布局，所在城市显示区的两个 Text 组件也采用 Row 方式布局。实现代码如下。

图 4.37 文本选择器

```
1    Column() {
2      Row() {
3        Text("选择城市").fontSize(20).fontWeight(FontWeight.Bold).width("30%")
4        TextPicker({range:this.citys}).onChange((value,index)=>{
5          this.city =value.toString()
6        }).width("70%")
7      }
8      Row() {
9        Text("所在城市").fontSize(20).fontWeight(FontWeight.Bold).width("30%")
10       Text(this.city)
11         .fontSize(40).fontWeight(FontWeight.Bold)
12         .textAlign(TextAlign.Center).width("70%")
13     }
14   }.padding(10).width('100%')
```

4.4.2　TextPickerDialog 组件

TextPickerDialog(滑动文本选择器对话框)组件用于在页面底部弹起的文本选择器对话框中选择文本内容,其使用格式如下。

```
1    TextPickerDialog.show(options? : TextPickerDialogOptions)
```

TextPickerDialogOptions 对象的 range、selected、value 和 defaultPickerItemHeight 参数的功能和使用方法与 TextPicker 组件一样,其他参数如表 4.34 所示。

表 4.34 TextPickerDialogOptions 的其他参数及功能

参数名	类型	功能说明
onAccept	(value：TextPickerResult) => void	点击对话框中的"确定"按钮时触发该回调
onCancel	() => void	点击对话框中的"取消"按钮时触发该回调
onChange	(value：TextPickerResult) => void	滑动对话框中的选择器使当前选中项改变时触发该回调

TextPickerResult 对象包含 value 和 index 两个属性,value 属性值为选中项的文本内容,index 属性值为选中项在选项列表中的索引值。

【例 4-25】 在页面上实现如图 4.38 所示的选择所在城市滑动文本选择器对话框,当滑动选择器对话框上的城市,点击"确定"按钮,在"所在城市"后面显示选择器中选择的城市名称。

图 4.38 文本选择器对话框

从图 4.38 可以看出,页面上第一行的"所在城市"、城市名称及"选择"按钮采用 Row 方式布局,点击"选择"按钮,弹出滑动文本选择器对话框,实现代码如下。

```
1    Row() {
2        Text("所在城市").width("20%")
3        Text(this.city).fontSize(50)
4          .fontWeight(FontWeight.Bold).width("50%").textAlign(TextAlign.Center)
5        Button("选择").type(ButtonType.Normal).onClick(() =>{
6          TextPickerDialog.show({ range: this.citys, onAccept: (result) =>{
7            this.city=result.value.toString()          //选中项内容
```

```
8                    // this.city =this.citys[result.index.toString()]   //citys 数组元素
9                 })
10            })
11       }.justifyContent(FlexAlign.SpaceAround)
```

上述第 6~9 行代码表示点击滑动城市选择器对话框中的"确定"按钮,将当前选中项的文本内容赋予状态变量 city,即将选中项的内容显示在页面第一行的城市名称位置,其中第 7 行代码直接由 value 返回当前选中项内容,第 8 行代码则根据当前选中项的 index 获得 citys 数组中元素。

4.4.3 DatePicker 组件

DatePicker(滑动日期选择器)组件用于在滑动日期选择器中选择日期,其接口格式如下。

```
1    DatePicker(options?: {start?: Date, end?: Date, selected?: Date})
```

(1) start 参数用于设置选择器的起始日期,默认值为 Date("1970-1-1")。
(2) end 参数用于设置选择器的结束日期,默认值为 Date("2100-12-31")。
(3) selected 参数用于设置选择器中默认选中项的日期,默认值为当前系统日期。

为了满足各种应用开发场景的需要,DatePicker 组件除支持通用属性和通用事件外,还支持如表 4.35 所示的属性和如表 4.36 所示的事件。

表 4.35 DatePicker 组件属性及功能

属 性 名	类 型	功 能 说 明
lunar	boolean	设置是否显示农历,默认值为 false(不显示农历)

表 4.36 DatePicker 组件事件及功能

事 件 名	功 能 说 明
onChange(callback:(value:DatePickerResult) => void)	选择日期时触发该回调,API Version 10 开始废弃
onDateChange(callback:(value:Date) => void)	选择日期时触发该回调

DatePickerResult 对象包含 year、month 和 day 三个属性,year 属性值为选中日期的年份,month 属性值为选中日期的月份(0 表示 1 月),day 属性值为选中日期的日。

4.4.4 DatePickerDialog 组件

DatePickerDialog(滑动日期选择器对话框)组件用于在页面底部弹起的日期选择器对话框中选择日期,其使用格式如下。

```
1    DatePickerDialog.show(options?: DatePickerDialogOptions)
```

DatePickerDialogOptions 对象的 start、end、selected 和 lunar 参数的功能和使用方法与 DatePicker 组件一样,其他参数如表 4.37 所示。

第4章 界面基础组件与布局

表4.37 DatePickerDialogOptions的其他参数及功能

参数名	类型	功能说明
onAccept	(value:DatePickerResult)=>void	点击对话框中的"确定"按钮时触发该回调
onCancel	()=>void	点击对话框中的"取消"按钮时触发该回调
onChange	(value:DatePickerResult)=>void	滑动对话框中的选择器使当前选中项改变时触发该回调

【例 4-26】 实现如图 4.39 所示页面,滑动日期选择器的日期,到店日期随之变化;点击"选择"按钮,弹出如图 4.40 所示的滑动日期选择器对话框,在对话框中选择日期后,点击"确定"按钮,离店日期随之变化。

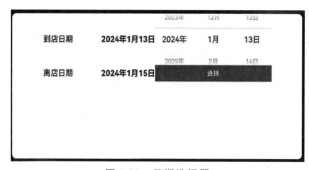

图 4.39 日期选择器

图 4.40 日期选择器对话框

从图 4.39 可以看出,页面上第一行的"到店日期"文本、到店日期及滑动日期选择器采用 Row 方式布局,实现代码如下。

```
1    @State dDate: Date =new Date()        //保存到店日期,默认为当前日期
2    showDate(cDate: Date): string {       //自定义函数,以"****年**月**日"格式显示日期
3        let result =""
4        result =cDate.getFullYear() +"年" +(cDate.getMonth() +1) +"月" +cDate.getDate()+"日"
5        return result
6    }
```

```
7    Row() {
8        Text("到店日期").fontSize(20).width("20%")
9        Text(this.showDate(this.dDate)).fontSize(20).textAlign(TextAlign.Center)
10       DatePicker({ start: new Date('1970-1-1'), end: new Date('2100-1-1') })
11           .onDateChange((value =>{
12               this.dDate =value
13           })).width("40%")
14   }
```

上述第 2～6 行代码表示自定义 showDate()函数,实现以"××××年××月××日"格式在到店日期处显示日期信息。

从图 4.39 可以看出,页面上第二行的"离店日期"文本、离店日期及选择按钮采用 Row 方式布局,实现代码如下。

```
1    @State lDate: Date =new Date()
2    Row() {
3        Text("离店日期").fontSize(20).width("20%")
4        Text(this.showDate(this.lDate)).fontSize(20).textAlign(TextAlign.Center)
5        Button("选择").type(ButtonType.Normal).onClick(() =>{
6            DatePickerDialog.show({ start: new Date(), end: new Date("2100-
     12-31"), onAccept: (result) =>{
7                this.lDate.setFullYear(result.year, result.month, result.day)
8            } })
9        }).width("40%")
10   }
```

4.4.5 TimePicker 组件

TimePicker(滑动时间选择器)组件用于在滑动时间选择器中选择时间,其接口格式如下。

```
1    TimePicker(options?: {selected?: Date})
```

selected 参数用于设置选择器中默认选中项的时间,默认值为当前系统日期。

为了满足各种应用开发场景的需要,TimePicker 组件除支持通用属性和通用事件外,还支持如表 4.38 所示的属性和如表 4.39 所示的事件。

表 4.38 TimePicker 组件属性及功能

属性名	类型	功能说明
useMilitaryTime	boolean	设置是否以 24 小时制展示时间,默认值为 false(不是)
textStyle	PickerTextStyle	设置选项中除了最上、最下及选中项以外的文本样式,默认值为{color:'#ff182431',font:{size:'16fp',weight:FontWeight.Regular}}
selectedTextStyle	PickerTextStyle	设置选中项的文本样式,默认值为{color:'#ff007dff',font:{size:'20vp',weight:FontWeight.Medium}}

PickerTextStyle 对象包含 color 和 font 两个属性,color 属性值为文本颜色,font 属性值为字号、字体粗细等的文本样式。

表 4.39　TimePicker 组件事件及功能

事 件 名	功 能 说 明
onChange(callback：(value：TimePickerResult) => void)	选择时间时触发该回调

TimePickerResult 对象包含 hour 和 minute 两个属性，hour 属性值为选中时间的小时，minute 属性值为选中时间的分钟。

4.4.6　TimePickerDialog 组件

TimePickerDialog（滑动时间选择器对话框）组件用于在页面底部弹起的时间选择器对话框中选择时间，其使用格式如下。

```
1  TimePickerDialog.show(options?：TimePickerDialogOptions)
```

TimePickerDialogOptions 对象的 selected 和 useMilitaryTime 参数的功能和使用方法与 TimePicker 组件一样，其他参数如表 4.40 所示。

表 4.40　TimePickerDialogOptions 的其他参数及功能

参 数 名	类 型	功 能 说 明
onAccept	(value：TimePickerResult) => void	点击对话框中的"确定"按钮时触发该回调
onCancel	() => void	点击对话框中的"取消"按钮时触发该回调
onChange	(value：TimePickerResult) => void	滑动对话框中的选择器使当前选中项改变时触发该回调

【例 4-27】　在例 4-26 的基础上增加如图 4.41 所示的时间选择器、如图 4.42 所示的时间选择器对话框，滑动时间选择器的时间，到店时间随之变化；点击离店时间所在行的"选择"按钮，弹出如图 4.42 所示的滑动时间选择器对话框，在对话框中选择时间后，点击"确定"按钮，离店时间随之变化。

图 4.41　时间选择器

从图 4.41 可以看出，页面上"到店时间"文本、到店时间及滑动时间选择器采用 Row 方式布局，实现代码如下。

图 4.42 时间选择器对话框

```
1    @State dTime: Date =new Date()          //保存到店时间,默认为当前时间
2    showTime(cDate: Date): string {          //自定义函数,以"**时**分"格式显示时间
3      let result =""
4      result =cDate.getHours() +"时" +cDate.getMinutes() +"分"
5      return result
6    }
7    Row() {
8      Text("到店时间").fontSize(20).width("20%")
9      Text(this.showTime(this.dTime)).fontSize(20).textAlign(TextAlign.
    Center).width("20%")
10     TimePicker({
11       selected: this.dTime
12     }).textStyle({ color: Color.Red }).useMilitaryTime(true).width("40%")
13       .onChange((value => {
14         this.dTime.setHours(value.hour, value.minute)
15     }))
16   }.backgroundColor(Color.Yellow).padding(1)
```

上述第 2~6 行代码表示自定义 showTime() 函数,实现以"**时**分"格式在到店时间处显示时间信息。

从图 4.42 可以看出,页面上的"离店时间"文本、离店时间及选择按钮采用 Row 方式布局,实现代码如下。

```
1    @State lTime: Date =new Date()
2    Row() {
3      Text("离店时间").fontSize(20).width("20%")
4      Text(this.showTime(this.lTime)).fontSize(20).textAlign(TextAlign.
    Center).width("20%")
5      Button("选择").type(ButtonType.Normal).onClick(() => {
6        TimePickerDialog.show({ selected:this.lTime, onAccept: (result) => {
7          this.lTime.setHours(result.hour, result.minute)
8        } })
9      }).width("40%")
10   }.backgroundColor(Color.Yellow).padding(1)
```

4.4.7 Slider 组件

Slider(滑动条)组件用于快速调节取值范围、音量、亮度等设置值,其接口格式如下。

1　Slider(options?: {value?: number, min?: number, max?: number, step?: number, style?: SliderStyle, direction?: Axis, reverse?: boolean})

（1）value 参数用于设置滑动条当前进度值，默认值为 min 参数值。

（2）min 参数用于设置滑动条进度的最小值，默认值为 0。

（3）max 参数用于设置滑动条进度的最大值，默认值为 100。

（4）step 参数用于设置滑动条滑动的步长，默认值为 1，取值范围为 0.01～max。

（5）style 参数用于设置滑动条的样式，其样式值包括 SliderStyle.OutSet(默认值，滑块在滑轨上)、SliderStyle.InSet(滑块在滑轨内)。

（6）direction 参数用于设置滑动条滑动方向，其方向值包括 Axis.Horizontal(默认值，水平)、Axis.Vertical(垂直)。

（7）reverse 参数用于设置滑动条取值范围是否反向，水平方向默认为自左向右，竖直方向默认为自上而下，默认值为 false(不反向)。

为了满足各种应用开发场景的需要，Slider 组件除支持通用属性和通用事件外，还支持如表 4.41 所示的属性和如表 4.42 所示的事件。

表 4.41　Slider 组件属性及功能

属性名	类型	功能说明
blockColor	ResourceColor	设置滑块的颜色，默认值为"#ffffff"
trackColor	ResourceColor	设置滑轨的背景色，默认值为"#19182431"
selectedColor	ResourceColor	设置滑轨的已滑动部分颜色，默认值为"#007dff"
showSteps	boolean	设置是否显示步长刻度值，属性值包括 false(默认值，不显示)和 true
showTips	value: boolean, content?: ResourceStr	value 用于设置滑动时是否显示气泡提示，属性值包括 false(默认值，不显示)和 true；content 用于设置气泡提示的文本内容，默认显示当前百分比
trackThickness	Length	设置滑轨的粗细
blockBorderColor	ResourceColor	设置滑块边框颜色
blockBorderWidth	Length	设置滑块边框粗细
stepColor	ResourceColor	设置刻度颜色
trackBorderRadius	Length	设置底板圆角半径
blockSize	SizeOptions	设置滑块大小，SizeOptions 类型对象包括 width 和 height 属性
blockStyle	SliderBlockStyle	设置滑块形状参数
stepSize	Length	设置刻度直径大小

表 4.42　Slider 组件事件及功能

事　件　名	功　能　说　明
onChange(callback: (value: number, mode: SliderChangeMode) => void)	拖动滑块或点击时触发该回调事件。value 表示当前滑动的进度值；mode 表示当前事件触发的相关状态值类型：Begin(0) 表示手势/鼠标接触或者按下滑块，Moving(1) 表示正在拖动滑块过程中，End(2) 表示手势/鼠标离开滑块，Click(3) 表示点击滑动条使滑块位置移动

【例 4-28】　在页面上实现如图 4.43 所示的设置文字颜色滑动条，分别拖动页面上的红色滑动条（图中最上面的线条）、绿色滑动条（图中中间的线条）和蓝色滑动条（图中最下面的线条），让页面上显示的文字颜色发生改变。

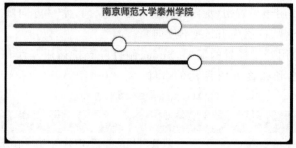

图 4.43　滑动条效果

从图 4.43 可以看出，页面上的文本、红色滑动条、绿色滑动条和蓝色滑动条采用 Column 方式布局，实现代码如下。

```
1   struct P4_27 {
2     @State message: string = '南京师范大学泰州学院'
3     @State redValue: number = 255           //保存红色十进制值
4     @State greenValue: number = 255         //保存绿色十进制值
5     @State blueValue: number = 255          //保存蓝色十进制值
6     @State r: string = ""                   //保存红色十六进制值
7     @State g: string = ""                   //保存绿色十六进制值
8     @State b: string = ""                   //保存蓝色十六进制值
9     //自定义函数将十六进制数用两位数表示
10    prefixInteger(num: string, length: number) {
11      return (Array(length).join('0') + num).slice(-length)
12    }
13    build() {
14      Column() {
15        Text(this.message).fontSize(25).fontWeight(FontWeight.Bold)
16          .fontColor(`#${this.r}${this.g}${this.b}`)  //用十六进制值设置文字颜色
17        Slider({ min: 0, max: 255 })                  //绿色滑动条
18          .selectedColor(Color.Red)                   //设置已经滑动部分颜色
19          .trackThickness(10)                         //设置滑轨的粗细值
20          .blockBorderColor(Color.Red)                //设置滑块的边框颜色
21          .blockBorderWidth(2)                        //设置滑块的边框粗细值
22          .onChange((value, mode) => {
```

```
23            this.redValue =Math.floor(value)
24            let a =(this.redValue).toString(16).split('.')
25            this.r =this.prefixInteger(a[0], 2)
26        })
27        //绿色滑动条实现代码与红色滑动条类似,此处略
28        //蓝色滑动条实现代码与红色滑动条类似,此处略
29    }.width('100%')
30    }
31 }
```

上述第 24 行代码表示首先将代表红色的颜色值转换为十六进制字符(可能包含小数点),然后以"."字符分隔并保存到 a 数组中;第 25 行代码表示将数组中的第 1 个元素用两位十六进制数表示(数组中的第 2 个元素为小数点后字符)。

4.4.8 Rating 组件

Rating(评分条)组件用于表示用户使用感受的衡量标准条,其接口格式如下。

```
1  Rating(options?: { rating: number, indicator?: boolean })
```

(1) rating 参数用于设置评分条当前评分值,默认值为 0。

(2) indicator 参数用于设置评分条作为指示器使用,不可改变评分值,默认值为 false(不作为指标器)。

为了满足各种应用开发场景的需要,Rating 组件除支持通用属性和通用事件外,还支持如表 4.43 所示的属性和如表 4.44 所示的事件。

表 4.43　Rating 组件属性及功能

属 性 名	类　　型	功 能 说 明
stars	number	设置评分条的评分总数,默认值为 5
stepSize	number	设置评分条的评级步长,默认值为 0.5
starStyle	{ backgroundUri：string, foregroundUri：string, secondaryUri?：string}	设置评分条的星级样式。backgroundUri 表示未选中的星级图片链接,可由用户自定义或使用系统默认图片;foregroundUri 表示选中的星级图片路径,可由用户自定义或使用系统默认图片;secondaryUri 表示部分选中的星级图片路径,可由用户自定义或使用系统默认图片

表 4.44　Rating 组件事件及功能

事 件 名	功 能 说 明
onChange(callback:(value：number) => void)	评分条的评分发生改变时触发该回调事件。value 表示当前评分值

【例 4-29】 在页面上实现如图 4.44 所示的电影评价评分条效果,单击评分条组件后,在"电影总体评价:"和"电影推荐指数:"文字后面显示评价分值。

从图 4.44 可以看出,页面上第一行的"电影总体评价:"文本及评分条组件采用 Row 方式布局,评分条星级样式为默认样式,实现代码如下。

图 4.44 评分条效果

```
1  @State score: number =0
2  Row() {
3      Text(`电影总体评价:${this.score}`).fontSize(20).width("45%")
4      Rating({ rating: this.score }).onChange((value) =>{
5          this.score =value
6      })
7  }.width('100%')
```

从图 4.44 可以看出,页面上第二行的"电影推荐指数:"文本及评分条组件采用 Row 方式布局,评分条星级样式为自定义样式,需要将样式图片复制到 common 文件夹(与 pages 同级)中,实现代码如下。

```
1   @State recommend: number =0
2   Row() {
3       Text(`电影推荐指数:${this.recommend}`).fontSize(20).width("45%")
4       Rating({ rating: this.recommend })
5       .starStyle({ backgroundUri: '/common/tui1.png',
6           foregroundUri: '/common/tui2.png',
7           secondaryUri: '/common/tui3.png' })
8       .onChange((value) =>{
9           this.recommend =value
10      })
11  }.width('100%')
```

4.4.9 Radio 组件

Radio(单选框)组件用于表示用户的单一选择项,其接口格式如下。

```
1  Radio(options: {value: string, group: string})
```

(1) value 参数用于设置当前单选项的值。

(2) group 参数用于设置当前单选项所属群组名称,相同群组只能有一个单选框被选中。

为了满足各种应用开发场景的需要,Radio 组件除支持通用属性和通用事件外,还支持如表 4.45 所示的属性和如表 4.46 所示的事件。

表 4.45 Radio 组件属性及功能

属 性 名	类 型	功 能 说 明
checked	boolean	设置单选框的选中状态,默认值为 false(未选中)
radioStyle	RadioStyle	设置单选框选中状态和未选中状态的样式,默认值为{checkedBackgroundColor:'#007DFF', uncheckedBorderColor:'#182431', indicatorColor:'#FFFFFF}

RadioStyle 对象包含 checkedBackgroundColor、uncheckedBorderColor 和 indicatorColor 三

个属性。checkedBackgroundColor 属性值为开启状态底板颜色，uncheckedBorderColor 属性值为关闭状态边框颜色，indicatorColor 属性值为开启状态内部圆饼颜色。

表 4.46　Radio 组件事件及功能

事　件　名	功　能　说　明
onChange（callback：（isChecked：boolean）=> void）	单选框选中状态改变时触发回调。isChecked 为 true 时，表示从未选中变为选中；isChecked 为 false 时，表示从选中变为未选中

【例 4-30】 在页面上实现如图 4.45 所示的角色选择效果，选中某个角色后，在页面上显示"您选择的角色：*"。

从图 4.45 可以看出，页面上分为角色选择区和角色显示区，角色选择区由三组纵向排列的单选框和角色名称组成，角色显示区直接显示角色选择结果，实现代码如下。

图 4.45　单选框效果

```
1   struct P4_29 {
2     @State role: string = '学生'
3     build() {
4       Column({ space: 10 }) {
5         Flex({ direction: FlexDirection.Row, justifyContent: FlexAlign.SpaceAround }) {
6           Column() {   //角色选择区的第一列：单选框和"学生"
7             Radio({ value: "0", group: "role" }).checked(true).height(30).width(30)
8               .radioStyle({checkedBackgroundColor:Color.Blue, indicatorColor:Color.Red})
9               .onChange((isChecked) =>{
10                if (isChecked) {
11                  this.role ="学生"
12                }
13              })
14            Text("学生").fontSize(20).fontWeight(FontWeight.Bold)
15          }
16          //角色选择区的第二列：单选框和"教师"，代码略
17          //角色选择区的第三列：单选框和"访客"，代码略
18        }
19        Text(`您选择的角色:${this.role}`) .fontSize(30)
20      }
21    }
22  }
```

4.4.10　Checkbox 和 CheckboxGroup 组件

Checkbox（复选框）组件用于表示用户的多个选择项，也可以不选择，其接口格式如下。

```
1   Checkbox(options? : {name? : string, group? : string })
```

（1）name 参数用于设置当前复选框的名称。

（2）group 参数用于设置当前复选项所属群组名称，需要配合 CheckboxGroup 组件使用。

为了满足各种应用开发场景的需要，Checkbox 组件除支持通用属性和通用事件外，还支持如表 4.47 所示的属性和如表 4.48 所示的事件。

表 4.47 Checkbox 组件属性及功能

属性名	类型	功能说明
select	boolean	设置复选框的选中状态，默认值为 false(未选中)
selectColor	ResourceColor	设置复选框的选中状态颜色
unselectColor	ResourceColor	设置复选框的未选中状态颜色
mark	MarkStyle	设置复选框内部图标样式

MarkStyle 对象包含 strokeColor、size 和 strokeWidth 三个属性，strokeColor 属性值为内部图标颜色，size 属性值为内部图标尺寸，strokeWidth 属性值为内部图标粗细值。

表 4.48 Checkbox 组件事件及功能

事件名	功能说明
onChange(callback:(isChecked:boolean) => void)	复选框选中状态改变时触发回调。isChecked 为 true 时，表示从未选中变为选中；isChecked 为 false 时，表示从选中变为未选中

CheckboxGroup(复选框群组)组件用于表示用户在一个群组中全选或不选，其接口格式如下。

1　CheckboxGroup(options?:{ group?: string })

group 参数用于设置当前复选项群组名称，group 值相同的 Checkbox 和 CheckboxGroup 为同一群组。

为了满足各种应用开发场景的需要，CheckboxGroup 组件除支持通用属性和通用事件外，还支持如表 4.49 所示的属性和如表 4.50 所示的事件。

表 4.49 CheckboxGroup 组件属性及功能

属性名	类型	功能说明
selectAll	boolean	设置复选框群组是否全选，默认值为 false(不全选)
selectColor	ResourceColor	设置复选框群组中的选中状态颜色
unselectColor	ResourceColor	设置复选框群组中的未选中状态颜色
mark	MarkStyle	设置复选框内部图标样式

表 4.50 CheckboxGroup 组件事件及功能

事件名	功能说明
onChange(callback:(event:CheckboxGroupResult) => void)	复选框群组中选中状态改变时触发回调

CheckboxGroupResult 对象包含 name 和 status 两个属性。name 属性值为 Array＜string＞类型，用来返回群组内所有被选中的复选框名称；status 属性值为 SelectStatus 类型，用来返回选中状态(All 表示全部选择，Part 表示部分选择，None 表示没有选择)。

【例 4-31】 实现如图 4.46 所示页面效果，在"兴趣爱好""关注商品"列表中选择对应选项后,在页面上指定位置显示选中的兴趣爱好和所关注的商品类别。

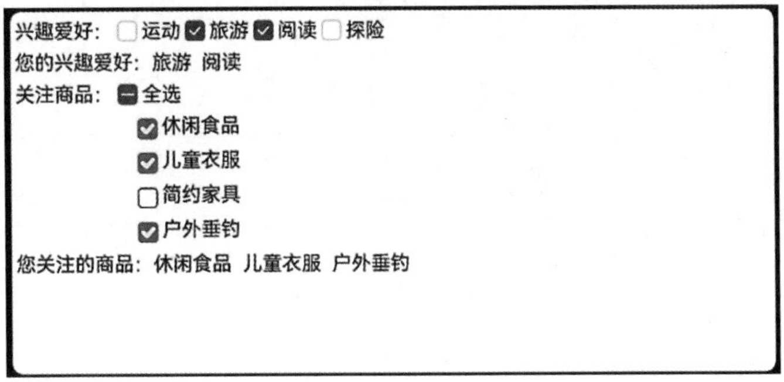

图 4.46　复选框效果

从图 4.46 可以看出,页面上分为"兴趣爱好"选择区和"关注商品"选择区。"兴趣爱好"选择区第一行显示兴趣爱好选项,第二行显示选中结果,实现代码如下。

```
1   @State likes: string[] = ['运动', '旅游', '阅读', '探险']
                                           //"兴趣爱好"复选框选项对应的内容
2   @State likeChecked: boolean[] = [true, false, true, false]
                                           //"兴趣爱好"复选框选中状态
3   //自定义函数,返回选中项对应结果
4   showInfo(checks: boolean[], details: string[]): string {
5       let info: string = ""
6       for (let index = 0; index < checks.length; index++) {
7         if (checks[index])   info = info + details[index] + "  "
8       }
9       return info
10  }
11  Row() {    //实现第 1 行兴趣爱好效果
12      Text("兴趣爱好:").fontSize(20)
13      ForEach(this.likes, (item: string, index) =>{
14        Checkbox().select(this.likeChecked[index]).unselectedColor(Color.Pink)
15          .onChange((value) =>{
16            this.likeChecked[index] = value
17          })                                  //复选框
18        Text(item).fontSize(20)               //复选框对应选项内容
19      })
20  }.width('100%')
21  Text(`您的兴趣爱好: ${this.showInfo(this.likeChecked, this.likes)}`).
    fontSize(20).width("100%")
```

上述第 4~10 行代码自定义 showInfo 函数,如果某个选项为选中状态(checks 中保存复选框的选中状态),则返回该选项对应的内容(details 中保存选项对应内容)。

页面上关注商品选择区从上至下依次显示"关注商品"和"全选"选项、商品列表选项及选中结果显示,实现代码如下。

```
1   @State infos: string[] = ['休闲食品', '儿童衣服', '简约家具', '户外垂钓']
2   @State infoChecked: boolean[] = [true, false, false, true]
3   Row() {
```

```
 4          Text("关注商品:").fontSize(20)
 5          CheckboxGroup({ group: 'like' })
 6          Text("全选").fontSize(20)
 7        }.width('100%')
 8        ForEach(this.infos, (item: string, index) =>{
 9          Flex({ direction: FlexDirection.Row, wrap: FlexWrap.Wrap }) {
10            Checkbox({ group: 'like' }).select(this.infoChecked[index])
11              .selectedColor(Color.Red).unselectedColor(Color.Blue)
12              .mark({ strokeColor: Color.Yellow, size: 50,strokeWidth: 5 })
13              .onChange((value) =>{
14                this.infoChecked[index] =value
15              })
16            Text(this.infos[index]).fontSize(20)
17          }.width('100%').margin({ left: 240 })
18        })
19        Text(`您关注的商品：${this.showInfo(this.infoChecked, this.infos)}`).
             fontSize(20).width("100%")
```

上述第 5 行代码定义了一个 like 复选框群组；第 8～18 行代码用 ForEach 迭代定义了 4 个复选框，并指定这些复选框的 group 参数指定的群组名称也是 like，所以可以通过"全选"复选框群组控制 4 个复选框同时选中或不选中。

4.4.11 案例：毕业生满意度调查表

1. 需求描述

毕业生满意度调查表运行后显示如图 4.47 所示页面，需要毕业生通过满意度调查表反馈毕业时间、薪资水平及课程设置、任课教师和条件设施的满意度信息。

图 4.47 毕业生满意度调查表

2. 设计思路

根据毕业生满意度调查表页面的显示效果和需求描述，整个页面从上到下分为性别选择区、兴趣爱好选择区、毕业时间选择区、薪资水平选择区及满意度信息反馈区。性别选择区由一个 Text 组件和两个 Radio 组件以 Row 布局方式实现；兴趣爱好选择区由一个 Text 组件、一个 CheckboxGroup 组件和 4 个 Checkbox 组件以 Row 布局方式实现；毕业时间选择区由两个 Text 组件、一个 DatePicker 组件以 Row 布局方式实现；薪资水平选择区由两个 Text 组件、一个 Slider 组件以 Row 布局方式实现；满意度信息反馈区的课程设置、设施设备和师资水平等满意度评分用 Rating 组件实现,分隔线用 Divider 组件实现,其他信息用 Text 组件实现。

3. 实现流程

1) 性别选择区的实现

性别选择区的功能实现时需要定义一个保存当前所选择性别的状态变量 sex,该变量的值根据用户的选择而变化,详细代码如下。

```
1   @State sex: string ="男"
2   Row() {
3           Text("您的性别:").fontSize(20)
4           Radio({ value: "0", group: "sex" }).checked(true)
5             .onChange((isChecked) =>{
6               if (isChecked)   this.sex ="男"
7             })
8           Text("男").fontSize(20)
9           Radio({ value: "1", group: "sex" })
10            .onChange((isChecked) =>{
11              if (isChecked)   this.sex ="女"
12            })
13          Text("女").fontSize(20)
14  }.width('100%')
```

2) 兴趣爱好选择区的实现

兴趣爱好选择区从左至右依次显示"您的兴趣爱好:""全选"选项及兴趣爱好列表选项,实现代码如下。

```
1   @State likes: string[] =['运动', '旅游', '阅读', '探险']     //"兴趣爱好"复选框
    //选项对应的内容
2   @State likeChecked: boolean[] =[true, false, true, false]    //"兴趣爱好"复选框
    //选中状态
3   //自定义函数 showInfo(),返回选中项对应结果,代码与例 4-31 一样,此处略
4   Row() {
5           Text("您的兴趣爱好:").fontSize(20)
6           CheckboxGroup({ group: 'like' })
7           Text("全选").fontSize(20)
8           Flex({ direction: FlexDirection.Row, wrap: FlexWrap.Wrap }) {
9             ForEach(this.likes, (item: string, index) =>{
10              Checkbox({ group: 'like' })
11                .select(this.likeChecked[index])
12                .onChange((value) =>{
13                  this.likeChecked[index] =value
14                })
15              Text(this.likes[index]).fontSize(20)
16            })
17          }
18  }.width('100%')
```

3) 毕业时间选择区的实现

毕业时间选择区的功能实现时需要定义一个保存当前所选择毕业时间的状态变量 byDate,该变量的值根据用户的选择而变化,实现代码如下。

```
1   @State byDate: Date =new Date()              //保存毕业时间
2   showDate(cDate: Date): string {
3       let result =""
4       result =cDate.getFullYear() +"年" + (cDate.getMonth() +1) +"月" +cDate.getDate() +"日"
5       return result
6   }
7   Row() {
8           Text("您的毕业时间:").fontSize(20)
9             Text (this. showDate (this. byDate)). fontSize (20). textAlign (TextAlign.Center)
10          DatePicker({ start: new Date('1970-1-1'), end: new Date('2100-1-1') })
11            .onDateChange((value =>{
12              this.byDate =value
13          })).width("40%").align(Alignment.End).height(100)
14  }.width('100%')
```

4) 薪资水平选择区的实现

薪资水平选择区的功能实现时需要定义一个保存当前所选择薪资水平的状态变量currentSalary,该变量的值根据用户的选择而变化,实现代码如下。

```
1   @State currentSalary: string =""         //保存薪资水平
2   //自定义函数 selectedSalary(),返回薪资水平
3   selectedSalary(value: number): string {
4       let result =""
5       if (value <5000) {
6         result ='低于 5000'
7       } else if (value <10000) {
8         result ='5000~10000'
9       } else if (value <20000) {
10        result ='10000~20000'
11      } else {
12        result ='高于 20000'
13      }
14      return result
15  }
16  Row() {
17          Text("您的薪资水平:").fontSize(20)
18          Text (this.currentSalary).fontSize(20).textAlign(TextAlign.Center)
19          Slider({ min: 100,max: 50000,step: 100,style: SliderStyle.OutSet })
20            .selectedColor(Color.Blue).trackThickness(5)
21            .blockBorderColor(Color.Blue).blockBorderWidth(2)
22            .stepColor(Color.Red).stepSize(10)
23            .onChange((value, mode) =>{
24              this.currentSalary =this.selectedSalary(value)
25          })
26  }.width('100%')
```

上述第 5~13 行代码表示薪资水平分为"低于 5000""5000~10 000""10 000~20 000"和"高于 20 000"4 个档次;第 23、24 行代码表示当用户拖动页面上的滑块时,调用 selectedSalary()函数返回最终的薪资档次。

5）满意度信息反馈区

从图 4.47 可以看出，满意度信息反馈区包括课程设置、设施设备、师资水平评分区和总体满意度水平显示区 4 部分，每一部分都是按照 Row 方式布局在页面上，实现代码如下。

```
1   @State kcRating: number = 0              //保存课程设置评分值
2   @State sbRating: number = 0              //保存设施设备评分值
3   @State lsRating: number = 0              //保存师资水平评分值
4   @State currentSatisfy: string = ""       //保存总体满意度水平
5   //自定义函数 judgeSatify(),返回总体满意度水平
6   judgeSatify(score: number): string {
7       let result = ""
8       if (score <= 2.5) {
9         result = '不满意'
10      } else if (score <= 3) {
11        result = '基本满意'
12      } else if (score <= 4) {
13        result = '满意'
14      } else {
15        result = '非常满意'
16      }
17      return result
18    }
19  Row() {
20          Text("课程设置满意度:").fontSize(20)
21          Text(this. kcRating. toString ( )). fontSize (20). textAlign
    (TextAlign.Center).width(50)
22          Rating().onChange((value) => {
23            this.kcRating = value
24            this.currentSatisfy = this.judgeSatify((this.kcRating + this.
    sbRating + this.lsRating) / 3)
25          })
26      }
27  //设施设备满意度评分代码与课程设置类似,此处略
28  //师资水平满意度评分代码与课程设置类似,此处略
29  Divider().color(Color.Red).borderWidth(2)
30  Row() {
31          Text(`您的总体满意度:${this.currentSatisfy}`).fontSize(20).
    fontColor(Color.Red)
32      }.padding(10)
```

上述第 8～16 行代码表示总体满意度分为"不满意""基本满意""满意"和"非常满意"4 个档次；第 24 行代码表示当用户在 Rating 上评分时，调用 judgeSatify() 函数返回最终的总体满意度档次。

小结

组件是搭建应用界面的最小单位,多种组件的组合可以构建出令用户满意的 UI。本章首先详细介绍了开发 OpenHarmony 应用时组件的使用方法、事件的定义和绑定方法、页面的布局方式,并结合具体案例详细阐述了方舟开发框架提供的基本组件使用方法和应用场景。读者通过本章的学习及结合 ArkTS 程序设计语言知识,既可以开发出一些满足用户需求的 OpenHarmony 应用,也为后续 OpenHarmony 应用开发水平的提升打下良好的基础。

第 5 章 数据存储与访问

随着移动互联网的发展,用户对应用程序的性能、体验等各方面要求都有所增强,虽然现在大多数移动端的数据都由云端(服务端)提供,但是移动端支持离线使用模式也成为用户考虑的重要因素,而离线使用模式必须涉及本地数据的存储与访问机制。本章从用户首选项、文件操作接口模块及关系数据接口模块三方面深入阐述 OpenHarmony 系统的数据存储与访问机制,并结合具体的案例介绍它们的使用方法,以便开发者能够全面地了解它们的原理,更好地开发基于鸿蒙平台的应用。

5.1 概述

操作系统中包含各种各样的数据,按数据结构可分为结构化数据和非结构化数据。能够用统一的数据模型加以描述的数据称为结构化数据,如使用键值对存储和访问的数据、各类数据库数据等;在 OpenHarmony 应用开发中,结构化数据的存储访问由数据管理机制实现。数据结构不规则或不完整的数据、没有预定义数据模型/数据结构的数据称为非结构化数据,如图片、文档、音频和视频文件等;在 OpenHarmony 应用开发中,非结构化数据的存储访问机制由文件管理机制实现。

5.1.1 数据管理机制

数据管理机制为开发者提供了数据存储能力、数据管理能力和数据同步能力。例如,联系人应用中的数据可以保存到数据库中,并提供数据库的安全、可靠以及共享访问等数据管理机制,同时也支持与手表等穿戴设备同步联系人信息。数据存储提供了用户首选项(Preferences)、键值型数据库(KV-Store)和关系数据库(RelationStore)等通用数据持久化能力。数据管理提供了权限管理、数据备份恢复和数据共享框架等高效的数据管理能力。数据同步提供了分布式对象支持内存对象跨设备共享、分布式数据库支持跨设备数据库访问等跨设备数据同步能力。华为官方推出的 API 提供了一系列完整的数据管理模块配套接口,用来实现 OpenHarmony 应用开发中结构化数据的存储与访问。

1. 用户首选项

用户首选项(Preferences)提供了轻量级配置数据的持久化能力,并支持订阅数据变化的通知能力。数据以文本形式保存在设备中,应用使用过程中会将文本中的数据全部加载到内存,具有访问速度快、效率高的特性,但不适合存储大量数据的场景,不支持分布式同步,常用于保存应用配置信息、用户偏好设置等。

2. 键值型数据库

键值型数据库(KV-Store)提供了键值型数据库的读写、加密、手动备份以及订阅通知能力。它是一种非关系数据库,其数据以"键值"对的形式进行组织、索引和存储,其中,"键"作为唯一标识符。适合很少数据关系和业务关系的业务数据存储,同时因其在分布式场景中降低了解决数据库版本兼容问题的复杂度和数据同步过程中冲突解决的复杂度而被广泛使用。相比于关系数据库,更容易做到跨设备、跨版本兼容。应用需要使用键值型数据库的分布式能力时,KV-Store 会将同步请求发送给 DatamgrService 由其完成跨设备数据同步。

3. 关系数据库

关系数据库提供了关系数据库的增删改查、加密、手动备份以及订阅通知能力。它以行和列的形式存储数据,广泛用于应用中的关系数据的处理,包括一系列的增、删、改、查等接口,开发者也可以运行自己定义的 SQL 语句来满足复杂业务场景的需要。应用需要使用关系数据库的分布式能力时,RelationalStore 部件会将同步请求发送给 DatamgrService 由其完成跨设备数据同步。

5.1.2 文件管理机制

从用户的角度看,文件管理机制为用户提供了按文件名管理文件的能力,即实现"按名存取"。从系统的角度看,文件管理机制是对文件存储设备的空间进行组织和分配,负责文件存储并对存入的文件进行保护和检索的系统。在文件管理模块中,文件系统按文件存储的位置分为本地文件系统和分布式文件系统。本地文件系统提供本地设备或外置存储设备(如 U 盘、移动硬盘)的文件访问能力,本地文件系统是最基本的文件系统;分布式文件系统提供跨设备的文件访问能力。在文件管理模块中,文件按文件的所有者分为应用文件、用户文件和系统文件。应用文件的文件所有者为应用本身,包括应用的安装文件、资源文件和缓存文件等。用户文件的文件所有者为登录到该终端设备的用户,包括用户私有的图片、文档、音频和视频文件等。既不属于应用文件,也不属于用户文件的其他文件就是系统文件,包括公共库、设备文件及系统资源文件等。华为官方推出的 API 提供了一系列完整的文件管理模块配套接口,用来实现 OpenHarmony 应用开发中非结构化数据的存储与访问。

5.2 睡眠质量测试系统的设计与实现

睡眠质量不高与多种疾病有关,其中最突出的就是精神类疾病,睡眠障碍是它的主要表现形式。而大多数人对睡眠认识不够,往往忽略了睡眠与身体健康的关系,这样就造成很多睡眠质量不高的人错失了治疗的最佳时间,因此就需要提供一个方便快捷的方法来帮助这些人了解自身的睡眠状况,让他们尽早得到相应的治疗和帮助。本节以国际公认的睡眠质量自测量表——阿森斯失眠量表为理论依据,结合 Toggle 组件、Stepper 组件、Stepper Item 组件、页面路由和用户首选项存储与访问机制设计并实现一个睡眠质量测试系统。

5.2.1 Toggle 组件

Toggle(切换)组件用于切换选择状态,包括勾选框样式、状态按钮样式和开关样式,其接口格式如下。

```
1   Toggle(options: { type: ToggleType, isOn?: boolean })
```

(1) type 参数用于设置开关的样式,包括 CheckBox(勾选框样式)、Button(状态按钮样式)和 Switch(开关样式)。

(2) isOn 参数用于设置开关是否打开,默认值为 false(关闭)。

为了满足各种应用开发场景的需要,该组件除支持通用属性和通用事件外,还支持如表 5.1 所示的属性和如表 5.2 所示的事件。

表 5.1 Toggle 组件属性及功能

属 性 名	类 型	功 能 说 明
selectColor	ResourceColor	设置组件打开状态的背景颜色
switchPointColor	ResourceColor	设置 Switch 类型的圆形滑块颜色(仅 Switch 类型生效)

表 5.2 Toggle 组件事件及功能

事 件 名	功 能 说 明
onChange(callback:(isOn: boolean) => void)	状态切换时触发

【例 5-1】 用 Toggle 组件在页面上实现一个模拟开灯、关灯的效果,运行效果如图 5.1 所示。

图 5.1 开关选择器效果

从图 5.1 可以看出，页面由 Column 方式布局的 Image 组件和 Toggle 组件组成，实现代码如下。

```
1  struct P5_1 {
2    @State denResource: string ="/pages/common/black.png"
3    build() {
4      Column() {
5        Image(this.denResource).objectFit(ImageFit.Auto).height("80%")
6        Toggle({ type: ToggleType.Switch })
7          .onChange((isOn) =>{
8            this.denResource = isOn ? "/pages/common/light.png" : "/pages/common/black.png"
9          })
10         .selectedColor(Color.Red).switchPointColor(Color.Blue)
11         .backgroundColor(Color.Orange).borderRadius(8)
12     }.width('100%')
13   }
14 }
```

上述第 8 行代码表示如果 isOn 为 true，则在 Image 组件上加载 common 文件夹中的 light.png 图片（代表灯亮），否则加载 common 文件夹中的 black.png 图片（代表灯灭）。

【例 5-2】 设计如图 5.2 所示就业意向调查表，"你在就业过程中最注重什么?"的答案选项由 5 个状态按钮组件组成，但用户只能选其中一项；"你希望从哪些渠道获得企业的招聘信息?"的答案选项由 5 个状态按钮组件组成，用户可以选多项。点击"提交"按钮后，将用户选项结果显示在页面下方。

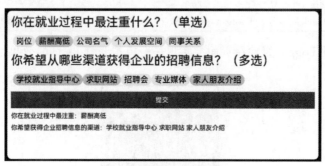

图 5.2 就业意向调查表

从图 5.2 可以看出，整个页面从上至下由就业过程注重区、渠道获取区、按钮区和结果显示区组成，并用 Column 布局方式实现。

就业过程注重区由 Text 组件和 Toggle 组件实现，详细代码如下。

```
1  @State concern: string[] =['岗位','薪酬高低','公司名气','个人发展空间','同事关系']
2  @State concernChecked: boolean[] =[false, false, false, false, false]
   //保存注重点选择状态
3  @State cResult: string =""              //保存就业注重点
4  Text("你在就业过程中最注重什么?(单选)").fontSize(30)
```

```
5    Flex({ direction: FlexDirection.Row, wrap: FlexWrap.Wrap }) {
6        ForEach(this.concern, (item: string, index) =>{
7            Toggle ({ type: ToggleType.Button, isOn: this.concernChecked[index] }) {
8                Text(item).fontSize(20)       //状态按钮显示文本信息
9            }.onChange((isOn) =>{
10               this.concernChecked[index] = isOn
11               if (isOn) {
12                   for (let i = 0; i < this.concernChecked.length; i++) {
13                       if (i != index)   this.concernChecked[i] = false
14                   }
15               }
16           })
17       })
18   }.padding(5)
```

上述第11~15行表示，如果某个状态按钮处于选中状态，则其他按钮应为未选中状态。同样，渠道获取区也由 Text 组件和 Toggle 组件实现，详细代码如下。

```
1    @State recruit: string[] = ['学校就业指导中心', '求职网站', '招聘会', '专业媒体', '家人朋友介绍']
2    @State recruitChecked: boolean[] = [false, false, false, false, false]
3    @State rResult: string = ""
4    Text("你希望从哪些渠道获得企业的招聘信息?(多选)").fontSize(30)
5    Flex({ direction: FlexDirection.Row, wrap: FlexWrap.Wrap }) {
6        ForEach(this.recruit, (item: string, index) =>{
7            Toggle ({ type: ToggleType.Button, isOn: this.recruitChecked[index] }) {
8                Text(item).fontSize(20)
9            }.onChange((isOn) =>{
10               this.recruitChecked[index] = isOn
11           })
12       })
13   }.padding(5)
```

按钮区由 Button 组件实现，结果显示区由两个 Text 组件实现。由于在结果显示区要显示选中状态按钮对应的选项，所以需要首先定义一个自定义函数 showResult() 返回选中结果，实现代码如下。

```
1    showResult(msg:string[],checked:boolean[]) :string{
2        let result=""
3        for (let index = 0; index < msg.length; index++) {
4            if (checked[index])    result = result + msg[index]+" "
5        }
6        return result
7    }
8    Button("提交").type(ButtonType.Normal).onClick(() =>{
9            this.cResult = this.showResult(this.concern, this.concernChecked)
10           this.rResult = this.showResult(this.recruit, this.recruitChecked)
11   }).width("100%")
12   Text(`你在就业过程中最注重:${this.cResult}`)
13   Text(`你希望获得企业招聘信息的渠道:${this.rResult}`)
```

5.2.2 Stepper 和 StepperItem 组件

Stepper(步骤导航器)组件用于引导用户完成一个任务需要多个步骤的导航场景,它通常与 StepperItem 组件(步骤导航器子组件)配合使用,StepperItem 组件作为步骤导航器某一个步骤的内容展示组件,是 Stepper 组件的子组件。Stepper 和 StepperItem 的接口格式如下。

```
1   Stepper(value?: { index?: number }){
2     StepperItem(){
3       //子组件
4     }
5   }
```

index 参数用于设置步骤导航器当前显示 StepperItem 的索引值,默认值为 0。

Stepper 组件除支持通用事件外,还支持如表 5.3 所示的事件。StepperItem 组件除支持通用属性外,还支持如表 5.4 所示的属性。

表 5.3 Stepper 组件事件及功能

事 件 名	功 能 说 明
onFinish(callback: () => void)	当步骤导航器最后一个 StepperItem 的 nextLabel 被点击,并且 ItemState 属性为 Normal,触发该回调
onSkip(callback: () => void)	当前显示的 StepperItem 状态为 ItemState.Skip 时,点击 nextLabel 触发该回调
onChange (callback: (prevIndex?: number, index?: number) => void)	点击当前 StepperItem 的 prevLabel 进行步骤切换时触发该回调;或点击当前 StepperItem 的 nextLabel,当前页面不为步骤导航器最后一个 StepperItem 且 ItemState 属性为 Normal 时,触发该回调。prevIndex 表示切换前的步骤页索引值;index 表示切换后的步骤页(前一页或者下一页)索引值
onNext (callback: (index?: number, pendingIndex?: number) => void)	点击 StepperItem 的 nextLabel 切换下一步骤时,当前页面不为步骤导航器最后一个 StepperItem 且 ItemState 属性为 Normal 时,触发该回调。index 表示当前步骤页索引值;pendingIndex 表示下一步骤页索引值
onPrevious(callback: (index?: number, pendingIndex?: number) => void)	点击 StepperItem 的 prevLabel 切换上一步骤时触发该回调。index 表示当前步骤页索引值;pendingIndex 表示上一步骤页索引值

表 5.4 StepperItem 属性及功能

属 性 名	类 型	功 能 说 明
prevLabel	string	设置步骤导航器底部"回退"文本按钮的描述文本
nextLabel	string	设置步骤导航器底部"下一步"文本按钮的描述文本

续表

属性名	类型	功能说明
status	ItemState	设置步骤导航器 nextLabel 的显示状态，其值包括 ItemState.Normal（默认值，正常状态，右侧文本按钮正常显示，可点击进入下一个 StepperItem）、ItemState.Disabled（不可用状态，右侧文本按钮灰度显示，不可点击进入下一个 StepperItem）、ItemState.Waiting（等待状态，右侧文本按钮不显示，显示等待进度条，不可点击进入下一个 StepperItem）和 ItemState.Skip（跳过状态，右侧文本按钮默认显示"跳过"，可在 Stepper 的 onSkip 事件中定义相关功能）

如果没有定义 prevLabel 属性，在中文语言环境下，默认使用"返回"和"下一步"文本按钮；在非中文语言环境下，默认使用 BACK 和 NEXT 文本按钮；如果是第一个步骤，则页面上没有"回退"文本按钮；如果是最后一个步骤，则页面上的下一步为"开始"文本按钮（中文语言）或者"START"文本按钮（非中文语言）。

【例 5-3】 设计一个如图 5.3 所示的"会员注册"页面，在"会员注册"页面上用步骤导航器分别输入"用户名""用户密码"和"找回密码问题、找回密码答案"等会员注册信息，点击"提交"按钮，在页面下方显示注册内容。

图 5.3 "会员注册"页面

从图 5.3 可以看出，"会员注册"用 Text 组件实现，根据提示输入"用户名""用户密码""找回密码问题"和"找回密码答案"等注册信息用 Stepper 和 StepperItem 组件实现，详细代码如下。

```
1    struct P5_3{
2      @State question: string[] =['请输入用户名','请输入密码','请输入密码找回问题','请输入密码找回问题答案']        //注册时回答的问题
3      @State answer: string[] =['','','','']           //注册时输入的问题答案
4      @State index: number =0                          //当前显示 StepperItem 的索引值
5      @State isShow: number =Visibility.None   //控制页面最后一行的注册信息是否显示
6      build() {
7        Column() {
8          Text('会员注册').fontSize(30).fontWeight(FontWeight.Bold)
```

```
9        Stepper() {
10          StepperItem() {                          //第一个问题
11            Column() {
12              Text(this.question[this.index])
13              TextInput().borderRadius(0).borderWidth(1).onChange((value) =>{
14                this.answer[this.index] =value
15              })
16            }
17          }.nextLabel("后一页")
18          StepperItem() {                          //第二个问题
19            //与上述第 11~16 行代码类似,此处略
20          }.prevLabel("前一页").nextLabel("后一页")
21          StepperItem() {                          //第三个问题
22            //与上述第 11~16 行代码类似,此处略
23          }.prevLabel("前一页").nextLabel("后一页")
24          StepperItem() {                          //第四个问题
25            //与上述第 11~16 行代码类似,此处略
26          }.prevLabel("前一页").nextLabel("提交")
27        }
28        .onFinish(() =>{
29          this.isShow =Visibility.Visible
30        })
31        .onChange((preIndex: number, index: number) =>{
32          this.index =index
33        })
34        Text(`你输入的信息为:${this.answer}`).visibility(this.isShow)
35      }.height('80%').padding(5)
36    }
37  }
```

上述第 28~30 行代码表示点击"提交"按钮,将控制页面下方显示答案的第 34 行代码中 Text 组件的 visibility 属性值设置为 true(显示 Text 组件)。第 31~33 行代码表示 StepperItem 切换时,让保存 question、answer 数组元素下标随之改变。

5.2.3 页面路由

大多数应用程序通常由多个页面组成,并且页面与页面之间可以相互跳转和数据传递,这些能力是由"@ohos.router"模块(页面路由)提供的。在使用"@ohos.router"模块相关功能之前,需要先用如下代码导入该模块。

```
1  import router from '@ohos.router'
```

"@ohos.router"模块提供了一系列接口实现应用内指定页面的跳转、同应用内的某个页面替换当前页面、返回上一页面及返回指定页面等功能。

1. 应用内指定页面的跳转

(1) router.pushUrl(options:RouterOptions):Promise<void>:跳转到应用内的指定页面,结果以 Promise 形式返回。options 参数用于设置跳转页面描述信息,RouterOptions 类型的参数及功能说明如表 5.5 所示;返回值类型为 Promise<void>,表示

异常返回结果，错误码详细说明如表5.6所示。

表5.5 RouterOptions 类型参数及功能说明

参数名	类型	必填	功能说明
url	string	是	设置目标页面的url（例如 pages/index 表示跳转到 index.ets 页面）
params	object	否	设置跳转时要同时传递到目标页面的数据。跳转到目标页面后，使用router.getParams()获取传递的参数，参数也可以在页面中直接使用，如this.keyName（keyName 为跳转时 params 参数中的键名值），如果目标页面中已有该字段，则其值会被传入的字段值覆盖

表5.6 异常返回结果及说明

错误码	错误信息	结果说明
100001	if UI execution context not found.	可能因获取渲染引擎或解析参数等失败导致内部异常
100002	if the uri is not exist.	路由页面跳转时输入的 URI 错误或不存在
100003	if the pages are pushed too much.	路由压入的页面太多（最多不超过32）

【例 5-4】 在例 5-3 的基础上，点击页面上的"结束"按钮，跳转到如图 5.4 所示的"注册成功"页面，点击"注册成功"页面上的"返回"按钮，跳转返回到如图 5.3 所示的"会员注册"页面。

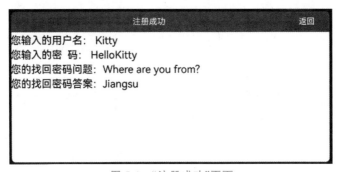

图 5.4 "注册成功"页面

由于页面跳转时需要传递用户输入的用户名、密码、找回密码问题及找回密码答案等信息，所以需要自定义 Info 类封装这些信息，Info 类的详细代码如下。

```
1    class Info{
2      userName:string                    //用户名
3      userPwd:string                     //密码
4      userQuestion:string                //找回密码问题
5      userAnswer:string                  //找回密码答案
6      constructor ( userName: string, userPwd: string, userQuestion: string,
    userAnswer:string,) {
7        this.userName =userName
8        this.userPwd =userPwd
9        this.userQuestion =userQuestion
```

```
10        this.userAnswer =userAnswer
11    }
12 }
```

根据图 5.4 的显示效果设计"注册成功"页面,页面第一行显示"注册成功"的 Text 组件和显示"返回"按钮的 Button 组件由 Flex 布局实现,其他行信息由 Text 组件实现。在项目的 pages 文件夹下创建 P5_4.ets 页面文件,代码如下。

```
1  struct P5_4 {
2    info: Info =router.getParams() as Info;    //获取传递过来的参数对象并强制转换为
                                                 //Info 类型
3    build() {
4      Column({ space: 5 }) {
5        Flex({ justifyContent: FlexAlign.End }) {
6          Text("注册成功").width("100%").height("40")
7            .textAlign(TextAlign.Center).fontColor(Color.White).fontSize(20)
8          Button("返回")
9            .type(ButtonType.Normal).width("120").height("40").fontSize(20)
10           .onClick(() =>{
11             let promise =router.pushUrl({ url: "pages/P5_3" })   //不带参数跳转
12             promise.then(() =>{
13               console.info("跳转成功")                             //显示跳转成功信息
14             }).catch((err: string) =>{
15               console.info(`跳转失败!失败信息:${err}`)             //显示跳转失败信息
16             })
17           })
18         }.padding(5).backgroundColor(Color.Gray)
19         Text(`您输入的用户名: ${this.info.userName}`).fontSize(25)
20         Text(`您输入的密  码: ${this.info.userPwd}`).fontSize(25)
21         Text(`您的找回密码问题:${this.info.userQuestion}`).fontSize(25)
22         Text(`您的找回密码答案:${this.info.userAnswer}`).fontSize(25)
23       }.alignItems(HorizontalAlign.Start).width('100%')
24     }
25   }
```

上述第 2 行代码中的 router.getParams()表示获取发起跳转的页面往当前页传入的参数,该参数的类型为 Object,一般需要将返回的参数进行强制类型转换;上述第 11~16 行代码表示页面路由跳转至"pages/P5_3.ets"页面,并根据跳转结果显示成功与失败信息;如果要显示异常返回结果中的错误码和错误信息,则可以用下述代码替换。

```
1  try {
2      router.pushUrl({ url: "pages/P5_31" })
3  } catch (err) {
4      console.error(`跳转失败, 错误信息代码: ${(err as BusinessError).code}, 错误信息: ${(err as BusinessError).message}`);
5  }
```

上述代码中,BusinessError 为 ArkTS 中定义的公共错误信息接口,该接口包含在"@ohos.base"模块中,需要用如下代码导入后才能使用。

```
1  import { BusinessError } from '@ohos.base'
```

最后,在例 5-3 实现代码的第 29 行下面添加如下代码即可实现页面的跳转。

```
1    let info=new Info(this.answer[0], this.answer[1], this.answer[2], this.
     answer[3])
2    router.pushUrl({ url: "pages/P5_4", params: info })      //带参数跳转
3    .then((data) =>{
4            console.info("跳转成功!")
5    }).catch((err: string) =>{
6            console.error(`跳转失败,原因:${err}`)
7    })
```

上述第 1 行代码表示根据用户输入的用户名、密码、找回密码问题及找回密码答案等信息实例化 Info 类型对象,并在第 2 行代码中将其作为参数传递给注册成功页面。

(2) router.pushUrl(options：RouterOptions,callback：AsyncCallback＜void＞)：void：跳转到应用内的指定页面。options 参数用于设置跳转页面描述信息；callback 参数用于设置异常响应回调事件。

例如,例 5-4 中"返回"按钮页面跳转的功能实现代码可以用如下代码替换。

```
1    router.pushUrl({ url: "pages/P5_3"},
2        (err) =>{
3            if (err) {
4              console.error(`跳转失败,错误码:${err.code},错误信息:${err.message}`)
5              return
6            }
7            console.info("跳转成功!")
8        }
9    )
```

上述第 2~8 行代码用于实现异常响应回调事件,如果异常发生,则显示错误码和错误信息,否则显示"跳转成功!"。

(3) router.pushUrl(options：RouterOptions,mode：RouterMode)：Promise＜void＞：跳转到应用内的指定页面,结果以 Promise 形式返回。options 参数用于设置跳转页面描述信息；mode 参数用于设置跳转页面使用的模式,RouterMode 类型值及功能说明如表 5.7 所示；返回值类型为 Promise＜void＞,表示异常返回结果。

表 5.7　RouterMode 类型值及功能说明

值	功 能 说 明
router.RouterMode.Standard	多实例模式(默认模式)。表示目标页面会被添加到页面栈顶,即使栈中已经存在相同 url 的页面,该 url 页面也会再次被添加到页面栈顶
router.RouterMode.Single	单实例模式。表示目标页面会被添加到页面栈顶,但如果目标页面的 url 已经存在于页面栈中,则该 url 页面移动到栈顶

例如,例 5-4 中"返回"按钮页面跳转模式设置为单实例模式,将上述第 11 行代码用如下代码替换。

```
1    let promise = router.pushUrl({ url: "pages/P5_31" }, router.RouterMode.
     Single)
```

(4) router.pushUrl(options：RouterOptions,mode：RouterMode,callback：AsyncCallback＜void＞)：void：跳转到应用内的指定页面。options 参数用于设置跳转页

面描述信息；mode 参数用于设置跳转页面使用的模式；callback 参数用于设置异常响应回调事件。

2. 应用内的某个页面替换当前页面

（1）router.replaceUrl(options：RouterOptions)：Promise＜void＞：用应用内的某个页面替换当前页面，并销毁被替换的页面，结果以 Promise 形式返回。options 参数用于设置替换页面描述信息；返回值类型为 Promise＜void＞，表示异常返回结果。

（2）router.replaceUrl(options：RouterOptions，callback：AsyncCallback＜void＞)：void：用应用内的某个页面替换当前页面，并销毁被替换的页面。options 参数用于设置替换页面描述信息；callback 参数用于设置异常响应回调事件。

例如，单击图 5.4 中的"返回"按钮，用注册页面替换注册成功的实现代码如下。

```
1    router.replaceUrl({ url: "pages/P5_3"},
2        (err) =>{
3            //其他代码与例 5-4 一样,此处略
4        }
5    )
```

（3）router.replaceUrl(options：RouterOptions，mode：RouterMode)：Promise＜void＞：用应用内的某个页面替换当前页面，并销毁被替换的页面，结果以 Promise 形式返回。options 参数用于设置替换页面描述信息；mode 参数用于设置跳转页面使用的模式；返回值类型为 Promise＜void＞，表示异常返回结果。

（4）router.replaceUrl(options：RouterOptions，mode：RouterMode，callback：AsyncCallback＜void＞)：void：用应用内的某个页面替换当前页面，并销毁被替换的页面。options 参数用于设置替换页面描述信息；mode 参数用于设置跳转页面使用的模式；callback 参数用于设置异常响应回调事件。

3. 命名路由页面的跳转

（1）router.pushNamedRoute(options：NamedRouterOptions)：Promise＜void＞：跳转到指定的命名路由页面，结果以 Promise 形式返回。options 参数用于设置跳转页面路由描述信息，NamedRouterOptions 类型的参数及功能说明如表 5.8 所示；返回值类型为 Promise＜void＞，表示异常返回结果。

表 5.8 NamedRouterOptions 类型参数及功能说明

参 数 名	类 型	必 填	功 能 说 明
name	string	是	设置目标命名路由页面的 name
params	object	否	设置跳转时要同时传递到目标页面的数据。用法与功能与 RouterOptions 类型一样

（2）router.pushNamedRoute(options：NamedRouterOptions，callback：AsyncCallback＜void＞)：void：跳转到指定的命名路由页面。options 参数用于设置跳转页面路由描述信息；callback 参数用于设置异常响应回调事件。

例如，点击图 5.4 中的"返回"按钮，用命名路由页面的跳转方式跳转到注册页面的步骤

如下。

首先，给跳转到的目标页面对应的自定义组件命名路由，即打开跳转到的注册页面文件（文件名为 P5_3.ets），用如下代码为自定义组件 P5_3 命名路由。

```
1    @Entry({ routeName: "myPage" })          //命名路由
2    @Component
3    struct P5_3 {
4        //其他代码与例 5-3 一样，此处略
5    }
```

然后，打开注册成功页面文件（文件名为 P5_4.ets），用如下代码实现"返回"按钮的功能。

```
1    router.pushNamedRoute({name:"myPage"},   //跳转到指定路由命名的页面
2        (err)=>{
3                //其他代码与例 5-4 一样，此处略
4        }
5    )
```

(3) router.pushNamedRoute(options：NamedRouterOptions，mode：RouterMode)：Promise＜void＞：跳转到指定的命名路由页面，结果以 Promise 形式返回。options 参数用于设置跳转页面路由描述信息；mode 参数用于设置跳转页面使用的模式；返回值类型为 Promise＜void＞，表示异常返回结果。

(4) router.pushNamedRoute(options：NamedRouterOptions，mode：RouterMode，callback：AsyncCallback＜void＞)：void：跳转到指定的命名路由页面。options 参数用于设置跳转页面路由描述信息；mode 参数用于设置跳转页面使用的模式；callback 参数用于设置异常响应回调事件。

4. 命名路由页面替换当前页面

(1) router.replaceNamedRoute(options：NamedRouterOptions)：Promise＜void＞：用指定的命名路由页面替换当前页面，并销毁被替换的页面，结果以 Promise 形式返回。options 参数用于设置命名路由替换页面描述信息；返回值类型为 Promise＜void＞，表示异常返回结果。

(2) router.replaceNamedRoute(options：NamedRouterOptions，callback：AsyncCallback＜void＞)：void：用指定的命名路由页面替换当前页面，并销毁被替换的页面。options 参数用于设置命名路由替换页面描述信息；callback 参数用于设置异常响应回调事件。

例如，点击图 5.4 中的"返回"按钮，用命名路由实现注册页面替换注册成功页面的代码如下。

```
1    router.replaceNamedRoute({name:"myPage"},
2        (err) =>{
3                //其他代码与例 5-4 一样，此处略
4        }
5    )
```

(3) router.replaceNamedRoute(options：NamedRouterOptions，mode：RouterMode)：

Promise<void>：用指定的命名路由页面替换当前页面，并销毁被替换的页面，结果以Promise形式返回。options参数用于设置命名路由替换页面描述信息；mode参数用于设置跳转页面使用的模式；返回值类型为Promise<void>，表示异常返回结果。

（4）router.replaceNamedRoute(options：NamedRouterOptions, mode：RouterMode, callback：AsyncCallback<void>)：void：用指定的命名路由页面替换当前页面，并销毁被替换的页面。options参数用于设置命名路由替换页面描述信息；mode参数用于设置跳转页面使用的模式；callback参数用于设置异常响应回调事件。

5. 返回上一页面或指定页面

router.back(options?：RouterOptions)：void：返回上一页面或指定的页面。options参数用于设置返回页面描述信息，RouterOptions类型对象中的url参数用于指定路由跳转时会返回到的页面，但是如果页面栈里没有该url参数指定的页面，则不响应；如果未设置url参数，则返回到上一页。

例如，点击图5.4中的"返回"按钮，返回注册页面也可用如下代码实现。

```
1    router.back()
```

6. 其他接口

（1）router.clear()：void：清空页面栈中的所有历史页面，仅保留当前页面作为栈顶页面。

（2）router.getLength()：string：获取当前页面栈内的页面数量，页面栈支持的最大值为32。

（3）router.getState()：RouteState：获取当前页面的状态信息，返回值类型为RouteState，RouteState类型的参数及功能说明如表5.9所示。

表5.9　RouteState类型参数及其功能说明

参数名	类型	必填	功能说明
index	number	是	表示当前页面在页面栈中的索引。从栈底到栈顶，index从1开始递增
name	string	否	表示当前页面的名称，即对应文件名
path	string	是	表示当前页面的路径

（4）router.showAlertBeforeBackPage(options：EnableAlertOptions)：void：开启页面返回的询问对话框。options参数用于设置文本弹窗描述信息，EnableAlertOptions类型对象中的message参数用于指定询问对话框内容。

例如，在例5-4的基础上增加按下"后退"键弹出如图5.5所示的询问对话框功能，只要在@Entry装饰的自定义组件中添加如下代码即可。

```
1    @Entry
2    @Component
3    struct P5_4 {
4      onBackPress(){                              //按下"后退"键调用
```

图5.5 注册成功页面

```
5       router.showAlertBeforeBackPage({message:"确认返回?"})
6    }
7    build(){
8        //其他代码,此处略
9    }
```

(5) router.hideAlertBeforeBackPage(): void:禁用页面返回的询问对话框。

"@ohos.router"模块功能依赖于 UI 的执行上下文实例(UIContext 类型对象),执行上下文实例不明确的地方不能使用。但从 API Version 10 开始,可以通过使用执行上下文实例(UIContext 类型对象)中的 getRouter()方法获取当前执行上下文实例关联的 Router 对象。也就是说,从 API Version 10 开始,"@ohos.window"模块中新增了 getUIContext()方法,通过该方法获取 UI 的执行上下文实例(UIContext 类型对象)后,就可以通过 getRouter()方法获取当前执行上下文实例关联的 Router 对象。例如,例 5-4 中点击页面上的"结束"按钮功能,可以用下述代码替换。

```
1   import window from '@ohos.window'      //导入@ohos.window模块
2   let winClass =window.findWindow("test")
3   let context =winClass.getUIContext()
4   let myRouter =context.getRouter()
5   let info =new Info(this.answer[0], this.answer[1], this.answer[2], this.answer[3])
6   myRouter.pushUrl({ url: "pages/P5_4", params: info }).then((data) =>{
7     console.info("跳转成功!")
8   }).catch((err: string) =>{
9     console.error(`跳转失败,原因:${err}`)
10  })
```

5.2.4 UIAbility 组件

UIAbility 继承自 Ability,它是一种主要用于与用户交互,并包含 UI 的应用组件;它是系统调度的基本单元,为应用提供绘制 UI 的窗口。一个应用可以包含一个或多个 UIAbility 组件,每一个 UIAbility 组件实例都会在最近任务列表中显示一个对应的任务。通俗地讲,UIAbility 组件类似终端设备上安装的一个应用,它负责展示该应用的用户界面及通过它与应用进行交互,每个 UIAbility 组件可以包含多个不同的界面,终端设备上每打开一个应用,实际上就是启动了一个 UIAbility 组件的实例。对开发者而言,如果希望在任务视图中看到一个任务,则建议使用一个 UIAbility 组件及多个页面的方式;如果希望在任务视图中看到多个任务,或需要同时开启多个窗口,则建议使用多个 UIAbility 开发不同的模块功能。

1. UIAbility 的生命周期

当用户打开、切换和返回到对应应用时,应用中的 UIAbility 实例会在其生命周期的不同状态之间转换。例如,从桌面单击运动健康应用图标启动应用,运动健康应用的状态经过了从创建(Create)到前台展示(Foreground)的状态变化;回到桌面,从最近任务列表切换回到运动健康应用,运动健康应用的状态经过了从后台(Background)到前台展示(Foreground)的状态变化。在不同状态之间转换时,系统会调用相应的生命周期回调函数。

为了实现多设备形态上的裁剪和多窗口的可扩展性,系统对组件管理和窗口管理进行了解耦。UIAbility 组件的生命周期包括 Create、Foreground、Background、Destroy 4 个状态,WindowStageCreate 和 WindowStageDestroy 为窗口管理器(WindowStage)在 UIAbility 中管理 UI 功能的两个状态,从而实现 UIAbility 与窗口之间的弱耦合。UIAbility 和 WindowStage 的生命周期状态切换函数回调流程如图 5.6 所示。

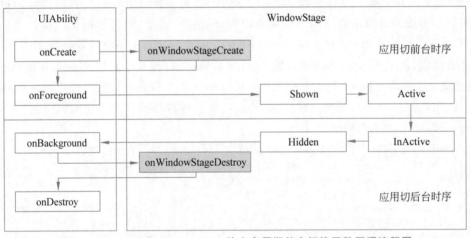

图 5.6 UIAbility 和 WindowStage 的生命周期状态切换函数回调流程图

(1) Create 状态:该状态在应用加载过程中,UIAbility 实例创建完成时触发,此时系统会调用 onCreate() 回调。在该回调中可以进行变量定义、资源加载等应用初始化操作,用于为后续的 UI 展示做准备。onCreate() 回调代码格式如下。

```
1    export default class EntryAbility extends UIAbility {
2      onCreate(want: Want, launchParam: AbilityConstant.LaunchParam): void {
3        //应用初始化操作代码(如变量定义、资源加载等)
4      }
5      //其他功能代码
6    }
```

例如,用户打开电池管理应用,在应用加载过程中,在 UI 可见之前,可以在 onCreate() 回调中读取当前系统的电量情况,用于后续在 UI 上展示电量。

（2）WindowStageCreate 状态：UIAbility 实例创建完成后，在进入 Foreground 状态前，系统会为每一个 UIAbility 实例创建一个 WindowStage，WindowStage 为本地窗口管理器，用于管理窗口相关的内容。当 WindowStage 创建完成后，系统调用 onWindowStageCreate()回调。在该回调中既可以设置 UI 页面加载，也可以设置 WindowStage 的获得焦点、失去焦点等事件订阅。onWindowStageCreate()回调代码格式如下。

```
1   export default class EntryAbility extends UIAbility {
2       onWindowStageCreate(windowStage: window.WindowStage): void {
3           //设置 WindowStage 的事件订阅(如获焦/失焦、可见/不可见)
4           //设置应用要加载的 UI 页面
5           windowStage.loadContent('pages/Index', (err, data) =>{
6               //功能代码
7           });
8       }
9       //其他功能代码
10  }
```

上述第 5～7 行代码表示加载 pages 文件夹下的 Index.ets 页面文件为该 UIAbility 的 UI。例如，用户打开游戏应用，正在打游戏时收到一个消息通知，打开消息，消息会以弹窗的形式弹出在游戏应用的上方，此时，游戏应用就从获得焦点状态切换到了失去焦点状态，消息应用切换到获得焦点状态。对于消息应用，在 onWindowStageCreate()回调中，会触发获得焦点的事件回调，即在获得焦点的事件回调中可以设置消息应用的背景颜色、高亮显示等操作。

（3）Foreground 状态：该状态在 UIAbility 实例切换至前台时触发，即在 UIAbility 的 UI 可见之前，此时系统会调用 onForeground()回调。在该回调中可以申请系统需要的资源，或者重新申请在 onBackground()回调中释放的资源。onForeground()回调代码格式如下。

```
1   export default class EntryAbility extends UIAbility {
2       onForeground() {
3           //申请系统需要的资源或者重新申请在 onBackground 中释放的资源代码
4       }
5       //其他功能代码
6   }
```

当应用处于 Foreground 状态时，它会在屏幕前面显示并占用用户焦点，同时应用也可以接收用户的输入事件，并在屏幕上显示相关界面。

（4）Background 状态：该状态在 UIAbility 实例切换至后台，即 UIAbility 的 UI 完全不可见之后触发，此时系统会调用 onBackground()回调。在该回调中可以释放 UI 不可见时无用的资源，或者在此回调中执行较为耗时的操作。onBackground()回调代码格式如下。

```
1   export default class EntryAbility extends UIAbility {
2       onBackground() {
```

```
3        //释放 UI 不可见时无用的资源,或者在此回调中执行较为耗时的操作
4      }
5      //其他功能代码
6    }
```

当应用处于 Background 状态时,它当前不可见,会在后台运行并且不占用用户焦点,但是仍然可以继续执行各种任务。由于应用当前不可见,因此无法直接与用户进行交互。

(5) WindowStageDestroy 状态:当用户退出应用或应用被系统销毁时,对应的 UIAbility 实例会被销毁。在 UIAbility 实例销毁之前,系统会调用 onWindowStageDestroy()回调。在该回调中可以释放 UI 所占用的资源,做一些清理工作。例如,注销之前订阅的获得焦点/失去焦点等 WindowStage 事件,以确保资源被正确释放,应用退出时不会出现问题。onWindowStageDestroy()回调代码格式如下。

```
1    export default class EntryAbility extends UIAbility {
2      onWindowStageDestroy() {
3        //释放 UI 资源代码
4      }
5      //其他功能代码
6    }
```

(6) Destroy 状态:该状态在 UIAbility 实例销毁时触发,此时系统会调用 onDestroy()回调。在该回调中可以进行系统资源的释放、数据的保存等操作。例如,调用 terminateSelf()停止当前 UIAbility 实例,从而完成 UIAbility 实例的销毁;或者用户使用最近任务列表关闭该 UIAbility 实例,完成 UIAbility 的销毁。onDestroy()回调代码格式如下。

```
1    export default class EntryAbility extends UIAbility {
2      onDestroy() {
3        //系统资源的释放、数据的保存等代码
4      }
5      //其他功能代码
6    }
```

当应用处于 Destroy 状态时,它的所有资源都被释放,没有任何活动在进行。也意味着应用不再存在于系统的活动栈中,并且无法通过返回键或其他方式重新进入。

2. UIAbility 的启动模式

UIAbility 组件的启动模式是指 UIAbility 实例在启动时的不同呈现状态。针对不同的业务场景,系统提供了 singleton(单实例模式)、multiton(多实例模式)和 specified(指定实例模式)三种启动模式。

1) singleton

singleton 启动模式是默认的启动模式,每当在该模式下调用 startAbility()启动一个 UIAbility 时,如果应用进程中已经存在该类型的 UIAbility 实例,则系统会复用该实例,而不会创建新的 UIAbility 实例。也就是说,系统中只会存在唯一一个该 UIAbility 实例,即在最近任务列表中只存在一个该类型的 UIAbility 实例。

如果应用的 UIAbility 实例已经创建,并且在 module.json5 配置文件中将 launchType 字段配置为 singleton 模式,则说明该 UIAbility 实例工作在单实例模式。如果此时再次调

用startAbility()启动该UIAbility实例,由于启动的还是原来的UIAbility实例,并未重新创建一个新的UIAbility实例,所以此时只会进入该UIAbility的onNewWant()回调,不会进入其onCreate()和onWindowStageCreate()生命周期回调。

singleton模式可以节省系统资源,提高应用的运行效率,通常用于确保应用不会出现大量相同UI实例,以便提供更好的用户体验和系统性能。

2) multiton

multiton启动模式是多实例模式,在该模式下只要调用startAbility()启动UIAbility,都会在应用进程中创建一个新的该类型UIAbility实例。即在最近任务列表中可以看到有多个该类型的UIAbility实例。只要在module.json5配置文件中将launchType字段配置为multiton模式,则说明该UIAbility实例工作在多实例模式。

3) specified

specified启动模式是指定实例模式,该模式是一种特殊的启动模式,通常用于特定场景。例如,文档编辑应用中每次新建文档希望都能新建一个文档实例,重复打开一个已保存的文档希望打开的都是同一个文档实例。开发者在创建UIAbility实例之前可以为该实例指定一个唯一的字符串Key,当UIAbility实例与该Key绑定后,在后续调用startAbility()时,系统会访问应用要打开哪个与特定Key绑定的UIAbility实例。即每个UIAbility实例都有一个特定的身份标识Key,每次启动UIAbility时,系统会根据该Key来判断是复用已存在的特定Key绑定的UIAbility实例,还是创建一个新的实例。例如,在文档编辑应用中,如果想新建一个文档,可以使用一个新的Key,这样就会创建一个新的UIAbility实例;但是如果想打开一个已保存的文档,则可以使用该文档对应的Key,这样就会打开与之绑定的已存在的UIAbility实例。也就是说,specified模式允许应用在运行时根据特定的Key决定是创建新实例还是复用已有实例,以便满足不同的业务需求。

如果应用的UIAbility实例已经创建,并且在module.json5配置文件中将launchType字段配置为specified模式,则说明该UIAbility实例工作在指定实例模式。如果此时再次调用startAbility()启动该UIAbility实例,且AbilityStage的onAcceptWant()回调匹配到一个已创建的UIAbility实例,则系统会启动原来的UIAbility实例,并且不会重新创建一个新的UIAbility实例。此时,该UIAbility实例的onNewWant()回调会被触发,而不会触发onCreate()和onWindowStageCreate()生命周期回调。

3. UIAbility组件间的交互

UIAbility组件是系统调度的最小单元。在设备内的功能模块之间跳转时,会涉及启动特定的UIAbility组件,该UIAbility组件可以是应用内的其他UIAbility、其他应用的UIAbility或跨设备的应用组件。

1) 启动UIAbility

(1) UIAbilityContext.startAbility(want: Want, callback: AsyncCallback<void>): void: 启动Ability。want参数用于设置启动Ability的描述信息,Want类型的参数及功能说明如表5.10所示;callback参数用于设置返回启动结果后的响应回调事件。

表 5.10 Want 类型参数及功能说明

参数名	类型	必填	功能说明
deviceId	string	否	设置运行指定 Ability 的设备 ID，若未设置，则表示本设备
bundleName	string	否	设置待启动 Ability 所在应用的 Bundle 名称
moduleName	string	否	设置待启动 Ability 所属的模块名称
abilityName	string	否	设置待启动 Ability 的名称。若同时指定了 bundleName 和 abilityName，则 Want 可直接匹配到指定的 Ability
uri	string	否	设置待启动 Ability 携带的数据，一般与 type 配合使用
type	string	否	设置 MIME type 类型描述，即打开文件的类型（主要用于文件管理器打开的文件）。例如，"text/plain" "image/*"等
action	string	否	设置要执行的操作（如查看、分享、应用详情等）。在隐匿 Want 中，定义该参数配合 uri 或 parameters 来表示对数据要执行的操作
entities	Array\<string\>	否	设置目标 Ability 额外的类别信息（如浏览器、视频播放器）。在隐式 Want 中是对 action 参数的补充，可以定义该参数来过滤匹配 Ability 类型
flags	number	否	设置处理 Want 的方式，默认传数字。例如，通过 wantConstant.Flags.FLAG_ABILITY_CONTINUATION 表示是否以设备间迁移方式启动 Ability
parameters	{[key: string]: any}	否	设置 WantParams 描述，由开发者自行决定传入的键值对，目前支持的数据类型包括字符串、数字、布尔、对象、数组和文件描述符等

Want 类型对象是应用组件间信息传递的载体，可以用于应用组件间的信息传递。Want 类型的使用场景之一是作为 startAbility() 接口的参数，其包含指定的启动目标，以及启动时需携带的相关数据等。

（2）UIAbilityContext.startAbility(want: Want, options: StartOptions, callback: AsyncCallback\<void\>): void：启动 Ability。want 参数说明如上述；options 参数用于设置启动 Ability 所携带的参数，StartOptions 类型的参数及功能说明如表 5.11 所示；callback 参数用于设置返回启动结果后的响应回调事件。

表 5.11 StartOptions 类型的参数及功能说明

参数名	类型	必填	功能说明
windowMode	number	否	设置启动 Ability 时的窗口模式。目前该参数接口为系统接口，不支持三方应用调用
displayId	string	否	设置启动 Ability 时的屏幕 ID 模式。默认是 0（当前屏幕）

StartOptions 类型对象可以作为 startAbility() 的参数，用于指定目标 Ability 的窗口模式。

(3) UIAbilityContext.startAbility(want: Want, options?: StartOptions): Promise<void>: 启动 Ability,结果以 Promise 形式返回。want 和 options 参数说明如上述;返回值类型为 Promise<void>,表示返回结果。

【例 5-5】 设计如图 5.7 所示的"商城注册"页面,在界面上输入用户名、密码并选择性别后,点击"注册"按钮,跳转至如图 5.8 所示的"注册确认"页面。使用启动应用内的 UIAbility 方式实现上述功能的步骤如下。

图 5.7 "商城注册"页面(1)   图 5.8 "注册确认"页面(1)

第一步,右击项目的 pages 文件夹,选择 New→Page 菜单命令,在弹出的 New Page 对话框中输入"LoginPage",创建文件名为 LoginPage.ets 的商城注册页面,实现代码如下。

```
1   struct LoginPage {
2     @State userName: string = ''         //保存用户名
3     @State userPwd: string = ''          //保存密码
4     @State userSex: boolean = true       //保存是否男性
5     build() {
6       Column({ space: 5 }) {
7         Text("商城注册")
8         TextInput ({ placeholder: "请输入用户名", text: this.userName }).onChange((value) =>{
9           this.userName = value
10        })
11        //密码输入框代码类似,此处略
12        Row() {
13          Text("请选择性别:")
14          Radio ({ value: "0", group: "sex" }).checked (true).onChange((isChecked) =>{
15            if (isChecked) this.userSex = true
16          })
17          Text("男")
18          //性别女单选框类似,此处略
19        }
20        Button("注册").type(ButtonType.Normal).onClick(() =>{
21          let context = getContext(this) as common.UIAbilityContext
22          let want: Want = {
23            bundleName: context.abilityInfo.bundleName,    //设置 Bundle 名称
24            abilityName: 'DetailAbility',                  //设置 Ability 名称
25            parameters: {                                  //设置参数
```

```
26            regInfo: {
27              "userName": this.userName,
28              "userPwd": this.userPwd,
29              "userSex": this.userSex
30            }
31          }
32        }
33        context.startAbility(want, (err) =>{       //启动 DetailAbility
34          if (err.code) {
35            console.info(`启动 Ability 失败!错误码: ${err.code}, 错误信息: ${err.message}`)
36          }
37        })
38      }).width("90%")
39    }.width('100%')
40   }
41 }
```

上述第 23 行的"context.abilityInfo.bundleName"用于获取当前项目的 Bundle 名称；第 26~30 行代码定义 regInfo 对象，该对象由 userName、userPwd 和 userSex 组成；第 33 行代码表示调用 startAbility()启动 DetailAbility，并附带 regInfo 对象。

启动 UIAbility 有显式 Want 启动和隐式 Want 启动两种方式。显式 Want 启动方式用于启动一个确定应用的 UIAbility，如果启动的目标 UIAbility 在同一应用中，在 want 参数中只要设置目标 UIAbility 的 bundleName 参数和 abilityName 参数。如果启动的目标 UIAbility 不在同一应用中，在 want 参数中还需要设置目标 UIAbility 的 moduleName 参数和 deviceId 参数(不在同一设备中)；同时运行前，还需要点击 Run→Edit Configurations 菜单项打开如图 5.9 所示的 Run/Debug Configurations 对话框，勾选 Deploy Multi Hap Packages(部署多个 HAP)复选框，并选择包括自身和目标 UIAbility 所在应用的多个模块。因为如果存在模块间的调用时，需要同时安装多个模块的 HAP 到设备中。

图 5.9　Run/Debug Configurations 对话框

第二步，右击项目的 ets 文件夹，选择 New→Ability 菜单命令，在弹出的 New Ability 对话框中输入"LoginAbility"，创建文件名为 LoginAbility.ts 的 UIAbility，并设置其加载的页面文件为第一步创建的 LoginPage.ets，实现代码如下：

```
1  export default class LoginAbility extends UIAbility {
2    //其他代码
```

```
3    onWindowStageCreate(windowStage: window.WindowStage): void {
4      windowStage.loadContent('pages/LoginPage', (err, data) =>{
5        //其他代码
6      });
7    }
8  }
```

第三步,右击项目的 pages 文件夹,选择 New→Page 菜单命令,在弹出的 New Page 对话框中输入"DetailPage",创建文件名为 DetailPage.ets 的注册确认页面,实现代码如下。

```
1  struct DetailPage {
2    @State regInfo: object =AppStorage.Get("regInfo")    //获取 regInfo 对象
3    build() {
4      Column({ space: 10 }) {
5        Text(`注册确认`).fontSize(20).fontWeight(FontWeight.Bold)
6        Text(`你输入的用户名:${this.regInfo["userName"]}`).fontSize(20)
7        Text(`你输入的密码:${this.regInfo["userPwd"]}`).fontSize(20)
8        Text(`你选择的性别:${this.regInfo["userSex"] ? "男" : "女"}`).fontSize(20)
9      }.width('100%')
10   }
11 }
```

AppStorage 是提供了一个全局状态存储机制的组件,使得应用中的状态变量可以在整个进程中共享和持久化;它为应用状态属性提供中央存储,以便在应用的不同部分可以方便地访问和修改。AppStorage 的生命周期与整个应用程序进程绑定,由 UI 框架在应用程序启动时创建,它不仅可以在应用程序内部的不同组件之间共享状态,而且这些状态在整个应用程序的生命周期内始终存在。上述第 2 行代码表示从 AppStorage 中获取 regInfo 对象,该对象由与 DetailPage 对应的 UIAbility 创建。上述第 6、7 行代码表示取出 regInfo 对象中的 userName 和 userPwd 显示在页面上;第 8 行代码表示取出 regInfo 对象中的 userSex,根据 userSex 获得性别后显示在页面上。

第四步,右击项目的 ets 文件夹,选择 New→Ability 菜单命令,在弹出的 New Ability 对话框中输入"DetailAbility",创建文件名为 DetailAbility.ts 的 UIAbility,并设置其加载的页面文件为第三步创建的 DetailPage.ets,实现代码如下。

```
1  export default class detailAbility extends UIAbility {
2    //其他代码
3    onCreate(want: Want, launchParam: AbilityConstant.LaunchParam): void {
4      AppStorage.SetOrCreate("regInfo",want.parameters?.regInfo)
5    }
6    onWindowStageCreate(windowStage: window.WindowStage): void {
7      windowStage.loadContent('pages/DetailPage', (err, data) =>{
8        //其他代码
9      });
10   }
11 }
```

上述第 4 行代码表示 AppStorage 中如果 regInfo 属性已经存在,则设置 regInfo 属性的值为 want 传递的 regInfo 参数,否则创建该属性,并设置其值为 want 传递的 regInfo 参数。也正是因为此处将 regInfo 保存在 AppStorage 中,才可以在第三步的第 2 行代码中将其获取后显示在页面上。

2) 启动 UIAbility 并获取返回结果

(1) UIAbilityContext.startAbilityForResult(want: Want, callback: AsyncCallback＜AbilityResult＞):void：启动 Ability。want 参数说明如上述；callback 参数用于设置返回启动结果后的响应回调事件，AbilityResult 类型的参数及功能说明如表 5.12 所示。

表 5.12　AbilityResult 类型参数及功能说明

参　数　名	类　　型	必　填	功　能　说　明
resultCode	number	是	表示 Ability 被拉起并退出后返回的结果码
want	Want	否	表示 Ability 被拉起并退出后返回的数据

AbilityResult 类型对象用于定义 Ability 被拉起并退出后返回的结果码和数据。Stage 模型下，可以通过 startAbilityForResult() 获取被拉起 Ability 退出后返回的 AbilityResult 对象，被 startAbilityForResult() 拉起的 Ability 对象可以通过 terminateSelfWithResult() 返回 AbilityResult 对象。

(2) UIAbilityContext.startAbilityForResult(want: Want, options?: StartOptions): Promise＜AbilityResult＞：启动 Ability，结果以 Promise 形式返回。want 和 options 参数说明如上述；返回值类型为 Promise＜AbilityResult＞，表示返回执行结果。

(3) UIAbilityContext.terminateSelfWithResult(parameter: AbilityResult, callback: AsyncCallback＜void＞)：void：停止当前的 Ability。parameter 参数用于设置 startAbilityForResult() 接口调用者的相关信息；callback 参数用于设置返回停止结果后的响应回调事件。

(4) UIAbilityContext.terminateSelfWithResult(parameter: AbilityResult): Promise＜void＞：停止当前的 Ability，结果以 Promise 形式返回。parameter 参数说明如上述；返回值类型为 Promise＜void＞，表示返回停止结果。

【例 5-6】 在如图 5.7 所示的"商城注册"页面下方增加如图 5.10 所示的注册结果提示信息，即点击图 5.11"注册确认"页面上的"确认"按钮，返回"商城注册"页面，并在下方显示"注册结果：确认注册信息！"，点击图 5.11"注册确认"页面上的"取消"按钮，返回"商城注册"页面，并在下方显示"注册结果：取消注册确认！"。启动应用内的 UIAbility 并获取返回

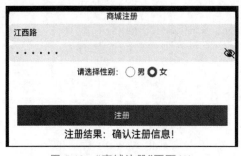

图 5.10　"商城注册"页面(2)

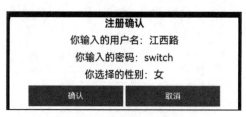

图 5.11　"注册确认"页面(2)

结果方式实现上述功能的步骤如下。

第一步,打开LoginPage.ets的"商城注册"页面文件,在例5-5实现该页面代码的基础上添加如下代码。

```
1   @State info: string =""
2   Button("注册").type(ButtonType.Normal).onClick(() =>{
3       //context、want 代码与例 5-5一样,此处略
4       context.startAbilityForResult(want, (err, data) =>{
5         if (err.code) {
6            console.info("nnutc", `Failed to startAbility. Code: ${err.code}, message: ${err.message}`)
7            return
8         }
9         if (data.resultCode ==1001) {
10           this.info =data.want.parameters.regResult.toString()
11        }
12     })
13   }).width("90%")
14   Text(`注册结果:${this.info}`).fontSize(20)
```

上述第4行的data表示回调返回的AbilityResult类型对象,它由resultCode和want两个参数组成;第9~11行代码表示,如果返回对象的resultCode值为1001(该值必须与"确认"/"取消"按钮中定义的结果码一样),则由第10行代码获取Want类型对象中regResult参数的值。

第二步,打开DetailPage.ets的"商城注册"页面文件,在例5-5实现该页面代码的基础上添加如下代码。

```
1   Row({ space: 5 }) {
2       Button("确认").type(ButtonType.Normal).width("40%").onClick(() =>{
3           let context =getContext(this) as common.UIAbilityContext
4           let want: Want ={
5             bundleName: context.abilityInfo.bundleName,
6             abilityName: 'LoginAbility',
7             parameters: {
8                regResult: "确认注册信息!"
9             }
10          }
11          let abilityResult ={
12            resultCode: 1001,
13            want: want
14          }
15          context.terminateSelfWithResult(abilityResult, (err) =>{
16            console.info("nnutc--Detail", err.code, err.name, err.message)
17          })
18      })
19      Button("取消").type(ButtonType.Normal).width("40%").onClick(() =>{
20          //…其他代码与"确定"按钮一样,此处略
21          parameters: {
22             regResult: "取消注册确认!"
23          }
```

```
24              //…其他代码与"确定"按钮一样,此处略
25          })
26      }
```

上述第 11～14 行代码表示定义 AbilityResult 类型对象;第 15 行代码表示调用 terminateSelfWithResult()方法实现停止自身,并将 abilityResult 参数信息返回给调用方。

5.2.5 用户首选项存储与访问接口

用户首选项(Preferences)提供了轻量级配置数据的持久化能力,并支持订阅数据变化的通知能力。数据通过文本的形式保存在设备中,应用使用过程中会将文本中的数据全部加载到内存,具有访问速度快、效率高的特性,但不适合存储大量数据的场景,不支持分布式同步,常用于保存应用配置信息、用户偏好设置等。

用户首选项为应用提供键值对类型的数据处理能力,支持应用对数据进行轻量级的存储、修改及查询。数据存储形式为键值对,键的类型为字符串型;值的存储数据类型包括数字型、字符型、布尔型以及它们的数组类型。在 OpenHarmony 应用开发中,如果用户希望有一个全局唯一存储的地方,可以采用用户首选项进行存储,并在 ArkTS 开发框架的"@ohos.data.preferences"模块中提供用户首选项存储与访问接口来实现对存储对象相关的数据操作。在使用"@ohos.data.preferences"模块相关功能之前,需要先用如下代码导入该模块,然后获取 Preferences 实例,并将数据加载到该实例后才可以进行数据操作。

```
1   import dataPreferences from '@ohos.data.preferences'
```

1. 获取 Preferences 实例

(1) dataPreferences.getPreferences(context: Context, name: string, callback: AsyncCallback<Preferences>): void:获取 Preferences 实例。context 参数用于设置应用上下文;name 参数用于设置 Preferences 实例存储对象的名称;callback 参数用于设置获取返回结果后的响应回调事件,当获取实例成功,err 为 undefined,并返回 Preferences 实例,否则 err 为错误对象。

(2) dataPreferences.getPreferences(context: Context, name: string): Promise<Preferences>:获取 Preferences 实例。context 和 name 参数说明如上述;返回值类型为 Promise<Preferences>,表示返回 Preferences 实例。

【例 5-7】 获取 Preferences 实例 preferences,其存储对象名称为 loginInfo,如果获取失败,输出失败信息,否则继续执行其他操作。实现代码如下。

```
1   let preferences: dataPreferences.Preferences | null =null
2   let context =getContext(this) as common.UIAbilityContext
3   dataPreferences.getPreferences(context, "loginInfo", (err, p) =>{
4       if (err) {
5           console.error(`登录页面加载失败,失败原因${err.message}`)
6           return
7       }
8       preferences =p;
```

```
 9            //执行其他操作的代码
10      })
```

如果用 Promise 返回对象实现例 5-7 的功能,则需要将上述第 3~10 行代码用下述代码替换。

```
1    let promise =dataPreferences.getPreferences(this.context,"loginInfo")
2    promise.then((p) => {
3          preferences =p
4          //执行其他操作的代码
5    })
```

(3) dataPreferences. getPreferences (context: Context, options: Options, callback: AsyncCallback<Preferences>): void。获取 Preferences 实例。context 参数说明如上述; options 参数用于设置 Preferences 实例相关的配置选项,Options 类型的参数及功能说明如表 5.13 所示;callback 参数用于设置获取返回结果后的响应回调事件,当获取实例成功,err 为 undefined,并返回 Preferences 实例,否则 err 为错误对象。此接口从 API Version 10 开始支持。

表 5.13 Options 类型参数及功能说明

参 数 名	类 型	必 填	功 能 说 明
name	string	是	表示 Preferences 实例存储对象的名称
dataGroupId	string	否	表示应用组 ID,需要向应用市场获取。指定在此 dataGroupId 对应的沙箱路径下创建 Preferences 实例,当此参数不填时,默认在本应用沙箱目录下创建 Preferences 实例

(4) dataPreferences. getPreferences (context: Context, options: Options): Promise<Preferences>。获取 Preferences 实例。context 和 options 参数如上述;返回值类型为 Promise<Preferences>,表示返回 Preferences 实例。此接口从 API Version 10 开始支持。

例如,从 API Version 10 开始,例 5-7 的实现代码可以用下述代码替换。

```
1    let preferences: dataPreferences.Preferences | null =null
2    let context =getContext(this) as common.UIAbilityContext
3    let options: dataPreferences.Options ={
4         "name": "loginInfo"
5    }
6    let promise =dataPreferences.getPreferences(context, options)
7    promise.then((p) => {
8         preferences =p
9         //执行其他操作代码
10   })
```

(5) dataPreferences. getPreferencesSync (context: Context, options: Options): Preferences。同步获取 Preferences 实例。context 和 options 参数说明如上述;返回值类型为 Preferences,表示返回 Preferences 实例。此接口从 API Version 10 开始支持。

2. 删除 Preferences 实例

(1) dataPreferences. deletePreferences (context: Context, name: string, callback:

AsyncCallback＜void＞)：void：从内存中删除 Preferences 实例。context 参数说明如上述；name 参数用于设置 Preferences 实例存储对象的名称；callback 参数用于设置获取返回结果后的响应回调事件，当删除实例成功，err 为 undefined；否则 err 为错误对象。

（2）dataPreferences.deletePreferences(context：Context，name：string)：Promise＜void＞：从内存中删除 Preferences 实例。context 和 name 参数说明如上述；返回值类型为 Promise＜void＞。

（3）dataPreferences.deletePreferences(context：Context，options：Options，callback：AsyncCallback＜void＞)：void：从内存中删除 Preferences 实例。context 和 options 参数说明如上述；callback 参数用于设置获取返回结果后的响应回调事件，当删除实例成功，err 为 undefined；否则 err 为错误对象。此接口从 API Version 10 开始支持。

（4）dataPreferences.deletePreferences(context：Context，options：Options)：Promise＜void＞：从内存中删除 Preferences 实例。context 和 options 参数说明如上述；返回值类型为 Promise＜void＞。此接口从 API Version 10 开始支持。

如果删除的 Preferences 实例有对应的数据文件，则同时删除与之对应的数据文件；删除 Preferences 实例后，不允许再使用该实例进行数据操作，否则会出现数据一致性问题。

3. Preferences 实例的数据操作

（1）put(key：string，value：ValueType，callback：AsyncCallback＜void＞)：void：将数据写入 Preferences 实例，通过 flush 将 Preferences 实例数据存储。key 参数用于设置待写入值的键(key)名称；value 参数用于设置写入值；callback 参数用于设置返回结果回调事件，如果写入成功，err 为 undefined；否则 err 为错误对象。

（2）put(key：string，value：ValueType)：Promise＜void＞：将数据写入 Preferences 实例。key 和 value 参数说明如上述；返回值类型为 Promise＜void＞。

（3）putSync(key：string，value：ValueType)：void：同步将数据写入 Preferences 实例。key 和 value 参数说明如上述；返回值类型为 void。此接口从 API Version 10 开始支持。

【例 5-8】 在例 5-7 的基础上，在名称为 loginInfo 的 Preferences 实例中写入用户名信息键值对(key＝userName，value＝nnutc)和密码信息键值对(key＝userPwd，value＝nnutc)，实现代码如下。

```
1    try {
2        preferences.putSync("userName", "nnutc")
3        preferences.putSync("userPwd", "nnutc")
4        preferences.flush()
5        console.info("nnutc", "写入成功!");
6    } catch (e) {
7        console.info("nnutc", `写入失败,失败原因:${e}`);
8    }
```

（4）get(key：string，defValue：ValueType，callback：AsyncCallback＜ValueType＞)：void：获取键(key)对应的值，如果值为 null 或非默认值类型，则返回默认数据 defValue。

key 参数用于设置待获取值的键(key)名称；defValue 参数用于设置默认返回值；callback 参数用于设置返回结果回调事件，如果获取成功，err 为 undefined，data 为键对应的值；否则 err 为错误对象。

【例 5-9】 在例 5-8 的基础上，在名称为 loginInfo 的 Preferences 实例中读出用户名信息和密码信息，实现代码如下。

```
1    let userName=""
2    let userPwd=""
3    preferences.get("userName", "").then((data) =>{
4        userName =data.toString()
5    })
6    preferences.get("userPwd", "").then((data) =>{
7        userPwd =data.toString()
8    })
```

(5) get(key：string, defValue：ValueType)：Promise<ValueType>：获取键(key)对应的值。key 和 defValue 参数说明如上述；返回值类型为 Promise<ValueType>，表示返回键对应的值。

(6) getSync(key：string, defValue：ValueType)：ValueType：同步获取键(key)对应的值。key 和 defValue 参数说明如上述。返回值类型为 ValueType，表示返回键对应的值。此接口从 API Version 10 开始支持。

(7) getAll(callback：AsyncCallback<Object>)：void：获取含有所有键值的 Object 对象；callback 参数用于设置返回结果回调事件。如果获取成功，err 为 undefined，value 为含有所有键值的 Object 对象；否则 err 为错误对象。

(8) getAll()：Promise<Object>：获取含有所有键值的 Object 对象。返回值类型为 Promise<Object>，表示返回所有键值的 Object 对象。

(9) getAllSync()：Object：同步获取含有所有键值的 Object 对象。返回值类型为 Object，表示返回所有键值的 Object 对象。此接口从 API Version 10 开始支持。

(10) has(key：string, callback：AsyncCallback<boolean>)：void：检查 Preferences 实例是否包含 key 参数存储的键值对。key 参数用于设置待检查的键(key)名称；callback 参数用于设置返回结果回调事件，如果包含 key 参数存储的键值对，则返回 true；否则返回 false。

(11) has(key：string)：Promise<boolean>：检查 Preferences 实例是否包含 key 参数存储的键值对。key 参数说明如上述。返回值类型为 Promise<boolean>。

(12) hasSync(key：string)：boolean：同步检查 Preferences 实例是否包含 key 参数存储的键值对。key 参数说明如上述。返回值类型为 boolean。此接口从 API Version 10 开始支持。

(13) delete(key：string, callback：AsyncCallback<void>)：void：删除 Preferences 实例中名称为 key 参数的键值对。key 参数用于设置待删除的键(key)名称；callback 参数用于设置返回结果回调事件，如果删除成功，err 为 undefined；否则 err 为错误对象。

(14) delete(key: string): Promise<void>：删除 Preferences 实例中名称为 key 参数的键值对。key 参数说明如上述。返回值类型为 Promise<void>。

(15) deleteSync(key: string): void；同步删除 Preferences 实例中名称为 key 参数的键值对。key 参数说明如上述。返回值类型为 void。此接口从 API Version 10 开始支持。

(16) flush(callback: AsyncCallback<void>): void；将当前 Preferences 实例中的数据存储到用户首选项的数据文件中。callback 参数用于设置返回结果回调事件，如果保存成功，err 为 undefined；否则 err 为错误对象。

(17) flush(): Promise<void>：将当前 Preferences 实例中的数据存储到用户首选项的数据文件中。返回值类型为 Promise<void>。

(18) clear(callback: AsyncCallback<void>): void；将当前 Preferences 实例中的数据存储对象全部清除。callback 参数用于设置返回结果回调事件，如果清除成功，err 为 undefined；否则 err 为错误对象。

(19) clear(): Promise<void>：将当前 Preferences 实例中的数据存储对象全部清除。返回值类型为 Promise<void>。

(20) clearSync(): void；同步将当前 Preferences 实例中的数据存储对象全部清除。返回值类型为 Promisevoid。此接口从 API Version 10 开始支持。

(21) on(type: 'change', callback: Callback<{ key: string }>): void；订阅数据变更，订阅的键(key)值发生变更后，在执行 flush() 方法后，触发 callback 参数设置的事件。type 参数用于设置事件类型，此处为 'change' 固定值，表示数据变更。callback 参数用于设置需要订阅数据变量对象实例的回调事件。

(22) off(type: 'change', callback?: Callback<{ key: string }>): void；取消订阅数据变更。type 参数用于设置事件类型，此处为 'change' 固定值，表示数据变更。callback 参数用于设置需要取消订阅数据变量对象实例的回调事件。

【例 5-10】设计一个如图 5.12 所示的登录页面，首次进入页面，用户输入用户名、密码及对"是否保存"复选框做出选择，点击"登录"按钮，将输入的用户名、密码及"是否保存"复选框状态以 Preferences 实例方式保存。再次进入页面，如果用户在前一次登录时选择了"是否保存"复选框，则会将前一次输入的用户名、密码及"是否保存"复选框选中状态等信息显示在登录页面对应位置；否则进入首次进入页面状态；点击"重置"按钮，清除存放的用户名、用户密码及是否保存状态等信息。

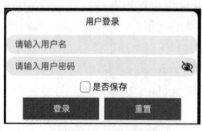

图 5.12 登录页面

当登录页面加载时，首先读取由 Preferences 实例保存的轻量级数据，如果数据中存储"是否保存"复选框状态信息的键值为 true，则说明前一次登录时用户选中了"是否保存"复选框，并将"用户名称"和"用户密码"信息显示在页面上对应输入框中。实现代码如下：

```
1    @State userName: string =''              //保存用户名
2    @State userPwd: string =''               //保存密码
3    @State isSaved: boolean =false           //保存"是否保存"复选框选中状态
4    @State preferences: dataPreferences.Preferences | null =null
5    context =getContext(this) as common.UIAbilityContext
6    onPageShow() {                           //页面显示时触发事件
7      dataPreferences.getPreferences(this.context, "loginInfo", (err, p) =>{
8        if (err) {
9          console.error(`登录页面加载失败,失败原因${err.message}`)
10         return
11        }
12        this.preferences =p;
13        let promise =p.get("isSaved", false)   //从loginInfo存储对象中读出复选
                                                 //框状态
14        promise.then((data) =>{
15          let saved =data as boolean
16          if (saved) {
17            p.get("userName", "").then((data) =>{
18              this.userName =data.toString()   //从loginInfo存储对象中读出用户名
19            })
20            //从loginInfo存储对象中读出用户密码代码与读出用户名类似,此处略
21            this.isSaved =saved
22          }
23        })
24      })
25    }
```

被@Entry装饰的组件生命周期,提供onPageShow()、onPageHide()和onBackPress()生命周期接口。onPageShow()表示页面每次显示时触发一次,包括路由过程、应用进入前台等场景;onPageHide()表示页面每次隐藏时触发一次,包括路由过程、应用进入后台等场景;onBackPress()表示当用户点击"返回"按钮时触发。

当用户点击"登录"按钮时,向以preferences命名的Preferences实例存储对象loginInfo中写入用户名、用户密码和"是否保存"复选框选中状态等信息。本例自定义的writeLoginKey()函数实现,详细代码如下。

```
1    writeLoginKey() {
2      try {
3        this.preferences.put("userName", this.userName)     //写入用户名
4        //写入用户密码、是否保存信息的代码与写入用户名类似,此处略
5        this.preferences.flush()
6        console.info("nnutc", "登录成功!");
7      } catch (e) {
8        console.info("nnutc", `登录失败,失败原因:${e}`);
9      }
10   }
```

从图5.11可以看出,整个页面按Column方式布局,用户名和密码输入框由TextInput组件实现、"是否保存"复选框由CheckBox组件实现、"登录"和"重置"按钮由Button组件实现,详细代码如下。

```
1   struct P5_10 {
2     //变量定义如上述,此处略
3     //onPageShow()如上述,此处略
4     //writeLoginKey() 如上述,此处略
5     build() {
6       Column({ space: 5 }) {
7         Text("用户登录").margin(10)
8         TextInput ({ placeholder: "请输入用户名", text: this.userName }).onChange((value) =>{
9           this.userName =value
10        })
11        //输入用户密码输入框代码与上述第 8~10 行类似,此处略
12        Row() {
13          Checkbox().select(this.isSaved).onChange((value) =>{
14            this.isSaved =value
15          })
16          Text("是否保存")
17        }
18        Row({ space: 10 }) {
19          Button("登录").type(ButtonType.Normal).onClick(() =>{
20            this.writeLoginKey()
21          }).width("40%")
22          Button("重置").type(ButtonType.Normal).onClick(() =>{
23            dataPreferences.deletePreferences(this.context,"loginInfo")
   //删除 loginInfo 存储对象
24          }).width("40%")
25        }
26      }.width('100%')
27    }
28  }
```

上述第 8~10 行表示获取用户名输入框中输入的用户名;第 13~15 行代码表示获取"是否保存"复选框选中状态;第 19~21 行代码表示点击"登录"按钮,调用自定义的 writeLoginKey()函数向 Preferences 实例存储对象 loginInfo 中写入信息;第 22~24 行代码表示单击"重置"按钮,删除 loginInfo 存储对象,也就是清空保存的用户名、密码及"是否保存"复选框状态信息。

5.2.6 案例:睡眠质量测试系统

1. 需求描述

阿森斯失眠量表一共包含 8 个问题,如表 5.14 所示。每个问题的答案选项分值分别为 0、1、2、3,若所有问题的得分之和小于 4,则表示测试者睡眠质量很好;若得分之和超过 6,则表示睡眠质量较差。该测量表目前常用于公众的睡眠质量状况调查,并了解测试者的睡眠质量。根据阿森斯失眠量表设计并实现睡眠质量测试系统,该系统需要实现以下三方面功能。

表 5.14　阿森斯失眠质量自测量表

序号	问题	A 选项(0 分)	B 选项(1 分)	C 选项(2 分)	D 选项(3 分)
1	入睡时间	没问题	轻微延迟	显著延迟	延迟严重或没有睡觉
2	夜间觉醒	没问题	轻微影响	显著影响	严重影响或没有睡觉
3	比期望的时间早醒	没问题	轻微提早	显著提早	严重提早或没有睡觉
4	总睡眠时间	足够	轻微不足	显著不足	严重不足或没有睡觉
5	总睡眠质量	满意	轻微不满	显著不满	严重不满或没有睡觉
6	白天情绪	正常	轻微低落	显著低落	严重低落
7	白天身体功能	正常	轻微影响	显著影响	严重影响
8	白天思睡	无思睡	轻微思睡	显著思睡	严重思睡

(1) 如果用户在终端设备没有运行过本系统或者没有保存过测试结果，则显示如图 5.13 所示启动页面；否则显示如图 5.14 所示启动页面。

图 5.13　启动页面(1)

图 5.14　启动页面(2)

(2) 用户单击如图 5.13 所示启动页面上的"开始"按钮或点击如图 5.14 所示启动页面上的"重新测试"按钮，切换至如图 5.15 所示的问卷调查页面。问题调查页面上显示的问题和答案选项在用户点击"前一题"或"下一题"文本按钮后会自动随之更新。

(3) 用户单击最后一个调查问题的"提交"文本按钮，或点击如图 5.14 所示页面上的"查看报告"按钮，切换至如图 5.16 所示的报告页面。报告页面会根据用户回答调查问题的总得分和阿森斯失眠量表算法给出睡眠质量结论和专业性意见。点击报告页面上的"提交"按钮，会将如图 5.16 所示的"保存报告"复选框状态和总得分保存下来，以便在应用下次启动时使用。

图 5.15　问卷调查页面

图 5.16　报告页面

2. 设计思路

根据启动页面的显示效果和需求描述，整个页面以 Column 方式布局，显示图片由 Image 组件实现、文本信息由 Text 组件实现；"开始""查看报告"和"重新测试"按钮由 Button 组件实现，并将"查看报告"和"重新测试"按钮以 Row 方式布局。

根据问卷调查页面的显示效果和需求描述，整个页面用 1 个 Step 组件展示问卷调查步骤导航器的当前进度，用 8 个 StepperItem 组件展示问卷调查步骤导航器中当前进度的内容，每一个问卷调查内容由 1 个题目和 4 个答题选项构成。题目内容由 Text 组件实现；4 个答题选项分别由 1 个 Radio 组件和 1 个 Text 组件组成，并以 Row 方式布局在页面上。

根据报告页面的显示效果和需求描述，页面上的所有文本信息由 3 个 Text 组件实现；"保存报告"复选框及提示信息由 1 个 Checkbox 组件和 1 个 Text 组件实现；"提交"按钮由 Button 组件实现。

3. 实现流程

1) 启动页面

打开 Chap05 项目，右击"Chap05"文件夹，选择 New → Module 菜单项创建名为"health"的模块，此时在"health/src/main/etc/pages"文件夹下会默认生成"index.ets"页面文件。睡眠质量测试系统应用启动时，首先加载 index.ets 页面，并通过用户首选项存储与访问机制从终端上读出 Preferences 实例存储对象 reportInfo，reportInfo 中保存了分数值 (score) 和存储报告状态 (isSaved) 信息；然后根据 isSaved 值决定在启动页面下方显示的内容，若 isSaved 值为 false，则表示当前终端没有运行过应用或没有保存过测试报告，所以此时页面上显示如图 5.13 所示的"开始"按钮，否则显示如图 5.14 所示的"查看报告"和"重新测试"按钮。实现代码如下。

```
1   struct Index {
2     @State isTested: number =Visibility.Visible      //保存"开始"按钮可见状态
3     @State isReported: number =Visibility.Hidden     //保存"查看报告""重新测试"
//按钮的可见状态
4     @State isSaved: boolean =false      //保存是否保存报告状态
5     @State score: number =0      //保存调查结果分数
6     context =getContext(this) as common.UIAbilityContext
7     onPageShow() {
8       let promise =dataPreferences.getPreferences(this.context, "reportInfo")
9       promise.then((p) =>{
10        p.get("isSaved", false).then((data) =>{
11          this.isSaved =data as boolean
12          if (this.isSaved) {
13            p.get("score", 0).then((data) =>{
14              this.score =data as number
15              this.isTested =Visibility.Hidden    //将"开始"按钮设置为隐藏
16              this.isReported =Visibility.Visible    //将"查看报告""重新测试"
//按钮设置为可见
17            })
18          }
19        })
20      })
21    }
22    build() {
23      Column() {
24        Image($r("app.media.sleep")).height("40%").objectFit(ImageFit.Contain)
25        Text("测测你的睡眠质量").fontSize(30).fontWeight(FontWeight.Bold)
26        Text("阿森斯失眠量表(也称亚森失眠量表)是国际公认的睡眠质量自测量表。以对睡眠的主观感受为主要评定内容，用于记录您对遇到过的睡眠障碍的自我评估。").padding(18).fontSize(18)
27        Text("提示：本测评所涉及的问题，是指在过去 1 个月内每周至少 3 次发生在你身上。").padding(10).fontSize(16).fontColor(Color.Gray)
28        Button("开始").width("90%").onClick(() =>{
29          router.pushUrl({ url: "pages/Question" })
30        }).visibility(this.isTested)
31        Row({ space: 10 }) {
32          Button("查看报告").onClick(() =>{
33            router.pushUrl({ url: "pages/Report",params:{score:this.score} })
34          })
35          Button("重新测试").onClick(() =>{
36            dataPreferences.deletePreferences(this.context,"reportInfo")
37            router.pushUrl({ url: "pages/Question" })
38          })
39        }.padding(10).visibility(this.isReported)
40      }.width('100%').padding(5)
41    }
42  }
```

上述第7～21行代码表示页面显示时用户首选项存储与访问机制从终端设备存储器中读出Preferences实例存储对象reportInfo保存的isSaved和score的键值。第28～30行代码表示点击"开始"按钮，跳转到如图5.15所示的问卷调查页面（Question.ets）；第32～34行代码表示点击"查看报告"按钮，跳转到报告页面（Report.ets）；第35～38行代码表示单击"重新测试"按钮，跳转到如图5.15所示的问卷调查页面。

2）问卷调查页面

右击"health/src/main/ets/pages"文件夹，选择New→Page菜单选项创建名为"Question.ets"的问卷调查页面。在问卷调查页面定义一个数组常量questions，每个数组元素对应每个问卷题目，每个问卷题目都是由题目内容、答案选项、用户答案数组和用户答案组成；题目内容与答案选项由表5.15中的内容决定，用户答案数组用于保存4个答案选项对应的值，用户答案用于保存最终答案对应的分值。例如，假设第1个问卷题目的答案为C选项，则该问卷题目的用户答案数组值为"[false,false,true,false]"，用户答案对应的分值为2。问卷题目的数据结构及功能说明如表5.15所示。具体实现步骤如下。

表5.15 问卷题目数据结构及功能说明

序号	属性名称	数据类型	功能说明	示例
1	detail	string	问卷题目内容	"入睡时间"
2	optionA	string	答题选项A	"没问题"
3	optionB	string	答题选项B	"轻微延迟"
4	optionC	string	答题选项C	"显著延迟"
5	optionD	string	答题选项D	"延迟严重或没有睡觉"
6	answers	array	4个答题选项对应的值	[false, false, true, false]
7	answer	number	用户最终答案对应的分值	2

第一步，定义数组常量questions用于保存8个问卷题目信息，包含题目内容、答案选项、用户答案数组和用户答案。具体代码如下。

```
1    const questions =[
2      {
3        detail: '入睡时间',                              //问卷题目内容
4        optionA: '没问题',                               //答题选项A
5        optionB: '轻微延迟',                             //答题选项B
6        optionC: '显著延迟',                             //答题选项C
7        optionD: '延迟严重或没有睡觉',                    //答题选项D
8        answers: [false, false, false, false],         //保存用户答案选项
9        answer: 0                                      //用户答案对应的分值
10     },
11     //其他7个问题题目定义形式一样,此处略
12   ]
```

第二步，用Stepper和StepperItem显示数组中的每个元素，并按照图5.15布局题目内容、答案选项等信息，具体代码如下。

```
1   struct Question {
2     @State index: number = 0                    //保存当前题目的索引值
3     score = 0                                   //保存用户答题的总分值
4     build() {
5       Column() {
6         Text(`共${questions.length}题,当前第${this.index + 1}题`).fontSize(30)
7           .fontWeight(FontWeight.Bold).margin(10)
8         Stepper() {
9           StepperItem() {
10            Column() {
11              Text(`${questions[0].detail}? `).fontSize(25).fontColor(Color.Yellow)
12                .backgroundColor("rgba(198,115, 115, 1.00)")
13                .textAlign(TextAlign.Center).padding(5).width("100%")
                                                                    //题目内容
14              Row({ space: 10 }) {
15                Radio({ value: "0", group: "q1" }).onChange((isChecked) =>{
16                  if (isChecked) {
17                    questions[0].answer = 0     //选中 A 分值为 0
18                    questions[0].answers = [true, false, false, false]
                                                                    //A 选项选中
19                  }
20                })                                                //选项 A
21                Text(`${questions[0].optionA}`).fontSize(20)
22              }.width("100%").padding(10)
23              Row({ space: 10 }) {
24                Radio({ value: "1", group: "q1" }).onChange((isChecked) =>{
25                  if (isChecked) {
26                    questions[0].answer = 1     //选中 B 分值为 1
27                    questions[0].answers = [false, true, false, false]]
                                                                    //B 选项选中
28                  }
29                })                                                //选项 B
30                Text(`${questions[0].optionB}`).fontSize(20)
31              }.width("100%").padding(10)
32              Row({ space: 10 }) {
33                Radio({ value: "2", group: "q1" }).onChange((isChecked) =>{
34                  if (isChecked) {
35                    questions[0].answer = 2     //选中 C 分值为 2
36                    questions[0].answers = [false, false, true, false]]
                                                                    //C 选项选中
37                  }
38                })                                                //选项 C
39                Text(`${questions[0].optionC}`).fontSize(20)
40              }.width("100%").padding(10)
41              Row({ space: 10 }) {
42                Radio({ value: "3", group: "q1" }).onChange((isChecked) =>{
43                  if (isChecked) {
44                    questions[0].answer = 3     //选中 D 分值为 3
45                    questions[0].answers = [false, false, false, true]]
                                                                    //D 选项选中
46                  }
47                })                                                //选项 D
```

```
48              Text(`${questions[0].optionD}`).fontSize(20)
49            }.width("100%").padding(10)
50          }
51        }.nextLabel("下一题")
52        StepperItem() {
53          Column() {
54            //第2题的题目内容及选项A、B、C、D的实现代码与第1题类似,此处略
55          }
56        }.prevLabel("前一题").nextLabel("下一题")
57        //第3～7题的StepperItem组件定义代码与第2题类似,此处略
58        StepperItem() {
59          Column() {
60            //第8题的题目内容及选项A、B、C、D的实现代码与第1题类似,此处略
61          }
62        }.prevLabel("前一题").nextLabel("提交")
63      }.onChange((preIndex, index) =>{
64        this.index =index
65      }).onFinish(() =>{
66        questions.forEach((item, index) =>{
67          this.score =this.score +item.answer
68          router.pushUrl({ url: "pages/Report", params: { score: this.score } })
69        })
70      })
71    }.height("80%").backgroundColor(Color.Gray).width('100%')
72  }
73 }
```

上述第63行代码的onChange()事件表示点击"前一题"和"下一题"文本按钮后,保存当前题目索引值的index会随之更新,同时页面上的题目内容及答案选项也随之变化。第65行代码的onFinish()事件表示在步骤导航器完成任务后,计算出用户答题的总得分并跳转至报告页面(Report.ets)。

3) 报告页面

右击"health/src/main/ets/pages"文件夹,选择New→Page菜单选项创建名为"Report.ets"的报告页面。首先在报告页面定义一个用于存放睡眠质量结论的resultTitle数组常量和一个用于存放专业性意见的resultInfo数组常量。具体代码如下。

```
1  const  resultTitle =['睡眠质量很好', '睡眠质量欠佳', '睡眠质量较差']
2  const resultInfo =
3  [
4    '专业性分析:你没有失眠的困扰。保持锻炼……',
5    '专业性分析:你偶尔会失眠,……',
6    '专业性分析:你总是失眠,……'
7  ]
```

然后,根据分值value和阿森斯失眠算法,定义一个计算睡眠质量结论和专业性意见在resultTitle和resultInfo数组中的元素下标的自定义函数judge(),具体代码如下。

```
1  judge(value: number): number {
2    let r =0
3    if (value >=6) {                        //分值达到6,结论下标为2
```

```
4           r = 2
5       } else if (value >= 4) {          //分值达到 4,结论下标为 1
6           r = 1
7       }
8       return r
9   }
```

最后,当页面加载时根据问卷调查页面(Question.ets)或启动页面(Index.ets)传递的 score 参数值,调用 judge()函数计算出睡眠质量结论在 resultTitle 和 resultInfo 数组中的元素下标,并根据元素下标值将睡眠质量结论和专业性意见显示在页面上,具体代码如下。

```
1   struct Report {
2       context = getContext(this) as common.UIAbilityContext
3       score = router.getParams()['score']                    //获取 score 参数值
4       @State result: number = 0                              //最后得分
5       @State isSaved: boolean = false                        //是否保存结果(默认不保存)
6       //定义 judge()函数,此处略
7       onPageShow() {
8           this.result = this.judge(this.score)
9       }
10      build() {
11          Row() {
12              Column({ space: 10 }) {
13                  Text("------根据此次测试结果------")
14                  Text(`${resultTitle[this.result]}`).fontSize(30).fontWeight(FontWeight.Bold)
15                  Text(`${resultInfo[this.result]}`).fontSize(20).fontColor(Color.Red)
16                  Row() {
17                      Checkbox().onChange((value) => {
18                          this.isSaved = value
19                      })
20                      Text("保存报告")
21                  }
22                  Button("提交").onClick(() => {
23                      let promise = dataPreferences.getPreferences(this.context, "reportInfo")
24                      promise.then((p) => {
25                          try {
26                              p.put("isSaved", this.isSaved)
27                              p.put("score", this.score)
28                              p.flush()
29                              this.context.terminateSelf()    //退出应用
30                          } catch (e) {
31                              console.info("nnutc", `错误信息:${e}`)
32                          }
33                      })
34                  }).width("90%")
35              }.width('100%')
36          }.height('100%')
37      }
38  }
```

上述第 22~34 行代码表示单击"提交"按钮,向 Preferences 实例存储对象 reportInfo

中写入 isSaved 和 score 的键值对，并调用 terminateSelf() 方法退出应用。

5.3 备忘录的设计与实现

在信息化高速发展的今天，人们都身处快节奏的生活中。学生有繁重的学习任务，大人要面对工作中的种种挑战，不管是学生还是大人，面对如今琐碎的日常生活，仅依靠自身的记忆力去完成所有计划中的工作可能已经不够。随着移动互联网的快速发展和智能终端设备的广泛应用，设计开发一款运行在终端设备上的备忘录应用，通过这款应用可以快速记录工作计划、工作方案、生活日常以及查询相关记录等，以便人们可以从容应对当前快节奏的日常生活。本节结合 Dialog 组件及 SharedPreferences、文件存储访问机制的原理和使用方法设计并实现一个备忘录应用。

5.3.1 CustomDialog 组件

CustomDialog（自定义弹窗）组件用于自定义页面上的弹出对话框，可用于警告、广告、软件更新等与用户交互响应操作。从 API Version 7 开始，ArkTS 框架中提供了 CustomDialogController 类来配置自定义弹窗的参数，该类的接口格式如下。

```
1  CustomDialogController(value: CustomDialogControllerOptions)
```

value 参数用于设置自定义弹窗的参数。CustomDialogControllerOptions 类型参数及功能说明如表 5.16 所示。

表 5.16 CustomDialogControllerOptions 类型参数及功能

参数名	类型	功能说明
builder	CustomDialog	自定义弹窗内容构造器
cancel	() => void	点击"返回"键、Esc 键和遮障层弹窗退出时触发该回调
autoCancel	boolean	设置是否允许点击遮障层退出，其值包括 true（默认值，关闭弹窗）和 false（不关闭弹窗）
alignment	DialogAlignment	设置弹窗在竖直方向上的对齐方式，默认值为 DialogAlignment.Default（默认对齐）
offset	Offset	设置弹窗相对 alignment 所在位置的偏移量
customStyle	boolean	设置弹窗容器样式是否自定义，其值包括 false（默认值）和 true
gridCount	number	设置弹窗宽度占栅格宽度的个数
maskColor	ResourceColor	设置自定义遮障层颜色
maskRect	Rectangle	设置弹窗遮障层区域
openAnimation	AnimateParam	设置自定义弹窗弹出的动画效果相关参数
closeAnimation	AnimateParam	设置自定义弹窗关闭的动画效果相关参数
showInSubWindow	boolean	设置是否在子窗口显示弹窗
backgroundColor	ResourceColor	设置弹窗背板填充颜色

续表

参 数 名	类 型	功 能 说 明
cornerRadius	BorderRadiuses | Dimension	设置背板的圆角半径

CustomDialogController 类对象仅在作为@CustomDialog 和@Component struct 的成员变量,并且在@Component struct 内部定义时赋值才有效。CustomDialogController 类对象提供了如表 5.17 所示的方法控制自定义弹窗的显示与关闭。

表 5.17 CustomDialogController 类的方法及功能

方 法 名	功 能 说 明
open(): void	显示自定义弹窗内容,允许多次使用,但如果弹框为 SubWindow 模式,则该弹框不允许再弹出 SubWindow 弹框
close(): void	关闭显示的自定义弹窗

【例 5-11】 单击如图 5.17 所示页面上的"账号注册"按钮,弹出"请输入动态验证码"对话框;点击对话框上的"立即获取"文本,用文本提示框弹出验证码;在验证码输入框中输入验证码,点击"确定"按钮,在"账号注册"按钮下方显示如图 5.18 所示的信息,点击"取消"按钮,"请输入动态验证码"对话框关闭。

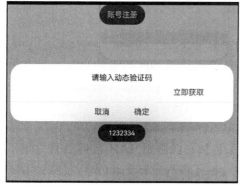

图 5.17 账号注册页面(1)

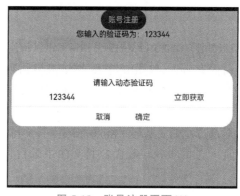

图 5.18 账号注册页面(2)

使用@CustomDialog 装饰器装饰自定义弹窗,本例中的自定义弹窗内容为如图 5.17 所示的"请输入动态验证码"对话框,该对话框由 Column 方式布局的标题行、动态验证码输入行及按钮行组成,具体实现代码如下。

```
1   import promptAction from '@ohos.promptAction'
2   @CustomDialog
3   struct CustomConfirmDialog {
4       controller: CustomDialogController
5       @Link verCode: string              //保存"账号注册"按钮下方显示的内容
6       @State temp: string =""            //保存验证码输入框输入的内容
7       build() {
```

```
 8        Column() {
 9          Text("请输入动态验证码")
10          Row() {
11            TextInput().width("60%").borderRadius(0).backgroundColor(Color.White)
12              .onChange((value) =>{
13                this.temp =value
14              })
15            Text("立即获取").fontColor(Color.Red).onClick(() =>{
16              promptAction.showToast({ message: "1232334", duration: 2000 })
17            })
18          }
19          Divider()
20          Row({ space: 20 }) {
21            Button("取消").onClick(() =>{
22              this.controller.close()
23            }).type(ButtonType.Normal).backgroundColor(Color.White)
   .fontColor(Color.Gray)
24            Button("确定")
25              .onClick(() =>{
26                this.verCode =`您输入的验证码为:${this.temp}`        //更新到父组件
27              }).type(ButtonType.Normal).backgroundColor(Color.White)
   .fontColor(Color.Gray)
28          }
29        }.padding({ top: 18 })
30      }
31    }
```

上述第 15～17 行代码表示点击对话框上的"立即获取"文本,创建并显示一个含有验证码信息的文本提示框,其中,promptAction.showToast(options: ShowToastOptions): void 接口的 options 参数用于设置文本弹窗选项,ShowToastOptions 类型参数及功能说明如表 5.18 所示。使用该接口需要用上述第 1 行代码导入"@ohos.promptAction"模块。

表 5.18 ShowToastOptions 类型参数及功能说明

参 数 名	类 型	必 填	功 能 说 明
message	string|Resource	是	设置显示的文本信息
duration	number	否	设置文本提示框显示的时间,取值范围为 1500(默认值)～10 000,单位:ms
bottom	string|number	否	设置文本提示框距离屏幕底部的位置

点击"账号注册"按钮,弹出上述自定义的 CustomConfirmDialog 弹窗对话框,实现代码如下。

```
1  @Entry
2  @Component
3  struct P5_11 {
4    @State code: string =''
5    controllerUser: CustomDialogController =new CustomDialogController({
6      builder: CustomConfirmDialog({ verCode: this.code })        //构建请输入验证
   //码弹窗对话框
```

```
 7      })
 8    build() {
 9      Column() {
10        Button("账号注册").onClick(() =>{
11          this.controllerUser.open()          //显示请输入验证码弹窗对话框
12        })
13        Text(`${this.code}`)
14      }.width('100%')
15    }
16  }
```

上述第 5~7 行代码表示由 CustomDialogController 构造一个 CustomConfirmDialog 自定义弹窗对话框，并将"父组件"（P5_11 组件）的状态变量 code 作为"子组件"（CustomConfirmDialog 组件）的 verCode 的参数值，由于子组件中的 verCode 由 @Link 装饰，所以一旦 verCode 更新，则"父组件"中的 code 也会随之更新。

【例 5-12】 在例 5-11 的基础上，给弹出"请输入动态验证码"对话框添加动画效果，并设置遮障层颜色为绿色、不允许点击遮障层退出。用单独的 .ets 文件创建自定义"请输入动态验证码"弹窗对话框组件实现上述功能的步骤如下。

第一步，在"src/main/ets/pages"文件夹下创建 common 文件夹，右击 common 文件夹，选择 New→ArkTS File 菜单命令，创建 MyDialog.ets 文件。

第二步，打开 MyDialog.ets 文件，输入如下代码。

```
1  @CustomDialog
2  export struct MyDialog {
3    //其他代码与例 5-11 中的 CustomConfirmDialog 组件代码一样，此处略
4  }
```

第三步，打开例 5-11 中的 P5_11.ets 文件，输入如下代码。

```
 1  import { MyDialog } from './common/MyDialog'
 2  @Entry
 3  @Component
 4  struct P5_11 {
 5    @State code: string = ''
 6    controller: CustomDialogController =new CustomDialogController({
 7      builder: MyDialog({ verCode: this.code }),  //构建请输入验证码弹窗对话框
 8      autoCancel:false,                           //不允许点击遮障层退出
 9      backgroundColor: Color.Yellow,
10      cornerRadius: 10,
11      alignment: DialogAlignment.Center,          //对话框位于屏幕中央
12      maskColor: Color.Green,                     //遮障层颜色为绿色
13      openAnimation: {
14        duration: 1200,
15        curve: Curve.Friction,                    //阻尼曲线
16        delay: 500,
17        playMode: PlayMode.Alternate,             //动画在奇数次正向播放，偶数次反向播放
18        onFinish: () =>{
19          //对话框显示完成执行的操作
20        }
```

```
21     }
22   })
23   build() {
24     Column() {
25       Button("账号注册").onClick(() =>{
26         this.controller.open()
27       })
28       Text(`${this.code}`)
29     }.width('100%')
30   }
31 }
```

上述第 13～21 行代码表示给对话框弹窗添加弹出打开时的动画效果,其中,openAnimation 参数类型为 AnimateParam,该类型对象的参数及功能说明如表 5.19 所示。

表 5.19　AnimateParam 类型参数及功能说明

参 数 名	类 型	功 能 说 明
duration	number	设置动画持续时间,单位:ms,默认值为 1000
tempo	number	设置动画播放速度,值越大动画播放越快,默认值为 1.0
curve	Curve | ICurve9+ | string	设置动画曲线,默认值为 Curve.EaseInOut(低速开始和结束)
delay	number	设置动画延播时间,单位:ms,默认值为 0
iterations	number	设置动画播放次数,默认值为 1,若为 −1,则表示无限次
playMode	PlayMode	设置动画播放模式,默认值为 PlayMode.Normal
onFinish	() => void	设置动画播放完成的回调

5.3.2　应用文件存储与访问接口

设备上应用所使用及存储的数据都以文件、键值对或数据库等形式保存在一个应用专属的目录内,应用专属目录称为应用文件目录,该目录下的所有数据以不同的文件格式存放,这些以不同文件格式存放数据的文件称为应用文件。应用文件的所有者为应用本身,包括应用安装文件、应用资源文件和应用缓存文件等。应用文件目录与应用运行必须使用的系统文件所在目录统称为应用沙箱目录,应用沙箱目录为应用可见的目录范围;但系统文件及其目录对于应用来说是只读的,所以应用仅能根据目录的使用规范和注意事项选择应用文件目录下的子目录保存数据/文件。

1. 应用沙箱目录

应用沙箱是一种以安全保护为目的的隔离机制,避免数据受到恶意路径穿越访问。应用沙箱目录就是在这种沙箱保护机制下的应用可见的目录范围。对于每个应用,系统会在内部存储空间映射出一个专属的应用沙箱目录。在应用沙箱目录中,应用仅能看到自己的应用文件和应用运行必需的少量系统文件,而不能被其他应用可见。应用可以在应用文件目录下保存和处理自己的应用文件;系统文件及其目录对于应用来说是只读的;而应用如果要访问用户文件,则需要通过特定的 API 同时经过用户的相应授权才能进行。在应用沙箱保护机制下,应用可访问的文件范围与方式如图 5.19 所示。

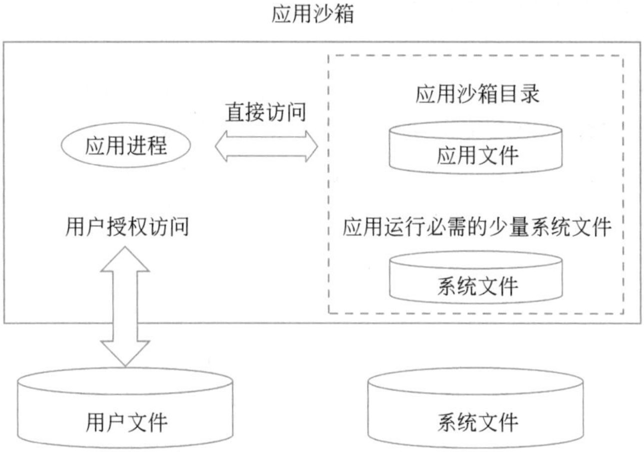

图 5.19 应用可访问的文件范围与方式

在应用沙箱保护机制下，应用只能获知自身应用文件目录，而不能获知其他应用或用户的数据目录是否存在或具体位置。同时，所有应用的目录可见范围均经过权限隔离与文件路径挂载隔离，形成了独立的路径视图，屏蔽了实际物理路径。也就是说，在普通应用视角下，不仅可见的目录与文件数量限制到了最小范围，并且可见的目录与文件路径也与系统进程等其他进程看到的不同。普通应用视角下看到的应用沙箱目录下某个文件或某个具体目录的路径称为应用沙箱路径。一般情况下，开发者的 hdc shell 环境等效于系统进程视角，在系统进程视角和普通应用视角下获得的真实物理路径与应用沙箱路径对应关系如表 5.20 所示。

表 5.20 真实物理路径与应用沙箱路径对应关系表

真实物理路径	应用沙箱路径	说　明
/data/app/el1/bundle/public/<PACKAGENAME>	/data/storage/el1/bundle	应用安装包目录
/data/app/el1/<USERID>/base/<PACKAGENAME>	/data/storage/el1/base	应用 EL1 级别加密数据目录
/data/app/el2/<USERID>/base/<PACKAGENAME>	/data/storage/el2/base	应用 EL2 级别加密数据目录
/data/app/el1/<USERID>/database/<PACKAGENAME>	/data/storage/el1/database	应用 EL1 级别加密数据库目录
/data/app/el2/<USERID>/database/<PACKAGENAME>	/data/storage/el2/database	应用 EL2 级别加密数据库目录
/mnt/hmdfs/<USERID>/account/merge_view/data/<PACKAGENAME>	/data/storage/el2/distributedfiles	应用 EL2 加密级别有账号分布式数据融合目录

从实际物理路径推导物理路径与应用沙箱路径并不是一对一的映射关系，应用沙箱路径总是少于系统进程视角可见的物理路径。有些系统进程视角下的物理路径在对应的应用

沙箱路径是无法找到的,而应用沙箱路径总是能够找到其对应的物理路径。

2. 应用文件目录

在应用沙箱保护机制下,系统会为每个应用在内部存储空间映射出一个专属的应用沙箱目录,应用沙箱目录内包含系统文件目录和应用文件目录。系统文件目录保存了应用运行必需的少量系统资源,该目录对应用来说是只读的,其可见范围由系统预置,开发者无须关注。应用文件目录下可以保存和处理应用自己的文件,其目录结构如图5.20所示。

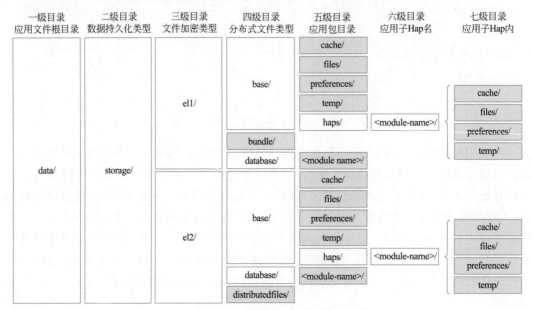

图 5.20 应用文件目录结构

在不同的场景下,应用需要不同程度的文件保护。为了使文件在未经授权访问的情况下得到保护,系统采用应用文件加密的方法保护数据的安全。对于如闹铃、壁纸等私有文件,应用需要将这些文件放到设备级加密分区(EL1,对应如图5.20所示的三级目录el1)中,以保证在用户输入密码前就可以被访问,该分区在设备开机后即可访问;对于个人隐私敏感文件,应用需要将这些文件放到更高级别的加密分区(EL2,对应如图5.20所示的三级目录el2)中,以保证更高的安全性,该分区在设备开机后,需要至少一次解锁对应用户的锁屏界面(如密码、指纹、人脸识别等方式或无密码状态)后才能访问。

应用文件目录下某个文件或某个具体目录的路径称为应用文件路径,基类 Context 提供了获取应用文件路径的能力,Context 的派生类 ApplicationContext、AbilityStageContext、UIAbilityContext 和 ExtensionContext 均继承了该能力,但获取的应用文件路径有所不同。通过 ApplicationContext 可以获取应用级别的应用文件路径,此路径是应用全局信息推荐的存放路径,这些文件会随应用的卸载而删除,具体包括如图5.20所示的 distributedfiles 目录或 base 下的 files、cache、preferences、temp 等目录的应用文件路径。通过 UIAbilityContext、AbilityStageContext、ExtensionContext 可以获取 HAP 级别应用文件路径,此路径是 HAP

相关信息推荐的存放路径,这些文件会随着 HAP 的卸载而删除,但不会影响应用级别路径的文件。应用文件路径具体说明如下。

(1) bundle 是安装文件路径,应用安装后 App 的 HAP 资源包所在目录,该路径随应用卸载而清理;可用于存储应用的代码资源数据,主要包括应用安装的 HAP 资源包、可重复使用的库文件及插件资源等。

(2) base 是本设备文件路径,应用在本设备上存放持久化数据的目录,包括 files、cache、temp、preferences 和 haps 子目录,该路径随应用卸载而清理。

(3) database 是数据库路径,应用在 EL2 加密条件下存放通过分布式数据库服务操作的文件目录,该路径随应用卸载而清理;仅用于保存应用的数据库文件等私有数据库数据,此路径下仅适用于存储分布式数据库相关文件数据。

(4) distributedfiles 是分布式文件路径,应用在 EL2 加密条件下存放分布式文件的目录,该路径随应用卸载而清理,应用将文件放入该路径可分布式跨设备直接访问;可用于保存应用多设备共享文件、应用多设备备份文件、应用多设备群组协助文件等分布式场景下的数据。此路径下存储这些数据,使得应用更加适合多设备使用场景。

(5) files 是应用通用文件路径,应用在本设备内部存储上通用的存放默认长期保存的文件路径,该路径随应用卸载而清理;可用于保存应用的用户持久性文件、图片、媒体文件以及日志文件等任何私有数据。此路径下存储这些数据,使得数据保持私有、安全且持久有效。

(6) cache 是应用缓存文件路径,应用在本设备内部存储上用于缓存下载的文件或可重新生成的缓存文件的路径,应用 cache 目录大小超过配额或者系统空间达到一定条件,自动触发清理该路径下的文件,用户通过系统空间管理类应用也可能触发清理该目录。应用需判断文件是否仍存在,决策是否需重新缓存该文件;可用于保存应用的离线数据、图片缓存、数据库备份以及临时文件等缓存数据。此路径下存储的数据可能会被系统自动清理,因此不要存储重要数据。

(7) preferences 是应用首选项文件路径,应用在本设备内部存储上通过数据库 API 存储配置类或首选项的目录,该目录随应用卸载而清理;可用于保存应用的首选项文件以及配置文件等首选项数据。此路径下仅适用于存储少量数据。

(8) temp 是应用临时文件路径,应用在本设备内部存储上仅在应用运行期间产生和需要的文件路径,应用退出后即清理;可用于保存应用临时生成的数据,主要包括数据库缓存、图片缓存、临时日志文件,以及下载的应用安装包文件等。此路径下存储用后即删的数据。

3. Context

Context 是应用中对象的上下文,它提供了应用的 resourceManager(资源管理)、applicationInfo(当前应用信息)、dir(应用文件路径)、area(文件分区)等基础信息以及应用的一些基本方法。UIAbility 组件和各种 ExtensionAbility 派生类组件都有各自不同的 Context 类,其继承关系如图 5.21 所示。

Context 模块提供了 ability 或 application 的上下文的能力,包括访问特定应用程序的

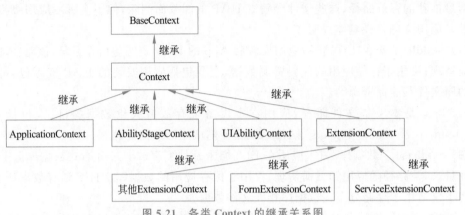

图 5.21　各类 Context 的继承关系图

资源等。Context 类提供了如表 5.21 所示的属性。

表 5.21　Context 类的属性及功能

属 性 名	类　　型	功 能 说 明
resourceManager	resmgr.ResourceManager	资源管理对象
applicationInfo	ApplicationInfo	当前应用程序的信息
cacheDir	string	缓存目录
tempDir	string	临时目录
filesDir	string	文件目录
databaseDir	string	数据库目录
preferencesDir	string	preferences 目录
bundleCodeDir	string	安装包目录
distributedFilesDir	string	分布式文件目录
eventHub	EventHub	事件中心，提供订阅、取消订阅、触发事件对象
area	contextConstant.AreaMode	文件分区信息

【例 5-13】　在页面上设计"应用级别"和"HAP 级别"两个按钮，点击"应用级别"按钮，在控制台显示应用级别的缓存目录路径、临时目录路径、文件目录路径、数据库目录路径、preferences 目录路径、安装包目录路径、分布式文件目录路径和分区信息；点击"HAP 级别"按钮，在控制台显示 HAP 级别的缓存目录路径、临时目录路径、文件目录路径、数据库目录路径、preferences 目录路径、安装包目录路径、分布式文件目录路径和分区信息。实现代码如下。

```
1    Button("应用级别").type(ButtonType.Normal).onClick(()=>{
2         let context =getContext(this)
3         let applicationContext =context.getApplicationContext();//获取本
   //应用的应用上下文
```

```
  4                console.info(`应用级别缓存目录路径:${applicationContext.
    cacheDir}`)
  5                //应用级别的临时目录路径、文件目录路径等与第 4 行代码类似,此处略
  6          })
  7  Button("HAP级别").type(ButtonType.Normal).onClick(() =>{
  8           let context =getContext(this)     //获取当前 Ability 的 Context
  9           console.info(`HAP级别缓存目录路径:${context.cacheDir}`)
 10           //HAP 级别的临时目录路径、文件目录路径等与第 4 行代码类似,此处略
 11  })
```

点击"应用级别"按钮,在控制台显示如图 5.22 所示结果;点击"HAP 级别"按钮,在控制台显示如图 5.23 所示结果。

图 5.22　应用级别文件路径

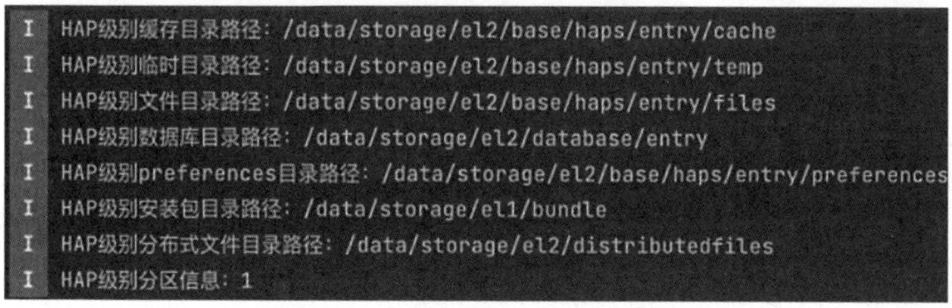

图 5.23　HAP 级别文件路径

4. 应用文件访问

应用需要对应用文件目录下的应用文件进行查看、创建、读写、删除、移动、复制、获取属性等访问操作。ArkTS 开发框架的"@ohos.file.fs"模块提供了文件基本管理、文件目录管理、文件信息统计、文件流式读写等基础文件操作能力,在使用"@ohos.file.fs"模块相关功能之前,需要先用如下代码导入该模块。

```
  1  import fs from '@ohos.file.fs'
```

1) 打开文件

(1) fs.openSync(path:string, mode?:number):File:以同步方式打开文件。参数及功能说明如表 5.22 所示;返回值类型为 File,表示打开的 File 类型对象,File 类型的属性及功能说明如表 5.23 所示。

表5.22 openSync 参数及功能说明

参数名	类型	必填	功能说明
path	string	是	设置打开文件应用沙箱路径或 URI
mode	number	否	设置打开文件的选项，必须指定 OpenMode.READ_ONLY(0o0，只读，默认值)、OpenMode.WRITE_ONLY(0o1，只写)、OpenMode.READ_WRITE(0o2 读写)选项中的一个。同时，也可从下列选项中按位或的方式追加打开文件选项。① OpenMode.CREATE(0o100)：若文件不存在，则创建文件。② OpenMode.TRUNC(0o1000)：如果文件存在且以只写或读写的方式打开文件，则将其长度裁剪为零。③ OpenMode.APPEND(0o2000)：以追加方式打开，后续写将追加到文件末尾。④ OpenMode.NONBLOCK(0o4000)：如果 path 指向 FIFO、块特殊文件或字符特殊文件，则本次打开及后续 IO 进行非阻塞操作。⑤ OpenMode.DIR(0o200000)：如果 path 不指向目录，则出错。不允许附加写权限。⑥ OpenMode.NOFOLLOW(0o400000)：如果 path 指向符号链接，则出错。⑦ OpenMode.SYNC(0o4010000)：以同步 IO 的方式打开文件

表5.23 File 类型属性及功能说明

参数名	类型	功能说明
fd	number	表示打开文件的文件描述符
path	string	表示打开文件的路径
name	string	表示打开文件的文件名

(2) fs.open(path: string, mode: number, callback: AsyncCallback<File>): void：以异步方式打开文件，使用 callback 形式返回结果。path 和 mode 参数及功能说明如表 5.22 所示，callback 参数表示异步打开文件之后的回调。

(3) fs.open(path: string, mode?: number): Promise<File>：以异步方式打开文件，使用 Promise 形式返回结果。参数及功能说明如表 5.22 所示，返回值类型为 Promise<File>，用于返回打开的 File 类型对象。

(4) fs.open(path: string, callback: AsyncCallback<File>): void：以只读模式异步打开文件，使用 callback 形式返回结果。path 参数及功能说明如表 5.22 所示，callback 参数表示异步打开文件之后的回调。

【例5-14】 设计如图 5.24 所示页面，在文本输入框中输入文件名后，单击"打开文件"按钮，用异步、读写方式打开 HAP 级别文件目录路径中的该文件，若文件不存在，则创建该文件，并在右侧显示打开文件的文件描述符。

从如图 5.24 所示的页面效果可以看出，整个页面按 Row 方式布局，文本输入框由 TextInput 组件实现，按钮由 Button 组件实现，右侧显示的文件描述符由 TextArea 组件实现。实现代码如下：

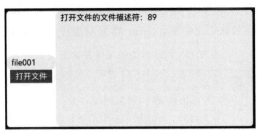

图 5.24 打开或创建文件页面

```
1   struct P5_14 {
2     @State fileName: string = ''
3     @State message: string = ''
4     myFile:fs.File
5     build() {
6       Row() {
7         Column() {
8           Row() {
9             TextInput({ placeholder: '请输入名称' }).onChange((value) =>{
10              this.fileName =value
11            }).fontSize(25).width("20%")
12            Button('打开文件').onClick(() =>{
13              let context =getContext(this)
14              let filePath =context.filesDir +"/" +this.fileName;
15              fs.open(filePath, fs.OpenMode.READ_WRITE | fs.OpenMode.CREATE,
    (err, file: fs.File) =>{
16                if (err) {
17                  this.message =`打开文件出错:${err.message}`
18                } else {
19                  this.message =`打开文件的文件描述符:${file.fd}`
20                  this.myFile =file
21                }
22              })
23            }).type(ButtonType.Normal).fontSize(25)
24          }
25        }
26        TextArea({ text: this.message }).fontSize(25).height("100%")
27      }
28    }
29  }
```

上述第15～22行表示以异步、读写文件(fs.OpenMode.READ_WRITE)方式打开文件,如果文件不存在,则创建该文件(fs.OpenMode.CREATE)。如果以同步方式打开文件,其他要求不变,则可以将上述代码中的第15～22行用下述代码替换。

```
1   let file =fs.openSync(filePath, fs.OpenMode.READ_WRITE | fs.OpenMode.CREATE)
2   this.myFile =file
3   this.message =`打开文件的文件描述符:${file.fd}`
```

2) 获取文件信息

(1) fs.statSync(file: string | number): Stat:以同步方式获取文件信息,file参数表示

文件应用沙箱路径或已打开的文件描述符 fd;返回值类型为 Stat,表示文件的具体信息,Stat 类型对象的属性说明如表 5.24 所示,Stat 类型对象的方法说明如表 5.25 所示。

表 5.24 Stat 类型的属性及功能说明

属性名	类型	可读	可写	功能说明
ino	bigint	是	否	标识该文件,通常同设备上的不同文件的 ino 不同
mode	number	是	否	表示文件权限,返回值为十进制数,转换为八进制数后对应各特征位的含义包括:①0o400,用户读,对于普通文件,所有者可读取文件;对于目录,所有者可读取目录项。②0o200,用户写,对于普通文件,所有者可写入文件;对于目录,所有者可创建/删除目录项。③0o100,用户执行,对于普通文件,所有者可执行文件;对于目录,所有者可在目录中搜索给定路径名。④0o040,用户组读,对于普通文件,所有用户组可读取文件;对于目录,所有用户组可读取目录项。⑤0o020,用户组写,对于普通文件,所有用户组可写入文件;对于目录,所有用户组可创建/删除目录项。⑥0o010,用户组执行,对于普通文件,所有用户组可执行文件;对于目录,所有用户组是否可在目录中搜索给定路径名。⑦0o004,其他读,对于普通文件,其余用户可读取文件;对于目录,其他用户组可读取目录项。⑧0o002,其他写,对于普通文件,其余用户可写入文件;对于目录,其他用户组可创建/删除目录项。⑨0o001,其他执行,对于普通文件,其余用户可执行文件;对于目录,其他用户组可在目录中搜索给定路径名
uid	number	是	否	文件所有者的 ID
gid	number	是	否	文件所有组的 ID
size	number	是	否	文件的大小,以字节为单位。仅对普通文件有效
atime	number	是	否	上次访问该文件的时间(距 1970 年 1 月 1 日 0 时 0 分 0 秒的秒数)
mtime	number	是	否	上次修改该文件的时间(距 1970 年 1 月 1 日 0 时 0 分 0 秒的秒数)
ctime	number	是	否	最近改变文件状态的时间(距 1970 年 1 月 1 日 0 时 0 分 0 秒的秒数)

表 5.25 Stat 类型的方法及功能说明

方法名	返回值类型	功能说明
isBlockDevice()	boolean	用于判断文件是否是块特殊文件,一个块特殊文件只能以块为粒度进行访问
isCharacterDevice()	boolean	用于判断文件是否是字符特殊文件,一个字符特殊设备可进行随机访问
isDirectory()	boolean	用于判断文件是否是目录
isFIFO()	boolean	用于判断文件是否是命名管道(有时也称为 FIFO)
isFile()	boolean	用于判断文件是否是普通文件
isSocket()	boolean	用于判断文件是否是套接字
isSymbolicLink()	boolean	用于判断文件是否是符号链接

(2) fs.stat(file: string | number: Promise<Stat>):以异步方式获取文件信息,使用 Promise 形式返回结果。file 参数表示文件应用沙箱路径或已打开的文件描述符 fd;返回值

类型为 Promise<Stat>，用于返回文件的具体信息。

（3）fs.stat(file：string | number, callback：AsyncCallback<Stat>)：void：以异步方式获取文件信息，使用 callback 形式返回结果。file 参数表示文件应用沙箱路径或已打开的文件描述符 fd，callback 参数表示异步获取文件信息之后的回调。

例如，在控制台输出例 5.14 中打开文件的文件标识、所有者 ID、上次访问该文件的时间及文件的大小等信息，并判断该文件是否为普通文件，可以在例 5.14 的第 19 行代码下添加如下代码。

```
1    let stat =fs.statSync(file.fd)           //或 let stat =fs.statSync(filePath )
2    console.info("文件标识:" +stat.ino)      //例,文件标识:453548
3    console.info("文件所有者ID:" +stat.uid)   //例,文件所有者ID:20040004
4    console.info("上次访问该文件的时间:" +stat.atime)
                                              //例,上次访问该文件的时间:1708587675
5    console.info("文件大小:" +stat.size)     //例,文件大小:0
6    console.info("是否是普通文件:" +stat.isFile())    //例,是否是普通文件:true
```

3）检查文件是否存在

（1）fs.accessSync(path：string)：boolean：以同步方式检查文件是否存在。参数及功能说明如表 5.26 所示；返回值类型为 boolean，表示文件是否存在，true 表示存在，false 表示不存在。

表 5.26　accessSync 参数及功能说明

参 数 名	类 型	必 填	功 能 说 明
path	string	是	表示文件应用沙箱路径

（2）fs.access(path：string)：Promise<boolean>：以异步方式检查文件是否存在。参数及功能说明如表 5.26 所示；返回值类型为 Promise<boolean>，表示文件是否存在。

（3）fs.access(path：string, callback：AsyncCallback<boolean>)：void：以异步方式检查文件是否存在，使用 callback 形式返回结果。参数及功能说明如表 5.26 所示，callback 参数表示检查文件是否存在后的回调。

【例 5-15】 在如图 5.24 所示页面上增加"检查文件"按钮，点击"检查文件"按钮，并在页面右侧显示该文件是否存在，实现代码如下。

```
1    Button('检查文件').onClick(() =>{
2           let context =getContext(this)
3           let filePath =context.filesDir +"/" +this.fileName
4           let isExist =fs.accessSync(filePath)
5           if (isExist) {
6             this.message =`${this.fileName}存在`
7             return
8           }
9           this.message =`${this.fileName}不存在`
10   }).type(ButtonType.Normal).fontSize(25)
```

4）写文件

（1）fs.writeSync(fd：number, buffer：ArrayBuffer | string, options?：{ offset?：number；

length?: number; encoding?: string; }): number: 以同步方式将数据写入文件。参数及功能说明如表 5.27 所示；返回值类型为 number，用于返回实际写入的长度。

表 5.27　writeSync 参数及功能说明

参数名	类型	必填	功能说明
fd	number	是	表示已打开文件的文件描述符
buffer	ArrayBuffer | string	是	表示待写入文件的数据，可来自缓冲区或字符串
options	Object	否	表示写入文件的选项，包括：①offset（number 类型，可选，默认从当前位置开始写），表示期望写入文件的位置；②length（number 类型，可选，默认缓冲区长度），表示期望写入数据的长度；③encoding（string 类型，默认为 utf-8），表示数据的编码方式，目前仅支持 utf-8

【例 5-16】　在如图 5.24 所示页面上增加"写入数据"按钮，点击"写入数据"按钮，会向打开的文件中写入"Hello,OpenHarmony"字符串，实现代码如下。

```
1    Button('写入数据').onClick(() =>{
2        let content: string ="Hello,OpenHarmony"
3        try {
4          let writeLen =fs.writeSync(this.myFile.fd, content)
5          this.message ="写入数据的长度:" +writeLen
6        } catch (e) {
7          this.message ="写入文件错误:" +e
8        }
9    }).type(ButtonType.Normal).fontSize(25)
```

如果点击例 5-16 中的"写入数据"按钮，以追加方式写入字符串，则需要将例 5-14 中的第 15~22 行代码用如下代码替换。

```
1    fs.open(filePath, fs.OpenMode.READ_WRITE | fs.OpenMode.CREATE | fs.OpenMode.
     APPEND, (err, file: fs.File) =>{
2            //其他代码与例 5-16 中代码一样,此处略
3    });
```

（2）fs.write(fd: number, buffer: ArrayBuffer | string, options?: { offset?: number; length?: number; encoding?: string; }): Promise<number>：以异步方式将数据写入文件，使用 Promise 形式返回结果。参数及功能说明如表 5.27 所示，返回值类型为 Promise<number>，用于返回实际写入的长度。

例如，要实现例 5-16 的功能，也可以将上述实现例 5-16 的代码用下列代码替换。

```
1    Button('写入数据').onClick(() =>{
2        let content: string ="Hello,OpenHarmony"
3        try {
4          fs.write(this.myFile.fd,content).then((writeLen)=>{
5            this.message ="写入数据的长度:" +writeLen
6        }).catch((e)=>{
```

```
7                this.message ="写入文件错误:" +e
8              })
9          } catch (e) {
10              this.message ="写入文件错误:" +e
11          }
12     }).type(ButtonType.Normal).fontSize(25)
```

(3) fs.write(fd: number, buffer: ArrayBuffer | string, options?: { offset?: number; length?: number; encoding?: string; }, callback: AsyncCallback<number>): void: 以异步方式将数据写入文件，使用 callback 形式返回结果。fd、buffer 和 options 参数及功能说明如表 5.27 所示，callback 参数表示异步将数据写入文件之后的回调。

例如，要实现例 5-16 的功能，也可以将上述异步方式实现的第 4～8 行代码替换为如下代码。

```
1     fs.write(this.myFile.fd, content, (err, writeLen) =>{
2            if (err) {
3              this.message ="nnutc 写入文件错误:" +err
4            } else {
5              this.message ="nnutc 写入数据的长度:" +writeLen
6            }
7            console.info(this.message);
8     })
```

5）读文件

(1) fs.readSync(fd: number, buffer: ArrayBuffer, options?: { offset?: number; length?: number; }): number: 以同步方式从文件读取数据。参数及功能说明如表 5.28 所示；返回值类型为 number，用于返回实际读取的长度。

表 5.28 readSync 参数及功能说明

参 数 名	类 型	必 填	功 能 说 明
fd	number	是	表示已打开的文件描述符
buffer	ArrayBuffer	是	表示用于保存读取到的文件数据的缓冲区
options	Object	否	表示读取文件的选项，包括：①offset(number 类型，可选，默认从当前位置开始读)，表示期望读取文件的位置；②length(number 类型，可选，默认缓冲区长度)，表示期望读取数据的长度

【例 5-17】 在如图 5.24 所示页面上增加"读出数据"按钮，点击"读出数据"按钮，会从打开的文件中读出字符串，并在页面右侧显示读出的内容，实现代码如下。

```
1     Button('读出数据').onClick(() =>{
2          try {
3              let arrayBuff =new ArrayBuffer(4096)
4              let number =fs.readSync(this.myFile.fd,arrayBuff)
5              let buff =buffer.from(arrayBuff, 0,number)
6              this.message =buff.toString()
7          } catch (e) {
8              this.message ="nnutc 读出数据错误:" +e
```

```
9          }
10     }).type(ButtonType.Normal).fontSize(25)
```

上述第 3 行代码定义了一个 4096B 的数据缓冲区,第 4 行代码表示将文件内容读出后保存在数据缓冲区中,第 5 行代码表示创建指定长度的与 arrayBuffer 共享内存的 Buffer 对象。Buffer 对象用于表示固定长度的字节序列,是专门存放二进制数据的缓存区,可用于处理大量二进制数据、图片处理、文件接收上传等。创建指定长度的与 arrayBuffer 共享内存的 Buffer 对象的接口格式如下。

```
1   buffer.from(arrayBuffer: ArrayBuffer | SharedArrayBuffer, byteOffset?:
    number, length?: number): Buffer
```

其中,arrayBuffer 参数用于设置实例对象;byteOffset 参数用于设置字节偏移量,默认值为 0;length 参数用于设置字节长度,默认值为实例对象字节长度减去字节偏移量(arrayBuffer.byteLength - byteOffset)。

(2) fs.read(fd: number, buffer: ArrayBuffer, options?: { offset?: number; length?: number; }): Promise<number>:以异步方式从文件读取数据,使用 Promise 形式返回结果。参数及功能说明如表 5.28 所示;返回值类型为 Promise <number>,用于返回读取的实际长度。

例如,要实现例 5-17 的功能,也可以将上述实现例 5-17 的代码第 3~6 行用下列代码替换。

```
1   fs.read(this.myFile.fd,arrayBuff).then((number)=>{
2              let buff =buffer.from(arrayBuff, 0,number)
3              this.message =buff.toString()
4   })
```

(3) fs.read(fd: number, buffer: ArrayBuffer, options?: { offset?: number; length?: number; }, callback: AsyncCallback<number>): void:以异步方式从文件读取数据,使用 callback 形式返回结果。fd、buffer 和 options 参数及功能说明如表 5.28 所示,callback 参数表示异步读取数据之后的回调。

(4) fs.readTextSync(filePath: string, options?: { offset?: number; length?: number; encoding?: string; }): string:基于文本方式同步读取文件,即以同步方式直接读取文件的文本内容。参数及功能说明如表 5.29 所示;返回值类型为 string,用于返回读取文件的内容。

表 5.29   readTextSync 参数及功能说明

参 数 名	类 型	必 填	功 能 说 明
filePath	string	是	表示文件应用沙箱路径
options	Object	否	表示读取文件的选项,包括:①offset(number 类型,可选,默认从当前位置开始读),表示期望读取文件的位置;②length(number 类型,可选,默认文件长度),表示期望读取数据的长度;③encoding(string 类型,当数据是 string 类型时有效,默认为 utf-8),表示数据的编码方式

例如，要实现例 5-17 的功能，也可以将上述实现例 5-17 的代码第 3～6 行用下列代码替换。

```
1    let context =getContext(this)
2    let dirName =context.filesDir
3    let filePath =dirName +"/" +this.fileName
4    let content =fs.readTextSync(filePath)
5    this.message =content
```

（5）fs.readText(filePath：string，options?：{ offset?：number；length?：number；encoding?：string；})：Promise＜string＞：基于文本方式异步读取文件，使用 Promise 形式返回结果。filePath 和 options 参数及功能说明如表 5.29 所示；返回值类型为 Promise＜string＞，用于返回读取文件的内容。

（6）fs.readText(filePath：string，options?：{ offset?：number；length?：number；encoding?：string；}，callback：AsyncCallback＜string＞)：void：基于文本方式异步读取文件，使用 callback 形式返回结果。filePath 和 options 参数及功能说明如表 5.29 所示，callback 参数表示基于文本方式异步读取文件之后的回调。

6）复制文件

（1）fs.copyFileSync(src：string ｜ number，dest：string ｜ number，mode?：number)：void：以同步方式复制文件。参数及功能说明如表 5.30 所示。

表 5.30　copyFileSync 参数及功能说明

参 数 名	类　　型	必　填	功 能 说 明
src	string ｜ number	是	表示待复制文件的应用沙箱路径或待复制文件的文件描述符
dest	string ｜ number	是	表示目标文件的应用沙箱路径或目标文件的文件描述符
mode	number	否	表示提供覆盖文件的选项，当前仅支持 0，且默认值为 0。0 表示完全覆盖目标文件，未覆盖部分将被裁切掉

【例 5-18】　在如图 5.24 所示页面上增加"复制文件"按钮，点击"复制文件"按钮，会将打开的文件复制到 HAP 级别的临时目录中，临时目录中的文件名为 dest.dat，并在页面右侧显示复制是否成功，实现代码如下。

```
1    Button('复制文件').onClick(() =>{
2         try {
3              let context =getContext(this)
4              let destPath =context.tempDir +"/" +"dest.dat"
5              fs.copyFileSync(this.myFile.fd, destPath)
6              this.message ="复制成功"
7         } catch (e) {
8              this.message ="复制文件错误:" +e
9         }
10   }).type(ButtonType.Normal).fontSize(25)
```

（2）fs.copyFile(src：string ｜ number，dest：string ｜ number，mode?：number)：Promise＜void＞：以异步方式复制文件，使用 Promise 形式返回结果。参数及功能说明如表 5.30 所示。返回值类型为 Promise＜void＞，用于异步获取结果，本调用将返回空值。

(3) fs.copyFile(src:string|number, dest:string|number, mode?:number, callback: AsyncCallbak<void>): void；以异步方式复制文件,使用callback形式返回结果。参数及功能说明如表5.30所示,callback参数表示异步复制文件之后的回调。

7) 重命名文件

(1) fs.renameSync(oldPath：string, newPath：string): void；以同步方式重命名文件或文件夹。参数及功能说明如表5.31所示。

表5.31 renameSync参数及功能说明

参数名	类型	必填	功能说明
oldPath	string	是	设置待重命名文件的应用沙箱原路径
newpath	string	是	设置待重命名文件的应用沙箱新路径

【例5-19】 在如图5.24所示页面上增加"重命名文件"按钮,点击"重命名文件"按钮,会将HAP级别的临时目录中dest.dat文件改名为newDest.dat,并在页面右侧显示重命名是否成功,实现代码如下。

```
1   Button('重命名文件').onClick(() =>{
2         try {
3             let context = getContext(this)
4             let oldPath = context.tempDir +"/" +"dest.dat"
5             let newPath = context.tempDir +"/" +"newDest.dat"
6             fs.renameSync(oldPath, newPath)
7             this.message = "重命名文件成功"
8         } catch (e) {
9             this.message = "重命名文件错误:" +e
10        }
11  }).type(ButtonType.Normal).fontSize(25)
```

(2) fs.rename(oldPath：string, newPath：string): Promise<void>；以同步方式重命名文件或文件夹,使用Promise形式返回结果。参数及功能说明如表5.31所示,返回值类型为Promise<void>,用于异步获取结果,本调用将返回空值。

(3) fs.rename(oldPath：string, newPath：string, callback：AsyncCallback<void>): void；以同步方式重命名文件或文件夹,使用callback形式返回结果。参数及功能说明如表5.31所示,callback参数表示异步重命名文件之后的回调。

例如,要实现例5-19的功能,也可以将上述实例5-19的第6、7行用下列代码替代。

```
1   fs.rename(oldPath, newPath,(err)=>{
2             if (err) {
3                 this.message = "重命名文件错误:" +err
4             }else {
5                 this.message = "重命名文件成功"
6             }
7   })
```

8) 删除文件

(1) fs.unlinkSync(path：string): void；以同步方式删除文件。参数及功能说明如

表 5.32 所示。

表 5.32　unlinkSync 参数及功能说明

参数名	类型	必填	功能说明
path	string	是	表示待删除文件的应用沙箱路径

【例 5-20】　在如图 5.24 所示页面上增加"删除文件"按钮,点击"删除文件"按钮,会将 HAP 级别的临时目录中的 newDest.dat 文件删除,并在页面右侧显示重命名是否成功,实现代码如下。

```
1    Button('删除文件').onClick(() =>{
2        try {
3            let context =getContext(this)
4            let filePath =context.tempDir +"/" +"newDest.dat"
5            fs.unlinkSync(filePath)
6            this.message ="删除文件成功"
7        } catch (e) {
8            this.message ="删除文件错误:" +e
9        }
10   }).type(ButtonType.Normal).fontSize(25)
```

（2）fs.unlink(path:string):Promise＜void＞:以异步方式删除文件。参数及功能说明如表 5.32 所示,返回值类型为 Promise＜void＞,用于异步获取结果,本调用返回空值。

（3）fs.unlink(path:string,callback:AsyncCallback＜void＞):void:以异步方式删除文件,使用 callback 形式返回结果。参数及功能说明如表 5.32 所示,callback 参数表示异步删除文件之后的回调。

9）列出文件清单

（1）fs.listFileSync(path:string, options?:｛ recursion?:boolean; listNum?:number; filter?:Filter;｝):string[]:以同步方式列出文件夹下所有文件名,支持递归列出所有文件名(包含子目录下),支持文件过滤。参数及功能说明如表 5.33 所示;返回值类型为 string[],用于返回文件名数组。

表 5.33　listFileSync 参数及功能说明

参数名	类型	必填	功能说明
path	string	是	表示待列出清单文件夹的应用沙箱路径
option	Object	否	表示文件过滤选项,默认不进行过滤。包括:① recursion(boolean 类型,可选,默认值为 false),表示是否递归子目录下文件名;②listNum(number 类型,可选,默认值为 0),表示列出文件名数量(0 表示列出所有文件);③filter(Filter 类型,可选),表示文件过滤选项,当前仅支持后缀名匹配、文件名模糊查询、文件大小过滤、最近修改时间过滤

【例 5-21】　在如图 5.24 所示页面上增加"列出文件名清单"按钮,点击"列出文件名清单"按钮,会将 HAP 级别的临时目录中的文件名清单显示在页面右侧,实现代码如下。

```
1  class ListFileOption {
2    recursion: boolean =false
3    listNum: number =0
4    filter: Filter ={}
5  }
6  Button('列出文件清单').onClick(() =>{
7          try {
8             let option =new ListFileOption()
9             option.filter.suffix =[".dat", ".db"]        //后缀名
10            option.filter.displayName =["l * ", "f * "]//文件名
11            option.filter.fileSizeOver = 25              //文件大小
12            option.filter.lastModifiedAfter =new Date().getTime()   //最近修改时间
13            let filePath =getContext(this).filesDir
14            let fileNames =fs.listFileSync(filePath, option)
15            for (let index =0; index <fileNames.length; index++) {
16               this.message =this.message +fileNames[index] +"\n"
17            }
18         } catch (e) {
19            this.message ="列出文件清单错误:" +e
20         }
21 }).type(ButtonType.Normal).fontSize(25)
```

(2) fs.listFile(path：string, options?：{ recursion?：boolean; listNum?：number; filter?：Filter；}): Promise<string[]>：以异步方式列出文件夹下所有文件名，支持递归列出所有文件名（包含子目录下），支持文件过滤。参数及功能说明如表 5.33 所示。返回值类型为 Promise<string[]>，用于异步获取结果，返回文件名数组。

(3) fs.listFile(path：string, options?：{ recursion?：boolean; listNum?：number; filter?：Filter；}, callback：AsyncCallback<string[]>): void：以异步方式列出文件夹下所有文件名，支持递归列出所有文件名（包含子目录下），支持文件过滤，使用 callback 形式返回结果。path、options 参数及功能说明如表 5.33 所示，callback 参数表示异步删除文件之后的回调。

10) 关闭文件

(1) fs.closeSync(fd：number | File)：void：以同步方式关闭文件。参数及功能说明如表 5.34 所示。

表 5.34　closeSync 参数及功能说明

参 数 名	类　　型	必　填	功 能 说 明
fd	number | File	是	表示待关闭文件的 File 对象或文件描述符 fd

(2) fs.close(file：number | File)：Promise<void>：以异步方式关闭文件。参数及功能说明如表 5.34 所示。返回值类型为 Promise<void>。

(3) fs.close(file：number | File, callback：AsyncCallback<void>)：void：以异步方式关闭文件，使用 callback 形式返回结果。fd 参数及功能说明如表 5.34 所示，callback 参数表示异步删除文件之后的回调。

11）创建目录

（1）fs.mkdirSync（path：string）：void：以同步方式创建目录。参数及功能说明如表 5.35 所示。

表 5.35　mkdirSync 参数及功能说明

参　数　名	类　型	必　填	功　能　说　明
path	string	是	表示待创建目录的应用沙箱路径

【例 5-22】　设计如图 5.25 所示页面，在"请输入目录名"输入框中输入要创建的目录名，点击"创建目录"按钮，在 HAP 级别临时目录路径下创建新目录，并在页面右侧显示创建目录是否成功。

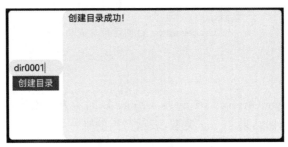

图 5.25　创建目录页面

从如图 5.25 所示的页面效果可以看出，整个页面按 Row 方式布局，文本输入框由 TextInput 组件实现，按钮由 Button 组件实现，右侧显示的文件描述符由 TextArea 组件实现。实现代码如下。

```
1   struct P5_22 {
2     @State dirName: string = ''              //目录名称
3     @State message: string = '创建目录成功！'
4     build() {
5       Row() {
6         Column() {
7           TextInput({ placeholder: "请输入目录名" }).onChange((value) => {
8             this.dirName = value
9           }).fontSize(25).width("20%")
10          Button("创建目录").onClick(() => {
11            try {
12              let dirPath = getContext(this).tempDir + "/" + this.dirName
13              fs.mkdirSync(dirPath)
14              this.message = "创建目录成功"
15            } catch (e) {
16              this.message = "创建目录错误：" + e
17            }
18          }).type(ButtonType.Normal).fontSize(25)
19        }
20        TextArea({ text: this.message }).fontSize(25).height("100%")
21      }.height('100%')
22    }
23  }
```

(2) fs.mkdir(path：string)：Promise<void>：以异步方式创建目录，使用 Promise 形式返回结果。参数及功能说明如表 5.35 所示；返回值类型为 Promise<void>，用于异步获取结果，本调用返回空值。

(3) fs.mkdir(path：string,callback：AsyncCallbak<void>)：void：以异步方式创建目录，使用 callback 形式返回结果。path 参数及功能说明如表 5.35 所示，callback 是异步创建目录操作完成之后的回调。

例如，要实现例 5-22 的功能，也可以将上述实现例 5-22 的第 13、14 行代码用下列代码替代。

```
1    fs.mkdir(dirPath,(err)=>{
2                    if (err) {
3                        this.message ="创建目录错误:" +err
4                    }else {
5                        this.message ="创建目录成功"
6                    }
7    })
```

12) 创建临时目录

(1) fs.mkdtempSync(prefix：string)：string：以同步方式创建临时目录。参数及功能说明如表 5.36 所示，返回结果 string 类型，表示产生的唯一目录路径。

表 5.36 mkdtempSync 参数及功能说明

参数名	类型	必填	功能说明
prefix	string	是	表示待创建目录的应用沙箱路径，命名时必须以"×××××××"("×"个数不少于 6)结尾

【例 5-23】 在如图 5.25 所示页面上增加"创建临时目录"按钮，点击"创建临时目录"按钮，会在 HAP 级别的临时目录下创建以文本输入框中内容为前缀的临时目录。如果创建成功，则在控制台输出创建的临时目录清单；如果创建不成功，则显示"创建临时目录失败"，实现代码如下。

```
1    Button("创建临时目录").onClick(() =>{
2            try {
3                let context =getContext(this)
4                let dirPath =context.tempDir +"/" +this.dirName +"×××××××
    ×××"
5                let tempdirName =fs.mkdtempSync(dirPath)    //创建临时目录
6                this.message ="nnutc 创建目录名为:" +tempdirName    //在页面右侧显
    //示目录名
7                let fileNames =fs.listFileSync(context.tempDir)
8                for (let index =0; index <fileNames.length; index++) {
9                    this.message =this.message +fileNames[index] +"\n"
10                   console.info("nnutc 创建的临时目录为:", fileNames[index])
11               }
12           } catch (e) {
13               this.message ="nnutc 创建临时目录错误:" +e
14           }
15   }).type(ButtonType.Normal).fontSize(25)
```

上述代码运行后,点击"创建临时目录"按钮,上述第 4 行代码中路径末尾的"××××××××××"字符串将被替换为随机字符(1 个×替换为 1 个随机字符),以便创建唯一的目录名。例如,在文本框中输出 nnutc,控制台的显示结果如图 5.26 所示;将上述第 4 行代码的 10 个"×"改为 8 个"×",控制台的显示结果如图 5.27 所示。

图 5.26　创建临时目录输出结果(1) 　　　　图 5.27　创建临时目录输出结果(2)

(2) fs.mkdtemp(prefix：string)：Promise＜string＞：以异步方式创建临时目录,使用 Promise 形式返回结果。参数及功能说明如表 5.36 所示;返回值类型为 Promise＜string＞,用于异步获取结果,本调用返回 string 类型结果,表示产生的唯一路径名称。

(3) fs.mkdtemp(prefix：string, callback：AsyncCallback＜string＞)：void：以异步方式创建临时目录,使用 callback 形式返回结果。prefix 参数及功能说明如表 5.36 所示,callback 是异步创建目录操作完成之后的回调。

13) 删除目录

(1) fs.rmdirSync(path：string)：void：以同步方式删除目录。参数及功能说明如表 5.37 所示。

表 5.37　rmdirSync 参数及功能说明

参数名	类型	必填	功能说明
path	string	是	表示待删除目录的应用沙箱路径

(2) fs.rmdir(path：string)：Promise＜void＞：以异步方式删除目录,使用 Promise 形式返回结果。参数及功能说明如表 5.37 所示;返回值类型为 Promise＜void＞,用于异步获取结果,本调用返回空值。

(3) fs.rmdir(path：string, callback：AsyncCallback＜void＞)：void：以异步方式删除目录,使用 callback 形式返回结果。path 参数及功能说明如表 5.37 所示,callback 是异步创建目录操作完成之后的回调。

14) 复制目录

(1) fs.copyDirSync(src：string, dest：string, mode?：number)：void：以同步方式复制目录到目标路径下。参数及功能说明如表 5.38 所示。此接口从 API Version 10 开始支持。

表 5.38 copyDirSync 参数及功能说明

参数名	类型	必填	功能说明
src	string	是	表示待复制目录的应用沙箱路径
dest	string	是	表示目标文件的应用沙箱路径
mode	number	否	表示复制模式,默认值为 0。①0 表示文件级别抛异常,目标目录下存在与源目录名冲突的目录,若冲突目录下存在同名文件,则抛出异常;源目录下未冲突的文件全部移动至目标目录下,目标目录下未冲突文件将继续保留,且冲突文件信息将在抛出异常的 data 属性中以 Array＜ConflictFiles＞形式提供;② 1 表示文件级别强制覆盖;目标目录下存在与源目录冲突的目录,若冲突目录下存在同名文件,则强制覆盖冲突目录下所有同名文件,未冲突文件将继续保留

(2) fs.copyDir(src：string, dest：string, mode？：number)：Promise＜void＞：以异步方式复制目录到目标路径下,使用 Promise 形式返回结果。参数及功能说明如表 5.38 所示。返回值类型为 Promise＜void＞,用于异步获取结果,本调用返回空值。此接口从 API Version 10 开始支持。

(3) fs.copyDir(src：string, dest：string, mode：number, callback：AsyncCallback＜void, Array＜ConflictFiles＞＞)：void：以异步方式复制目录到目标路径下,使用 callback 形式返回结果。src、dest、mode 参数及功能说明如表 5.38 所示,callback 是异步复制目录操作完成之后的回调。此接口从 API Version 10 开始支持。

(4) fs.copyDir(src：string, dest：string, callback：AsyncCallback＜void, Array＜ConflictFiles＞＞)：void：以异步方式复制目录到目标路径下,使用 callback 形式返回结果。src、dest 参数及功能说明如表 5.38 所示,callback 是异步复制目录操作完成之后的回调。此接口从 API Version 10 开始支持。

15) 创建文件流

(1) fs.createStreamSync(path：string, mode：string)：Stream：以同步方式创建文件流。参数及功能说明如表 5.39 所示,返回值类型为 Stream,表示返回文件流的结果。Stream 类型对象的方法及功能说明如表 5.40 所示。

表 5.39 createStreamSync 参数及功能说明

参数名	类型	必填	功能说明
path	string	是	表示待创建文件的应用沙箱路径
mode	string	是	表示打开文件流的方式,包括：①r 表示打开只读文件,该文件必须存在;②r＋表示打开可读写的文件,该文件必须存在;③w 表示打开只写文件,若文件存在则文件长度清 0,即该文件内容会消失,若文件不存在则建立该文件;④w＋表示打开可读写文件,若文件存在则文件长度清 0,即该文件内容会消失,若文件不存在则建立该文件;⑤a 表示以追加的方式打开只写文件,若文件不存在,则会建立该文件,如果文件存在,写入的数据会被追加到文件尾,即文件原先的内容会被保留;⑥a＋表示以追加方式打开可读写的文件,若文件不存在,则会建立该文件,如果文件存在,写入的数据会被追加到文件尾后,即文件原先的内容会被保留

表 5.40 Stream 类型的方法及功能说明

方 法 名	返回值类型	功 能 说 明
closeSync()	void	用于以同步方式关闭打开的文件流
close(callback：AsyncCallback<void>)	void	用于以异步方式关闭打开的文件流
close()	Promise<void>	用于以异步方式关闭打开的文件流
flushSync()	void	用于以同步方式刷新文件流
flush()	Promise<void>	用于以异步方式刷新文件流
flush(callback：AsyncCallback<void>)	void	用于以异步方式刷新文件流
writeSync(buffer：ArrayBuffer | string, options?：{ offset?：number；length?：number；encoding?：string；})	number	用于以同步方式将数据写入流文件，参数说明如表 5.27 所示
write(buffer：ArrayBuffer | string, options?：{ offset?：number；length?：number；encoding?：string；})	Promise<number>	用于以异步方式将数据写入流文件，参数说明如表 5.27 所示
write(buffer：ArrayBuffer | string, options?：{ offset?：number；length?：number；encoding?：string；}, callback：AsyncCallback<number>)	void	用于以异步方式将数据写入流文件，参数说明如表 5.27 所示
readSync(buffer：ArrayBuffer, options?：{ offset?：number；length?：number；})	number	用于以同步方式从文件流读出数据，参数说明如表 5.28 所示
read(buffer：ArrayBuffer, options?：{ position?：number；offset?：number；length?：number；}, callback：AsyncCallback<number>)	void	用于以异步方式从文件流读出数据，参数说明如表 5.28 所示
read(buffer：ArrayBuffer, options?：{ offset?：number；length?：number；})	Promise<number>	用于以异步方式从文件流读出数据，参数说明如表 5.28 所示

(2) fs.createStream(path：string, mode：string)：Promise<Stream>：以同步方式创建文件流，使用 promise 形式返回结果。path、mode 参数及功能说明如表 5.39 所示，返回值类型为 Promise<Stream>，表示返回文件流的结果。

(3) fileio.createStream(path：string, mode：string, callback：AsyncCallback<Stream>)：void：以同步方式创建文件流，使用 callback 形式返回结果。path、mode 参数及功能说明如表 5.39 所示，callback 参数表示异步打开文件流之后的回调。

【例 5-24】 在如图 5.24 所示页面上增加"打开流文件"按钮，点击"打开流文件"按钮，会以追加方式打开可读写的 HAP 级别文件目录下以文本输入框中内容为文件名的流文件，若文件不存在，则会建立该文件；在页面上增加"写流文件"按钮，点击"写流文件"按钮，会写入"欢迎来到 OpenHarmony 开发世界！"字符串到流文件中；在页面上增加"读流文件"

按钮,点击"读流文件"按钮,会从流文件中读出内容,并显示在页面右侧。实现代码如下。

```
1    myStream: fs.Stream
2    Button('打开流文件').onClick(() =>{
3          try {
4            let filePath =getContext(this).filesDir
5             fs.createStream (filePath + "/" + this.fileName, "a+").then
    ((stream) =>{
6               this.myStream =stream
7               this.message ="打开流文件成功"
8             }).catch((err) =>{
9               this.message ="打开流文件错误:" +err
10            })
11         } catch (e) {
12           this.message ="打开流文件错误:" +e
13         }
14   }).type(ButtonType.Normal).fontSize(25)
15   Button('写流文件').onClick(() =>{
16         try {
17           this.myStream.writeSync("欢迎来到 OpenHarmony 开发世界!")   //以同
     //步方式将数据写入文件流
18           this.myStream.flushSync()        //以同步方式刷新文件流
19           this.message ="写流文件成功"
20         } catch (e) {
21           this.message ="写流文件错误:" +e
22         }
23   }).type(ButtonType.Normal).fontSize(25)
24   Button('读流文件').onClick(() =>{
25         try {
26           let arrayBuffer =new ArrayBuffer(4096)
27           let number =this.myStream.readSync(arrayBuffer)    //以同步方式读
    //文件流
28           let buff =buffer.from(arrayBuffer, 0,number)
29           this.message =buff.toString()
30         } catch (e) {
31           this.message ="读流文件错误:" +e
32         }
33   }).type(ButtonType.Normal).fontSize(25)
```

5.3.3 List、ListItem 和 ListItemGroup 组件

List(列表)组件用于在页面展示连续、多行同类数据的一系列相同宽度的列表项(ListItem),内容超过屏幕大小时,可以自动提供滚动功能,它是一个容器类组件,通常与展示列表分组的 ListItemGroup 组件或展示列表项的 ListItem 组件一起设计应用的用户界面。

1. List 组件

List 组件用于在页面上展示一系列相同宽度的列表项,其接口格式如下。

```
1    List(value?:{space?: number | string, initialIndex?: number, scroller?:
     Scroller})
```

(1) space 参数用于设置子组件主轴方向的间隔,默认值为 0,单位为 vp。

(2) initialIndex 参数用于设置当前 List 初次加载时起始位置显示的列表项(ListItem)的索引值,默认值为 0。

(3) scroller 参数用于设置可滚动组件的控制器。

为了满足各种应用开发场景的需要,该组件除支持通用属性和通用事件外,还支持如表 5.41 所示的属性和如表 5.42 所示的事件。

表 5.41 List 组件属性及功能

属 性 名	类 型	功 能 说 明
listDirection	Axis	设置排列方式,属性值包括 Axis.Vertical(默认值,纵向)和 Axis.Horizontal(横向)
divider	{strokeWidth: Length, color?: ResourceColor, startMargin?: Length, endMargin?: Length} | null	设置分隔线样式,默认无分隔。其中,strokeWidth、color、startMargin 和 endMargin 分别用于设置分隔线的线宽、颜色、分隔线与列表侧边起始端的距离和分隔线与列表侧边结束端的距离
scrollBar	BarState	设置滚动条状态,属性值包括 BarState.Off(API Version 9 及以下版本的默认值,不显示)、BarState.Auto(自 API Version10 版本开始的默认值,按需显示,触摸时显示,2s 后消失)和 BarState.On(常驻显示)
cachedCount	number	设置列表中 ListItem/ListItemGroup 的预加载数量(只在 LazyForEach 中生效)
multiSelectable	boolean	设置是否开启鼠标框选,属性值包括 false(默认值,关闭)和 true(开启)

表 5.42 List 组件事件及功能

事 件 名	功 能 说 明
onScroll (event: (scrollOffset: number, scrollState: ScrollState) => void)	表示当列表滑动时触发;①scrollOffset,每帧滚动的偏移量,List 向上/向下滚动偏移量为正/负,单位 vp;②scrollState,当前滑动状态
onReachStart(event: () => void)	表示当列表到达起始位置时触发
onReachEnd(event: () => void)	表示当列表到达末尾位置时触发
onScrollStart(event: () => void)	表示当列表滑动开始时触发
onScrollStop(event: () => void)	表示当列表滑动停止时触发
onItemMove (event: (from: number, to: number) => boolean)	表示列表元素发生移动时触发;① from,移动前索引值;②to,移动后索引值
onItemDragStart(event: (event: ItemDragInfo, itemIndex: number) => ((() => any) | void))	表示开始拖曳列表元素时触发;① event,当前拖曳点的{x,y}坐标;②itemIndex,被拖曳列表元素索引值
onItemDragEnter(event: (event: ItemDragInfo) => void)	表示拖曳进入列表元素范围内时触发;event,当前拖曳点的{x,y}坐标

续表

事 件 名	功 能 说 明
onItemDragMove(event: (event: ItemDragInfo, itemIndex: number, insertIndex: number) => void)	表示拖曳在列表元素范围内移动时触发；①event,当前拖曳点的{x,y}坐标；②itemIndex,拖曳起始位置；③insertIndex,拖曳插入位置
onItemDragLeave（event：(event: ItemDragInfo, itemIndex: number) => void)	表示拖曳离开列表元素时触发；①event,当前拖曳点的{x,y}坐标；②itemIndex,拖曳离开的列表元素索引值
onItemDrop（event：(event: ItemDragInfo, itemIndex: number, insertIndex: number, isSuccess: boolean) => void)	表示绑定该事件的列表元素可作为拖曳释放目标,当在列表元素内停止拖曳时触发；①event,当前拖曳点的{x,y}坐标；②itemIndex,拖曳起始位置；③insertIndex,拖曳插入位置；④isSuccess,是否成功释放

2. ListItem 组件

ListItem 组件用来展示列表中的具体 item 项,其接口格式如下。

```
1  ListItem(value?: ListItemOptions)
```

value 参数用于设置 List 组件卡片样式；ListItemOptions 类型对象包含 1 个 style 属性,该属性值类型为 ListItemStyle,默认值为 ListItemStyle.NONE(无样式),设置为 ListItemStyle.CARD 时,必须配合 ListItemGroup 的 ListItemGroupStyle.CARD 同时使用,显示默认卡片样式。

为了满足各种应用开发场景的需要,该组件除支持通用属性和通用事件外,还支持如表 5.43 所示的属性和如表 5.44 所示的事件。

表 5.43 ListItem 组件属性及功能

属 性 名	类 型	功 能 说 明
selectable	boolean	设置当前 ListItem 元素是否可以被鼠标框选,默认值为 true。仅外层 List 容器的鼠标框选开启时,ListItem 的框选才生效
selected	boolean	设置当前 ListItem 选中状态,默认值为 false。仅在设置选中态样式前使用才能生效选中态样式
swipeAction	{start?:CustomBuilder|SwipeActionItem, end?: CustomBuilder | SwipeActionItem, edgeEffect?: SwipeEdgeEffect}	设置 ListItem 的划出组件。①start,ListItem 向右划动时 item 左边的组件(List 垂直布局时)或 ListItem 向下划动时 item 上方的组件(List 水平布局时);②end,ListItem 向左划动时 item 右边的组件(List 垂直布局时)或 ListItem 向上划动时 item 下方的组件(List 水平布局时);③edgeEffect,滑动效果

表 5.44 ListItem 组件事件及功能

事 件 名	功 能 说 明
onSelect(event: (isSelected: boolean) => void)	表示当 ListItem 元素被鼠标框选的状态改变时触发;isSelected 表示进入鼠标框选范围(被选中)返回 true,移出鼠标框选范围(未被选中)返回 false

【例 5-25】 设计如图 5.28 所示新闻显示页面,页面左侧按列表方式显示新闻标题,点击列表中的新闻标题,在页面右侧显示对应的新闻内容。向左滑动新闻标题,在新闻标题右侧显示如图 5.29 所示"删除"按钮,点击"删除"按钮,该新闻标题从列表项中删除。

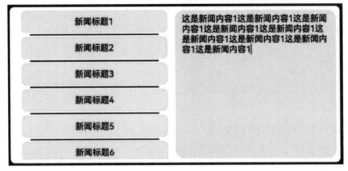

图 5.28　新闻显示页面(1)

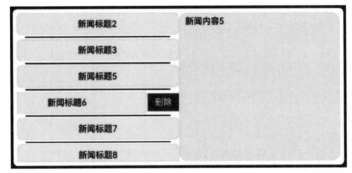

图 5.29　新闻显示页面(2)

从如图 5.28 所示的页面效果可以看出,整个页面按 Row 方式布局,左侧新闻标题由 List 和 ListItem 组件实现,右侧显示的新闻内容由 TextArea 组件实现,详细实现步骤如下。

(1) 定义 NewsInfo 接口。

NewsInfo 接口包含代表新闻标题、新闻内容和新闻类别的抽象字段 title、content 和 type,其中,type 的值为 0 表示财经新闻,type 的值为 1 表示体育新闻。实现代码如下。

```
1  interface NewsInfo {
2      title: string,           //新闻类别
3      content: string,         //新闻内容
4      type: number             //新闻类别(0-财经新闻;1-体育新闻)
5  }
```

(2) 创建新闻标题右侧"删除"按钮对应的 CustomBuilder。

新闻标题右侧的"删除"按钮由 Button 组件实现,点击该按钮,会根据当前新闻标题在 List 列表项中的索引值删除 newsInfo 数组中的对应元素,实现代码如下。

```
1   @Builder
2   itemButton() {
3     Row() {
4       Button("删除").type(ButtonType.Normal).onClick(() =>{
5         this.newsInfos.splice(this.newsIndex, 1)
6       })
7     }
8   }
9   builerButton: CustomBuilder = () =>{
10    this.itemButton()
11  }
```

(3）功能实现。

首先定义存放每条新闻的模拟数据 newsInfos，然后使用 ForEach 语句循环渲染页面左侧显示的新闻标题列表，最后单击新闻标题，并将相应的新闻内容显示在页面右侧。实现代码如下：

```
1   struct P5_25{
2     @State newsIndex: number = 0     //保存点击的新闻标题在 newsInfos 数组中的元素下标
3     @State newsInfos: NewsInfo[] = [
4       { title: "新闻标题1", content: "这是新闻内容1……", type: 0 },
5       { title: "新闻标题2", content: "这是新闻内容2……", type: 1 },
6       //其他新闻模拟数据如上所示，此处略
7     ]
8     //创建新闻标题右侧"删除"按钮对应的 CustomBuilder
9     build() {
10      Row() {
11        List({ space: 10, initialIndex: 0 }) {
12          ForEach(this.newsInfos, (item: NewsInfo, index: number) =>{
13            ListItem() {
14              Text(item.title).fontSize(20).textAlign(TextAlign.Center).
    borderRadius(10)
15                .backgroundColor(Color.Yellow).width('100%').height(50)
16            }.onClick(()=>{
17              this.newsIndex = index
18            }).swipeAction({
19              end: this.builerButton    //设置向左滑动时列表项右边的组件
20            })
21          })
22        }
23        .width('50%')
24        .scrollBar(BarState.Auto)       //按需显示滚动条
25        .divider({ strokeWidth: 2, color: Color.Blue, startMargin: 20,
    endMargin: 20 })
26        .onReachStart(() =>{            //列表到达起始位置时显示 Toast
27          promptAction.showToast({ message: "已到达第一条新闻" })
28        })
29        TextArea({text:this.newsInfos[this.newsIndex].content}).fontSize(20)
30          .width("50%").height("100%")
31      }.padding(10)
32    }
33  }
```

上述第 16～18 行代码表示单击新闻标题列表项,将当前 ListItem 在 newsInfos 数组中对应的元素下标赋值给 newsIndex 状态变量。

3. ListItemGroup 组件

ListItemGroup 组件用来展示列表的 item 分组,宽度默认充满父容器 List 组件。其接口格式如下。

```
1  ListItemGroup(options?: ListItemGroupOptions)
```

options 参数用于设置列表项分组组件样式,ListItemGroupOptions 类型对象的参数及功能如表 5.45 所示。

表 5.45 ListItemGroupOptions 的参数及功能

参数名	类型	功能说明
header	CustomBuilder	表示 ListItemGroup 头部组件,但只能放单个子组件
footer	CustomBuilder	表示 ListItemGroup 尾部组件,但只能放单个子组件
space	number | string	表示 ListItem(列表项)间距
style	ListItemGroupStyle	表示 List 组件卡片样式,其值包括 ListItemGroupStyle.NONE(无样式,默认值)、ListItemGroupStyle.CARD(必须配合 ListItem 的 ListItemStyle.CARD,显示默认卡片样式)

【例 5-26】 在例 5-25 的基础上,将页面左侧的新闻标题按类别分组显示,并在每类新闻头部显示新闻类别、每类新闻尾部显示新闻数量,其显示效果如图 5.30 所示,按如下步骤实现。

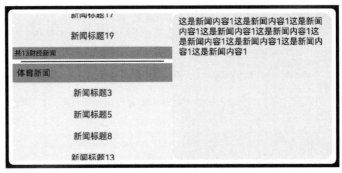

图 5.30 新闻列表页面(3)

(1) 定义 getTypeNews()方法获取指定类别的新闻信息。

例 5-25 中的财经新闻(type 值为 0)和体育新闻(type 值为 1)全部保存在 newsInfos 数组中,为了按照类别显示新闻,需要根据 type 值将财经类和体育类新闻分开后,再分别显示在不同的 ListItemGroup 中,getTypeNews()方法的实现代码如下。

```
1  function getTypeNews(newsInfos: NewsInfo[], type): NewsInfo[] {
2    let result: NewsInfo[] =[]
3    for (let index =0; index <newsInfos.length; index++) {
4      if (newsInfos[index].type ==type) {
```

```
5        result.push(newsInfos[index])
6      }
7    }
8    return result
9  }
```

（2）定义 ListItemGroup 的头部组件显示新闻类别。

在 ListItemGroup 头部显示新闻类别可以自定义 itemHead 组件，在该组件中由 Text 组件显示新闻类别，实现代码如下。

```
1  @Builder
2  itemHead(text: string) {
3      Text(text).fontSize(20).backgroundColor(0xAABBCC).width("100%").padding(10)
4  }
```

（3）定义 ListItemGroup 的尾部组件指定类别新闻的数量。

在 ListItemGroup 尾部显示指定类别新闻的数量可以自定义 itemHead 组件，在该组件中由 Text 组件显示新闻类别，实现代码如下。

```
1  @Builder
2  itemFoot(num: number, name: string) {
3      Text('共' + num + name).fontSize(16).backgroundColor(0xAABBCC).width("100%").padding(5)
4  }
```

（4）功能实现。

将例 5-25 功能实现中的第 12～28 行代码用下述代码替换。

```
1  ListItemGroup({
2        header: this.itemHead("财经新闻"),
3        footer: this.itemFoot(getTypeNews(this.newsInfos, 0).length, "财经新闻")
4      }) {
5        ForEach(getTypeNews(this.newsInfos, 0), (item: NewsInfo, index: number) => {
6          //定义 ListItem,与例 5-25 功能实现中的第 13～20 行代码一样,此处略
7        })
8  }
9  ListItemGroup({
10       header: this.itemHead("体育新闻"),
11       footer: this.itemFoot(getTypeNews(this.newsInfos, 1).length, "体育新闻")
12     }) {
13       ForEach(getTypeNews(this.newsInfos, 1), (item: NewsInfo, index: number) => {
14         //定义 ListItem,与例 5-25 功能实现中的第 13～20 行代码一样,此处略
15       })
16 }
17
```

5.3.4 案例：备忘录

1. 需求描述

备忘录应用启动后，显示如图 5.31 所示的备忘类别页面，该页面上列出了所有备忘内容的类别；点击备忘录类别名称，显示如图 5.32 所示的备忘标题页面，该页面上列出了该类别下所有的备忘标题；点击备忘标题，弹出如图 5.33 所示的编辑备忘内容对话框，该对话框中显示了该备忘标题对应的备忘内容及备忘记录时间；单击备忘标题页面上的新建备忘内容图标 ，弹出如图 5.34 所示的新建备忘内容对话框。

图 5.31 备忘类别页面

图 5.32 备忘标题页面

图 5.33 阅读备忘内容页面

图 5.34 新建备忘内容页面

2. 设计思路

根据备忘类别页面和备忘标题页面的显示效果和需求描述，整个页面以 Column 方式布局，"文件夹"或"文件夹位置—***"信息由 Text 组件实现；备忘类别和备忘标题由 List 和 ListItem 组件实现；页面底部的"返回"图标、"文件夹/新建备忘"图标由 Image 组件实现，并将它们以 Row 方式布局。

点击图 5.31 页面上的"文件夹"图标后弹出的"新建文件夹"对话框以 Column 方式布局，"新建文件夹"信息由 Text 组件实现；"请输入文件夹名称"输入框由 TextInput 组件实现；"取消"按钮和"确定"按钮由 Button 组件实现，并将它们以 Row 方式布局。

点击图 5.32 页面上的"新建备忘"图标后弹出的"新建备忘"对话框以 Column 方式布局，"新建备忘"信息由 Text 组件实现；"请输入备忘标题"输入框由 TextInput 组件实现；"请输入备忘内容"输入框由 TextArea 组件实现；"取消"按钮和"保存"按钮由 Button 组件实现，并将它们以 Row 方式布局。点击图 5.32 页面上的"备忘标题"列表项后的"编辑备忘"对话框以 Column 方式布局，"编辑备忘"信息由 Text 组件实现；显示备忘标题由 TextInput 组件实现；显示备忘内容由 TextArea 组件实现；"记录时间：****年***月**日"信息由 Text 组件实现；"取消"按钮和"确认"按钮由 Button 组件实现，并将它们以 Row 方式布局。

3. 实现流程

1) 备忘类别页面

打开 Chap05 项目，右击 Chap05 文件夹，选择 New→Module 菜单项创建名为"diary"的模块，此时在"diary/src/main/etc/pages"文件夹下会默认生成 index.ets 页面文件，该文件为备忘录应用启动时加载的主页面。当 index.ets 页面启动时，首先将 HAP 级别的文件目录路径（本案例中将该目录路径作为备忘录内容的默认存储位置）下的所有子目录显示在该页面上，这些子目录就是用于存放不同类别备忘内容文件的位置。点击页面上的"文件夹"图标，弹出如图 5.31 所示的新建文件夹对话框，在对话框中输入文件夹名称后点击"确定"按钮，就可以在 HAP 级别的文件目录路径下创建以文件夹名称命名的子目录，这个子目录就是存放该类别备忘内容文件的位置。

(1) 显示备忘类别（文件夹）列表项的功能实现。

根据功能描述，所有 HAP 级别的文件目录路径下的不同文件夹代表了不同备忘类别，所以需要首先获得 HAP 级别的文件目录路径下的所有文件夹列表，然后将文件夹列表作为主页面上 List 中的 ListItem 内容。本案例由自定义的 listdir() 函数获得 HAP 级别的文件目录路径下的所有文件夹列表。listdir() 方法的详细代码如下。

```
1    function listdir(context: Context): string[] {
2      let dirNames: string[]
3      try {
4        dirNames =fs.listFileSync(context.filesDir)
5      } catch (e) {
6        console.info("显示目录失败:" +e)
```

```
7    }
8    return dirNames
9  }
```

上述第 1 行代码的 context 参数表示 HAP 级别的上下文对象；第 4 行代码的 listFileSync()方法表示同步从 HAP 级别的文件目录路径下获得文件列表清单。

（2）创建备忘类别（文件夹）的功能实现。

根据功能描述，所有备忘类别对应的文件夹全部存放在 HAP 级别的文件目录路径下。首先由 Context 类提供的方法获得该路径后，通过"import fs from '@ohos.file.fs'"语句导入文件操作模块，调用该模块中的 mkdirSync()方法创建文件夹。本案例由自定义的 makedir()方法实现，详细代码如下。

```
1  function makedir(context: Context, dirName: string): boolean {
2    try {
3      let dirPath = context.filesDir + "/" + dirName
4      fs.mkdirSync(dirPath)
5      return true
6    } catch (e) {
7      console.info("创建目录错误:" + e)
8      return false
9    }
10 }
```

上述第 1 行代码的 dirName 参数表示要创建的备忘类别名称；第 4 行代码的 mkdirSync()方法表示同步创建指定目录。

（3）新建备忘类别（文件夹）对话框的功能实现。

根据功能描述，点击页面上的"文件夹"图标，弹出的新建文件夹对话框由自定义的对话框组件实现。首先在输入框中输入新文件夹名称，然后点击"确定"按钮创建该文件夹及更新页面显示的文件夹列表清单。本案例由自定义的 FoldDialog 组件实现，详细代码如下。

```
1  @CustomDialog
2  export struct FoldDialog {
3    controller: CustomDialogController
4    @Link foldName: string         //保存当前新建文件夹名称
5    @Link foldNames: string[]      //保存 HAP 级别的文件目录路径下的所有文件(夹)列
   //表名称
6    @Link context: Context
7    @State temp: string = ""
8    build() {
9      Column() {
10       Text('新建文件夹').fontSize(25)
11       TextInput({ placeholder: '请输入新文件夹名称' }).backgroundColor(Color.
   White)
12         .fontSize(25).placeholderFont({ size: 25 }).width("80%").borderRadius(0)
13         .onChange((value) => {
14           this.temp = value
15         })
16       Divider()                            //对话框上的横线
17       Row({ space: 30 }) {
```

```
18          Button("取消")
19             .type(ButtonType.Normal).backgroundColor(Color.White).fontColor
(Color.Gray)
20             .onClick(() => {
21                this.controller.close()
22             })
23          Button("确定")
24             .type(ButtonType.Normal).backgroundColor(Color.White).fontColor
(Color.Gray)
25             .onClick(() => {
26                this.foldName = this.temp
27                makedir(this.context, this.foldName)    //调用 makedir()方法创建
//文件夹
28                this.foldNames = listdir(this.context)    //调用 listdir()方法更
//新页面上显示的文件(夹)列表清单
29                this.controller.close()
30             })
31       }
32       }.padding({ top: 18 })
33    }
34 }
```

上述代码表示由 CustomDialogController 构造一个 FoldDialog 自定义弹窗对话框,其中,第 4～6 行代码由@Link 装饰的 foldName、foldNames 和 context 表示一旦在对话框中更新,则引用该对话框的"父组件"中的 foldName、foldNames 和 context 也会随之更新。

(4) 备忘类别页面功能实现。

本案例的主页面源文件为 Index.ets,详细代码如下。

```
1  @Entry
2  @Component
3  struct Index {
4     @State newFoldName: string = ""       //保存新建的文件夹名称
5     @State context: Context = getContext(this)
6     @State foldNames: string[] = listdir(this.context)    //保存备忘内容存储位置
//下的文件(夹)列表清单
7     controller: CustomDialogController = new CustomDialogController({
8        builder: FoldDialog ({ foldName: this.newFoldName, context: this.
context, foldNames: this.foldNames })
9     })
10    build() {
11       Stack() {
12          Column() {
13             Text("文件夹").fontSize(30).fontColor(Color.White).backgroundColor
("#ff3070a9")
14                .width("100%").padding(5)
15             List({ space: 10, initialIndex: 0 }) {
16                ForEach(this.foldNames, (item: string, index: number) => {
17                   ListItem() {
18                      Text(item).padding({ left: 10 }).fontSize(25).height(50)
19                   }.width("100%").align(Alignment.Start)
20                   .onClick(() => {
```

```
21                   router.pushUrl({ url: "pages/FileListPage", params: new
   FoldInfo(item) })
22                })
23              })
24           }.width('90%')
25            .scrollBar(BarState.Auto) //按需显示
26             .divider({ strokeWidth: 2, color: Color.Gray, startMargin: 10,
   endMargin: 20 })
27        }.width('100%').height('100%').padding({ top: 2 })
28        Flex({ justifyContent: FlexAlign.SpaceBetween }) {
29           Image($r("app.media.return")).onClick(() =>{
30             router.back()
31           }).width(50).height(50)
32           Image($r("app.media.wenjianjia")).width(50).height(50).onClick(() =>{
33             try {
34               this.controller.open()
35             } catch (e) {
36               console.info("创建文件夹错误:" +e)
37             }
38           })
39        }.padding({ left: 20,right: 20 }).backgroundColor("#ff3070a9")
40      }.alignContent(Alignment.BottomEnd).padding({ left: 10,right: 10 })
41    }
42  }
43  class FoldInfo {
44    foldName: string
45    constructor(foldName: string) {
46      this.foldName =foldName
47    }
48  }
```

上述第 7～9 行代码表示实例化一个新建文件夹对话框对象,其中,foldName、foldNames 和 context 对应的参数值会随着子组件中相应内容的改变而更新。第 15～27 行代码表示将文件夹列表清单显示在页面上,其中第 20～22 行代码表示单击列表中文件夹名称跳转到备忘标题页面(FileListPage.ets),并将当前文件夹名对应的对象作为参数传递,该对象由第 43～48 行代码定义的 FoldInfo 类实例化。第 28～39 行代码表示实现页面上的"返回"和"文件夹"图标功能。

2) 备忘标题页面

右击"diary/src/main/ets/pages"文件夹,选择 New → Page 菜单选项创建名为 FileListPage.ets 的页面文件,点击如图 5.31 所示备忘类别页面上的备忘类别名称列表项后跳转显示该页面,并在页面上显示该备忘类别下的所有备忘内容标题(文件名称);点击备忘标题页面上的标题列表项,弹出如图 5.33 所示的编辑备忘对话框,在对话框的对应位置上显示备忘标题、备忘内容及备忘记录时间,修改备忘内容后点击"确认"按钮会更新备忘标题对应的文件内容;点击备忘录标题页面右下角的新建备忘图标,弹出新建备忘内容对话框,在对话框的对应位置上输入备忘标题和备忘内容,点击"保存"按钮会在当前备忘类别对应的目录下保存以备忘标题为文件名、备忘内容为文件内容的文件。

(1) 显示备忘内容文件列表项的功能实现。

根据功能描述,首先获得 HAP 级别的文件目录路径下备忘类别对应文件夹中的文件列表清单,然后将文件列表作为备忘标题页面上 List 中的 ListItem 内容。本案例由自定义的 listfile() 函数获得 HAP 级别的文件目录路径下备忘类别对应文件夹中的所有文件列表。listfile() 方法的详细代码如下。

```
1   function listfile(context: Context,dirName:string): string[] {
2     let fileNames: string[]
3     try {
4       fileNames = fs.listFileSync(context.filesDir+"/"+dirName)
5     } catch (e) {
6       console.info("显示文件清单失败:" +e)
7     }
8     return fileNames
9   }
```

上述第 1 行代码的 context 参数表示 HAP 级别的上下文对象,dirName 参数表示备忘类别对应的文件夹;第 4 行代码的 listFileSync() 方法表示同步从指定目录下获得文件列表清单。

(2) 创建备忘文件的功能实现。

根据功能描述,在新建备忘对话框中输入备忘标题和备忘内容后,以备忘标题为文件名、备忘内容为文件内容保存该文件到 HAP 级别的文件目录路径下的备忘类别文件夹中。本案例由自定义的 writeFile() 函数实现,详细代码如下。

```
1    function writeFile (context: Context, dirName: string, fileName: string, 
     fileContent:string): boolean {
2      try {
3        let filePath =context.filesDir +"/" +dirName+"/" +fileName
4         let file = fs.openSync (filePath, fs.OpenMode.READ_WRITE|fs.OpenMode.
     CREATE)    //打开文件
5        let len = fs.writeSync(file.fd,fileContent)      //写文件
6        return true
7      } catch (e) {
8        console.info("创建备忘错误:" +e)
9        return false
10     }
11   }
```

上述第 1 行代码的 context 参数表示 HAP 级别的上下文对象,dirName 参数表示备忘类别对应的文件夹,fileName 参数表示文件名(备忘标题),fileContent 参数表示文件内容(备忘内容)。

(3) 新建备忘(文件)对话框的功能实现。

根据功能描述,点击页面上的"新建备忘"图标,弹出的新建备忘文件对话框由自定义的对话框组件实现。首先在输入框中输入备忘标题名称,然后点击"保存"按钮调用自定义写文件函数 writeFile() 保存备忘文件,本案例由自定义的 FileCreateDialog 组件实现,详细代码如下。

```
1    @CustomDialog
2    export struct FileCreateDialog {
3      controller: CustomDialogController
4      @Link foldName: string              //保存当前备忘类别对应的文件夹
5      @Link fileName: string              //保存当前备忘标题对应的文件名
6      @Link fileNames: string[]           //保存当前备忘类别对应文件夹的文件清单
7      @Link fileContent: string           //保存当前备忘内容
8      @Link context: Context
9      @State tfileName: string =""
10     @State tfileContent: string =""
11     build() {
12       Column({space:5}) {
13         Text('新建备忘').fontSize(25)
14           TextInput ({ placeholder: '请输入备忘标题' }).fontSize (25).placeholderFont({ size: 25 })
15            .width("90%").borderRadius(0).backgroundColor(Color.White)
16            .onChange((value) =>{
17              this.tfileName =value
18            })
19           TextArea ({ placeholder: '请输入备忘内容' }).fontSize (25).placeholderFont({ size: 25 })
20             .width("90%").height("40%").borderRadius(0).backgroundColor(Color.White)
21            .onChange((value) =>{
22              this.tfileContent =value
23            })
24         Divider()
25         Row({space:30}) {
26           Button("取消").onClick(() =>{
27             this.controller.close()
28           }).type(ButtonType.Normal).backgroundColor(Color.White).fontColor(Color.Gray)
29           Button("保存").onClick(() =>{
30             this.fileName =this.tfileName
31             this.fileContent =this.tfileContent
32               writeFile (this.context, this.foldName, this.fileName, this.fileContent)    //写文件
33               this.fileNames =listfile(this.context,this.foldName)    //获得文件清单
34             this.controller.close()
35           }).type(ButtonType.Normal).backgroundColor(Color.White).fontColor(Color.Gray)
36         }
37       }.padding({ top: 18,bottom:18 }).backgroundColor(Color.Gray)
38     }
39   }
```

上述代码表示由 CustomDialogController 构造一个 FileCreateDialog 自定义弹窗对话框,其中,第 4~8 行代码由@Link 装饰的 foldName、fileName、fileNames、fileContents 和 context 表示一旦更新,则引用该对话框的"父组件"中的 foldName、fileName、fileNames、fileContents 和 context 也会随之更新。

(4) 编辑备忘(文件)对话框的功能实现。

根据功能描述,点击备忘标题列表中的某个备忘标题,弹出的编辑备忘对话框由自定义的对话框组件实现。首先根据备忘标题名称读出对应的文件内容,然后将备忘标题、文件内容及创建该文件的时间显示在对话框相应位置,本案例由自定义的 FileEditDialog 组件实现,详细代码如下。

```
1   @CustomDialog
2   export struct FileEditDialog {
3     //定义与新建备忘(文件)对话框功能实现的第 3~10 行代码一样,此处略
4     @Link fileState: fs.Stat            //保存文件信息
5     build() {
6       Column({space:5}) {
7         Text('编辑备忘').fontSize(25)
8         TextInput({ text: this.fileName }).width("90%").borderRadius(0).backgroundColor(Color.White)
9         //其他代码与新建备忘(文件)对话框功能实现的第 16~18 行代码一样,此处略
10        TextArea({ text: this.fileContent }).width("90%").height("40%")
11          .borderRadius(0).backgroundColor(Color.White)
12        //其他代码与新建备忘(文件)对话框功能实现的第 21~23 行代码一样,此处略
13        Divider()
14        Text(`记录时间:${toDate(this.fileState.mtime)}`).width("90%").textAlign(TextAlign.End).fontColor(Color.White)
15        Row({space:30}) {
16          //"取消"按钮功能代码与新建备忘(文件)对话框功能实现的第 26~28 行代码一样,//此处略
17          Button("确认").onClick(() => {
18            //功能实现代码与新建备忘(文件)对话框功能实现的第 30~34 行代码一样,此//处略
19          }).type(ButtonType.Normal).backgroundColor(Color.White).fontColor(Color.Gray)
20        }
21      }.padding({ top: 18,bottom:18 }).backgroundColor(Color.Gray)
22    }
23  }
```

上述第 14 行代码的 this.fileState.mtime 表示获得上次修改该文件的时间(距 1970 年 1 月 1 日 0 时 0 分 0 秒的秒数),自定义 toDate()函数将上次修改该文件的时间用"****年**月**日"格式显示,toDate()函数的详细代码如下。

```
1   function toDate(second:number):string{
2     let d =new Date()
3     d.setTime(second * 1000)              //乘 1000 表示转换为毫秒单位
4     return d.getFullYear() +"年" +(d.getMonth() +1) +"月" +d.getDate() +"日"
5   }
```

(5) 备忘标题页面功能实现。

备忘标题页面源文件为 FileListPage.ets,详细代码如下。

```
1   @Entry
2   @Component
3   struct FileListPage {
```

```
4      @State foldName: string =(router.getParams() as FoldInfo).foldName  //备忘
//类别名称(文件夹名)
5      @State fileName: string =""              //保存当前备忘标题(文件名)
6      @State fileState: fs.Stat =null      //保存当前备忘标题对应文件的状态信息
7      @State fileContent: string =""           //保存当前备忘文件内容
8      @State context: Context =getContext(this)
9      @State fileNames: string[] =listfile(this.context,this.foldName)     //调用
//listfile()函数获得文件清单
10     controller1: CustomDialogController =new CustomDialogController({
11         builder: FileCreateDialog ({foldName: this. foldName, fileName: this.
fileName, fileNames: this.fileNames, fileContent: this.fileContent, context:
this.context})
12     })          //定义创建备忘(文件)对话框
13     controller2: CustomDialogController =new CustomDialogController({
14         builder: FileEditDialog ({foldName: this. foldName, fileName: this.
fileName, fileNames: this.fileNames, fileContent: this.fileContent, context:
this.context,fileState:this.fileState})
15     })          //定义编辑备忘(文件)对话框
16     build() {
17       Stack() {
18         Column() {
19           Text("文件夹位置—"+this.foldName).fontSize(30).fontColor(Color.
White).backgroundColor("#ff3070a9").width("100%").padding(5)   //页面顶端显
//示的备忘类别对应文件夹位置
20           List({ space: 10,initialIndex: 0 }) {
21             ForEach(this.fileNames, (item: string, index: number) =>{
22               ListItem() {
23                 Text(item).padding({ left: 10 }).fontSize(25).height(50)
24               }.width("100%").align(Alignment.Start)
25               .onClick(() =>{
26                 let filePath =this.context.filesDir +"/"+this.foldName+"/"+item
27                 this.fileState =fs.statSync(filePath)   //获得当前文件状态信息
28                 this.fileContent =fs.readTextSync(filePath)   //打开文件
29                 this.fileName =item
30                 this.controller2.open()
31               })
32             })
33           }.width('90%').scrollBar(BarState.Auto)
34             .divider ({ strokeWidth: 2, color: Color.Gray, startMargin: 10,
endMargin: 20 })
35         }.width('100%').height('100%')
36         Flex({ justifyContent: FlexAlign.SpaceBetween }) {
37           Image($r("app.media.return")).onClick(() =>{
38             router.back()
39           }).width(50).height(50)
40           Image($r("app.media.bianji")).width(50).height(50).onClick(() =>{
41             try {
42               this.controller1.open()
43             } catch (e) {
44               console.info("编辑文件错误:" +e)
45             }
46           })
47         }.padding({ left: 20,right: 20 }).backgroundColor("#ff3070a9")
```

```
48          }.alignContent(Alignment.BottomEnd).padding({ left: 10,right: 10 })
49       }
50  }
```

上述第4行代码表示获取从备忘类别页面传递的代表当前备忘类别的文件夹名对象，该对象由 FoldInfo 类封装，FoldInfo 类定义方法与备忘类别页面功能实现的第43~48行代码完全一样，限于篇幅，不再赘述。上述第25~31行代码表示单击备忘列表中的备忘标题，获得该备忘标题对应文件的状态信息，并从该文件中读出文件内容后，弹出编辑备忘对话框。第36~47行代码表示实现页面上的"返回"和"新建备忘"图标功能。

5.4 我爱背单词的设计与实现

为帮助英语学习者方便记忆单词、检验记忆单词的效果，本节采用 Search、Badge 组件及 ResourceManager、关系数据接口设计一款具有记录用户词汇量掌握情况、查询词汇解释信息、默写词汇、收录生词及收录易错词等功能的我爱背单词应用。

5.4.1 ResourceManager 接口

ResourceManager(资源管理)提供了访问应用资源的能力。从 API Version 9 开始，Stage 模型通过 context 获取 resourceManager 对象的方式后，可以直接调用其内部接口获取资源。

1. 获取指定资源名称对应的字符串值

(1) getStringByNameSync(resName：string)：string：以同步方式获取指定资源名称对应的字符串。resName 参数表示资源名称；返回值类型为 string，表示返回 string 类型的字符串值。该接口自 API Version 9 开始提供。

(2) getStringByNameSync(resName：string,···args：Array＜string | number＞)：string：以同步方式获取指定资源名称对应的字符串，并根据 args 参数进行格式化；resName 参数表示资源名称；args 参数表示格式化字符串资源参数；返回值类型为 string，表示返回 string 类型的字符串值。该接口自 API Version 10 开始提供。

【例 5-27】 已知 entry 模块中 resource/base/element/string.json 的文件内容如图 5.35 所示，diary 模块中 resource/base/element/string.json 的文件内容如图 5.36 所示，在 entry 模块中 src/main/ets/pages 文件夹下的 p5_27.ets 代码如下，分析点击"获取本模块指定资源名称值"按钮和"获取 diary 模块指定资源名称值"按钮后的输出结果。

```
1   Button("获取本模块指定资源名称值").onClick(() =>{
2       try {
3           let rsm=getContext(this).resourceManager
4           console.info("公司名称:", rsm.getStringByNameSync("company_name"))
5           console.info("单位法人:", rsm.getStringByNameSync("author_name"))
6       } catch (e) {
```

```
 7              console.info("获取本模块资源字符串错误:", e)
 8          }
 9      })
10      Button("获取 diary 模块指定资源名称值").onClick(()=>{
11          try {
12              let hspContext =getContext(this).createModuleContext("diary")
13              let hspRsm =hspContext.resourceManager
14              console.info("工作部门:", hspRsm.getStringByNameSync("company_name"))
15              console.info("项目经理:", hspRsm.getStringByNameSync("author_name"))
16          } catch (e) {
17              console.info("获取 diary 模块资源字符串错误", e)
18          }
19      })
```

```
{
  "string": [
    {
      "name": "company_name",
      "value": "苏江科技开发公司"
    },
    {
      "name": "author_name",
      "value": "泡泡大叔"
    }
  ]
}
```

图 5.35　entry 模块下的 string.json 文件内容

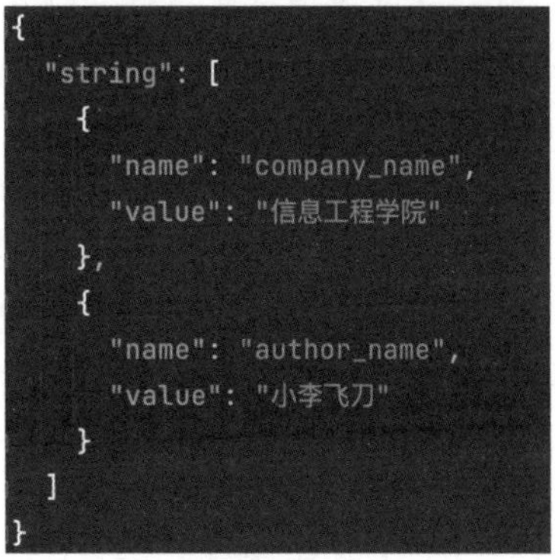

```
{
  "string": [
    {
      "name": "company_name",
      "value": "信息工程学院"
    },
    {
      "name": "author_name",
      "value": "小李飞刀"
    }
  ]
}
```

图 5.36　diary 模块下的 string.json 文件内容

上述第 3 行代码表示获得本模块资源管理对象;第 4 行代码表示从本模块的 string.json 文件中获得资源名称为 company_name 的字符串值并输出,输出结果为"公司名称:苏江科技开发公司";第 5 行代码表示从本模块的 string.json 文件中获得资源名称为 author_name 的字符串值并输出,输出结果为"单位法人:泡泡大叔"。

上述第 12 行代码表示创建一个 diary 模块的上下文对象,"createModuleContext (moduleName:string):Context"表示根据 moduleName(模块名)创建上下文(Context),该接口仅支持获取本应用中其他 Module 的 Context 和应用内 HSP 的 Context,不支持获取其他应用的 Context。

上述第 13 行代码表示获得 diary 模块资源管理对象,第 14 行代码表示从 diary 模块的 string.json 文件中获得资源名称为 company_name 的字符串值并输出,输出结果为"工作部门:信息工程学院";第 15 行代码表示从 diary 模块的 string.json 文件中获得资源名称为 author_name 的字符串值并输出,输出结果为"项目经理:小李飞刀"。

2. 获取指定资源名称对应的布尔值

getBooleanByNameSync(resName:string):boolean:以同步方式获取指定资源名称对应的布尔值。resName 参数表示资源名称;返回值类型为 boolean。该接口自 API Version 9 开始提供。

3. 获取指定资源名称对应的数值

getNumberByName(resName：string)：number：以同步方式获取指定资源名称对应的 integer 数值或者 float 数值。resName 参数表示资源名称；返回值类型为 number。该接口自 API Version 9 开始提供。

4. 获取指定资源名称对应的颜色值

（1）getColorByNameSync(resName：string)：number：以同步方式获取指定资源名称对应的颜色值。resName 参数表示资源名称；返回值类型为 number。该接口自 API Version 10 开始提供。

（2）getColorByName(resName：string, callback：AsyncCallback＜number＞)：void：以异步方式获取指定资源名称对应的颜色值，使用 callback 异步回调。resName 参数表示资源名称；callback 参数表示异步回调，用于返回获取的颜色值（十进制）。该接口自 API Version 10 开始提供。

（3）getColorByName(resName：string)：Promise＜number＞：以异步方式获取指定资源名称对应的颜色值，使用 Promise 异步回调。resName 参数表示资源名称；返回值类型为 Promise＜number＞，用于返回获取的颜色值（十进制）。该接口自 API Version 10 开始提供。

5. 获取 resources/rawfile 目录下对应的 rawfile 文件内容

（1）getRawFileContent（path：string, callback：AsyncCallback＜Uint8Array＞)：void：以异步方式获取 resources/rawfile 目录下对应的 rawfile 文件内容，使用 callback 异步回调。path 参数表示 rawfile 文件路径；callback 参数表示异步回调，用于返回获取的 rawfile 文件内容。该接口自 API Version 9 开始提供。

（2）getRawFileContent（path：string)：Promise＜Uint8Array＞：以异步方式获取 resources/rawfile 目录下对应的 rawfile 文件内容，使用 Promise 异步回调。path 参数表示 rawfile 文件路径；返回值类型为 Promise＜Uint8Array＞，用于返回获取的 rawfile 文件内容。该接口自 API Version 9 开始提供。

（3）getRawFileContentSync(path：string)：Uint8Array：以同步方式获取 resources/rawfile 目录下对应的 rawfile 文件内容。path 参数表示 rawfile 文件路径；返回值类型为 Uint8Array，表示返回 Uint8Array 类型的 rawfile 文件内容。该接口自 API Version 10 开始提供。

6. 获取 resources/rawfile 目录下文件夹及文件列表

（1）getRawFileListSync(path：string)：Array＜string＞：以同步方式获取 resources/rawfile 目录下文件夹及文件列表；若文件夹中无文件，则不返回；若文件夹中有文件，则返回文件夹及文件列表。path 参数表示 rawfile 文件夹路径（path 为""""表示获取 rawfile 根目录下的文件列表）；返回值类型为 Array＜string＞，表示返回 rawfile 文件目录下的文件夹及文件列表。该接口自 API Version 10 开始提供。

（2）getRawFileList（path：string, callback：AsyncCallback＜Array＜string＞＞)：void：以异步方式获取 resources/rawfile 目录下文件夹及文件列表，使用 callback 异步回调；若文件夹中无文件，则不返回；若文件夹中有文件，则返回文件夹及文件列表。path 参

数表示 rawfile 文件夹路径；callback 参数表示异步回调，用于返回 rawfile 文件目录下的文件夹及文件列表。该接口自 API Version 10 开始提供。

（3）getRawFileList(path：string)：Promise＜Array＜string＞＞：以异步方式获取 resources/rawfile 目录下文件夹及文件列表，使用 Promise 异步回调；若文件夹中无文件，则不返回；若文件夹中有文件，则返回文件夹及文件列表。path 参数表示 rawfile 文件夹路径；返回值类型为 Promise＜Array＜string＞＞，表示返回 rawfile 文件目录下的文件夹及文件列表。该接口自 API Version 10 开始提供。

7. 获取 resources/rawfile 目录下对应 rawfile 文件的 descriptor

（1）getRawFd(path：string，callback：AsyncCallback＜RawFileDescriptor＞)：void：以异步方式获取 resources/rawfile 目录下对应 rawfile 文件的 descriptor 信息，使用 callback 异步回调。path 参数表示 rawfile 文件路径；callback 参数表示异步回调，用于返回获取的 rawfile 文件的 descriptor，RawFileDescriptor 类型属性及功能说明如表 5.46 所示。该接口自 API Version 9 开始提供。

表 5.46 RawFileDescriptor 类型属性及功能说明

参 数 名	类 型	功 能 说 明
fd	number	表示 rawfile 文件所在 hap 的文件描述符
offset	number	表示 rawfile 文件的起始偏移量
length	number	表示 rawfile 文件的文件长度

（2）getRawFd(path：string)：Promise＜RawFileDescriptor＞：以异步方式获取 resources/rawfile 目录下对应 rawfile 文件的 descriptor 信息，使用 Promise 异步回调。path 参数表示 rawfile 文件路径；返回值类型为 Promise＜RawFileDescriptor＞，表示返回 rawfile 文件目录下对应 rawfile 文件的 descriptor 信息。该接口自 API Version 9 开始提供。

（3）getRawFdSync(path：string)：RawFileDescriptor：以同步方式获取 resources/rawfile 目录下对应 rawfile 文件的 descriptor 信息。path 参数表示 rawfile 文件路径；返回值类型为 RawFileDescriptor，表示返回 rawfile 文件目录下对应 rawfile 文件的 descriptor 信息。该接口自 API Version 10 开始提供。

【例 5-28】 已知在模块的 resource/rawfile 中存放了一个英语四级词汇文件 phases.txt，设计如图 5.37 所示的单词词汇显示页面，点击页面上的"复习词汇"按钮，会将 phases.txt 文件中的内容显示在页面上。

图 5.37 单词词汇显示页面

从如图 5.37 所示的页面效果可以看出，整个页面按 Column 方式布局，"复习词汇"按钮由 Button 组件实现，单词词汇内容的显示区由 Text 组件和 Scroll 组件实现，由 Scroll 组件控制 Text 组件上显示内容的垂直方向滚动，详细实现步骤如下。

(1) 自定义 ReadRawFileUtil.ts 类读资源文件。

在 ets/common 创建 utils 文件夹，右击 utils 文件夹，在弹出的菜单中选择 New→TypeScript 命令新建 ReadRawFileUtil.ts 类，实现代码如下。

```
1   import resourceManager from '@ohos.resourceManager'
2   import fs from "@ohos.file.fs"
3   import buffer from '@ohos.buffer'
4   export class ReadRawFileUtil {
5   rawContent: string                    //保存读出的文件内容
6       async  readRawFileContent ( rsm:  resourceManager. ResourceManager,
        rawFileName: string) {
7         try {
8           let rfd =await rsm.getRawFd(rawFileName)   //获取指定文件的 descriptor 信息
9           let fd =rfd.fd                //获取文件的 fd
10          let offset =rfd.offset        //获取读出文件的起始位置
11          let length =rfd.length        //获取期望读出的文件长度
12          console.info("nnutc 文件描述符,偏移量,长度:", fd, offset, length)
13          let arrayBuff =new ArrayBuffer(length)
14          let number = fs.readSync(fd, arrayBuff, { offset: 0 })
15          let buff =buffer.from(arrayBuff, 0,number)
16          this.rawContent =buff.toString()
17          return this.rawContent
18        } catch (e) {
19          console.info("nnutc", ("nnutc 读文件错误:" +e))
20        }
21    }
22  }
```

上述第 6 行代码的 rsm 表示 resourceManager 对象；第 14 行代码表示根据文件的 fd，以同步方式从文件开始位置处（offset 的值为 0）读出文件内容后存放到 arrayBuff 中；第 15、16 行代码表示将 arrayBuff 中的内容转换为 string 类型的字符串。

(2) 单词词汇显示页面的功能实现。

点击页面上的"复习词汇"按钮，实例化 ReadRawFileUtil.ts 类对象，并调用 readRawFileContent()方法读出 resource/rawfile 中存放的英语四级词汇文件 phases.txt。实现代码如下。

```
1   import { ReadRawFileUtil } from '../common/utils/ReadRawFileUtil';
2   @Entry
3   @Component
4   struct P5_28 {
5     @State content: string =''
6     scroller: Scroller =new Scroller()
7     build() {
8       Column() {
9         Row() {
10          Button("复习词汇").onClick(async () =>{
```

```
11          let rsm =getContext().resourceManager
12          let readRawFileUtil =new ReadRawFileUtil()
13          this.content = await readRawFileUtil.readRawFileContent(rsm,
    "phases.txt")
14       }).type(ButtonType.Normal).fontSize(20).width("30%")
15     }
16     Scroll(this.scroller) {
17       Text(this.content).fontSize(20)
18     }.scrollBarWidth(10)
19   }.width('100%')
20   }
21   }
```

上述第 12 行代码表示实例化 readRawFileUtil 对象,第 13 行代码表示调用 readRawFileContent()方法从资源文件 phases.txt 中读出文件内容后,通过状态变量 content 显示在 Text 组件上。第 16~18 行代码表示以垂直滚屏的方式显示 Text 组件上的内容。

5.4.2 Search 组件

Search(搜索框)组件用于在搜索框中输入内容,其接口格式如下。

```
1  Search (options?: { value?: string, placeholder?: ResourceStr, icon?:
   string, controller?: SearchController })
```

(1) value 参数用于设置当前显示的搜索文本内容。
(2) placeholder 参数用于设置无输入时的提示文本信息。
(3) icon 参数用于设置搜索图标路径,默认合适系统搜索图标。
(4) controller 参数设置 Search 组件控制器。

为了满足各种应用开发场景的需要,该组件除支持通用属性和通用事件外,还支持如表 5.47 所示的属性和如表 5.48 所示的事件。

表 5.47 Search 组件属性及功能

属 性 名	类 型	功 能 说 明
searchButton	value:string,option?:SearchButtonOptions	设置搜索框末尾搜索按钮文本内容,默认无搜索按钮
placeholderColor	ResourceColor	设置 placeholder 文本颜色。默认值为'#99182431'
placeholderFont	Font	设置 placeholder 文本的字体大小、字体粗细、字体族和字体风格等样式。目前仅支持默认字体族
textFont	Font	设置搜索框内输入文本的字体大小、字体粗细、字体族和字体风格等样式。目前仅支持默认字体族

续表

属性名	类型	功能说明
textAlign	TextAlign	设置文本在搜索框中的对齐方式，目前属性值包括 TextAlign.Start（默认值）、TextAlign.Center、TextAlign.End 等
copyOption	CopyOptions	设置输入的文本是否可复制，目前属性值包括 CopyOptions.LocalDevice（默认值，支持设备内复制）、CopyOptions.None（不支持复制，但支持粘贴）、CopyOptions.InApp（支持应用内复制）
searchIcon	IconOptions	设置左侧搜索图标样式，IconOptions 类型包括 size（Length，尺寸大小）、color（ResourceColor，颜色）和 src（ResourceStr，图标/图片源）参数
cancelButton	{style?:CancelButtonStyle icon?:IconOptions}	设置右侧清除按钮样式，默认值为{style:CancelButtonStyle.INPUT}
fontColor	ResourceColor	设置输入文本的字体颜色，默认值为'#FF182431'
caretStyle	CaretStyle	设置光标样式，默认值为{width:'1.5vp',color:'#007DFF'}
enableKeyboardOnFocus	boolean	设置 Search 获焦时是否绑定输入法，默认值为 true
selectionMenuHidden	boolean	设置长按输入框或者右击输入框时，是否弹出文本选择菜单；默认值为 false
customKeyboard	CustomBuilder	设置自定义键盘

表 5.48　Search 组件事件及功能

事件名	功能说明
onSubmit(callback:(value:string)=>void)	点击搜索图标、搜索按钮或者按下软键盘搜索按钮时触发该回调，value 表示当前搜索框中输入的文本内容
onChange(callback:(value:string)=>void)	输入内容发生变化时触发该回调，value 表示当前搜索框中输入的文本内容
onCopy(callback:(value:string)=>void)	长按搜索框弹出剪贴板之后，点击剪贴板的复制按钮触发该回调；value 表示复制的文本内容
onCut(callback:(value:string)=>void)	长按搜索框弹出剪贴板之后，点击剪贴板的剪切按钮触发该回调；value 表示剪切的文本内容
onPaste(callback:(value:string)=>void)	长按搜索框弹出剪贴板之后，点击剪贴板的粘贴按钮触发该回调；value 表示粘贴的文本内容
onTextSelectionChange(callback:(selectionStart: number, selectionEnd: number)=>void)	文本选择的位置发生变化时触发该回调，selectionStart 表示文本选择区域起始位置(文本框中文字的起始位置为 0)，selectionEnd 表示文本选择区域结束位置

续表

事件名	功能说明
onContentScroll(callback：(totalOffsetX：number，totalOffsetY：number) => void)	文本内容滚动时触发该回调，totalOffsetX 表示文本在内容区的横坐标偏移，totalOffsetY 表示文本在内容区的纵坐标偏移

【例 5-29】 在例 5-28 的基础上增加词汇搜索功能，在"复习词汇"按钮下方添加搜索框组件，在搜索框中输入搜索内容后单击搜索框右侧的"搜索"按钮，会将以搜索内容开头的词汇显示在页面上，运行效果如图 5.38 所示。

图 5.38 单词词汇搜索页面

从如图 5.38 所示的页面效果可以看出，在例 5-28 的基础上搜索框由 Search 组件实现，"您要查找的词汇：**"信息由 Text 组件，详细实现步骤如下。

(1) 自定义 getDetails()方法实现根据指定分隔符分隔字符串。

由于例 5-28 实现代码中 ReadRawFileUtil.ts 类的 readRawFileContent()方法读出的资源文件内容为 string 类型，每个词汇之间以"\n"字符串分隔，所以本例定义 getDetails()方法将字符串分离为 string 类型的数组，详细代码如下。

```
1    getDetails(rawContent: string, delimiter: string) {
2        let details = rawContent.split(delimiter)
3        return details
4    }
```

上述第 1 行代码中的 rawContent 表示待分隔的字符串，delimiter 表示分隔符；第 2 行代码表示使用指定的分隔符(delimiter)将字符串(rawContent)拆分为子字符串(details)，并将其作为数组返回。

(2) 自定义根据指定查找内容查找字符串元素的findDetails()方法。

从资源文件中读出内容并分离出的每个词汇保存在词汇数组中，根据关键词从词汇数组中查找包含指定关键词的词汇，并将词汇保存到另一个数组中，详细代码如下。

```
1    findDetail(details: string[], findKey: string) {
2      let result =new Array<string>()
3      for (let index =0; index <details.length; index++) {
4        let findIndex =details[index].trim().indexOf(findKey)
5        if (findIndex ==0) result.push(details[index])
6      }
7      return result
8    }
```

上述第4、5行代码表示查找findKey在details数组元素中首次出现的位置，如果首次出现的位置为0(若为-1表示没有找到findKey)，则表示details数组元素以findKey开头，并将该数组元素添加到result数组中。

(3) 单词词汇搜索页面的功能实现。

单击页面上的搜索框右边的"搜索"按钮，首先调用readRawFileContent()方法读出resource/rawfile中存放的英语四级词汇文件内容，然后调用getDetails()分离出每个词汇，最后调用findDetail()方法从所有词汇中找出指定字符串开头的词汇，并将其以字符串形式显示在Text组件上，详细实现代码如下。

```
1    struct P5_29 {
2      @State result: string[] =[]           //保存解析后的所有词汇
3      @State editValue: string =""          //保存搜索框中正在输入的内容
4      //content、scroller定义代码与例5-28一样,此处略
5      build() {
6        Column() {
7          //"复习词汇"按钮代码与例5-28一样,此处略
8          Search({ value: this.editValue, placeholder: "请输入搜索内容..." }).searchButton("搜索")
9            .onSubmit(async (value) =>{
10             let rsm =getContext().resourceManager
11             let readRawFileUtil =new ReadRawFileUtil()
12             let content =await readRawFileUtil.readRawFileContent(rsm, "phases.txt")
13             let details =readRawFileUtil.getDetails(content, "\n")
14             this.result =readRawFileUtil.findDetail(details, value)
15             this.content =this.result.join("\n")
16           })
17           .onChange((value) =>{
18             this.editValue =value           //获取输入框中输入的内容
19           })
20         Text(`您要查找的词汇:${this.editValue}`).fontSize(20).padding(10)
21         //显示查询结果代码与例5-28一样,此处略
22       }.width('100%')
23     }
24   }
```

上述第 15 行代码表示将 result 数组中元素转换为字符串，数组元素之间用"\n"连接；第 17~19 行代码表示输入框中输入内容发生变化时将输入的内容保存在 editValue 中，并显示在搜索框下方的 Text 组件中。

5.4.3 Badge 组件

Badge(标记)组件用于在单个组件上附加信息标记，其接口格式如下。

```
1  Badge(value: BadgeParamWithNumber|BadgeParamWithString)
```

value 参数用于设置信息标记内容，如果参数值类型为 BadgeParamWithNumber，则表示创建数字标记，BadgeParamWithNumber 类型的参数及功能说明如表 5.49 所示；如果参数值类型为 BadgeParamWithString，则表示创建字符串标记，BadgeParamWithString 类型的参数及功能说明如表 5.50 所示。

表 5.49　BadgeParamWithNumber 类型参数及功能说明

参数名	类型	必填	功能说明
count	number	是	表示提示消息数，但小于或等于 0 时不显示信息标记，非整数时会舍去小数部分取整数部分
position	BadgePosition|Position	否	表示提示点显示位置，默认值为 BadgePosition.RightTop(右上方)
maxCount	number	否	表示最大消息数，默认值为 99；如果超过最大消息时仅显示 maxCount＋
style	BadgeStyle	是	表示 Badge 组件可设置样式，BadgeStyle 类型的参数包括 color(文本颜色)、fontSize(文本大小)、badgeSize(Badge 大小)、badgeColor(Badge 的颜色)、fontWeight(文本字体粗细)、borderColor(底板描边颜色)和 borderWidth(底板描边粗细)

表 5.50　BadgeParamWithString 类型参数及功能说明

参数名	类型	必填	功能说明
value	string	是	表示提示消息内容
position	BadgePosition|Position	否	表示提示点显示位置，默认值为 BadgePosition.RightTop(右上方)
style	BadgeStyle	是	表示 Badge 组件可设置样式，支持设置文本颜色、尺寸、圆点颜色和尺寸

【例 5-30】　在例 5-29 的基础上增加标记信息功能，点击搜索框右侧的"搜索"按钮后，会在"您要查找的词汇＊＊＊"左侧显示"NEW"标记，右侧添加一个短信图标及在其右上角显示查找到的词汇数量，页面效果如图 5.39 所示。

在例 5-29 的基础上，搜索框下方的"您要查找的词汇：＊＊"信息由 Text 和 Badge 组件实现，详细实现代码如下。

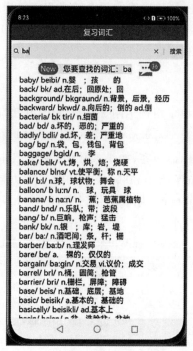

图 5.39 单词词汇搜索页面

```
1   struct P5_30 {
2     //result、editValue、content、scroller 定义代码与例 5-29 一样,此处略
3     build() {
4       Column() {
5         //Button("复习词汇")
6         //"复习词汇"按钮代码与例 5-28 一样,此处略
7         //"搜索框"代码与例 5-29 一样,此处略
8         Row({ space: 20 }) {
9           Badge({
10            value: "New",                    //显示"New"字符串
11            style: { badgeSize: 30,fontSize: 20,badgeColor: '#FA2A2D' },
12            position: BadgePosition.Left     //"New"显示在 Text 组件左侧
13          }) {
14            Text('您要查找的词汇:${this.editValue}')
15              .fontSize(20).textAlign(TextAlign.End)
16              .backgroundColor(Color.Yellow).width(250)
17          }
18          Badge({
19            count: this.result.length,       //显示查找符合条件的词汇数量
20            style: { badgeSize: 25, fontSize: 15, badgeColor: '#FA2A2D' },
21            position: BadgePosition.RightTop //数字标记显示在右上角
22          }) {
23            Image($r("app.media.msg")).width(35).height(35)
24          }.width(50)
25        }
```

```
26          //Scroll 组件代码与例 5-28 一样,此处略
27        }.width('100%')
28      }
29  }
```

5.4.4 关系数据接口

基于关系模型的数据库都是以行和列的形式存储数据,每一行数据对应一条记录,每一列数据对应一个属性。OpenHarmony 基于 SQLite 组件不仅对外提供了一系列的增、删、改、查等接口来实现对本地关系数据库的操作,而且它提供的关系数据库功能更完善,查询效率更高。ArkTS 开发框架的"@ohos.data.relationalStore"模块中提供了一套完整的对本地数据库进行管理的能力,目前支持 number、string、boolean 及二进制类型数据,同时为了保证成功插入并读出数据,建议一条数据不超过 2MB。应用开发中使用"@ohos.data.relationalStore"模块相关功能之前,需要先用如下代码导入该模块。

```
1  import relationalStore from '@ohos.data.relationalStore'
```

1. 数据库操作

1) 创建数据库对象

(1) relationalStore.getRdbStore(context: Context, config: StoreConfig): Promise<RdbStore>:创建一个与 config 参数指定数据库相关的 RdbStore 对象,RdbStore 对象提供了操作关系数据库的接口,通过该对象调用相关接口执行增、删、改、查等操作,结果以 Promise 形式返回。context 参数表示应用的上下文;config 参数表示与关系数据库存储相关的数据库配置,StoreConfig 类型对象的参数及功能说明如表 5.51 所示;返回值类型为 Promise<RdbStore>,表示 Promise 回调函数返回一个 RdbStore 对象。

表 5.51 StoreConfig 类型参数及功能说明

参 数 名	类 型	必 填	功 能 说 明
name	string	是	表示数据库文件名,也是数据库唯一标识符
securityLevel	SecurityLevel	是	表示数据库安全级别,包括 S1(低级,如壁纸等系统数据泄露)、S2(中级影响,如录音、视频等用户生成数据泄露)、S3(高级影响,如用户运动、健康等信息泄露)、S4(高级影响,如认证凭据、财力数据等信息泄露)
encrypt	boolean	否	表示数据库是否加密,默认不加密
dataGroupId	string	否	表示应用组 ID(需要向应用市场获取),指定在此 dataGroupId 对应的沙箱路径下创建 relationalStore 实例,当此参数不填时,默认在本应用沙箱目录下创建 relationalStore 实例

【例 5-31】 单击页面上的"创建任务数据库"按钮,创建一个安全级别为低级的数据库文件(文件名为 tasks.db)的实现代码如下。

```
1  struct P5_31{
2    @State message: string =''
```

```
3      @State context: Context =getContext(this) as common.UIAbilityContext
4      @State rdbStore: relationalStore.RdbStore =null
5      tasks_config ={
6        name: "tasks.db",
7        securityLevel: relationalStore.SecurityLevel.S1
8      }
9      build() {
10       Column() {
11         Button("创建任务数据库").onClick(async () =>{
12           try {
13             this.rdbStore = await relationalStore.getRdbStore(this.context,
   this.tasks_config)
14             this.message ="创建任务数据库成功"
15           } catch (e) {
16             this.message ="创建任务数据库失败" +e
17           }
18           console.info("nnutc", this.message)
19         })
20       }.width('100%')
21     }
22   }
```

上述代码执行后，数据库文件（本例为tasks.db）存放在/data/storage/el2/database/entry/rdb目录下，其中的entry表示模块名称。

（2）relationalStore.getRdbStore(context：Context，config：StoreConfig，callback：AsyncCallback<RdbStore>)：void：创建一个与config参数指定数据库相关的RdbStore对象，使用callback异步回调。context和config参数功能说明与上述一样，callback参数表示获取到RdbStore对象后的回调函数。

2）删除数据库对象

（1）relationalStore.deleteRdbStore(context：Context，name：string)：Promise<void>：删除指定数据库文件，结果以Promise形式返回。context参数表示应用的上下文；name参数表示要删除的数据库文件名称，返回值类型为Promise<void>。

【例5-32】 在例5-31的基础上，单击页面上的"删除任务数据库"按钮，删除文件名为tasks.db的数据库文件的实现代码如下。

```
1    Button("删除任务数据库").onClick(async () =>{
2      try {
3        await relationalStore.deleteRdbStore(this.context, "tasks.db")
4        this.rdbStore =undefined
5        this.message ="删除任务数据库成功"
6      } catch (e) {
7        this.message ="删除任务数据库失败" +e
8      }
9      console.info("nnutc", this.message)
10   })
```

（2）relationalStore.deleteRdbStore(context：Context，name：string，callback：AsyncCallback<void>)：void：删除指定数据库文件，使用callback异步回调。context和

name 参数功能说明与上述一样；callback 参数表示数据库删除后的回调函数。

（3）relationalStore.deleteRdbStore(context：Context，config：Store)：Promise＜void＞：使用指定的数据库文件配置删除数据库，结果以 Promise 形式返回。context 参数表示应用的上下文；config 参数表示要删除数据库文件相关的数据库配置，返回值类型为 Promise＜void＞。该接口自 API Version 10 开始提供，若数据库文件处于公共沙箱目录下，则删除数据库时必须使用该接口。

（4）relationalStore.deleteRdbStore(context：Context，config：StoreConfig，callback：AsyncCallback＜void＞)：void：使用指定的数据库文件配置删除数据库，使用 callback 异步回调。context 和 config 参数功能说明与上述一样；callback 参数表示数据库删除后的回调函数。该接口自 API Version 10 开始提供，若数据库文件处于公共沙箱目录下，则删除数据库时必须使用该接口。

2．表操作

RdbStore 接口提供了 executeSql()（执行 SQL 语句）、insert()（插入记录）、update()（修改记录）、delete()（删除记录）和 query()（查询记录）等管理数据库的方法。

1）创建表结构

RdbStore 提供的 executeSql() 方法用于执行 SQL 语句，通过 SQL 语句可以创建表结构。

（1）executeSql(sql：string，bindArgs？：Array＜ValueType＞)：Promise＜void＞：执行包含指定参数但不返回值的 SQL 语句，结果以 Promise 形式返回。sql 参数表示指定要执行的 SQL 语句；bindArgs 参数表示 SQL 语句中参数的值，ValueType 用于表示允许的如表 5.52 所示的数据字段类型。

表 5.52 ValueType 包括的字段类型及说明

类 型	说 明	类 型	说 明
number	数字类型	Uint8Array	Uint8 类型的数组，自 API Version 10 开始提供
string	字符类型	Asset	附件 Asset 类型，自 API Version 10 开始提供
boolean	布尔类型	Assets	附件数组 Assets 类型，自 API Version 10 开始提供
null	空类型，自 API Version 10 开始提供		

【例 5-33】 在例 5-31 的基础上，单击页面上的"创建任务表"按钮后，在 tasks.db 数据库中创建如表 5.53 所示表结构的 tasks 表，实现代码如下。

表 5.53 tasks 表结构及功能说明

字 段 名	类 型	功 能 说 明	字 段 名	类 型	功 能 说 明
id	integer	任务编号（主键，自动增加）	taskName	text	任务名称
taskContent	text	任务内容	taskFinished	bit	是否完成

```
1   Button("创建任务表").onClick(async () =>{
2     try {
3       const CREATE_TABLE = `create table if not exists tasks(
4         id integer primary key autoincrement,   //任务编号,整型,主键自增
5         taskName text not null,                 //任务名称,文本型,不能为空
6         taskContent text,                        //任务内容
7         taskFinished bit)`                       //是否完成,二进制位
8       await this.rdbStore.executeSql(CREATE_TABLE)
9       console.info("nnutc", "tasks 表创建成功")
10    } catch (e) {
11      console.info("nnutc", "tasks 表创建失败" +e)
12    }
13  })
```

上述第 3~7 行代码为创建 tasks 表结构的 SQL 语句,其中的"if not exists tasks"表示如果指定数据库中不存在 tasks 表,则创建该表。

(2) executeSql(sql: string, bindArgs: Array<ValueType>, callback: AsyncCallback<void>): void:执行包含指定参数但不返回值的 SQL 语句,结果以 callback 形式返回。sql 和 bindArgs 参数功能说明与上述一样;callback 参数表示执行 SQL 语句后的回调函数。

例如,在例 5-33 的基础上,删除 tasks 表中任务名称为"阅读"的任务信息实现代码如下。

```
1   const SQL_DELETE_TABLE ="delete from tasks where taskName =? "
2   let bindArgs = ['阅读']
3   this.rdbStore.executeSql(SQL_DELETE_TABLE,bindArgs, (err) =>{
4     if (err) {
5       console.error"nnutc", "tasks 表记录删除失败" +err)
6       return
7     }
8     console.info("nnutc", "tasks 表记录删除成功")
9   })
```

上述第 1 行代码中的"?"为 SQL 语句中的参数占位符,执行时该占位符由第 3 行代码中的 bindArgs 数组对应。

(3) executeSql(sql: string, callback: AsyncCallback<void>): void:执行包含指定参数但不返回值的 SQL 语句,结果以 callback 形式返回。sql 参数表示指定要执行的 SQL 语句;callback 参数表示执行 SQL 语句后的回调函数。该方法自 API Version 10 起开始提供。

2) 插入表记录

(1) insert(name: string, values: ValuesBucket): Promise<number>:向指定表中插入一条记录,结果以 Promise 形式返回。name 参数表示插入记录的目标表名称;values 参数表示要插入表中的记录行,它的值为如"{ "taskName": this.tempName, "taskFinished": 0 }"所示的键值对。返回值类型为 Promise<number>,表示插入记录后的 Promise 回调函数,如果操作成功,返回插入记录的 ID,否则返回-1。

【例 5-34】 在例 5-33 的基础上,单击页面上的"添加任务"按钮,弹出如图 5.40 所示的"新建任务"对话框,在"请输入任务名称"和"请输入任务内容"输入框中输入相应内容后,点

击"确定"按钮,在task表中插入一条任务记录,实现步骤如下。

图5.40 新建任务对话框

① 自定义"新建任务"对话框。

使用@CustomDialog装饰器装饰自定义如图5.40所示的对话框,具体实现代码如下。

```
1   @CustomDialog
2   export struct TaskDialog {
3     controller: CustomDialogController
4     @State tempName: string =""          //任务名称
5     @State tempContent: string =""       //任务内容
6     @Link context: Context
7     @Link rdbStore: relationalStore.RdbStore
8     build() {
9       Column({space:5}) {
10        Text('新建任务').fontSize(25)
11        TextInput({ placeholder: '请输入任务名称' })
12          .fontSize(25).placeholderFont({ size: 25 }).borderRadius(0)
13          .backgroundColor(Color.White).width("80%")
14          .onChange((value) =>{
15            this.tempName =value
16          })
17        TextArea({ placeholder: '请输入任务内容' })
18          .fontSize(25).placeholderFont({ size: 25 }).borderRadius(0)
19          .backgroundColor(Color.White).width("80%").height(100)
20          .onChange((value) =>{
21            this.tempContent =value
22          })
23        Divider()
24        Row({ space: 30 }) {
25          Button("取消").type(ButtonType.Normal).backgroundColor(Color.White)
26            .fontSize(25).fontColor(Color.Gray)
27            .onClick(() =>{
28              this.controller.close()
29            })
30          Button("确定")
31            .type(ButtonType.Normal).backgroundColor(Color.White)
32            .fontColor(Color.Gray).fontSize(25)
33            .onClick(() =>{
34              var value = { "taskName": this.tempName, "taskContent": this.tempContent, "taskFinished": 0 }
```

```
35            let promise =this.rdbStore.insert("tasks", value)
36            promise.then((number) =>{
37              console.info("插入的记录ID:", number)
38            })
39            this.controller.close()
40         })
41       }
42    }.padding({ top: 10,bottom:10 }).backgroundColor(Color.Gray)
43   }
44 }
```

上述第33~40行代码表示点击对话框中的"确定"按钮执行插入记录操作,其中,第34行代码表示定义插入的记录内容、第35行代码表示调用insert()方法插入记录内容。

② 点击"添加任务"按钮的功能实现。

点击"添加任务"按钮后,弹出上述自定义的TaskDialog对话框,实现代码如下。

```
1  struct P5_31{
2    //定义message、context、rdbStore、tasks_config代码略
3    controller: CustomDialogController =new CustomDialogController({
4        builder: TaskDialog({context: this.context, rdbStore: this.rdbStore})
5    })
6    build() {
7      Column() {
8        //创建任务数据库按钮功能实现代码略
9        //删除任务表按钮功能实现代码略
10       Button("添加任务").onClick(() =>{
11         this.controller.open()              //弹出"新建任务"对话框
12       }).width('100%')
13     }.width('100%')
14   }
15 }
```

(2) insert(name: string, values: ValuesBucket, callback: AsyncCallback<number>): void:向指定表中插入一条记录,结果以callback形式返回。name和values参数功能说明与上述一样;callback参数表示插入记录后的回调函数,如果操作成功,返回插入记录的ID,否则返回-1。

(3) insert(name: string, values: ValuesBucket, conflict: ConflictResolution, callback: AsyncCallback<number>): void:向指定表中插入一条记录,结果以callback形式返回。name和values参数功能说明与上述一样;conflict参数表示指定冲突解决方式;callback参数表示插入记录后的回调函数,如果操作成功,返回插入记录的ID,否则返回-1。该方法自API Version 10起开始提供。

(4) batchInsert(name: string, values: Array<ValuesBucket>): Promise<number>:向指定表中插入一组记录,结果以Promise形式返回。name参数表示插入记录组的目标表名称;values参数表示要插入表中的记录组。返回值类型为Promise<number>,表示插入记录组后的Promise回调函数,如果操作成功,返回插入记录的条数,否则返回-1。

【例5-35】 在例5-34的基础上,点击页面上的"添加一批任务"按钮,向tasks表中添加

如表 5.54 所示的三条记录内容，实现代码如下。

表 5.54 待添加的 tasks 表记录内容

任务编号	任务名称	任务内容	是否完成
自增	阅读	阅读英语词汇第 5～10 页	否(0)
自增	社团招新	计划在本周内完成招新宣讲	是(1)
自增	实习面试	为参加下周的暑期实习面试做个人简历	否(0)

```
1   Button("添加一批任务").onClick(() =>{
2       var value1={ "taskName":"阅读", "taskContent":"阅读英语词汇第 5～10
        页", "taskFinished": 0}
3       var value2={ "taskName":"社团招新", "taskContent":"计划在本周内完成
        招新宣讲", "taskFinished": 1 }
4       var value3={ "taskName":"实习面试", "taskContent":"计划在本周内完成
        招新宣讲", "taskFinished": 0}
5       var valueBuckets =new Array(value1, value2, value3)
6       let promise =this.rdbStore.batchInsert("tasks", valueBuckets)
7       promise.then((number) =>{
8           console.info("添加记录数为:", number)
9       })
10  })
```

（5）batchInsert（name：string，values：Array＜ValuesBucket＞，callback：AsyncCallback＜number＞）：void：向指定表中插入一组记录，结果以 callback 形式返回。name 和 values 参数功能说明与上述一样；callback 参数表示插入记录组后的回调函数，如果操作成功，返回插入记录的条数，否则返回－1。

3）删除表记录

（1）delete(predicates：RdbPredicates)：Promise＜number＞：根据 predicates 的指定实例对象从表中删除记录，结果以 Promise 形式返回。predicates 参数表示删除记录的条件，它的值为 RdbPredicates 类型（关系数据库的谓词类）。返回值类型为 Promise ＜number＞，表示删除记录后的 Promise 回调函数，返回受影响的记录条数。

RdbPredicates 类用来确定关系数据库中条件表达式的值是 true 还是 false，创建条件表达式前需要首先需要构造一个 RdbPredicates 类型的实例化对象，然后再使用如表 5.55 所示的方法组合成操作关系数据库的条件表达式。

例如，构造 tasks 表的 RdbPredicates 类型的实例化对象代码如下。

```
1   let predicates =new relationalStore.RdbPredicates("tasks")
```

表 5.55 RdbPredicates 类的方法及功能说明

方 法 名	功 能 说 明
equalTo（field：string，value：ValueType）	匹配 field 字段为 value 的记录，例如，predicates.equalTo("taskName"，"实习面试")表示任务名称为"实习面试"

续表

方 法 名	功 能 说 明
notEqualTo（field：string，value：ValueType）	匹配field字段不为value的记录，例如，predicates.notEqualTo("taskName","实习面试")表示任务名称不为"实习面试"
or()	或条件，例如，predicates.equalTo("taskName","实习面试").or().equalTo("taskContent","阅读英语词汇第5～10页")表示任务名称为"实习面试"或任务内容为"阅读英语词汇第5～10页"
and()	与条件，例如，predicates.equalTo("taskName","实习面试").and().equalTo("taskFinished",0)表示任务名称为"实习面试"并且任务未完成
beginWrap()	添加左括号
endWrap()	添加右括号，例如，predicates.equalTo("taskFinished",1).beginWrap().equalTo("taskName","实习面试").or().equalTo("taskName","阅读").endWrap()表示任务已完成，并且任务名称为"实习面试"或"阅读"
contains（field：string，value：string）	匹配field字段包含value的记录，例如，predicates.contains("taskName","实习")表示任务名称中包含"实习"
beginsWith（field：string，value：string）	匹配field字段以value开头的记录，例如，predicates.beginsWith("taskName","实习")表示任务名称以"实习"开头
endsWith（field：string，value：string）	匹配field字段以value结尾的记录，例如，predicates.endsWith("taskName","实习")表示任务名称以"实习"结尾
isNull(field：string)	匹配field字段为null的记录，例如，predicates.isNull("taskName")表示任务名称为null
isNotNull(field：string)	匹配field字段不为null的记录，例如：predicates.isNotNull("taskName")表示任务名称不为null
like(field：string，value：string)	匹配field字段类似value的记录，例如，predicates.like("taskName","%实习%")表示任务名称类似"实习"
glob（field：string，value：string）	匹配field字段为value的记录；value值支持通配符，"*"表示0个、1个或多个数字或字符，"?"表示1个数字或字符
between（field：string，low：ValueType，high：ValueType）	匹配field字段在low(含)与high(含)之间的记录，例如，predicates.between("taskFinished",0,1)表示是否完成字段值在[0,1]之间
notBetween(field：string，low：ValueType，high：ValueType)	匹配field字段不在low(不含)与high(不含)之间的记录
greaterThan（field：string，value：ValueType）	匹配field字段大于value的记录，例如，predicates.greaterThan("taskFinished",0)表示是否完成字段值大于0
greaterThanOrEqualTo（field：string，value：ValueType）	匹配field字段大于或等于value的记录，例如，predicates.greaterThanOrEqualTo("taskFinished",0)
lessThan（field：string，value：ValueType）	匹配field字段小于value的记录，例如，predicates.lessThan("taskFinished",0)表示是否完成字段值小于0
lessThanOrEqualTo（field：string，value：ValueType）	匹配field字段小于或等于value的记录，例如，predicates.lessThanOrEqualTo("taskFinished",1)

续表

方 法 名	功 能 说 明
orderByAsc(field:string)	按 field 字段值升序排序记录，例如，predicates.orderByAsc("taskName")表示按任务名称排序记录
orderByDesc(field:string)	按 field 字段值降序排序记录，例如，predicates.orderByDesc("taskName")
distinct()	过滤重复记录并仅保留其中一个，例如，predicates.equalTo("taskName","实习").distinct()表示过滤任务名称为"实习"的记录并仅保留1条任务名称为"实习"的记录
limitAs(value:number)	指定最大记录数为 value，例如，predicates.equalTo("taskName","实习").limitAs(3)表示过滤任务名称为"实习"的记录并保留其中最多3条记录
groupBy(fields:Array\<string\>)	按 fields 字段数组分组记录，例如，predicates.groupBy(["taskName","taskFinished"])表示按任务名称和是否完成分组记录
indexedBy(indexName:string)	按 indexName 索引字段排序记录，例如，predicates.indexedBy("taskName")表示按任务名称索引名称排序记录
in(field:string,value:Array\<ValueType\>)	匹配 field 字段在指定 value 范围内的记录，例如，predicates.in("taskName",["实习面试","阅读"])表示任务名称是"实习面试""阅读"的记录
notIn(field:string,value:Array\<ValueType\>)	匹配 field 字段不在指定 value 范围内的记录，例如，predicates.notIn("taskName",["实习面试","阅读"])表示任务名称不是"实习面试""阅读"的记录
inDevices(devices:Array\<string\>)	同步分布式数据库时连接到组网内指定的远程设备
inAllDevices()	同步分布式数据库时连接到组网内所有的远程设备

【例 5-36】 在例 5-35 的基础上，点击页面上的"删除任务"按钮，从 tasks 表中删除已完成任务的表记录内容，实现代码如下。

```
1    Button("删除任务").onClick(async () =>{
2        let predicates =new relationalStore.RdbPredicates("tasks")
3        predicates.equalTo("taskFinished", 1)
4        let rows=await this.rdbStore.delete(predicates)
5        console.info("删除记录数为:", rows)
6    })
```

（2）delete(predicates：RdbPredicates，callback：AsyncCallback\<number\>)：void：根据 predicates 的指定实例对象从表中删除记录，结果以 callback 形式返回。predicates 参数表示删除记录的条件；callback 参数表示删除记录后的回调函数，返回受影响的记录条数。

4）修改表记录

（1）update(values：ValuesBucket，predicates：RdbPredicates)：Promise\<number\>：根据 predicates 指定的实例对象更新表中的数据，结果以 Promise 形式返回。values 参数

表示要更新的字段及字段值(键值对);predicates 参数表示更新条件。返回值类型为 Promise<number>,表示更新记录后的 Promise 回调函数,返回受影响的记录条数。

【例 5-37】 在例 5-36 的基础上,点击页面上的"更新任务"按钮,将 tasks 表中任务名称为"阅读"的是否完成全部修改为完成(即将 taskFinished 的值更新为 1)。

```
1    Button("更新任务").onClick(async () =>{
2        let predicates =new relationalStore.RdbPredicates("tasks")
3        predicates.equalTo("taskName", "阅读")
4        let values ={ "taskFinished": 1 }
5        let count =await this.rdbStore.update(values,predicates)
6        console.info("更新的记录数为:", count)
7    })
```

(2) update(values:ValuesBucket,predicates:RdbPredicates,callback:AsyncCallback<number>):void:根据 predicates 指定的实例对象更新表中的数据,结果以 callback 形式返回。values 和 predicates 参数功能说明与上述一样;callback 参数表示更新记录后的回调函数,返回受影响的记录条数。

(3) update(values:ValuesBucket,predicates:RdbPredicates,conflict:ConflictResolution):Promise<number>:根据 predicates 指定的实例对象更新表中的数据,结果以 Promise 形式返回。values 和 predicates 参数功能说明与上述一样;conflict 参数表示冲突的解决方式。返回值类型为 Promise<number>,表示更新记录后的 Promise 回调函数,返回受影响的记录条数。该方法自 API Version 10 起提供。

(4) update(values:ValuesBucket,predicates:RdbPredicates,conflict:ConflictResolution,callback:AsyncCallback<number>):void:根据 predicates 指定的实例对象更新表中的数据,结果以 callback 形式返回。values、predicates 和 conflict 参数功能说明与上述一样;callback 参数表示更新记录后的回调函数,返回受影响的记录条数。

5) 查询表记录

(1) query(predicates:RdbPredicates,columns?:Array<string>):Promise<ResultSet>:根据指定条件查询表中的数据,结果以 Promise 形式返回。predicates 参数表示查询记录的条件;columns 参数表示查询结果包含的字段(属性名称),若为空则表示查询所有字段。返回值类型为 Promise<ResultSet>,表示查询后的 Promise 回调函数,返回 ResultSet 类型的查询数据库的结果集对象。

ResultSet 类提供了操作结果集的属性和方法。ResultSet 类的属性及功能说明如表 5.56 所示,方法及功能说明如表 5.57 所示。

表 5.56 ResultSet 类的属性及功能说明

属性名	值类型	功能说明	属性名	值类型	功能说明
columnNames	Array<string>	结果集中所有列的名称	isAtLastRow	boolean	结果集是否位于最后一行
columnCount	number	结果集中的列数	isEnded	boolean	结果集是否位于最后一行之后

续表

属 性 名	值 类 型	功能说明	属 性 名	值 类 型	功能说明
rowCount	number	结果集中的行数	isStarted	boolean	指针是否移动过
rowIndex	number	结果集当前行的索引	isClosed	boolean	当前结果集是否关闭
isAtFirstRow	boolean	结果集是否位于第一行			

表 5.57 ResultSet 类的方法及功能说明

方 法 名	功 能 说 明
getColumnIndex（columnName：string）：number	根据指定的列名(columnName)获取列索引值
getColumnName（columnIndex：number）：string	根据指定的列索引值(columnIndex)获取列名称
goTo(offset：number)：boolean	向前或向后转至结果集中相对于当前位置偏移量(offset)的指定行，如果成功移动则返回 true,否则返回 false
goToRow（position：number）：boolean	转至结果集中指定位置(position)所在行,如果成功移动则返回 true,否则返回 false
goToFirstRow()：boolean	转到结果集的第一行,如果成功移动则返回 true,否则返回 false
goToLastRow()：boolean	转到结果集的最后一行,如果成功移动则返回 true,否则返回 false
goToNextRow()：boolean	转到结果集的下一行,如果成功移动则返回 true,否则返回 false
goToPreviousRow()：boolean	转到结果集的上一行,如果成功移动则返回 true,否则返回 false
getBlob（columnIndex：number）：Uint8Array	以字节数组的形式获取当前行中列索引值(columnIndex)对应列的值
getString(columnIndex：number)：string	以字符串形式获取当前行中列索引值(columnIndex)对应列的值
getLong（columnIndex：number）：number	以 Long 形式获取当前行中列索引值(columnIndex)对应列的值
getDouble（columnIndex：number）：number	以 double 形式获取当前行中列索引值(columnIndex)对应列的值
getAsset(columnIndex：number)：Asset	以 Asset 形式获取当前行中列索引值(columnIndex)对应列的值,自 API Version 10 起提供
getAssets（columnIndex：number）：Assets	以 Assets 形式获取当前行中列索引值(columnIndex)对应列的值,自 API Version 10 起提供
isColumnNull（columnIndex：number）：boolean	判断当前行中列索引值(columnIndex)对应列的值是否为 null,如果当前行中指定列的值为 null 则返回 true,否则返回 false
close()：void	关闭结果集

【例 5-38】 在例 5-35 的基础上,点击页面上的"显示任务"按钮,将 tasks 表中所有任务的任务名称及是否完成信息按如图 5.41 所示效果显示在页面上。

图 5.41 显示任务信息

① 定义 TasksCard 类用于封装每个任务信息。

每个任务信息包括任务编号、任务名称、任务内容和是否完成等属性,定义 TasksCard 类的实现代码如下。

```
1   class TasksCard {
2     id: number                           //任务编号
3     taskName: string                     //任务名称
4     taskContent: string                  //任务内容
5     taskFinished: boolean                //是否完成
6     constructor(id: number, taskName: string, taskContent: string, taskFinished: boolean) {
7       this.id = id
8       //其他代码与第 7 行类似,此处略
9     }
10  }
```

② 自定义 MyListItem 组件用于实现每个任务在页面上的显示效果。

由图 5.41 可以看出,每个任务行显示的任务名称由 Text 组件实现、是否完成由 CheckBox 组件实现,MyListItem 组件的实现代码如下。

```
1   @Component
2   struct MyListItem {
3     private title: string
4     private isFinished: boolean
5     build() {
```

```
6            Flex({ justifyContent: FlexAlign.SpaceBetween, alignItems: ItemAlign.
    Center }) {
7              Text(this.title).fontSize(18).height("90%").fontColor(Color.White).
    padding(5)                //任务名称
8              Checkbox().select(this.isFinished).height("90%").padding(5)
                          //是否完成
9            }.margin(5).backgroundColor(Color.Gray).height(40)
10         }
11     }
```

③ "显示任务"按钮的功能实现。

单击"显示任务"按钮，从 task 表中查询符合条件的记录集，然后将记录集内容以列表的方式显示在页面上，列表由 List 和 ListItem 组件实现，详细代码如下。

```
1   @State tasks: Array<TasksCard>=new Array()   //保存从 task 表中读的任务信息
2   Button("显示任务").onClick(async () =>{
3         let predicates =new relationalStore.RdbPredicates("tasks")
4         let fields =["id", "taskName", "taskContent", "taskFinished"]
5         let rsets: relationalStore.ResultSet = await this.rdbStore.query
    (predicates, fields)
6         while (rsets.goToNextRow()) {
7           let id =rsets.getLong(rsets.getColumnIndex("id"))
8           let taskName =rsets.getString(rsets.getColumnIndex("taskName"))
9           let taskContent =rsets.getString(rsets.getColumnIndex("taskContent"))
10          let taskFinished = !! rsets. getDouble ( rsets. getColumnIndex
    ("taskFinished"))
11          this.tasks.push(new TasksCard(id, taskName, taskContent, taskFinished))
12        }
13        rsets.close()                //释放数据集的内存
14  }).width("100%")
15  List() {
16        ForEach(this.tasks, (item: TasksCard, index) =>{
17          ListItem() {
18            MyListItem({ title: item.taskName, isFinished: item.taskFinished })
19          }
20        })
21  }
```

上述第 3~5 行代码表示从 tasks 表查询包括 id、taskName、taskContent 和 taskFinished 列的记录内容，并保存到 rsets 数据集中；第 6~12 行代码表示从 rsets 数据集中依次取出每条数据的 id、taskName、taskContent 和 taskFinished 值，并封装为 TasksCard 类型的数组元素保存到 tasks 数组中；第 15~20 行代码表示将 tasks 数组中的内容以列表方式显示在页面上。

（2）query（predicates：RdbPredicates，columns：Array＜string＞，callback：AsyncCallback＜ResultSet＞）:void：根据指定条件查询表中的数据，结果以 callback 形式返回。predicates 和 columns 参数功能说明与上述一样；callback 参数表示查询表记录后的回调函数，返回 ResultSet 类型的查询数据库的结果集对象。

（3）remoteQuery(device：string，table：string，predicates：RdbPredicates，columns：

Array<string>)：Promise<ResultSet>：根据指定条件查询远程设备数据库表中的数据,结果以 Promise 形式返回。device 参数表示远程设备 ID；table 参数表示指定目标表名；predicates 参数表示查询记录的条件；columns 参数表示查询结果包含的字段(属性名称),若为空则表示查询所有字段。返回值类型为 Promise<ResultSet>,表示查询后的 Promise 回调函数,返回 ResultSet 类型的查询数据库的结果集对象。

(4) remoteQuery(device：string, table：string, predicates：RdbPredicates, columns：Array<string>, callback：AsyncCallback<ResultSet>)：void：根据指定条件查询远程设备数据库表中的数据,结果以 callback 形式返回。device、table、predicates 和 columns 参数功能说明与上述一样；callback 参数表示查询表记录后的回调函数,返回 ResultSet 类型的查询数据库的结果集对象。

(5) querySql(sql：string, bindArgs?：Array<ValueType>)：Promise<ResultSet>：根据指定 SQL 语句查询表中的数据,结果以 Promise 形式返回。sql 参数表示查询记录的 SQL 语句；bindArgs 参数表示 SQL 语句中参数的值,该值与 sql 参数语句中的占位符相对应,当 sql 参数语句完整时,该参数不填。返回值类型为 Promise<ResultSet>,表示查询后的 Promise 回调函数,返回 ResultSet 类型的查询数据库的结果集对象。

(6) querySql(sql：string, bindArgs：Array<ValueType>, callback：AsyncCallback<ResultSet>)：void：根据指定 SQL 语句查询表中的数据,结果以 callback 形式返回。sql 和 bindArgs 参数功能说明与上述一样；callback 参数表示查询表记录后的回调函数,返回 ResultSet 类型的查询数据库的结果集对象。

例如,在例 5-38 的基础上,点击"查询已完成任务"按钮,将已完成的任务信息显示在页面上的实现代码如下。

```
1    Button("查询已完成任务").onClick( () =>{
2      let bindArgs =[true]
3      this.rdbStore.querySql ("select * from tasks where taskFinished = ?",
    bindArgs, (err, rsets) =>{
4        if (err) {
5          console.error(`显示任务出错:${err}`)
6          return
7        }
8        while (rsets.goToNextRow()) {
9          let id =rsets.getLong(rsets.getColumnIndex("id"))
10         let taskName =rsets.getString(rsets.getColumnIndex("taskName"))
11         let taskContent =rsets.getString(rsets.getColumnIndex
    ("taskContent"))
12         let taskFinished =!!rsets.getDouble(rsets.getColumnIndex
    ("taskFinished"))
13         this.tasks.push(new TasksCard(id, taskName, taskContent,
    taskFinished))
14       }
15       rsets.close()
16     })
17   }).width("100%")
```

(7) querySql(sql: string, callback: AsyncCallback<ResultSet>): void：根据指定 SQL 语句查询表中的数据，结果以 callback 形式返回。sql 参数表示查询记录的 SQL 语句；callback 参数表示查询表记录后的回调函数，返回 ResultSet 类型的查询数据库的结果集对象。该方法自 API Version 10 起提供。

6）事务操作

数据库事务是指一组数据库操作，这些操作要么全部成功执行，要么全部失败回滚。事务是数据库管理系统中的一个重要概念，用于确保数据库的一致性和完整性。在数据库中，事务有事务开始和事务结束两个过程。事务开始时，数据库系统会为该事务分配资源，并开始记录事务执行的操作。事务结束时，根据事务的执行结果，可以选择提交事务（将修改永久保存到数据库中）或者回滚事务（撤销对数据库的修改）。

- beginTransaction(): void：在开始执行 SQL 语句之前开始事务。
- commit(): void：提交已执行的 SQL 语句。
- rollBack(): void：回滚已经执行的 SQL 语句。

例如，在例 5-37 的基础上，为"更新任务"按钮单击事件添加事务操作的代码如下。

```
1   Button("更新任务").onClick(async () =>{
2       try{
3           this.rdbStore.beginTransaction()
4           let predicates =new relationalStore.RdbPredicates("tasks")
5           predicates.equalTo("taskName", "阅读")
6           let values ={ "taskFinished": 1 }
7           let count =await this.rdbStore.update(values,predicates)
8           this.rdbStore.commit()
9           console.info("更新的记录数为:", count)
10      catch (err) {
11          console.error(`数据更新失败: ${err}`);
12          this.rdbStore.rollBack();
13      }
14  })
```

7）备份与恢复操作

（1）backup(destName: string): Promise<void>：以指定名称备份数据库，以 Promise 形式返回。destName 参数表示数据库的备份文件名。

（2）backup(destName: string, callback: AsyncCallback<void>): void：以指定名称备份数据库，以 callback 形式返回。destName 参数表示数据库的备份文件名；callback 参数表示备份后的回调函数。

（3）restore(srcName: string): Promise<void>：从指定名称的数据库备份文件恢复数据库，以 Promise 形式返回。srcName 参数表示数据库的备份文件名。

（4）restore(srcName: string, callback: AsyncCallback<void>): void：从指定的数据库备份文件恢复数据库，以 callback 形式返回。

5.4.5 案例：我爱背单词

1. 需求描述

我爱背单词应用可以完成记录用户词汇量、查询词汇解释、默写词汇、收录生词及收录易错词等任务，具体包括以下 4 方面的功能。

（1）首次运行时显示如图 5.42 所示的欢迎和版权提醒对话框，点击"欢迎使用我爱背单词"版权提醒对话框中的"不同意"按钮，则关闭应用，否则打开如图 5.43 所示的功能页面，在功能页面上方显示所有词汇数量、已背诵词汇数量及已背诵词汇数量的占比，并用进度条表示占比值。如果首次运行应用时点击"同意"按钮，则下一次启动时不再弹出"欢迎使用我爱背单词"版权提醒对话框，而是短暂显示欢迎页面后，自动跳转至功能页面；如果首次运行应用时点击"不同意"按钮，则下一次启动时继续弹出欢迎页面和版权提醒对话框。

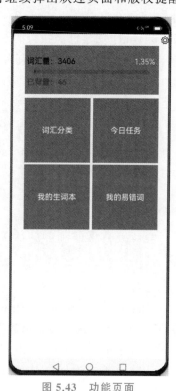

图 5.42 欢迎和版权提醒对话框　　　　图 5.43 功能页面

（2）点击如图 5.43 所示的功能页面的"词汇分类"按钮，页面切换为如图 5.44 所示的词汇分类页面，在该页面上以列表方式显示以 A、B、…、Z 这 26 个英文字母开头的词汇数量；点击页面上的某个列表项，页面切换为如图 5.45 所示的词汇列表页面。词汇列表页面显示了以指定字母开头的词汇列表项；在页面上方的"请输入搜索内容…"搜索框中输入内容，并点击右侧的"搜索"按钮后，会在页面下方显示以输入内容开头的词汇列表项。

图 5.44　词汇分类页面　　　　图 5.45　词汇列表页面

（3）点击如图 5.45 所示的词汇列表页面上的词汇列表项，页面切换为如图 5.46 所示的词汇解释页面，在该页面上显示对应词汇的音标、词汇解释内容及是否背诵、是否生词等信息。点击页面下方的"加入生词本"按钮，会将该词汇加入"我的生词本"，点击如图 5.43 所示的功能页面上的"我的生词本"按钮，页面切换为如图 5.47 所示的生词本页面。点击页面下方的"已经记住了"按钮，会将该词汇标记为已背诵。

（4）点击如图 5.43 所示的功能页面的"今日任务"按钮，页面切换为如图 5.48 所示的今日任务页面，在该页面上用户根据词汇解释输入词汇的拼写字母后，点击"确定"按钮，判断用户输入的拼写字母是否正确。如果正确，则在页面中央显示"yes.gif"动画；如果不正确，则在页面中央显示"no.gif"动画，并将该词汇加入易错词表中。点击如图 5.43 所示的功能页面上的"我的易错词"按钮，页面切换为如图 5.49 所示的易错词页面。点击今日任务页面上的"重置"按钮，会将词汇拼写字母输入框中的内容置空；点击"看答案"按钮，会将当前词汇的拼写显示在动画下方；点击"下一个"按钮，则继续在页面上显示下一个待用户默写的词汇。页面下方显示今日需要默写的词汇量、剩余待默写的词汇量及默写正确的词汇量。

2．设计思路

欢迎和版权提醒对话框页面以 Column 方式布局，欢迎图片由 Image 组件实现；"版权所有@泡泡大叔"由 Text 组件实现。"欢迎使用我爱背单词"版权提醒对话框由 CustomDialog 组件实现。功能页面由应用设置区、背诵信息显示区和功能选择区组成，并

图 5.46 词汇解释页面

图 5.47 生词本页面

图 5.48 今日任务页面

图 5.49 易错词列表页面

以 Column 方式布局。其中，应用设置区由以 Row 方式布局的 Blank 组件和 Image 组件实现；背诵信息显示区第一行由以 Row 方式布局的 Blank 组件和 Text 组件实现，第二行由 Progress 组件实现，第三行由 Text 组件实现；功能选择区第一行和第二行都是由以 Row 方式布局的 Button 组件实现。

词汇分类页面由标题区和词汇类别列表项组成，并以 Column 方式布局。标题区由 Text 组件实现，词汇类别列表项由 List、ListItem 组件实现。每个 ListItem 由类别图片、词汇量信息及跳转图片组成。词汇列表页面由标题区、搜索区和词汇列表项组成，并以 Column 方式布局。标题区由 Text 组件实现，搜索区由 Search 组件实现，词汇列表项由 List、ListItem 组件实现。每个 ListItem 由背诵状态、词汇拼写及"查看详情"跳转文本组成。

词汇解释页面由标题区、词汇解释及背诵状态区及操作按钮区组成，并以 Column 方式布局。标题区由 Text 组件实现，词汇解释及背诵状态区由以 Column 方式布局的 Text 组件实现，操作按钮区由 Button 和 Text 组件实现。

生词本页面和易错词页面由标题区、词汇列表项组成，并以 Column 方式布局。标题区由 Text 组件实现，词汇列表项由 List、ListItem 组件实现。每个 ListItem 由背诵状态、词汇拼写及"查看详情"跳转文本组成。

今日任务页面由标题区、默写区、图片显示区、答案区及信息提示区组成，并以 Column 方式布局。标题区由 Text 组件实现；默写区用 Text 组件显示信息，用 TextInput 组件输入默写内容，用 Button 组件实现"确定"和"重置"按钮；图片显示区用 Image 组件实现；答案区用 Text 组件显示答案，Button 组件实现"看答案"和"下一个"按钮；信息提示区用 Text 组件实现。

3. 实现流程

1) 欢迎和版权提醒对话框页面

打开 Chap05 项目，右击"Chap05"文件夹，选择 New → Module 菜单项创建名为"phases"的模块，右击"phases/src/main/etc/pages"文件夹，选择 New→Page 菜单项，创建名为"Welcom.ets"的欢迎和版权提醒对话框，显示效果如图 5.41 所示。

(1) 自定义弹窗对话框。

右击"phases/src/main/etc"文件夹，选择 New→Directory 菜单项创建名为"view"的文件夹，右击"phases/src/main/etc/view"文件夹，选择 New→ArkTS File 菜单项创建名为 UserConfirmDialog.ets 的自定义弹窗对话框文件。详细实现代码如下。

```
1   @CustomDialog
2   export default struct UserConfirmDialog {
3     controller: CustomDialogController
4     confirm: () =>void                    //"同意"按钮执行事件
5     cancel: () =>void                     //"不同意"按钮执行事件
6     build() {
7       Column({ space: 5 }) {
8         Text("欢迎使用我爱背单词").fontSize(20).fontWeight(FontWeight.Bold)
```

```
9         Text("感谢您信任并使用我爱背单词应用……")
10        Row() {
11          Button("同意").width(150).onClick(() =>{
12            this.confirm()
13            this.controller.open()
14          })
15          Button("不同意").width(150).backgroundColor(Color.Gray).onClick(() =>{
16            this.cancel()
17            this.controller.close()
18          })
19        }
20      }.width("100%").padding(10)
21    }
22  }
```

(2) 自定义 Preferences 操作工具类。

右击在"phases/src/main/etc"文件夹下创建的 commom/utils 文件夹，在弹出的菜单中选择 New→TypeScript File 菜单项，创建 Preferences 操作工具类文件 PreferencesUtil.ts。该工具类包含一个创建 Preferences 实例的 loadPreferences()方法、一个向 Preferences 实例写入键值对的 putPreferencesKV()方法和一个从 Preferences 实例读出键值的 getPreferencesValue()方法，详细实现代码如下。

```
1   export class PreferencesUtil {
2     private pref: preferences.Preferences
3     /*获取存储对象名称为 userAgreeInfo 的 Preferences 实例*/
4     async loadPreferences(context) {
5       try {
6         this.pref =await preferences.getPreferences(context, "userAgreeInfo")
7       } catch (e) {
8         console.info("获取 Preferences 实例存储对象:", e)
9       }
10    }
11    /*向存储对象中写入 Key-Value 键值对*/
12    async putPreferencesKV(key: string, value: preferences.ValueType) {
13      if (!this.pref) {
14        console.info("没有 Preferences 实例存储对象")
15        return
16      }
17      try {
18        await this.pref.put(key, value)
19        await this.pref.flush()
20      } catch (e) {
21        console.info("向 Preferences 实例存储对象保存键值对失败:", e)
22      }
23    }
24    /*从存储对象中读 Key 对应的键值*/
25    getPreferencesValue(key: string, defaultValue: preferences.ValueType) {
26      if (!this.pref) {
27        console.info("没有 Preferences 实例存储对象")
```

```
28          return
29        }
30        try {
31          let value =this.pref.get(key, defaultValue)
32          return value
33        } catch (e) {
34          console.info("从 Preferences 实例存储对象中读键值对失败:", e)
35        }
36      }
37    }
```

（3）欢迎和版权提醒对话框的功能实现。

欢迎和版权提醒对话框加载时，首先从 Preferences 存储对象中读出 agreed 键值，如果读 agreed 键值成功（值为 true），则延迟 2s 跳转至功能页面（Index.ets）；否则弹出版权提醒对话框，点击"同意"按钮，调用 onConfirm() 方法，向 Preferences 存储对象中写入 agreed 键的值（值为 true），并跳转至功能页面（Index.ets）；点击"不同意"按钮，调用 onExitApp() 方法，退出应用。详细实现代码如下。

```
1   @Entry
2   @Component
3   struct Welcome {
4     context =getContext(this) as common.UIAbilityContext
5     controller: CustomDialogController =new CustomDialogController({
6       builder: UserConfirmDialog({
7         confirm: () =>this.onConfirm(),//点击"同意"按钮,调用 onConfirm()方法
8         cancel: () =>this.onExitApp()    //点击"不同意"按钮,调用 onExitApp()方法
9       })
10    })
11    preUtil =new PreferencesUtil()        //实例化 Preferences 存储对象
12    async onConfirm() {
13      await this.preUtil.putPreferencesKV("agreed", true)       //点击"同意"按
    //钮,写入 agreed 的值
14      setTimeout(() =>{
15        router.replaceUrl({ url: "pages/Index" })
16        this.controller.close()
17      }, 2000)                             //延迟 2s 再跳转
18    }
19    onExitApp() {
20      this.context.terminateSelf()         //退出应用
21    }
22    async aboutToAppear() {
23      await this.preUtil.loadPreferences(this.context)
24      let isAgreed =await this.preUtil.getPreferencesValue("agreed", false)
25      if (isAgreed) {                      //存储对象中值为 true(同意)跳转
26        setTimeout(() =>{
27          router.replaceUrl({ url: "pages/Index" })
28          this.controller.close()
29        }, 2000)                           //延迟 2s 再跳转
30      } else {
31        this.controller.open()
32      }
```

```
33     }
34     build() {
35       Row() {
36         Column() {
37           Image($r("app.media.phase_welcome")).objectFit(ImageFit.Contain).
    height("80%")
38           Text("版权所有@泡泡大叔").textAlign(TextAlign.Center).fontSize(20).
    opacity(0.5)
39         }.width('100%')
40       }.height('100%')
41     }
42 }
```

上述第22～33行代码表示页面加载时,首先从Preferences存储对象中读出代表是否同意的agreed键值,如果agreed键值为true,则直接跳转至功能页面(Index.ets),否则弹出版权提醒对话框让用户选择。

2) 功能页面

右击"phases/src/main/etc/pages"文件夹,选择New→Page菜单项创建名为"Index.ets"的功能页面,显示效果如图5.42所示。如果首次启动应用,则首先将保存在resource/rawfile文件夹中的资源文件phases.txt解析并保存到phases.db数据库中。该数据库包含两个表,分别是phases表和ewords表。phases表用于保存词汇信息,其表结构如表5.58所示。ewords表用于保存易错词信息,其表结构如表5.59所示。

表5.58 phases表结构

列 名	含 义	数 据 类 型	列 名	含 义	数 据 类 型
id	词汇编号(唯一,自增)	integer	type	首字母	text
word	词汇拼写	text	phonetic	音标	text
detail	解释说明	text	recite	是否背诵(1:是;0:否)	integer
rember	是否生词(1:是;0:否)	integer			

表5.59 ewords表结构

列 名	含 义	数 据 类 型
id	易错词编号(唯一,自增)	integer
pid	词汇编号(与phases表中对应)	integer

(1) 自定义ReadRawFileUtil.ts类读资源文件。

本项目案例实现时将例5-28中创建的ReadRawFileUtil.ts类文件保存到"phases/src/main/etc/commom/utils"文件夹中,类中的readRawFileContent()方法用于从资源文件中读出文本内容,getDetails()方法用于按指定分隔符分隔出词汇的行信息。

(2) 自定义Phases类和PhaseType类。

右击"phases/src/main/etc"文件夹,选择New→Directory菜单项创建名为model的文件夹,右击"phases/src/main/etc/model"的文件夹,选择New→TypeScript File菜单项分别创建文件为Phases.ts的词汇类文件,详细实现代码如下。

```
1   export default class Phases{
2     id: number                          //词汇编号,唯一,自动生成
3     type: string                        //首字母,代表词汇分类
4     word: string                        //词汇拼写
5     phonetic: string                    //音标
6     detail: string                      //解析说明
7     recite: number                      //是否背诵
8     rember: number                      //是否生词
9     constructor(id: number, type: string, word: string, phonetic: string, detail: string, recite: number, rember: number) {
10      this.id = id
11      //其他代码与第10行类似,此处略
12    }
13  }
```

同样,在"phases/src/main/etc/model"的文件夹中创建 PhaseType.ts 词汇类别类文件,详细实现代码如下。

```
1   export default class PhaseType {
2     id: number                          //编号
3     type: string                        //类别
4     amount: string                      //数量
5     constructor(id: number, type: string, amount: string) {
6       this.id = id
7       //其他代码与第6行类似,此处略
8     }
9   }
```

(3) 自定义 DbUtils 类操作数据库。

右击"phases/src/main/etc/commom/utils"文件夹,选择 New→TypeScript File 菜单项创建名为 DbUtils.ts 的数据库操作工具类文件,实现创建表结构和增、删、改、查等操作,实现代码如下。

```
1   export default class DbUtils {
2     rdbStore: relationalStore.RdbStore
3     initDB(context: common.UIAbilityContext): Promise<void>{   //初始
    //化 RdbStore
4       let config = {
5         name: 'Phases.db', securityLevel: relationalStore.SecurityLevel.S1
6       }
7       return new Promise<void>((resolve, reject) =>{
8         relationalStore.getRdbStore(context, config)
9           .then(db =>{
10            this.rdbStore = db
11            resolve()
12          })
13          .catch(reason =>{
14            console.info("nnutc", `rdbStore 初始化失败!${JSON.stringify(reason)}`)
15            reject(reason)
16          })
17      })
18    }
```

```
19      createTable(createSQL: string): Promise<void>{              //创建表结构
20        return new Promise((resolve, reject) =>{
21          this.rdbStore.executeSql(createSQL)
22            .then(() =>{
23              resolve()
24            })
25            .catch(err =>{
26              console.info("nnutc", `创建表失败!${JSON.stringify(err)}`)
27              reject(err)
28            })
29        })
30      }
31      insert(tableName: string, value: relationalStore.ValuesBucket) {   //插入记录
32        return new Promise((resolve, reject) =>{
33          this.rdbStore.insert(tableName, value)
34            .then(number =>{
35              console.info("nnutc", `插入记录成功!记录 ID=${number}`)
36            })
37            .catch(err =>{
38              console.info("nnutc", `插入记录失败!${JSON.stringify(err)}`)
39            })
40        })
41      }
42      update(id: number, fieldName: String, fieldValue: number) {   //更新记录
43        return new Promise((resolve, reject) =>{
44          let predicates =new relationalStore.RdbPredicates("phases")
45          predicates.equalTo("id", id)
46          var value = (fieldName == "recite") ? {"recite": fieldValue} : {"rember": fieldValue}
47          this.rdbStore.update(value, predicates).then((count) =>{
48            console.info("nnutc", `更新成功!共${count}条`)
49          }).catch((e) =>{
50            console.info("nnutc", `更新失败!${JSON.stringify(e)}`)
51          })
52        })
53      }
54      query(predicates: relationalStore.RdbPredicates) {        //查找记录
55        let wordsArray: Phases[] = []
56        let fields =["id", "type", "word", "phonetic", "detail", "recite", "rember"]
57        return new Promise((resolve, reject) =>{
58          this.rdbStore.query(predicates, fields).then((rsets) =>{
59            while (rsets.goToNextRow()) {
60              let id =rsets.getLong(rsets.getColumnIndex("id"))
61              let type =rsets.getString(rsets.getColumnIndex("type"))
62              let word =rsets.getString(rsets.getColumnIndex("word"))
63              let phonetic =rsets.getString(rsets.getColumnIndex("phonetic"))
64              let detail =rsets.getString(rsets.getColumnIndex("detail"))
65              let recite =rsets.getLong(rsets.getColumnIndex("recite"))
66              let rember =rsets.getLong(rsets.getColumnIndex("rember"))
67              let phase =new Phases(id, type, word, phonetic, detail, recite, rember)
68              wordsArray.push(phase)
69            }
70            console.info("nnutc", `查询成功!${rsets.rowCount}`)
```

```
71          resolve(wordsArray)
72        }).catch((e) =>{
73          console.info("nnutc", `查询失败!${JSON.stringify(e)}`)
74          reject(e)
75        })
76      })
77    }
78    delete(predicates: relationalStore.RdbPredicates) {        //删除记录
79      return new Promise((resolve, reject) =>{
80        this.rdbStore.delete(predicates, (err, rows) =>{
81          if (err) {
82            console.info("nnutc", `删除失败!${JSON.stringify(err)}`)
83            reject(err)
84          } else {
85            console.info("nnutc", `删除成功!行数=${rows}`)
86            resolve(rows)
87          }
88        })
89      })
90    }
91  }
```

上述第 3~18 行代码用于初始化数据库操作对象 RdbStore；第 19~30 行代码表示由 createSQL 参数指定的 SQL 语句创建表结构；第 31~41 行代码表示向 tableName 参数指定的表中插入 value 参数指定的记录内容；第 42~53 行代码表示更新 phases 表中 id 参数指定记录的 fieldName 字段值为 fieldValue；第 54~77 行代码表示根据 predicates 条件查询记录,查询结果为 Phases 类型数组；第 78~90 行代码表示根据 predicates 条件删除记录。

（4）初始化 Index.ets 页面的变量。

```
1    context =getContext(this) as common.UIAbilityContext
2    dbUtils =new DbUtils()
3    createPhasesTableSQL: string = ` create table if not exists phases( id integer primary key autoincrement, type text not null, word text not null, phonetic text, detail text, recite integer, rember integer)`
4    createEwordsTableSQL: string = ` create table if not exists ewords( id integer primary key autoincrement, pid integer not null )`
5    @State typesArray: PhaseType[] =[]                //保存词汇类别信息
6    @State total: number =0                            //词汇量
7    @State recited: number =0                          //已背词汇量
```

（5）自定义 writePhases()方法从资源文件中读出词汇并写入 phases 表中。

首先调用 DbUtils 类中的 initDB()方法实例化数据库操作对象及 createTable()方法分别创建词汇表 phases 和错词表 ewords；然后调用 ReadRawFileUtil 类中的 readRawFileContent() 方法从资源文件 phases.txt 中读出文本内容,并调用 getDetails()方法以"\n"作为分隔符将文本内容按行分隔为数组元素,最后用 forEach 语句将每个数组元素以"/"作为分隔符将每行词汇的首字母、拼写、音标、解释说明、是否背诵（默认为 0,表示未背诵）及是否生词（默认为 0,表示不是生词）写入 phases 表中。详细实现代码如下。

```
1    async writePhases(){
2        await this.dbUtils.initDB(this.context)
3        await this.dbUtils.createTable(this.createPhasesTableSQL)  //词汇表
4        await this.dbUtils.createTable(this.createEwordsTableSQL)  //错词表
5        let rsm = getContext().resourceManager
6        let readRawFileUtil = new ReadRawFileUtil()
7        let line= await readRawFileUtil.readRawFileContent(rsm, "phases.txt")
8        let result = readRawFileUtil.getDetails(line, "\n")
9        result.forEach(async (item) =>{
10           let content = item.split("/")              //以"/"字符分隔
11           let type = content[0].trim().slice(0,1).toUpperCase()
                                                        //取出首字母并且转换为大写
12           let word = content[0].trim()               //拼写
13           let phonetic = content[1].trim()           //音标
14           let detail = content[2].trim()             //解释说明
15           let recite = 0                             //是否背诵
16           let rember = 0                             //是否生词
17           var value ={
18              "type": type,"word": word,"phonetic": phonetic,
19              "detail": detail,"recite": recite,"rember":ember
20           }
21           await this.dbUtils.insert("phases", value)
22       })
23    }
```

（6）自定义 getWordsAmount()方法获取所有词汇的数量及已背诵词汇量。

首先调用 DbUtils 类中的 query()方法从 phases 表中获得保存所有词汇信息的数组，根据数组的长度获得词汇量；然后调用 DbUtils 类中的 query()方法获取 recite 值为 1（表示已背诵）的词汇信息数组，根据数组的长度获得已背诵词汇量。详细代码如下。

```
1    async getWordsAmount() {
2        let predicates = new relationalStore.RdbPredicates("phases")
3        let all = await this.dbUtils.query(predicates)
4        let allWord: Phases[] = all as Phases[]
5        this.total = allWord.length                    //所有词汇量
6        predicates.equalTo("recite", 1)
7        let recite = await this.dbUtils.query(predicates)
8        let reciteWord: Phases[] = recite as Phases[]
9        this.recited = reciteWord.length               //已背诵词汇量
10   }
```

（7）功能页面的功能实现。

当页面加载时，首先判断 HAP 级别数据库目录的 rdb 文件夹中是否存在 Phases.db 数据库文件，如果存在，说明该应用已经在终端设备上运行过，此时只要打开数据库，调用 getWordsAmount()方法获得词汇量和已背诵词汇量，并显示在页面上方的背诵信息显示区；如果不存在，则需要调用 writePhases()方法从资源文件中读出词汇，并写入数据库的 phases 表中。本案例的功能页面源文件为 Index.ets，详细代码如下。

```
1    struct Index {
2        //初始化页面变量,此处略
```

```
3      //自定义 writePhases()方法,此处略
4      //自定义 getWordsAmount()方法,此处略
5      async aboutToAppear() {
6        let fileNames = fs.listFileSync(this.context.databaseDir +"/rdb")
7        for (let index =0; index <fileNames.length; index++) {
8          if (fileNames[index] =="Phases.db") {
9            await this.dbUtils.initDB(this.context)        //打开数据库
10           await this.getWordsAmount()                    //获得所有词汇量和已背诵词汇量
11           return
12         }
13       }
14       await this.writePhases()                           //读资源文件并写入 phases 表
15       await this.getWordsAmount()                        //获得词汇量和已背诵词汇量
16     }
17     build() {
18       Column() {
19         Row() {
20           Blank()
21           Image($r("app.media.shezhi")).width(30).padding(5).onClick(()=>{
22             //this.initApp(),自定义 initApp()方法,将 phases 表中的 recite、rember 置为 0
23           })
24         }.width("100%")
25         Column() {
26           Row() {
27             Text(`词汇量:${this.total}`).padding(5).fontColor(Color.Blue).fontSize(20)
28             Blank()
29             Text(`${((this.recited / this.total) * 100).toFixed(2)}% `).padding(10).fontColor(Color.Yellow).fontSize(20)
30           }.width("100%")
31           Progress({ value: (this.recited / this.total) * 100 }).style({ strokeWidth: 10 })
32           Text(`已背量:${this.recited}`).width("100%").padding({ left: 5 }).fontColor(Color.Red).fontSize(20)
33         }.width("85%").backgroundColor("#a33c9b45").height("15%").margin({ bottom: 10 })
34         .justifyContent(FlexAlign.Center)
35         Row() {
36           Button("词汇分类").type(ButtonType.Normal).width("49%").height("20%")
37             .backgroundColor("#a33c9b45").fontSize(20)
38             .onClick(()=>{
39               router.pushUrl({
40                 url: "pages/GroupWord"                    //跳转到词汇分类页面
41               })
42             })
43           Button("今日任务").type(ButtonType.Normal).width("49%").height("20%")
44             .backgroundColor("#a33c9b45").fontSize(20)
45             .onClick(()=>{
46               router.pushUrl({
47                 url: "pages/TaskWord"                     //跳转到今日任务页面
48               })
49             })
```

```
50          }.margin({ bottom: 5 }).width("85%").justifyContent(FlexAlign.
   SpaceBetween)
51          Row({ space: 5 }) {
52            Button("我的生词本").type(ButtonType.Normal).width("49%").height("20%")
53              .backgroundColor("#a33c9b45").fontSize(20)
54              .onClick(() =>{
55                router.pushUrl({
56                  url: "pages/FocusWord"        //跳转到我的生词本页面
57                })
58              })
59            Button("我的易错词").type(ButtonType.Normal).width("49%").height("20%")
60              .backgroundColor("#a33c9b45").fontSize(20)
61              .onClick(() =>{
62                router.pushUrl({
63                  url: "pages/ErrorWord"        //跳转到我的易错词页面
64                })
65              })
66          }.width("85%").justifyContent(FlexAlign.SpaceBetween)
67        }
68      }
69    }
```

上述第19~24行代码用于实现应用设置区功能,其中,第22行的initApp()自定义方法,用于将phases表中的recite和rember值置为0,并删除ewords表中的所有记录;第25~34行代码用于实现背诵信息显示区功能;第35~66行代码用于实现功能选择区功能。

3)词汇分类页面

打开Chap05项目,右击"phases/src/main/etc/pages"文件夹,选择New→Page菜单项创建名为GroupWord.ets的词汇分类页面,显示效果如图5.44所示。

(1)自定义getAllTypes()方法获取所有词汇类别及每类的词汇量。

由于phases表中的所有词汇按首字母顺序存放,按照type字段分组后,用count()函数统计词汇量后,将id(编号)、type(类别)及amount(数量)保存到typesArray数组中,实现代码如下:

```
1   async getAllTypes() {
2       let predicates =new relationalStore.RdbPredicates("phases").groupBy(["type"])
3       let fields =["id", "type", `count() as amount`]
4       let rsets: relationalStore.ResultSet = await this.dbUtils.rdbStore.
    query(predicates, fields)
5       while (rsets.goToNextRow()) {
6         let id =rsets.getLong(rsets.getColumnIndex("id"))
7         let type =rsets.getString(rsets.getColumnIndex("type"))
8         let amount =rsets.getString(rsets.getColumnIndex("amount"))
9         let item =new PhaseType(id, type, amount)
10        this.typesArray.push(item)
11      }
12  }
```

(2)自定义TypeCard组件显示列表项内容。

右击"phases/src/main/etc/view"文件夹,选择New→ArkTS File菜单项创建名为

TypeCard.ets 的自定义组件。从如图 5.44 所示效果可以看出，该组件从左至右依次显示 word.png 图片、词汇类别名称及词汇量、right.png 图片，它们以 Row 方式布局，详细代码如下。

```
1   @Component
2   export struct TypeCard {
3     iconLeft: ResourceStr = $r("app.media.word")
4     typeName: string = ""
5     typeCount: string = ""
6     iconRight: ResourceStr = $r("app.media.toright")
7     build() {
8       Row() {
9         Image(this.iconLeft).width(40)
10        Column({ space: 5 }) {
11          Text(this.typeName)
12          Text(`词汇量:${this.typeCount.toString()}`).padding({ left: 10 }).fontColor("#a33c9b45")
13        }
14        Blank()
15        Image(this.iconRight).width(40).align(Alignment.End)
16      }.height(80).width("100%").padding(10).backgroundColor("#d2d8ecc9")
17    }
18  }
```

上述代码中的 word.png 和 right.png 图片需要保存到项目的 resources/base/media 文件夹中。

（3）词汇分类页面的功能实现。

当页面加载时，首先打开 Phases.db 数据库文件，并调用 getAllTypes()方法获取所有词汇类别及每类的词汇量，然后将 TypeCard 组件作为词汇分类列表项的样式显示在页面上，点击词汇分类列表项，页面跳转到 ListWord.ets 词汇列表页面，并将当前列表项对应的类别作为参数传递给词汇列表页面。本案例的功能页面源文件为 GroupWord.ets，详细代码如下。

```
1   struct GroupWord {
2     context = getContext(this) as common.UIAbilityContext
3     dbUtils = new DbUtils()
4     @State typesArray: PhaseType[] = []              //保存词汇类别信息
5     //自定义 getAllTypes()方法,此处略
6     async aboutToAppear() {
7       await this.dbUtils.initDB(this.context)
8       await this.getAllTypes()
9     }
10    build() {
11      Row() {
12        Column() {
13          Text("词汇分类").fontSize(20).padding(10).width("100%")
14            .backgroundColor(Color.Green).textAlign(TextAlign.Center)
15          List({ space: 10, initialIndex: 0 }) {
16            ForEach(this.typesArray, (item: PhaseType, index) =>{
```

```
17            ListItem() {
18              TypeCard({ typeName: item.type, typeCount: item.amount })
19            }.onClick(()=>{
20              let toType ={ "type": item.type }    //定义传递的参数
21              router.pushUrl({
22                url: "pages/ListWord",              //跳转到词汇列表页面
23                params: toType                      //设置参数
24              })
25            })
26          })
27      }}.width('100%')
28    }}
29  }
```

4) 词汇列表页面

打开 Chap05 项目,右击"phases/src/main/etc/pages"文件夹,选择 New→Page 菜单项创建名为 ListWord.ets 的词汇列表页面,显示效果如图 5.45 所示。

(1) 初始化 ListWord.ets 页面的变量。

```
1  @State type: string =router.getParams()['type']  //获取点击词汇分类页面传递的参数值
2  context =getContext(this) as common.UIAbilityContext
3  dbUtils =new DbUtils()
4  @State wordsArray: Phases[] =[]                   //保存查询结果
5  @State findWord: string =""                       //保存搜索框中输入的词汇信息
```

(2) 自定义 getTypeWords()方法获取指定类型及指定前缀的词汇信息。

从 phases 表中查询指定词汇类型及搜索框中输入内容开头的所有词汇,实现代码如下。

```
1  async getTypeWords() {
2      let predicates =new relationalStore.RdbPredicates("phases")
3      predicates.equalTo("type", this.type).and().beginsWith("word", this.findWord.toString())
4      let words =await this.dbUtils.query(predicates)
5      this.wordsArray =words as Phases[]
6  }
```

(3) 自定义 WordCard 组件显示列表项内容。

右击"phases/src/main/etc/view"文件夹,选择 New→ArkTS File 菜单项创建名为 WordCard.ets 的自定义组件。从如图 5.45 所示效果可以看出,该组件从左至右依次显示复选框(显示背诵状态)、词汇拼写和"查看详情",它们以 Row 方式布局,详细代码如下。

```
1  @Component
2  export struct WordCard {
3    word: string =""
4    recite: boolean =true
5    build() {
6      Row() {
7        Checkbox().select(this.recite).enabled(false)
8        Text(this.word).padding({ left: 10 }).fontColor("#a33c9b45")
```

```
9        Blank()
10       Text("查看详情").fontColor("#a33c9b45")
11     }.height(40).width("100%").padding(10).backgroundColor("#d2d8ecc9")
12   }
13 }
```

(4) 词汇列表的功能实现。

当页面加载时,首先打开 Phases.db 数据库文件,并调用 getTypeWords()方法获取指定类型及指定前缀的词汇信息,然后将 WordCard 组件作为词汇列表项的样式显示在页面上,点击词汇列表项,页面跳转到 DetailWord.ets 词汇解释页面,并将当前列表项对应的词汇作为参数传递给词汇解释页面。在搜索框中输入待搜索词汇,点击"搜索"按钮,调用 getTypeWords()方法获取指定类型及指定前缀的词汇信息。本案例的功能页面源文件为 ListWord.ets,详细代码如下。

```
1  export struct ListWord {
2    //初始化 ListWord.ets 页面的变量
3    //自定义 getTypeWords()方法,此处略
4    async aboutToAppear() {
5      await this.dbUtils.initDB(this.context)   //打开数据库
6      await this.getTypeWords()
7    }
8    build() {
9      Column() {
10       Text(`${this.type}开头词汇`).fontSize(20).padding(10).width("100%")
11         .backgroundColor(Color.Green).textAlign(TextAlign.Center)
12       Search({ value: this.findWord, placeholder: "请输入搜索内容..." }).searchButton("搜索")
13         .onSubmit(async (value) =>{
14           this.findWord =value
15           this.getTypeWords()
16         })
17       List({ space: 10,initialIndex: 0 }) {
18         ForEach(this.wordsArray, (item: Phases) =>{
19           ListItem() {
20             WordCard({ word: item.word, recite: item.recite==1? true:false })
21           }.onClick(() =>{
22             let toType ={ "phase": item }       //定义传递的词汇参数
23             router.pushUrl({
24               url: "pages/DetailWord",          //跳转到词汇解释页面
25               params: toType                    //设置参数
26             })
27           })
28         })
29       }}.width('100%')
30     }
31   }
```

5) 词汇解释页面

打开 Chap05 项目,右击"phases/src/main/etc/pages"文件夹,选择 New→Page 菜单项创建名为"DetailWord.ets"的词汇解释页面,显示效果如图 5.46 所示。

(1) 初始化 DetailWord.ets 页面的变量。

```
1  @State phase: Phases =router.getParams()['phase']   //获取点击词汇列表页面传
   //递的参数值
2  context =getContext(this) as common.UIAbilityContext
3  dbUtils =new DbUtils()
```

(2) 自定义 ImageButton 组件显示操作按钮区域的按钮。

右击"phases/src/main/etc/view"文件夹,选择 New→ArkTS File 菜单项创建名为"ImageButton.ets"的自定义组件。从如图 5.46 所示效果可以看出,"加入生词本"和"已经记住了"按钮由 Column 方式布局的 Image 组件和 Text 组件实现,详细代码如下。

```
1   @Component
2   export struct ImageButton {
3     img: ResourceStr =$r("app.media.bianji")
4     title: string ="加入生词本"
5     build() {
6       Column() {
7         Image(this.img).width(40)
8         Text(this.title)
9       }.padding(8)
10    }
11  }
```

上述第 3 行代码中的 bianji.png 图片需要保存到项目的 resources/base/media 文件夹中。

(3) 词汇解释页面的功能实现。

当页面加载时,首先获取点击词汇列表页面传递的词汇参数值,并按照如图 5.46 所示的效果显示在页面上;然后,如果用户点击"加入生词本"按钮,则将 phases 表中的当前词汇所在行的 rember 值置为 1(表示加入生词本),如果用户点击"已经记住了"按钮,则将 phases 表中的当前词汇所在行的 recite 值置为 1(表示已背诵)。本案例的词汇解释页面源文件为 DetailWord.ets,详细代码如下。

```
1   struct DetailWord {
2     //初始化 DetailWord.ets 页面的变量
3     async aboutToAppear() {
4       await this.dbUtils.initDB(this.context)
5     }
6     build() {
7       Column() {
8         Text("词汇解释").width("100%").backgroundColor(Color.Green)
9           .textAlign(TextAlign.Center).fontSize(20).padding(10)
10        Column({ space: 20 }) {
11          Text(this.phase.word).fontSize(30).fontWeight(FontWeight.Bold)
    //拼写
12          Text(`[${this.phase.phonetic}]`).fontSize(20).fontColor(Color.
    Gray)   //音标
13          Text(this.phase.detail).fontSize(25)    //词汇解释
14          Text(`是否背诵:${this.phase.recite ?"是" : "否"}`).fontSize(25)
    //背诵状态
```

```
15          Text(`是否生词:${this.phase.rember ? "是" : "否"}`).fontSize(25)
//生词状态
16        }.width('100%').height('80%').backgroundColor("#d2d8ecc9").padding
({ top: 40 })
17        Blank()
18        Row() {
19          ImageButton({ img: $r("app.media.bianji"), title: "加入生词本" })
20            .onClick(async () =>{
21              await this.dbUtils.update(this.phase.id, "rember", 1)    //根据词
//汇的 id 更新 rember
22            })
23          ImageButton({ img: $r("app.media.wancheng"), title: "已经记住了" })
24            .onClick(async () =>{
25              await this.dbUtils.update(this.phase.id, "recite", 1)    //根据
//词汇的 id 更新 recite
26            })
27        }.justifyContent(FlexAlign.SpaceEvenly).width("100%")
28      }.justifyContent(FlexAlign.Center).width("100%")
29    }
30  }
```

6)生词本页面

打开 Chap05 项目,右击"phases/src/main/etc/pages"文件夹,选择 New→Page 菜单项创建名为"FocusWord.ets"的生词本页面,显示效果如图 5.47 所示。

(1) 初始化 FocusWord.ets 页面的变量。

```
1  context = getContext(this) as common.UIAbilityContext
2  dbUtils = new DbUtils()
3  @State remberArray: Phases[] = []
```

(2) 自定义 getRemberWords()方法获取标记为生词的词汇信息。

从 phases 表中查询 rember 值为 1(表示生词)的所有词汇,实现代码如下。

```
1  async getRemberWords() {
2      let predicates = new relationalStore.RdbPredicates("phases")
3      predicates.equalTo("rember", 1)
4      let words = await this.dbUtils.query(predicates)
5      this.remberArray = words as Phases[]
6  }
```

(3) 生词本页面的功能实现。

当页面加载时,首先调用 getRemberWords()方法获取生词词汇信息;然后将 WordCard 组件作为生词词汇列表项的样式显示在页面上,点击词汇列表项,页面跳转到 DetailWord.ets 词汇解释页面,并将当前列表项对应的词汇作为参数传递给词汇解释页面。本案例的生词本页面源文件为 FocusWord.ets,详细代码如下。

```
1  struct FocusWord {
2      //初始化 FocusWord.ets 页面的变量
3      //自定义 getRemberWords()方法
4      async aboutToAppear() {
5          await this.dbUtils.initDB(this.context)
```

```
 6       await this.getRemberWords()
 7    }
 8    build() {
 9      Row() {
10        Column() {
11          Text("生词本").fontSize(20).padding(10).width("100%")
12            .backgroundColor(Color.Green).textAlign(TextAlign.Center)
13          List({ space: 10,initialIndex: 0 }) {
14            ForEach(this.remberArray, (item: Phases, index) =>{
15              ListItem() {
16                WordCard({ word: item.word, recite: item.recite ==1? true : false })
17              }.onClick(() =>{
18                let toType ={ "phase": item }
19                router.pushUrl({
20                  url: "pages/DetailWord",
21                  params: toType
22                })
23              })
24            })
25        }}.width('100%')
26    }}
27 }
```

7) 今日任务页面

打开 Chap05 项目,右击"phases/src/main/etc/pages"文件夹,选择 New→Page 菜单项创建名为"TaskWord.ets"的今日任务页面,显示效果如图 5.48 所示。

(1) 初始化 TaskWord.ets 页面的变量。

```
 1   @State word: string =''                                //输入框中输入的内容(代表默认词汇)
 2   @State msg: string ='中国'                             //词汇中文提示
 3   @State img: string ="/common/image/yes.gif"            //页面中央显示的动画图片
 4   @State answer: string =""                              //答案提示
 5   @State isShow: number =Visibility.Hidden               //答案显示状态,默认为隐藏
 6   @State total: number =50                               //任务量,默认 50 个词汇
 7   @State count: number =0                                //已完成任务量
 8   context =getContext(this) as common.UIAbilityContext
 9   dbUtils =new DbUtils()
10   @State wordsArray: Phases[] =[]                        //未背诵所有词汇信息
11   @State reciteArray: Phases[] =[]                       //今日任务中需背诵的词汇信息
12   @State reciteIndex: number[] =[]                       //今日任务中需背诵词汇的数组元素下标
13   @State currentIndex: number =0                         //今日任务中正在背诵词汇的数组元素下标
14   @State rightNum: number =0                             //今日任务中默写正确的词汇数量
```

(2) 自定义 getReciteWords()方法获取今日待背诵的词汇信息。

首先从 phases 表中查询所有未背诵的词汇,然后取 50 个 0~未背诵的词汇量范围内的随机数作为今日任务中需要背诵词汇的数组元素下标,并将对应的词汇保存到 reciteArray 数组中,实现代码如下。

```
1   async getReciteWords() {
2       this.reciteIndex =[]
3       let predicates =new relationalStore.RdbPredicates("phases")
```

```
4          predicates.equalTo("recite", 0)       //未背诵
5          let words = await this.dbUtils.query(predicates)
6          this.wordsArray = words as Phases[]
7          for (let index = 0; index < this.total; index++) {
8            let a = Math.floor(Math.random() * (this.wordsArray.length - 0)) + 0
9            if (this.reciteIndex.indexOf(a, 0) != -1) {       //取不同的下标
10             continue
11           }
12           this.reciteIndex.push(a)                          //下标保存在 reciteIndex 数组中
13           this.reciteArray.push(this.wordsArray[a])   //对应词汇保存在 reciteArray 数组中
14         }
15         this.msg = this.reciteArray[this.currentIndex].detail
16         this.answer = this.reciteArray[this.currentIndex].word
17       }
```

(3) 今日任务页面的功能实现。

当页面加载时,首先调用 getReciteWords()方法获取今日待背诵的词汇信息;然后按照如图 5.48 所示的样式显示在页面上。在输入框中输入内容后,点击"确定"按钮,如果输入框中输入的内容就是中文解释对应的词汇,则页面中央加载代表答对的动画图片(yes.gif),否则显示代表答错的动画图片(no.gif);点击"重置"按钮,将输入框中内容清空;点击"看答案"按钮,则在图片下方显示标准答案;点击"下一个"按钮,页面上显示下一个待背诵词汇的相关信息。本案例的今日任务页面源文件为 TaskWord.ets,详细代码如下。

```
1   struct TaskWord {
2     //初始化 TaskWord.ets 页面的变量
3     //自定义 getReciteWords()方法
4     async aboutToAppear() {
5       await this.dbUtils.initDB(this.context)
6       await this.getReciteWords()
7     }
8     build() {
9       Column() {
10        Text(`今日任务`).fontSize(20).padding(10).width("100%")
11          .backgroundColor(Color.Green).textAlign(TextAlign.Center)
12        Text(`请输入所看到的单词`).fontSize(20).padding(10).width("100%")
13          .textAlign(TextAlign.Center)
14        TextInput({ text: this.word }).width("80%").borderWidth(1).borderRadius(0)
15          .onChange((value) =>{
16            this.word = value.toString()
17          })
18        Text(`${this.msg}`).fontSize(20).padding(10).width("100%").textAlign(TextAlign.Center)
19        Row() {
20          Button("确定").onClick(async () =>{
21            if (this.word == this.reciteArray[this.currentIndex].word) {
22              this.img = "/common/image/yes.gif"     //加载正确图片
23              this.rightNum++                         //正确的词汇数量加1
24              await this.dbUtils.update(this.reciteArray[this.currentIndex].id, "recite", 1) //修改为已背诵
```

```
25        } else {
26          this.img ="/common/image/no.gif"
27          var value ={ "pid": this.reciteArray[this.currentIndex].id}
28          await this.dbUtils.insert("ewords", value)        //写入易错表
29        }
30      }).type(ButtonType.Normal)
31      Button("重置").type(ButtonType.Normal)
32        .onClick(() =>{
33          this.word =""
34        })
35    }.width('80%').justifyContent(FlexAlign.SpaceEvenly)
36    Image(this.img).width("80%")
37    Text(`${this.answer}`).fontSize(20).padding(10).width("100%")
38      .textAlign(TextAlign.Center).visibility(this.isShow)
39    Row() {
40      Button("看答案").type(ButtonType.Normal)
41        .onClick(() =>{
42          this.isShow =Visibility.Visible      //将答案对应 Text 组件设置为可见
43        })
44      Button("下一个").width('80%').justifyContent(FlexAlign.SpaceEvenly)
45        .onClick(() =>{
46          this.word =""                        //将输入框置空
47          if (this.currentIndex ==this.reciteArray.length) {
48            Return                             //如果已到最后一个词汇,则返回
49          }
50          this.isShow =Visibility.Hidden       //将答案对应的 Text 置为隐藏
51          this.currentIndex++
52          this.msg =this.reciteArray[this.currentIndex].detail
53          this.answer =this.reciteArray[this.currentIndex].word
54        }).type(ButtonType.Normal)
55    }
56    Text(`共${this.total}个词汇,剩余${this.total -this.currentIndex}个,
  答对 ${this.rightNum}个!`).fontSize(20).padding(10).width("100%").
  textAlign(TextAlign.Center)
57    }.width('100%').height("100%").backgroundColor("#d2d8ecc9")
58  }
59 }
```

上述第 14～17 行代码表示在输入框中输入内容后,将输入的内容保存在 word 变量中;第 18 行代码表示将当前背诵词汇的中文解释信息显示在页面上;第 21～25 行代码表示如果输入的内容与当前待背诵的词汇相同,则加载 yes.gif 动画图片和背诵正确的词汇数量加 1,并且根据当前词汇的 id 将 phases 表中所在行的 recite 的值置为 1(已背诵);第 26～28 行代码表示如果输入的内容与当前待背诵的词汇不相同,则加载 no.gif 动画图片,并且将当前词汇的 id 值插入 ewords 表中,代表易错词汇。上述第 22 行和第 26 行代码中的 yes.gif 和 no.gif 动画图片需要保存到项目的 ets/common 文件夹中。

8) 易错词页面

打开 Chap05 项目,右击"phases/src/main/etc/pages"文件夹,选择 New→Page 菜单项创建名为 ErrorWord.ets 的易错词页面,显示效果如图 5.49 所示。

（1）初始化 ErrorWord.ets 页面的变量。

```
1   context = getContext(this) as common.UIAbilityContext
2   dbUtils = new DbUtils()
3   @State errorArray: Phases[] = []        //保存易错词汇信息数组
```

（2）自定义 getErrorWords()方法获取易错词汇信息。

由于易错词汇的 id 保存在 ewords 表中，词汇的其他信息保存在 phases 表中，所以需要根据 ewords 表中的 pid 和 phases 表中的 id 值建立表间联系，然后调用 querySql()方法获得易错词汇信息后保存在 errorArray 数组中，实现代码如下。

```
1   async getErrorWords() {
2       let sql = `select * from ewords CROSS JOIN phases where ewords.pid=phases.id`
3       let rsets = await this.dbUtils.rdbStore.querySql(sql)
4       while (rsets.goToNextRow()) {
5         let id = rsets.getLong(rsets.getColumnIndex("id"))
6         let type = rsets.getString(rsets.getColumnIndex("type"))
7         let word = rsets.getString(rsets.getColumnIndex("word"))
8         let phonetic = rsets.getString(rsets.getColumnIndex("phonetic"))
9         let detail = rsets.getString(rsets.getColumnIndex("detail"))
10        let recite = rsets.getLong(rsets.getColumnIndex("recite"))
11        let rember = rsets.getLong(rsets.getColumnIndex("rember"))
12        let phase = new Phases(id, type, word, phonetic, detail, recite, rember)
13        this.errorArray.push(phase)
14      }
15  }
```

（3）易错词页面的功能实现。

当页面加载时，首先调用 getErrorWords()方法获取易错词汇信息；然后按照如图 5.49 所示的样式显示在页面上。本案例的易错词页面源文件为 ErrorWord.ets，详细代码如下。

```
1   struct ErrorWord {
2     //初始化 ErrorWord.ets 页面的变量
3     //自定义 getErrorWords()方法
4     async aboutToAppear() {
5       await this.dbUtils.initDB(this.context)           //打开数据库
6       await this.getErrorWords()
7     }
8     build() {
9       Column() {
10        Text("易错词").fontSize(20).padding(10).width("100%")
11          .backgroundColor(Color.Green).textAlign(TextAlign.Center)
12        List({ space: 10, initialIndex: 0 }) {
13          ForEach(this.errorArray, (item: Phases) =>{
14            ListItem() {
15              WordCard({ word: item.word, recite: item.recite ==1? true : false })
16            }.onClick(() =>{
17              let toType ={"phase": item}
18              router.pushUrl({
19                url: "pages/DetailWord",
20                params: toType
21              })
```

```
22              })
23            })
24          }}.width('100%')
25      }
26  }
```

小结

  数据存储与访问是开发应用时需要解决的最基本的问题,应用程序采用的数据存取方式在某种程度上决定了它的性能。本章结合睡眠质量测试系统、备忘录和我爱背单词等案例项目的实际开发过程,详细介绍了用户首选项存储与访问接口、应用文件存储与访问接口、关系数据接口及相关组件的使用方法和应用场景,通过本章的学习既能够掌握数据存储的相关知识,又能让开发的移动端应用实现数据持久化能力。

第 6 章 多媒体应用开发

移动终端设备在硬件配置上已经拥有极强处理能力的 CPU、存取速度快和容量足够大的内存及固态存储介质,在软件配置上也拥有了与 PC 一样的操作系统。也就是说,目前的移动终端设备既可以完成复杂的数值处理任务,也可以提供如音视频信息的采集、压缩存储、解压播放等视觉、听觉信息的处理能力。本章结合具体案例介绍使用方舟开发框架提供的组件及 OpenHarmony 已开放的接口,实现音频、视频的播放功能和图形的绘制、图片的编辑处理等功能。

6.1 概述

在操作系统实现中,通常基于不同的媒体信息处理内容,将媒体分为音频、视频、相机、图片等不同的模块。OpenHarmony 向应用开发者提供了音视频应用、相机应用、图库应用的编程框架接口。

6.1.1 音频接口

音频接口(audio)支持音频业务的开发,提供包括音频播放、音频采集、音量管理和短音播放等音频相关的功能。音频播放主要是将音频数据转码为可听见的音频模拟信号并通过输出设备进行播放,同时对播放任务进行管理。音频采集主要是通过输入设备将声音采集并转码为音频数据,同时对采集任务进行管理。音量管理主要包括音量调节、输入/输出设备管理、注册音频中断和音频采集中断的回调等。短音播放主要负责管理音频资源的加载与播放、tone 音的生成与播放以及系统音播放。ArkTS 开发框架的"@ohos.multimedia.audio"模块中提供了音量管理、音频路由管理、混音管理等接口与服务能力。

6.1.2 视频接口

视频接口(media)支持视频业务的开发和生态开放,开发者可以通过已开放的接口实现视频编解码、视频合成、视频提取、视频播放和视频录制等操作及新功能开发。视频编解码主要是将视频进行编码和解码。视频提取主要是将多媒体文件中的音视频数据进行分离,提取出音频、视频数据源。视频播放包括播放控制、播放设置和播放查询,如播放的开始与停止、播放速度设置和是否循环播放等。视频录制主要是在选择视频(音频)来源后,可以录制并生成视频(音频文件)。ArkTS 开发框架的"@ohos.multimedia.media"模块中提供了音视频解压播放、压缩录制等接口与服务能力。

6.1.3 相机接口

相机接口(camera)支持相机业务的开发,开发者既可以通过已开放的接口实现相机硬件的访问、预览、拍照、连拍和录像等操作及新功能开发,也可以通过合适的接口或者接口组合实现闪光灯控制、曝光时间控制、手动对焦、自动对焦控制、变焦控制、人脸识别以及更多的功能。但是,同一时刻只能有一个相机应用程序在运行。开发者必须按照相机权限申请、相机设备创建、相机设备配置、相机帧捕获及相机设备释放的开发流程进行接口的顺序调用,否则可能会出现调用失败等问题。为了使包含相机模块的应用程序拥有更好的兼容性,在创建相机对象或者参数相关设置前需要开发者进行能力查询。ArkTS 开发框架的"@ohos.multimedia.camera"模块提供了精确控制相机镜头,采集视觉信息等接口与服务能力。

6.1.4 图片接口

图片接口(image)既支持图片解码、图片编码、基本的位图操作、图片编辑等图片业务的开发,也支持通过接口组合实现更复杂的图片处理逻辑。为了方便图片在应用中进行显示或旋转、缩放、裁剪等处理,通常需要使用图片解码技术将不同的存档格式图片(如 JPEG、PNG、GIF、RAW、WebP、BMP、SVG 等)解码为无压缩的位图格式图片(PixelMap);为了方便图片在应用程序中进行保存、传输等相应的处理,通常需要使用图片编码技术将无压缩的位图格式(PixelMap)编码成不同格式的存档格式图片(目前仅支持 JPEG 和 WebP)。ArkTS 开发框架的"@ohos.multimedia.image"模块中提供了图片编解码、图片处理等接口与服务能力。

6.2 影音播放器的设计与实现

近年来,随着流媒体技术向移动终端设备的延伸和移动应用开发技术的发展,促进了移动终端设备的音频、视频播放器用户人数快速增加,虽然目前市面上的播放器种类很多,但由于商业行为需要,这些播放器或多或少都存在使用功能受限、植入广告太多等问题,给人们正常使用带来不便。本节通过设计开发一款集音频与视频播放于一体的影音播放器,介绍 OpenHarmony 系统中各类 API 在各种应用场景中开发音视频播放器的方法。

6.2.1 AVPlayer

AVPlayer(播放管理类)用于将 MP3、MP4、MKV 等音视频媒体资源转码为可听见的音频模拟信号和可供渲染的图像,并通过音箱、显示屏等输出设备进行播放展示。它的管理和播放音视频媒体资源能力由 ArkTS 开发框架的"@ohos.multimedia.media"模块提供。AVPlayer 类的属性及功能说明如表 6.1 所示。

表 6.1 AVPlayer 类型对象属性及功能说明

属 性 名	类 型	功 能 说 明
url	string	设置媒体文件的 URL,支持包括 MP4、MPEG-TS、WebM、MKV 等视频格式和 M4A、AAC、MP3、Ogg、WAV、FLAC 等音频格式
fdSrc	AVFileDescriptor	设置媒体文件描述
dataSrc	AVDataSrcDescriptor	设置流媒体资源描述,自 API Version 10 起开始提供。适用于播放从远端下载到本地的文件场景,即在应用未下载完整音视频资源时,提前播放已获取的资源文件
surfaceId	string	设置视频窗口 ID,默认无窗口。适用于视频播放的窗口渲染,纯音频不用设置
loop	boolean	设置视频是否循环播放,默认值为 false(不循环)
videoScaleType	VideoScaleType	设置视频缩放模式,其值包括 VIDEO_SCALE_TYPE_FIT(默认值,视频拉伸至与窗口等大)和 VIDEO_SCALE_TYPE_FIT_CROP(保持视频宽高比拉伸至填满窗口,内容可能会有裁剪)
state	AVPlayerState	表示视频播放的状态,其值包括:①idle,闲置状态,AVPlayer 刚被创建或调用了 reset()后进入该状态;②initialized,资源初始化,在 idle 状态设置 url 或 fdSrc 属性后进入该状态;③prepared,已准备状态,在 initialized 状态调用 prepare()后进入该状态;④playing,正在播放状态,在 prepared、paused 和 completed 状态调用 play()后进入该状态;⑤paused,暂停状态,在 playing 状态调用 pause()后进入该状态;⑥completed,播放至结尾状态,当播放至结尾时,如果未设置循环播放会进入该状态;⑦stopped,停止状态,在 prepared、playing、paused 和 completed 状态调用 stop()后进入该状态;⑧released,销毁状态,调用 release()后进入该状态;⑨error,错误状态,当播放引擎发生不可逆的错误时进入该状态
currentTime	number	表示当前播放位置,单位:毫秒(ms)
duration	number	表示播放时长,单位:毫秒(ms)
width	number	表示视频宽,单位:像素(px)
height	number	表示视频高,单位:像素(px)

使用 AVPlayer 开发音视频播放应用时,首先需要用如下代码导入"@ohos.multimedia.media"模块,然后再按照以下步骤实现。

```
1  import media from '@ohos.multimedia.media'
```

1. 创建 AVPlayer 实例

调用 createAVPlayer()方法创建 AVPlayer 实例后,AVPlayer 实例切换为 idle 状态。

(1) media.createAVPlayer(): Promise<AVPlayer>:异步创建一个音视频播放实例

对象,返回值类型为 Promise<AVPlayer>,表示 Promise 回调函数返回一个 AVPlayer 对象,失败时返回 null。可创建的音视频播放实例对象数量由设备芯片决定,但视频播放实例对象最多不能超过 13 个,音视频播放实例对象最多不能超过 16 个。

(2) media.createAVPlayer(callback:AsyncCallback<AVPlayer>):void:异步创建一个音视频播放实例对象,使用 callback 异步回调函数返回一个 AVPlayer 对象,失败时返回 null。

例如,异步创建一个名为 avPlayer 的播放实例如下。

```
1    let avPlayer: media.AVPlayer =await media.createAVPlayer()
```

2. 设置播放资源

播放资源可以是本地资源文件(由 fdSrc 属性设置),也可以是网络资源文件(由 url 属性设置)。但是播放网络资源文件时,应用需具有网络访问权限(ohos.permission.INTERNET)。打开项目的 module.json5 文件,在 modules 配置项中用 requestPermissions 属性配置项添加应用的权限,代码如下。设置 AVPlayer 实例的播放资源后,AVPlayer 实例切换为 initialized 状态。

```
1    "module": {
2        //其他内容不变
3        "requestPermissions": [
4          {"name": "ohos.permission.INTERNET"}
5        ],
6    }
```

例如,为 avPlayer 播放实例设置网络资源文件的代码如下。

```
1    avPlayer.url ="https://test.music.com/sound/008.mp3"
```

3. 准备播放

调用 prepare()方法,AVPlayer 实例切换为 prepared 状态,此时可以获取播放资源的播放总时长(duration 属性值)、设置播放音量等。但是,只有在播放实例对象切换为 initialized 状态后才能调用该方法。

(1) prepare():Promise<void>:通过 Promise 方式准备播放音视频资源,返回值类型为 Promise<void>,表示准备播放的 Promise 返回值。

(2) prepare(callback:AsyncCallback<void>):void:通过回调方式准备播放音视频资源,callback 参数表示准备播放的回调方法。

例如,准备播放 avPlayer 实例的代码如下。

```
1    await avPlayer.prepare()
```

4. 播放控制

当音视频资源播放准备好后,就可以调用 AVPlayer 提供的方法实现播放、暂停、跳转和停止功能。

1) 播放

调用 play() 方法，AVPlayer 实例切换为 playing 状态。但是，只有在播放实例对象为 prepared、paused 或 completed 状态时才能调用该方法。

(1) play()：Promise<void>：通过 Promise 方式开始播放音视频资源，返回值类型为 Promise<void>，表示开始播放的 Promise 返回值。

(2) play(callback：AsyncCallback<void>)：void：通过回调方式开始播放音视频资源，callback 参数表示开始播放的回调方法。

例如，开始播放 avPlayer 实例的代码如下。

```
1  await avPlayer.play()
```

2) 暂停

调用 pause() 方法，AVPlayer 实例切换为 paused 状态。但是，只有在播放实例对象为 playing 状态时才能调用该方法。

(1) pause()：Promise<void>：通过 Promise 方式暂停播放音视频资源，返回值类型为 Promise<void>，表示暂停播放的 Promise 返回值。

(2) pause(callback：AsyncCallback<void>)：void：通过回调方式暂停播放音视频资源，callback 参数表示暂停播放的回调方法。

例如，开始播放 avPlayer 实例的代码如下。

```
1  await avPlayer.pause()
```

3) 跳转

只有播放实例对象为 prepared、playing、paused 或 completed 状态时才能调用跳转方法。

seek(timeMs：number, mode?：SeekMode)：void：跳转到指定播放位置。timeMs 参数表示跳转到的时间节点，单位为毫秒(ms)，取值范围为[0，播放资源的总时长]；mode 参数表示跳转模式，仅在播放视频资源时设置，其值包括 SEEK_PREV_SYNC(默认值，跳转到指定时间点的上一个关键帧，一般用于向前快进)、SEEK_NEXT_SYNC(跳转到指定时间点的下一个关键帧，一般用于向后快进)。

例如，从头开始重新播放 avPlayer 实例的代码如下。

```
1  avPlayer.seek(0)
2  await avPlayer.play()
```

4) 停止

调用 stop() 方法，AVPlayer 实例切换为 stopped 状态。但是，只有在播放实例对象为 prepared、playing、paused 或 completed 状态时才能调用该方法。

(1) stop()：Promise<void>：通过 Promise 方式停止播放音视频资源，返回值类型为 Promise<void>，表示停止播放的 Promise 返回值。

(2) stop(callback：AsyncCallback<void>)：void：通过回调方式停止播放音视频资源，callback 参数表示停止播放的回调方法。

例如，停止播放 avPlayer 实例的代码如下。

```
1    await avPlayer.stop()
```

5）设置倍速模式

只有播放实例对象为 prepared、playing、paused 或 completed 状态时才能调用设置倍速模式方法。

setSpeed(speed：PlaybackSpeed)：void：设置倍速模式，可以通过 speedDone 事件确认是否生效。但是直播场景不支持该方法。speed 参数表示播放倍速模式，其值包括 SPEED_FORWARD_0_75_X(0.75 倍)、SPEED_FORWARD_1_00_X(1 倍)、SPEED_FORWARD_1_25_X(1.25 倍)、SPEED_FORWARD_1_75_X(1.75 倍)、SPEED_FORWARD_2_00_X(2 倍)。

6）设置音量

只有播放实例对象为 prepared、playing、paused 或 completed 状态时才能调用设置音量方法。

setVolume(volume：number)：void：设置媒体播放音量，可以通过 volumeChange 事件确认是否生效。volume 参数表示指定的相对音量大小，取值范围为[0.00,1.00]，1 表示最大音量，即 100%。

5. 重置播放资源

如果在音视频资源播放时需要重置播放资源，则可以调用 reset()方法，该方法执行后 AVPlayer 实例重新进入 idle 状态，此时允许更换资源文件。但是，只有在播放对象为 initialized、prepared、playing、paused、completed、stopped 或 error 状态时才能调用该方法。

（1）reset()：Promise＜void＞：通过 Promise 方式重置播放音视频资源，返回值类型为 Promise＜void＞，表示重置播放的 Promise 返回值。

（2）reset(callback：AsyncCallback＜void＞)：void：通过回调方式重置播放音视频资源，callback 参数表示重置播放的回调方法。

例如，重置 avPlayer 实例的播放资源并播放的代码如下。

```
1    avPlayer.reset()
2    avPlayer.url ="https://test.music.com/sound/009.mp3"
3    await this.avPlayer.prepare()
4    await this.avPlayer.play()
```

6. 释放播放资源

如果音视频资源播放完成，则可以调用 release()方法释放播放资源，该方法执行后 AVPlayer 实例重新进入 released 状态，此时退出播放。

（1）release()：Promise＜void＞：通过 Promise 方式销毁播放音视频资源，返回值类型为 Promise＜void＞，表示销毁播放的 Promise 返回值。

（2）release(callback：AsyncCallback＜void＞)：void：通过回调方式销毁播放音视频资源，callback 参数表示销毁播放的回调方法。

例如,释放 avPlayer 实例的播放资源代码如下。

```
1  avPlayer.release()
```

【例 6-1】 设计如图 6.1 所示的音乐播放器页面,点击"播放"按钮,开始播放音乐,并且"播放"切换为"暂停",页面上的当前时间和进度条都会随着音乐播放进度而改变;点击"暂停"按钮,暂停当前正在播放的音乐,并且"暂停"切换为"继续",页面上的当前时间和进度条也停止变化;点击"继续"按钮,音乐从暂停位置处继续播放;点击"停止"按钮,停止正在播放的音乐,页面上的当前时间和进度条也随之变化;点击"重放"按钮,正在播放的音乐从开头处重新播放;点击"循环"按钮,当前播放的音乐循环播放。

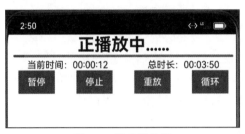

图 6.1 音乐播放器

从如图 6.1 所示的页面效果可以看出,整个页面按 Column 方式布局,最上方的播放状态由 Text 组件实现,播放进度由 Progress 组件实现,当前时间和总时间由 Flex 方式布局的 Text 组件实现,控制按钮由 Flex 方式布局的 Button 组件实现,详细实现步骤如下。

(1) 定义变量。

```
1  @State message: string ='等待播放音乐'           //保存播放状态
2  @State currentValue: number =0                    //保存进度条当前值
3  @State playTitle: string ='播放'                   //保存"播放"按钮显示的内容
4  @State currentTime: string ='00:00:00'            //保存当前播放时间
5  @State totalTime: string ='00:00:00'              //保存播放总时长
6  @State avPlayer: media.AVPlayer =null             //保存 AVPlayer 实例对象
```

(2) 自定义 showTime()方法按时分秒格式显示时间。

当 AVPlayer 实例切换为 prepared 状态后,由 duration 属性获得播放总时长、currentTime 属性获得当前播放时间,总时长和当前播放时间以毫秒为单位,将其转换为"时:分:秒"格式的实现代码如下。

```
1  showTime(ms: number): string {
2      const hours =Math.floor(ms / 3600000)                          //获取毫秒数中的小时
3      const minutes =Math.floor((ms % 3600000) / 60000)              //获取毫秒数中的分钟
4      const seconds =Math.floor(((ms % 3600000) % 60000) / 1000)     //获取毫秒数中的秒
5      return [hours, minutes, seconds].map(num =>num.toString().padStart(2,
    '0')).join(':')
6  }
```

(3) 实现 aboutToAppear()函数。

创建页面组件的实例后,只有首先实例化 AVPlayer 对象、设置播放资源,并调用

prepare()方法将 AVPlayer 实例切换为 prepared 状态,然后才能获取播放资源的播放总时长及设置计时器动态改变当前播放时间和进度条进度值。详细实现代码如下。

```
1   async aboutToAppear() {
2       this.avPlayer =await media.createAVPlayer()
3       this.avPlayer.url = " https://img-cdn2.yespik.com/sound/00/31/31/45/
        313145_60306d4d1114cc554dcfe44ea5cab8a8.mp3"
4       await this.avPlayer.prepare()
5       this.totalTime =this.showTime(this.avPlayer.duration)
6       setInterval(() =>{
7           let cduration =this.avPlayer.currentTime
8           this.currentTime =this.showTime(cduration)
9           this.currentValue =Math.floor(cduration * 100 / this.avPlayer.duration)
10      }, 1000)
11  }
```

上述第6~10行代码设置一个每隔1s调用一次的计时器,首先该计时器每隔1s获取一次音频的当前播放时间,然后调用 showTime()方法将其转换为"时:分:秒"格式,最后由当前播放时间和音频总时长计算出进度条的当前值。

(4) 音乐播放器的功能实现

音乐播放器启动时,调用 aboutToAppear()函数创建 AVPlayer 实例对象、设置播放资源和创建计时器。点击如图6.1所示的最左侧按钮,判断当前 AVPlayer 实例对象的状态,如果为 playing(播放状态),则调用 pause()方法将正在播放的音乐暂停,并将最左侧按钮显示为"继续";如果为 paused(暂停状态),则调用 play()方法继续播放音乐,并将最左侧按钮显示为"暂停";否则分别调用 prepare()和 play()方法播放音乐,并将最左侧按钮显示为"暂停"。点击如图6.1所示的"停止"按钮,调用 stop()方法停止音乐播放,将最左侧的按钮显示为"播放"。点击如图6.1所示的"重放"按钮,判断当前 AVPlayer 实例对象的状态,如果为 stopped(停止状态),则调用 prepare()和 play()方法播放音乐,并将最左侧按钮显示为"暂停";否则首先调用 seek()方法将当前播放进度设置为0,然后再调用 play()方法播放音乐。点击如图6.1所示的"循环"按钮,将 AVPlayer 实例对象的 loop 属性设置为 true,表示当前音乐循环播放。详细实现代码如下。

```
1   struct Index {
2       //定义变量
3       //定义 showTime()方法转换时间显示格式
4       //实现 aboutToAppear()函数
5       build() {
6           Column() {
7               Text(this.message).fontSize(30).fontWeight(FontWeight.Bold)
8               Progress({ value: this.currentValue, total: 100 }).width("95%")
    .backgroundColor(Color.Red)
9               Flex({ justifyContent: FlexAlign.SpaceAround }) {
10                  Text(`当前时间:${this.currentTime}`)
11                  Text(`总时长:${this.totalTime}`)
12              }
13              Flex({ justifyContent: FlexAlign.SpaceAround }) {
14                  Button(this.playTitle).type(ButtonType.Normal).onClick(async () =>{
```

```
15          let currentState = this.avPlayer.state
16          switch (currentState) {
17            case "playing":                              //当前播放状态
18              await this.avPlayer.pause()                //暂停播放
19              this.playTitle = '继续'
20              this.message = "正暂停中……"
21              break
22            case "paused":                               //当前暂停状态
23              await this.avPlayer.play()                 //继续播放
24              this.playTitle = '暂停'
25              this.message = "正播放中……"
26              break
27            default:
28              await this.avPlayer.prepare()              //准备播放
29              await this.avPlayer.play()                 //开始播放
30              this.message = "正播放中……"
31              this.playTitle = '暂停'
32          }
33        })
34        Button("停止").type(ButtonType.Normal).onClick(async () => {
35          await this.avPlayer.stop()                     //停止播放
36          this.message = "正停止中……"
37          this.playTitle = '播放'
38        })
39        Button("重放").type(ButtonType.Normal).onClick(async () => {
40          let currentState = this.avPlayer.state
41          switch (currentState) {
42            case "stopped":                              //停止状态
43              await this.avPlayer.prepare()              //准备播放
44              await this.avPlayer.play()                 //开始播放
45              this.message = "正播放中……"
46              this.playTitle = '暂停'
47              break
48            default:
49              this.avPlayer.seek(0)                      //跳转至起始位置
50              await this.avPlayer.play()                 //开始播放
51              this.message = "正播放中……"
52          }
53        })
54        Button("循环").type(ButtonType.Normal).onClick(() => {
55          this.avPlayer.loop = true
56        })
57      }
58    }.width('100%')
59  }
60 }
```

6.2.2 监听和取消监听事件

为了监听播放状态及进行相应的事务处理，AVPlayer还提供了不同的on接口监听不同类型的事件和不同的off接口取消不同类型的监听事件。

1. 监听事件

（1）on(type：string，callback：Callback<number>)：void：用于开始监听表 6.2 中所列的事件，并可以根据返回值进行相应的事务处理。type 参数表示监听事件的类型，其值及功能说明如表 6.2 所示；callback 参数表示监听事件的回调方法。

表 6.2 监听事件类型及功能说明

事件类型	功能说明
seekDone	监听 seek() 请求完成的事件，回调返回当前跳转到的播放位置
speedDone	监听 setSpeed() 请求完成的事件，回调返回播放倍速
volumeChange	监听 setVolume() 请求完成的事件，回调返回播放音量
timeUpdate	监听资源当前播放时间事件，回调返回当前时间，默认间隔 100ms 上报一次，但调用 seek() 方法产生时间变化会立即上报；一般用于进度条，返回值用于更新进度
durationUpdate	监听资源播放时长事件，回调返回总时长，仅在 prepared 状态上报一次；一般用于进度条，返回值用于更新进度条最大值

例如，例 6-1 中的 aboutToAppear() 函数实现计时器的功能代码可以用下列代码替换。即监听当前播放时间，并根据回调返回的当前时间更新页面上的当前时间和进度条的进度。

```
1    async aboutToAppear() {
2      //与 aboutToAppear() 函数的第 2~5 行代码一样，此处略
3      this.avPlayer.on('timeUpdate', (cTime: number) =>{
4        this.currentTime =this.showTime(cTime)        //cTime 为当前播放时间
5        this.currentValue =Math.floor(cTime * 100 / this.avPlayer.duration)
6      })
7    }
```

（2）on(type:'stateChange', callback: (state: AVPlayerState, reason: StateChangeReason) => void): void：用于监听播放状态机 AVPlayerState 切换的事件。type 参数表示状态机切换事件回调类型，其值为"stateChange"；callback 参数表示监听状态机切换事件的回调方法，state 表示当前播放状态，reason 表示当前播放状态的切换原因。

（3）on(type:'error', callback：ErrorCallback)：void：用于监听 AVPlayer 的错误事件，该事件仅用于错误提示，不需要用户停止播控动作。type 参数表示错误事件回调类型，其值为"error"；callback 参数表示监听错误事件的回调方法，发生错误时会提供错误码 ID 和错误信息。

例如，在例 6-1 的基础上，添加监听错误事件功能，实现代码如下。

```
1    async aboutToAppear() {
2      this.avPlayer =await media.createAVPlayer()
3      this.avPlayer. url = "https://img-cdn2.yespik.com/sound/00/31/31/45/313145_60306d4d1114cc554dcfe44ea5cab8a8.mp3"
4      this.avPlayer.on('error', (error) =>{
5        console.info('出错了,出错信息:', error.message)
6        console.info('出错了,出错代码:', error.code)
7      })
8      //其他代码与例 6-1 实现代码类似，此处略
9    }
```

（4）on(type:'endOfStream', callback：Callback＜void＞)：void：用于监听资源播放至结尾的事件。type 参数表示资源播放至结尾事件回调类型，其值为"endOfStream"；callback 参数表示监听资源播放至结尾事件的回调方法。

例如，在例 6-1 的基础上，添加播放至结尾，切换到资源文件目录 resources/rawfile 下的 friend.mp3 文件继续播放，实现代码如下。

```
1  async aboutToAppear() {
2      //与前述示例代码类似,此处略
3      this.avPlayer.on('endOfStream', async () =>{
4        let rsm =getContext().resourceManager
5        rsm.getRawFd("friend.mp3").then(async (value) =>{
6          let fileDes ={
7            fd: value.fd,              //媒体资源句柄
8            offset: value.offset,      //媒体资源偏移量
9            length: value.length       //媒体资源长度
10         }
11         await this.avPlayer.stop()
12         await this.avPlayer.reset()
13         this.avPlayer.fdSrc =fileDes
14         await this.avPlayer.prepare()
15         await this.avPlayer.play()
16       }).catch((err) =>{
17         console.info("出错了,出错信息:", err)
18       })
19     })
20     this.avPlayer.on('durationUpdate',(dTime:number)=>{
21       this.totalTime =this.showTime(dTime)
22     })
23  }
```

上述第 3～19 行代码用于监听音乐播放至结尾事件，如果该事件发生，则调用 resourceManager 的 getRawFd( )方法获取 friend.mp3 文件的地址，并封装为 AVFileDescriptor 类型({fd,offset,length})；然后调用 stop()和 reset()方法重置 AVplayer 对象及设置其 fdSrc 属性；最后调用 prepare()和 play()方法播放音乐。上述第 20～22 行代码用于监听音乐播放总时长事件，如果该事件发生，则调用自定义的 showTime()方法按"时：分：秒"格式显示总时长。

（5）on(type:'bufferingUpdate', callback：(infoType：BufferingInfoType，value：number) =＞ void)：void：用于监听音视频缓存更新事件，仅网络播放支持该订阅事件。type 参数表示播放缓存事件回调类型，其值为"bufferingUpdate"；callback 参数表示监听播放缓存事件的回调方法。

（6）on(type:'startRenderFrame', callback：Callback＜void＞)：void：用于监听视频播放开始首帧渲染的更新事件，仅视频播放支持该订阅事件，该事件仅代表播放服务将第一帧画面送显示模块，实际效果依赖显示服务渲染性能。type 参数表示视频播放开始首帧渲染事件回调类型，其值为"startRenderFrame"；callback 参数表示监听视频播放开始首帧渲染事件回调方法。

（7）on(type:'videoSizeChange', callback:(width: number, height: number) => void): void：用于监听视频播放宽高变化事件，仅视频播放支持该订阅事件，默认只在 prepared 状态上报一次，但 HLS 协议码流会在切换分辨率时上报。type 参数表示视频播放宽高变化事件回调类型，其值为"videoSizeChange"；callback 参数表示监听视频播放宽高变化事件回调方法，width 表示宽，height 表示高。

2. 取消监听事件

（1）off(type:'stateChange'): void：取消监听播放状态机 AVPlayerState 切换的事件。

（2）off(type:'error'): void：取消监听播放的错误事件。

（3）off(type:'seekDone'): void：取消监听 seek 生效的事件。

（4）off(type:'speedDone'): void：取消监听 setSpeed 生效的事件。

（5）off(type:'volumeChange'): void：取消监听 setVolume 生效的事件。

（6）off(type:'endOfStream'): void：取消监听资源播放至结尾的事件。

（7）off(type:'timeUpdate'): void：取消监听资源播放当前时间。

（8）off(type:'durationUpdate'): void：取消监听资源播放资源的时长。

（9）off(type:'bufferingUpdate'): void：取消监听音视频缓存更新事件。

（10）off(type:'startRenderFrame'): void：取消监听视频播放开始首帧渲染的更新事件。

（11）off(type:'videoSizeChange'): void：取消监听视频播放宽高变化事件。

6.2.3 XComponent

XComponent 组件是满足开发者自定义绘制需求的一种绘制组件，可用于 EGL/OpenGLES 和媒体数据写入，并显示在该组件。其接口格式如下。

```
1  XComponent(value: {id: string, type: string, libraryname?: string, controller?: XComponentController})
```

（1）id 参数用于设置组件的唯一标识，唯一标识的字符串长度不超过 128 个字符。

（2）type 参数用于设置组件的类型，该类型包括 surface、component 和 texture。surface 类型表示该组件可以与其他组件一起进行布局和渲染，可用于 EGL/OpenGLES 和媒体数据写入，并将绘制内容单独展示到屏幕上，从而实现相应画面的呈现。component 类型表示该组件变成一个容器组件，并可在其中执行非 UI 逻辑以动态加载显示内容。texture 类型表示该组件可用于 EGL/OpenGLES 和媒体数据写入，并将绘制内容和 XComponent 组件上的内容合成后展示到屏幕上。

（3）libraryname 参数用于设置应用 Native 层编译输出动态库名称，但仅 surface 类型生效。

（4）controller 参数用于设置 XComponent 组件控制器，通过控制器调用如表 6.3 所示的组件方法实现相应的功能，但仅 surface 类型生效。

第6章 多媒体应用开发

表 6.3　XComponentController 控制器的方法及功能

方　法　名	功 能 说 明
getXComponentSurfaceId()：string	获取 XComponent 对应 Surface 的 ID
setXComponentSurfaceSize（value：{surfaceWidth：number，surfaceHeight：number}）	设置 XComponent 持有的 Surface 的宽度和高度
getXComponentContext()：Object	获取 XComponent 实例对象的 Context

【例 6-2】　设计如图 6.2 所示的视频播放器页面，点击"播放"按钮，开始播放视频，并且"播放"切换为"暂停"，页面上的当前时间和进度条都会随着播放进度而改变；点击"暂停"按钮，暂停当前正在播放的视频，并且"暂停"切换为"继续"，页面上的当前时间和进度条也停止变化；点击"继续"按钮，视频从暂停位置处继续播放；点击"停止"按钮，停止正在播放的视频，页面上的当前时间和进度条也随之变化；点击"音量－"按钮，降低播放视频音量；点击"音量＋"按钮，增加播放视频音量；点击"倍速"，弹出如图 6.3 所示滑动文本选择器对话框，在对话框中滑动倍速文本，并点击"确定"按钮后，视频会以选定的倍速播放。

图 6.2　视频播放器(1)

图 6.3　视频播放器(2)

从如图 6.2 所示的页面效果可以看出，整个页面按 Column 方式布局，最上方的播放状态由 Text 组件实现，视频播放区域由 XComponent 组件实现，播放进度由 Progress 组件实现，当前时间、总时间和倍速由 Flex 方式布局的 Text 组件实现，控制按钮由 Flex 方式布局的 Button 组件实现,详细实现步骤如下。

(1) 定义变量。

```
1  @State message、currentValue、playTitle、currentTime、totalTime 和 avPlayer 定
   义与例 6-1 类似,此处略
2  @State surfaceId: string = ''           //保存 SurfaceId
3  private xComponentController: XComponentController =new XComponentController()
4  private xComponentContext: Record<string, () =>void>={}
5  speedList: string[] =['0.75X', '1.0X', '1.25X', '1.75X', '2.0X']   //保存可选
   //择倍速
6  @State playSpeed: number =media.PlaybackSpeed.SPEED_FORWARD_1_00_X   //保存
   //播放倍速,默认为 1 倍速
7  @State playVolume: number =0.5         //保存音量,默认为 0.5
```

(2) 自定义监听事件。

当监听到视频播放出错时,在控制台输出出错信息;当监听到播放时间更新时,调用 showTime()方法在页面上显示当前播放时间,并更新播放进度条;当监听到播放总时长更新时,调用 showTime()方法在页面上显示总时长;当监听到音量改变时,在控制台输出当前播放音量值;当监听到当前视频播放结束时,加载另一视频并播放。详细实现代码如下。

```
1   setOnFun() {
2     this.avPlayer.on('error', (error) =>{                      //监听播放错误
3       console.info('nnutc,播放错误:' +error.message)
4     })
5     this.avPlayer.on('timeUpdate', (cTime: number) =>{         //监听播放时间更新
6       this.currentTime =this.showTime(cTime)
7       this.currentValue =Math.floor(cTime * 100 / this.avPlayer.duration)
8       console.info("nnutc,正在播放的时间", this.avPlayer.currentTime)
9     })
10    this.avPlayer.on('durationUpdate', (dTime: number) =>{     //监听播放总时长更新
11      this.totalTime =this.showTime(dTime)
12    })
13    this.avPlayer.on('volumeChange', (vol: number) =>{         //监听音量改变
14      console.info('nnutc, 当前的音量值' +vol)
15    })
16    this.avPlayer.on('endOfStream', async () =>{               //监听播放至结尾
17      let rsm =getContext().resourceManager
18      rsm.getRawFd("rec02.mp4").then(async (value) =>{
19        let fileDes ={ fd: value.fd, offset: value.offset, length: value.length}
20        await this.avPlayer.stop()
21        await this.avPlayer.reset()
22        this.avPlayer.fdSrc =fileDes
23        this.avPlayer.surfaceId =this.surfaceId              //设置 SurfaceId
24        await this.avPlayer.prepare()
25        this.totalTime =this.showTime(this.avPlayer.duration)  //显示总时长
26        await this.avPlayer.play()
27        this.avPlayer.setSpeed(this.playSpeed)                //设置播放倍速
28        this.avPlayer.setVolume(this.playVolume)              //设置音量
29      }).catch((err) =>{
30        console.info("nnutc", err)
31      })
32    })
33  }
```

（3）自定义构建函数构建 XComponent 组件。

显示播放视频的画面由 XComponent 组件实现，本例通过自定义构建函数 CoverXComponent 创建 XComponent 组件对象。当插件加载完成时，设置 XComponent 持有的 Surface 的宽度和高度，由控制器的 getXComponentSurfaceId() 方法获取 SurfaceID，并设置 AVPlayer 的 SurfaceID 属性，用于设置显示画面。实现代码如下。

```
1   @Builder
2   CoverXComponent() {
3     XComponent({
4       id: this.surfaceId,
5       type: 'surface',
6       controller: this.xComponentController
7     }).onLoad(async () => {
8   this.xComponentController.setXComponentSurfaceSize({surfaceWidth: 1920, surfaceHeight:1080})
9       this.surfaceId = this.xComponentController.getXComponentSurfaceId()
10      this.avPlayer = await media.createAVPlayer()
11      this.setOnFun()                    //调用自定义的 setOnFun()方法设置监听事件
12      let rsm = getContext().resourceManager
13      rsm.getRawFd("rec01.mp4").then(async (value) => {
14        let fileDes = { fd: value.fd, offset: value.offset, length: value.length}
15        this.avPlayer.fdSrc = fileDes
16        this.avPlayer.surfaceId = this.surfaceId
17        await this.avPlayer.prepare()
18        this.totalTime = this.showTime(this.avPlayer.duration)
19      }).catch((err) => {
20        console.info("nnutc", err)
21      })
22       this.xComponentContext = this.xComponentController.getXComponentContext() as Record<string, () =>void>
23    }).width("100%").height("80%")
24  }
```

（4）视频播放器的功能实现。

应用页面加载时，首先调用自定义的 CoverXComponent() 方法构建 XComponent 组件，该组件加载保存在 resource/rawfile 文件夹中的 rec01.mp4 视频文件；然后点击如图 6.2 所示的"倍速"，弹出如图 6.3 所示的可供选择播放倍速（包括 0.75X、1.0X、1.25X、1.75X、2.0X）的滑动文本选择器对话框，选择相应倍速并点击弹出对话框中的"确定"按钮，视频会按照选中的倍速播放。点击如图 6.2 所示的"音量－"按钮音量降低，点击"音量＋"按钮音量升高。详细实现代码如下。

```
1   struct P6_2{
2     //定义变量
3     //定义 showTime()方法转换时间显示格式
4     //setOnFun()方法设置监听事件
5     //自定义构建方法 CoverXComponent()构建 XComponent 组件
6     build() {
7       Column() {
8         Text(this.message).fontSize(30).fontWeight(FontWeight.Bold)
```

```
9          this.CoverXComponent()
10         Progress({ value: this.currentValue, total: 100 }).width ("95%").
     backgroundColor(Color.Red)
11         Flex({ justifyContent: FlexAlign.SpaceAround }) {
12           Text(`当前时间:${this.currentTime}`)
13           Text(`总时长:${this.totalTime}`)
14           Text(`倍速:${this.playSpeed}X`).onClick(() =>{
15             TextPickerDialog.show({ range: this.speedList, onAccept: (result) =>{
16               switch (result.value.toString()) {
17                 case '0.75X':
18                   this.playSpeed =media.PlaybackSpeed.SPEED_FORWARD_0_75_X
19                   break
20              // '1.0X'、'1.25X'、'1.75X'及'2.0X'播放倍速实现与第17~19行代码类
     //似,此处略
21               }
22               this.avPlayer.setSpeed(this.playSpeed)        //设置播放倍速
23             } })
24           })
25         }
26         Flex({ justifyContent: FlexAlign.SpaceAround }) {
27           Button("音量-").type(ButtonType.Normal).onClick(() =>{
28             this.playVolume =this.playVolume >0? this.playVolume -0.01: 0
29             this.avPlayer.setVolume(this.playVolume)         //设置播放音量
30           })
31           Button(this.playTitle).type(ButtonType.Normal).onClick(async () =>{
32             let currentState =this.avPlayer.state
33             switch (currentState) {
34               case "playing":
35                 //代码与例6-1的音乐播放器类似,此处略
36               case "paused":
37                 //代码与例6-1的音乐播放器类似,此处略
38                 break
39               default:
40                 //代码与例6-1的音乐播放器类似,此处略
41             }
42           })
43           //"停止"按钮代码与例6-1的音乐播放器类似,此处略
44           Button("音量+").type(ButtonType.Normal).onClick(() =>{
45             this.playVolume =this.playVolume <1? this.playVolume +0.01: 1
46             this.avPlayer.setVolume(this.playVolume)         //设置播放音量
47           })
48         }
49       }.width('100%').height('100%')
50     }
51   }
```

上述第15~24行代码表示实现倍速滑动文本选择器对话框效果,根据选择器对话框中的选中倍速确定playSpeed值,其中第22行代码设置播放倍速;上述第27~30行代码表示每点击一次"音量-"按钮,音量值降低0.01,第44~47行代码表示每点击一次"音量+"按钮,音量值升高0.01。

6.2.4 Video 组件

Video(视频播放)组件用于播放视频媒体,其接口格式如下。

```
1  Video(value: VideoOptions)
```

value 参数用于设置播放的视频信息。VideoOptions 类型参数及功能说明如表 6.4 所示。

表 6.4 VideoOptions 类型参数及功能说明

参 数 名	类 型	功 能 说 明
src	string | Resource	设置视频播放源的路径,支持 resources、rawfile、沙箱路径和 Data Ability 提供的本地视频资源路径和网络路径,包括 MP4、MKV 等视频格式
currentProgressRate	number | string | PlaybackSpeed	设置视频播放倍速,number 取值包括 0.75、1.0、1.25、1.75 和 2.0。默认值为 1.0 或 PlaybackSpeed.Speed_Forward_1_00_X,即 1 倍速
previewUri	string | PixelMap | Resource	设置视频未播放时的预览图片路径,默认不显示图片
controller	VideoController	设置视频控制器,用于控制视频的播放状态

为了满足各种应用开发场景的需要,Video 组件除支持通用属性和通用事件外,还支持如表 6.5 所示的属性和如表 6.6 所示的事件。

表 6.5 Video 组件属性及功能

属 性 名	类 型	功 能 说 明
muted	boolean	设置视频是否静音播放,属性值包括 false(默认值,不静音)和 true
autoplay	boolean	设置视频是否自动播放,属性值包括 false(默认值,不自动)和 true
controls	boolean	设置视频播放的控制栏是否显示,属性值包括 true(默认值,显示)和 false
loop	boolean	设置视频循环是否播放,属性值包括 false(默认值,不循环)和 true
objectFit	ImagetFit	设置视频的显示模式,默认属性值为 Cover,其他属性见表 4.13

表 6.6 Video 组件事件及功能

事 件 名	功 能 说 明
onPrepared(callback:(event:{ duration: number }) => void)	视频准备完成时触发该事件。回调返回的 duration 表示当前视频的时长(单位:s)
onStart(event:() => void)	播放时触发该事件
onPause(event:() => void)	暂停时触发该事件
onFinish(event:() => void)	播放结束时触发该事件
onError(event:() => void)	播放失败时触发该事件
onSeeking(callback:(event:{ time: number }) => void)	操作进度条过程时上报时间信息,回调返回的 time 表示当前进度时间(单位:s)

续表

事 件 名	功 能 说 明
onSeeked(callback：(event：{ time：number }) => void)	操作进度条完成后上报时间信息,回调返回的 time 为当前进度时间(单位：s)
onUpdate(callback：(event：{ time：number }) => void)	播放进度变化时触发该事件,回调返回的 time 为当前进度时间(单位：s)
onFullscreenChange（callback：(event：{ fullscreen：boolean }) => void)	视频进入和退出全屏时触发该事件,回调返回的 fullscreen 为 true 表示进入全屏播放状态,否则表示非全屏播放

默认状态下,Video 组件会自带一个控制视频播放的控制栏,通过该控制栏上的控制按钮可以实现视频的播放、暂停、全屏及退出全屏等效果。由于在实际应用开发中,往往需要根据不同的应用场景实现对视频播放效果进行控制,所以也可以使用 VideoController 类型对象实现这些功能,VideoController 类型对象提供了如表 6.7 所示的方法实现这些功能。

表 6.7 VideoController 类型方法及功能

方 法 名	功 能 说 明
start()	请求播放视频
pause()	请求暂停播放视频
stop()	请求停止播放视频
setCurrentTime(currenttime：number)	指定视频播放的进度位置(单位：s),参数 currenttime 表示指定的进度位置
setCurrentTime(value：number, seekMode：SeekMode)	指定视频播放的进度位置(单位：s),参数 currenttime 表示指定的进度位置;参数 seekMode 表示指定的跳转模式,其值包括 PreviousKeyframe(跳转到前一个最近的关键帧)、NextKeyframe(跳转到后一个最近的关键帧)、ClosestKeyframe(跳转到最近的关键帧)和 Accurate(精准跳转,无论是否为关键帧)
requestFullscreen(value：boolean)	请求全屏播放
exitFullscreen()	请求退出全屏

【例 6-3】 设计如图 6.4 所示的视频播放器页面,点击页面中间的"▶"标识,开始播放视频,并在页面上部显示当前播放进度时间和总时长,"▶"标识消失;点击播放页面的任何区域,页面中间显示"||"标识,如图 6.5 所示,点击页面中间的"||"标识,视频暂停播放,并且切换为"▶"标识。

从如图 6.4 所示的页面效果可以看出,整个页面按 Stack 方式布局,依次堆叠了 Column 布局的 Text 组件(用于显示当前播放进度时间和总时长)和 Video 组件(用于显示视频区域)、Text 组件(用于显示"▶"或"||"标识),详细实现步骤如下。

(1) 定义变量。

```
1    @State info: string ="等待播放"         //保存页面上端的播放提示信息
2    @State playIcon: string ='▶'            //保存页面中间的视频播放控制标识符
```

```
3     private controller: VideoController =new VideoController()    //播放控制器
4     private previewUris: Resource =$r('app.media.icon')           //保存预览图片路径
5     private innerResource = " https://news. nnutc. edu. cn/_ _ local/4/E3/18/
      CE2EDE9C41F616494605C3B6888_6ED27270_822177.mp4?e=.mp4"
6     @State isPlay: boolean =true                    //保存播放状态
7     @State isShow: number =Visibility.Visible       //保存播放控制标识符显示状态
8     @State totalTime:string ="00:00:00"             //保存播放总时长
9     @State currentTime:string ="00:00:00"           //保存播放进度时间
```

图 6.4 视频播放器(1)

图 6.5 视频播放器(2)

上述第 5 行代码表示要播放的视频资源来自网络,加载网络视频时,需要为应用添加访问网络权限(ohos.permission.INTERNET)。如果播放的视频是本地资源文件,则需要将上述第 5 行代码用下述代码替换。

```
1     private innerResource: Resource =$rawfile("rec01.mp4")
```

(2) 视频播放器的实现。

应用页面加载时,首先在 Video 组件中加载视频资源文件;然后分别设置 Video 组件的 controls 属性值为 false(不显示播放控制栏)、autoPlay 属性值为 false(不自动播放)及绑定视频准备完成事件(onPrepared,获取播放总时长)、绑定点击事件(onClick,控制显示"▶"和"‖"标识)、绑定播放进度变化事件(onUpdate,获取当前播放进度时间);最后绑定显示"▶"和"‖"标识的点击事件,用于控制视频的播放和暂停效果。详细实现代码如下。

```
1     struct P6_3{
2       //定义变量
3       //定义 showTime()方法转换时间显示格式
4       build() {
5         Stack() {
6           Column() {
7             Text(this.info).fontSize(20)
8             Video({
9               src: this.innerResource,
10              previewUri: this.previewUris,
11              controller: this.controller
12            }).controls(false).autoPlay(false)
13            .onClick(() =>{
14              this.isShow =Visibility.Visible          //显示"▶"或"‖"标识
15            })
16            .onUpdate((currentTime) =>{
```

```
17            this.info =`当前时间:${this.showTime(currentTime.time * 1000)}
       总时间:${this.totalTime}`
18        })
19        .onPrepared((allTime) =>{
20            this.totalTime =this.showTime(allTime.duration * 1000)
21        })
22      }
23      Text(this.playIcon).fontSize(50).visibility(this.isShow)
24        .onClick(() => {
25          if (this.isPlay) {
26            this.isShow =Visibility.Hidden       //隐藏"▶"标识
27            this.controller.start()              //开始播放
28            this.playIcon ='||'                  //切换为"||"标识
29            this.info ="正在播放"
30          } else {
31            this.controller.pause()              //暂停播放
32            this.playIcon ='▶'
33            this.info ="暂停播放"                //切换为"▶"标识
34          }
35          this.isPlay =!this.isPlay              //改变播放状态
36        })
37    }.width('100%')
38   }
39 }
```

上述第 17 行和第 20 行代码中调用的 showTime() 方法实现与例 6-1 一样,但是由于 onPrepared 和 onUpdate 事件回调返回的时间单位为秒,所以在获取的时间基础上乘以 1000 后转换为毫秒单位。上述第 23~36 行代码用于实现页面中间的"▶"或"||"标识 功能。

6.2.5 媒体查询

媒体查询(mediaquery)允许根据设备的屏幕大小、屏幕方向、分辨率及颜色深度等不同 特性动态地调整应用页面的样式和布局,以便页面在不同的设备上表现完美、一致,提升用 户体验和页面的可访问性。媒体查询的能力由 ArkTS 开发框架的"@ohos.mediaquery"模 块提供,使用媒体查询开发应用时,首先需要用如下代码导入"@ohos.mediaquery"模块,然 后设置查询条件并绑定回调函数,在对应条件的回调函数里更改页面布局或实现业务逻辑。

1. 导入媒体查询模块

```
1   import mediaquery from '@ohos.mediaquery'
```

2. 设置媒体查询条件

mediaquery.matchMediaSync(condition:string):MediaQueryListener:设置媒体查 询的查询条件,并返回对应的监听句柄。condition 参数表示媒体查询条件;返回值类型为 MediaQueryListener,该类型对象为媒体事件监听句柄,用于注册和取消注册监听回调。

媒体查询条件由媒体类型(media-type)、逻辑操作符(media-logic-operations)、媒体特 征(media-feature)组成,其中媒体类型可以省略,逻辑操作符用于连接不同媒体类型与媒特征,媒体特征由"()"括起来且可以有多个。媒体查询的语法格式如下。

```
[media-type] [media-logic-operations] [(media-feature)]
```

1)媒体类型

媒体类型目前只有 screen 一种,用于表示按屏幕相关参数进行媒体查询。

2)媒体特征

媒体特征包括应用显示区域的宽高、设备分辨率以及设备的宽高等属性,媒体特征属性与功能说明如表 6.8 所示。

表 6.8 媒体特征属性及功能说明

属 性	功 能 说 明	属 性	功 能 说 明
height	应用页面可绘制区域的高度	orientation	屏幕的方向
min-height	应用页面可绘制区域的最小高度	min-device-height	设备的最小高度
max-height	应用页面可绘制区域的最大高度	max-device-height	设备的最大高度
width	应用页面可绘制区域的宽度	device-width	设备的宽度
min-width	应用页面可绘制区域的最小宽度	device-type	设备的类型
max-width	应用页面可绘制区域的最大宽度	min-device-width	设备的最小宽度
resolution	设备的分辨率	max-device-width	设备的最大宽度
min-resolution	设备的最小分辨率	round-screen	屏幕类型,true 表示圆形屏幕
max-resolution	设备的最大分辨率	dark-mode	true 表示系统为深色模式

例如,应用页面可绘制区域的宽度达 1024px 的查询条件为"(width>=1024)";媒体类型为 tablet 的查询条件为"(device-type:tablet)";屏幕方向为横屏的查询条件为"(orientation:landscape)";屏幕方向为竖屏的查询条件为"(orientation:portrait)"。设置这些查询条件的代码如下。

```
1   //设置应用页面可绘制区域宽度达 1024px 的查询条件
2   listener1: mediaquery.MediaQueryListener =mediaquery.matchMediaSync
    ('(width>=1024)')
3   //设置媒体类型为 tablet 的查询条件
4   listener2: mediaquery.MediaQueryListener =mediaquery.matchMediaSync
    ('(device-type:tablet)')
5   //设置屏幕方向为横屏的查询条件
6   listener3: mediaquery.MediaQueryListener =mediaquery.matchMediaSync
    ('(orientation: landscape)')
7   //设置屏幕方向为竖屏的查询条件
8   listener4: mediaquery.MediaQueryListener =mediaquery.matchMediaSync
    ('(orientation: portrait)')
```

3) 逻辑操作符

媒体逻辑操作符包括 and(与)、or(或)、not(取反)、only 和(，)等，它们可以构成复杂的媒体查询条件。

例如，"(device-type：tablet) and (resolution>=500)"查询条件表示当设备类型是 tablet 并且设备的分辨率大于或等于 500 时成立；"(width>=1024) or (orientation：landscape)"查询条件表示当应用页面可绘制宽度大于或等于 1024 或屏幕方向为横屏时成立；"not (min-height：50px) and (max-height：600px)"表示当应用高度小于 50 或者大于 600 时成立；"(width>=1024)，(orientation：landscape)"查询条件表示当应用页面可绘制宽度大于或等于 1024 或屏幕方向为横屏时成立，","操作符的效果等同于 or 运算符。设置设备类型是 tablet 并且设备的分辨率大于或等于 500 的媒体查询代码如下。

```
1   listener5: mediaquery.MediaQueryListener =mediaquery.matchMediaSync
       ('(device-type:tablet) and (resolution>=500)')
```

3. 为媒体查询条件注册回调

on(type:'change',callback:Callback<MediaQueryResult>):void：通过句柄向对应的查询条件注册回调，当媒体属性发生变更时会触发该回调。type 参数表示监听类型，仅能为"change"；callback 表示注册的回调事件，该回调事件的返回值类型为 MediaQueryResult，该类型包含的属性及功能说明如表 6.9 所示。

表 6.9 MediaQueryResult 的属性及功能说明

属　性	类　型	可读/可写	功　能　说　明
matches	boolean	是/否	是否符合匹配条件
media	string	是/否	媒体事件匹配条件

4. 为媒体查询条件取消注册回调

off(type:'change',callback:Callback<MediaQueryResult>):void：通过句柄向对应的查询条件取消注册回调，当媒体属性发生变更时不再触发指定的回调。

【例 6-4】 设计新闻显示页面，当屏幕为横屏方向显示如图 6.6 所示效果，页面左侧按列表方式显示新闻标题，点击列表中的新闻标题，在页面右侧显示对应的新闻内容；当屏幕为竖屏方向显示如图 6.7 所示效果，页面下方按列表方式显示新闻标题，点击列表中的新闻标题，在页面上方显示对应的新闻内容。

从如图 6.6 所示的页面效果可以看出，整个页面按 Row 方式布局，左侧的新闻标题显示效果由 List 和 List 组件实现，右侧的新闻内容由 TextArea 实现；从如图 6.7 所示页面效果可以看出，整个页面按 Column 方式布局，上方的新闻内容由 TextArea 实现，下方的新闻标题显示效果由 List 和 List 组件实现。详细实现步骤如下。

(1) 定义横屏显示页面。

在项目的 main/ets 文件夹下创建 common 文件夹，并在该文件夹下创建横屏显示页面文件 RowView.ets，详细代码如下。

图 6.6　新闻显示页面(1)　　　　图 6.7　新闻显示页面(2)

```
1    interface NewsInfo {
2      title: string,                    //新闻标题
3      content: string                   //新闻内容
4    }
5    @Component
6    export struct RowView {
7      newsInfos =[
8        { title: "新闻标题 1", content: "这是新闻内容 1……" },
9        { title: "新闻标题 2", content: "这是新闻内容 2……" },
10       //其他代码类似,此处略
11     ]
12     @State newsIndex: number =0
13     build() {
14       Row() {
15         List() {
16           ForEach(this.newsInfos, (item: NewsInfo, index) =>{
17             ListItem() {
18               Text(item.title).fontSize(25)
19             }.onClick(() =>{
20               this.newsIndex = index
21             }).padding(5)
22           })
23         }.width("20%").height("100%").backgroundColor(Color.Gray).divider
  ({strokeWidth:1,color:Color.White})
24         TextArea({ text: this.newsInfos[this.newsIndex].content })
```

```
25            .borderWidth(1).borderRadius(0).width("100%").height("100%").fontSize(30)
26        }
27      }
28 }
```

上述第 1~4 行代码表示定义新闻详情接口 NewsInfo,该接口包含代表新闻标题和新闻内容的抽象字段 title 和 content,第 19~21 行代码表示点击新闻标题后,将当前新闻标题在数组中的下标保存下来,以便在页面右侧显示。

(2) 定义竖屏显示页面。

在项目的 main/ets 文件夹下创建 common 文件夹,并在该文件夹下创建横屏显示页面文件 ColumnView.ets,详细代码如下。

```
1  //定义 NewsInfo 接口,此处略
2  @Component
3  export struct ColumnView {
4    //定义新闻详情对象 newsInfos 和保存点击的新闻标题在数组中的元素下标,此处略
5    build() {
6      Column() {
7        TextArea({ text: this.newsInfos[this.newsIndex].content })
8          .fontSize(30).borderWidth(1).borderRadius(0).height("70%")
9        List() {
10         ForEach(this.newsInfos, (item: NewsInfo, index) =>{
11           ListItem() {
12             Text(item.title).fontSize(25)
13           }.onClick(() =>{
14             console.info("nnutc", this.newsIndex)
15             this.newsIndex = index
16           }).padding(5)
17         })
18       }.backgroundColor(Color.Grey).divider({ strokeWidth: 1, color: Color.White }).height("30%")
19     }
20   }
21 }
```

(3) 功能实现。

应用页面加载时,首先监听媒体属性变更状态,当属性变更时会触发回调事件。如果设备为横屏,则新闻显示页面加载横屏显示页面(RowView.ets);如果设备为竖屏,则新闻显示页面加载竖屏显示页面(ColumnView.ets)。详细实现代码如下。

```
1  struct P6_4{
2    @State showView: boolean = true
3    listener: mediaquery.MediaQueryListener = mediaquery.matchMediaSync ('(orientation: landscape) ')
4    /*定义媒体属性变更时的回调事件*/
5    getScreenType(mediaQueryResult: mediaquery.MediaQueryResult) {
6      if (mediaQueryResult.matches) {    //设备为横屏状态,更改相应的页面布局
7        return false
8      } else {
9        return true
```

```
10      }
11    }
12    aboutToAppear() {
13      this.listener.on('change', (mediaQueryResult: mediaquery.MediaQueryResult) =>{
14        this.showView =this.getScreenType(mediaQueryResult)
15      })
16    }
17    build() {
18      Column() {
19        if (this.showView) {
20          ColumnView()
21        } else {
22          RowView()
23        }
24      }.width('100%').padding(10)
25    }
26  }
```

上述第 3 行代码用于设置屏幕方向为横屏的媒体查询条件；第 12～16 行代码表示应用加载时，通过句柄向对应的查询条件注册回调，当媒体属性发生变更时会触发该回调，即调用 getScreenType()方法判断屏幕方向是否为横屏，并将逻辑值赋给 showView 状态变量。

6.2.6 案例：影音播放器

1. 需求描述

影音播放器应用既可以播放音频文件，也可以播放视频文件。在设备的屏幕方向变化时，播放页面效果也会随之变化。

（1）播放音频文件时，如果设备的屏幕为竖屏方向，则页面的上半部分显示当前正在播放的音频文件对应的封面图、播放状态、当前播放时间、总时长及播放控制按钮等，页面的下半部分显示待播放的音视频文件列表，页面效果如图 6.8 所示；如果设备的屏幕为横屏方向，则页面的左侧显示待播放的音视频文件列表，页面的右侧显示当前正在播放的音频文件对应的封面图、播放状态、当前播放时间、总时长及播放控制按钮等，页面效果如图 6.9 所示。

（2）播放视频文件时，如果设备的屏幕为竖屏方向，则页面上半部分显示当前正在播放的视频及视频播放控制器，页面的下半部分显示待播放的音视频文件列表，页面效果如图 6.10 所示；如果设备的屏幕为横屏方向，则页面的左侧显示待播放的音视频文件列表，页面的右侧显示当前正在播放的视频及视频播放控制器等，页面效果如图 6.11 所示。

2. 设计思路

竖屏播放音频和视频页面以 Column 布局，页面上半部分播放音频文件的界面由自定义组件 MusicWindow 实现、播放视频文件的界面由自定义组件 VideoWindow 实现，下半部分显示的音视频文件列表由 List 组件实现。List 组件中的列表项由播放文件封面图、播放文件标题及播放文件类别组成，封面图由 Image 组件实现，播放文件标题由 Text 组件实现，播放文件类别由 Image 组件实现，它代表该列表项所列文件是音频文件还是视频文件，

图6.8 竖屏播放音频页面效果

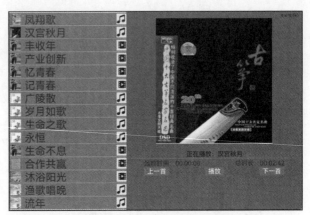
图6.9 横屏播放音频页面效果

图6.10 竖屏播放视频页面效果

图6.11 横屏播放视频页面效果

如果是音频文件,则加载music.png图片表示,如果是视频文件,则加载video.png图片表示。MusicWindow组件页面以Column布局,封面图由Image组件实现,播放文件标题由Text组件实现,播放进度由Progress组件实现,当前时间及总时长由Flex布局的Text组件实现,"上一首""播放/暂停/继续"及"下一首"按钮由 Flex 布局的 Button 组件实现。VideoWindow 组件页面以 Column 布局,视频文件播放窗口由 Video 组件实现。

横屏播放音频和视频页面以 Row 布局,页面左半部分显示的音视频文件列表由 List 组件实现,页面右半部分播放音频文件的界面由自定义组件 MusicWindow 实现、播放视频文件的界面由自定义组件 VideoWindow 实现。

3. 实现流程

1) 创建影音播放器应用模块及准备资源文件

打开 Chap06 项目,右击"Chap06"文件夹,选择 New → Module 菜单项创建名为"yyplay"的模块。将所有音频、视频文件对应的封面图文件(如本例的 m1.png、m2.png 等)复制到 yyplay/src/main/resources/base/media 文件夹下,将代表音视频文件类别的图片文件(如本例的 music.png、video.png)复制到 yyplay/src/main/resources/base/media 文件夹下,将所有音视频文件(如本例的 1.mp3、2.mp3 等)复制到 yyplay/src/main/resources/rawfile 文件夹下。

2) 初始化音视频文件数据

每个音频和视频文件包含标题、封面图、文件来源/路径、文件类别等属性,在初始化音视频文件数据前,先在 yyplay/src/main/ets/viewmodel 文件夹中创建播放文件类(文件名为 MediaItem.kt),其详细代码如下。

```
1  @Observed
2  export class MediaItem {
3      title: string                        //音视频标题
4      image: Resource                      //封面图
5      src: string                          //音视频文件来源
6      type: number                         //文件类别:0-歌曲,1-视频
7      constructor(title: string, image: Resource, src: string, type) {
8          this.title =title
9          //其他代码与第 8 行类似,此处略
10     }
11 }
```

播放文件类创建完成后,可以直接在 yyplay/src/main/ets/viewmodel 文件夹中创建音视频文件数据对象常量(MEDIADATAS),详细代码如下。

```
1  import { MediaItem } from './MediaItem'
2  export const MEDIADATAS: MediaItem[] =[
3      new MediaItem("凤翔歌", $r("app.media.m1"), "1.mp3", 0),     //音频文件
4      new MediaItem("汉宫秋月", $r("app.media.m2"), "2.mp3", 0),    //音频文件
5      new MediaItem("广陵散", $r("app.media.m4"), "4.mp3", 0),     //音频文件
6      new MediaItem("生命不息", $r("app.media.v1"), "https://news.nnutc.edu.cn/
   __local/4/E3/18/CE2EDE9C41F616494605C3B6888_6ED27270_822177.mp4?e=
   .mp4", 1),                                                  //视频文件
7      new MediaItem("渔歌唱晚", $r("app.media.m3"), "3.mp3", 0),   //音频文件
8  ]
```

上述第 3 行代码表示创建 MediaItem 实例对象,该对象的标题为"凤翔歌"、封面图为 media 文件夹下的 m1.png 文件、文件来源为资源文件 1.mp3、文件类型 0 表示音频文件。

上述第 6 行代码表示创建 MediaItem 实例对象,该对象的标题为"生命不息"、封面图为 media 文件夹下的 v1.png 文件、文件来源为网络资源文件、文件类型 1 表示视频文件。

3) 创建显示音视频文件列表项的自定义组件

播放列表中的音视频文件列表项以 Row 方式布局,从图 6.8 的显示效果可以看出显示封面图由 Image 组件实现、显示文件标题由 Text 组件实现、显示文件类别由 Image 组件实现。在 yyplay/src/main/ets/view 文件夹中创建显示音视频文件列表项的自定义组件(HorizontalItem),详细代码如下。

```
1   @Component
2   export struct HorizontalItem {
3     private title: string =''                                  //默认标题
4     private image: Resource =$r('app.media.app_icon')          //默认封面图
5     private type: number =0                                    //默认文件类别:0-歌曲,1-视频
6     build() {
7       Row() {
8         Image(this.image).width(50).height(50)
9         Text(this.title).fontSize(50).height(50).width("80%").margin({left:18})
10        if (this.type ==0){
11          Image($r("app.media.music")).width(50).height(50)
12        }else {
13          Image($r("app.media.video")).width(50).height(50)
14        }
15      }
16    }
17  }
```

上述第 10~14 行代码表示用条件渲染方式在列表项末尾显示代表文件类别的图片,如果该列表项加载数据的 type 值为 0,则表示该列表项显示音频文件,即在该列表项末尾加载 music.png 图片,否则加载 video.png 图片。

4) 创建播放音频文件窗口的自定义组件

播放音频文件窗口组件作为影音播放器应用页面的子组件,当用户点击影音播放器应用页面上的播放列表项时,播放音频文件窗口加载的音频文件会随之改变。本案例中用@Prop 修饰 currentIndex 表示当用户点击影音播放器应用页面上的播放列表项时,该列表项对应的数组元素下标会同步传递给播放音频文件窗口加载的对应音频文件数组元素下标 currentIndex;用@Link 修饰 currentFlag 表示当用户点击播放音频文件窗口中的"播放/暂停/继续"按钮时,会将 currentFlag 的值同步传递给影音播放器应用页面中对应的状态变量,当用户点击影音播放器应用页面上的播放列表时,表示需要切换当前正在播放的音频文件,并将切换状态同步传递给播放音频文件窗口组件中的 currentFlag 变量。在 yyplay/src/main/ets/view 文件夹中创建播放音频文件窗口的自定义组件(MusicWindow),详细实现代码如下。

```
1   @Component
2   export struct MusicWindow {
3     @Prop currentIndex: number            //父组件更新随之更新
4     @Link currentFlag: boolean            //双向更新
```

```
5      @State message: string = '正在播放:'        //保存播放状态
6      @State currentValue: number = 0            //保存进度条当前值
7      @State playTitle: string = "播放"           //保存"播放"按钮显示的内容
8      @State currentTime: string = '00:00:00'    //保存当前播放时间
9      @State totalTime: string = '00:00:00'      //保存播放总时长
10     private avPlayer: media.AVPlayer = null    //保存 AVPlayer 实例对象
11     //定义 showTime()方法,代码与例 6-1 中的 showTime()方法一样,此处略
12     async prepareMusic() {
13       let rsm = getContext().resourceManager
14       await rsm.getRawFd(MEDIADATAS[this.currentIndex].src).then(async (value) => {
15         let fileDes = {
16           fd: value.fd,offset: value.offset,length: value.length
17         }
18         if (this.avPlayer.state != "idle") {
19           await this.avPlayer.stop()
20           await this.avPlayer.reset()
21         }
22         this.avPlayer.fdSrc = fileDes
23         await this.avPlayer.prepare()
24         this.totalTime = this.showTime(this.avPlayer.duration)
25       })
26     }
27     aboutToDisappear() {
28       this.avPlayer.release()
29     }
30     async aboutToAppear() {
31       if (this.avPlayer == null) {
32         this.avPlayer = await media.createAVPlayer()
33       }
34       await this.prepareMusic()
35       this.avPlayer.on('timeUpdate', async (cTime: number) => {
36         this.currentTime = this.showTime(cTime)
37         this.currentValue = Math.floor(cTime * 100 / this.avPlayer.duration)
38         if (this.currentFlag == true) {
39           this.playTitle = "播放"
40         }
41       })
42       this.avPlayer.on('stateChange', (state, reason) => {
43         if (state == "prepared" || this.currentFlag == true) {
44           this.playTitle = "播放"
45         }
46         if (state == "playing") {
47           this.playTitle = "暂停"
48         }
49         if (state == "paused") {
50           this.playTitle = "继续"
51         }
52       })
53     }
54     build() {
55       Column() {
```

```
56      Image(MEDIADATAS[this.currentIndex].image).width("70%").height("70%").
     objectFit(ImageFit.Contain).padding(15)          //显示当前音频文件封面图
57      Text(this.message + MEDIADATAS[this.currentIndex].title).fontSize
     (30).fontWeight(FontWeight.Bold)          //显示播放状态
58      Progress({ value: this.currentValue, total: 100 }).width("95%").
     backgroundColor(Color.Red)          //显示播放进度
59      Flex({ justifyContent: FlexAlign.SpaceAround }) {
60        Text(`当前时间:${this.currentTime}`).fontSize(30)
61        Text(`总时长:${this.totalTime}`).fontSize(30)
62      }
63      Flex({ justifyContent: FlexAlign.SpaceAround }) {
64        Button("上一首").type(ButtonType.Normal).onClick(async () =>{
65          if (this.currentIndex -1>=0) {
66            this.currentIndex--
67          } else {
68            console.info("nnutc", "已是第一首歌")
69          }
70          while (this.currentIndex >=0) {
71            if (MEDIADATAS[this.currentIndex].type ==0) {
72              await this.prepareMusic()
73              return
74            }
75            this.currentIndex--
76          }
77        }).fontSize(30)
78        Button(this.playTitle).type(ButtonType.Normal).onClick(async () =>{
79          if (this.currentFlag) {
80            await this.prepareMusic()
81          }
82          this.currentFlag =false
83          switch (this.playTitle) {
84            case "播放":
85              await this.avPlayer.play()          //播放
86              break
87            case "继续":
88              await this.avPlayer.play()          //播放
89              break
90            case "暂停":
91              await this.avPlayer.pause()          //暂停
92              break
93          }
94        }).fontSize(30)
95        Button("下一首").type(ButtonType.Normal).onClick(async () =>{
96          if (this.currentIndex +1<MEDIADATAS.length -1) {
97            this.currentIndex++
98          } else {
99            console.info("nnutc", "已是最后一首歌")
100         }
101         while (this.currentIndex <MEDIADATAS.length -1) {
```

```
102                 //与第 71~74 行代码一样,此处略
103                 this.currentIndex++
104             }
105         }).fontSize(30)
106     }
107 }.width('100%').height("100%")
108 }
109 }
```

上述第 12～26 行代码定义 prepareMusic()方法表示将 yyplay/src/main/resources/rawfile 文件夹中的音频资源文件作为 avPlayer 实例的播放源文件,并将 avPlayer 实例置为 prepared 状态及获得该音频文件的播放总时长。第 30～57 行代码表示在创建该组件新实例时,调用 prepareMusic()方法及设置 timeUpdat、stateChange 和 error 监听事件。第 64～77 行代码表示点击"上一首"按钮,判断 currentIndex 值对应数组元素是否为音频文件,如果是音频文件,则调用 prepareMusic()方法,否则将 currentIndex 值减 1,再判断,直到当前播放的音乐已经是播放列表中对应的第一个音频文件为止。第 78～94 行代码表示点击"播放"按钮,调用 play()方法播放音乐,并由第 46～48 行代码将"播放"按钮切换为"暂停"按钮,点击"暂停"按钮,调用 pause()方法暂停播放,并由第 49～51 行代码将"暂停"按钮切换为"继续"按钮,点击"继续"按钮,调用 play()方法继续播放音乐。第 95～105 行代码表示点击"下一首"按钮,判断 currentIndex 值对应数组元素是否为音频文件,如果是音频文件,则调用 prepareMusic()方法,否则将 currentIndex 值加 1,再判断,直到当前播放的音乐已经是播放列表中对应的最后一个音频文件为止。

5) 创建播放视频文件窗口的自定义组件

播放视频文件窗口组件作为影音播放器应用页面的子组件,当用户点击影音播放器应用页面上的播放列表项时,播放视频文件窗口加载的视频文件会随之改变。本例中用@Prop 修饰 currentIndex 表示当用户点击影音播放器应用页面上的播放列表项时,该列表项对应的数组元素下标会同步传递给播放音频文件窗口加载的对应音频文件数组元素下标 currentIndex。在 yyplay/src/main/ets/view 文件夹中创建播放音频文件窗口的自定义组件(VideoWindow),详细实现代码如下:

```
1   @Component
2   export struct VideoWindow {
3     @Prop currentIndex: number
4     private controller: VideoController =new VideoController()
5     build() {
6       Column() {
7         Video({
8           src: MEDIADATAS[this.currentIndex].src,
9           previewUri: MEDIADATAS[this.currentIndex].image,
10          controller: this.controller
11        }).controls(true)
12      }.padding(5)
13    }
14  }
```

6）创建设备屏幕为竖屏时的应用页面自定义组件

当设备屏幕为竖屏时，影音播放器页面以 Column 方式布局，上半部分为音频播放窗口或视频播放窗口，下半部分为音视频文件列表。在 yyplay/src/main/ets/common 文件夹中创建设备屏幕为竖屏时的应用页面自定义组件（ColumnView），详细实现代码如下。

```
1   @Component
2   export struct ColumnView {
3     @State listIndex: number = 0
4     @State flag: boolean = false
5     @State mediaType: number = 0  //音乐=0,视频=1
6     aboutToAppear() {
7       this.mediaType = MEDIADATAS[this.listIndex].type
8     }
9     build() {
10      Column() {
11        Column() {
12          if (this.mediaType == 0) {
13            MusicWindow({ currentIndex: this.listIndex, currentFlag: this.flag })
14              .height("100%").backgroundColor(Color.Green)
15          } else {
16            VideoWindow({ currentIndex: this.listIndex })
17          }
18        }.height("60%")
19        List() {
20          ForEach(MEDIADATAS, (item: MediaItem, index) => {
21            ListItem() {
22              HorizontalItem({ title: item.title, image: item.image, type: item.type })  //列表项
23            }.onClick(() => {
24              this.listIndex = index
25              this.flag = true
26              this.mediaType = MEDIADATAS[this.listIndex].type
27            }).padding(5)
28          })
29        }.backgroundColor(Color.Grey).divider({ strokeWidth: 1, color: Color.White }).height("50%")
30      }.height("100%")
31    }
32  }
```

上述第 12~17 行代码表示如果用户在播放列表中点击的列表项是音频文件，则影音播放器应用上半部分加载 MusicWindow 自定义组件，否则加载 VideoWindow 组件。

7）创建设备屏幕为横屏时的应用页面自定义组件

当设备屏幕为横屏时，影音播放器页面以 Row 方式布局，页面左侧为音视频文件列表，右侧为音频播放窗口或视频播放窗口。在 yyplay/src/main/ets/common 文件夹中创建设备屏幕为横屏时的应用页面自定义组件（RowView），详细实现代码如下。

```
1   @Component
2   export struct RowView {
3     @State listIndex: number = 0
```

```
4      @State flag: boolean = false
5      @State mediaType: number = 0   //音乐=0,视频=1
6      aboutToAppear() {
7        this.mediaType = MEDIADATAS[this.listIndex].type
8      }
9      build() {
10       Row() {
11         List() {
12           //与创建设备屏幕为竖屏时的应用页面自定义组件中第20~28行代码一样,此处略
13         }.backgroundColor(Color.Grey).divider({ strokeWidth: 1, color: Color.White }).width("40%")
14         Column() {
15           //与创建设备屏幕为竖屏时的应用页面自定义组件中第12~17行代码一样,此处略
16         }.width("60%")
17       }
18     }
19   }
```

8) 创建应用主页面组件

影音播放器应用页面加载时,首先监听媒体属性变更状态,当属性变更时会触发回调事件。如果设备为横屏,则新闻显示页面加载横屏显示页面(RowView.ets);如果设备为竖屏,则新闻显示页面加载竖屏显示页面(ColumnView.ets)。在 yyplay/src/main/ets/page 文件夹中创建主页面组件(Index),详细实现代码如下。

```
1    @Entry
2    @Component
3    struct Index {
4      @State showView: boolean = true
5      listener: mediaquery.MediaQueryListener = mediaquery.matchMediaSync('(orientation: landscape)')
6      getScreenType(mediaQueryResult:mediaquery.MediaQueryResult){
7        if (mediaQueryResult.matches) {
8          return false
9        }else {
10         return true
11       }
12     }
13     aboutToAppear(){
14       this.listener.on('change',(mediaQueryResult:mediaquery.MediaQueryResult)=>{
15         this.showView = this.getScreenType(mediaQueryResult)
16       })
17     }
18     build() {
19       Column(){
20         if (this.showView){
21           ColumnView()                        //设备屏幕方向为竖屏时加载
22         }else {
23           RowView()                           //设备屏幕方向为横屏时加载
24         }
25       }.height('100%')
26     }
27   }
```

至此,影音播放器应用已经实现完成。由于本例中的视频文件为网络资源文件,所以开发者需要打开项目的 module.json5 文件,并在 modules 配置项中用 requestPermissions 属性配置项添加影音播放器应用具有网络访问权限(ohos.permission.INTERNET)。本例中播放的音频文件为保存的 rawfile 文件夹中的本地资源,读者也可以根据实际需要将音视频文件保存在应用文件目录下,增强影音播放器的灵活性。

6.3 图片编辑器的设计与实现

图片作为人类感知世界的视觉基础,是人类获取信息、表达信息和传递信息的重要手段。本节结合 PhotoViewPicker 图库选择器、图片处理接口、Canvas 组件及 CanvasRendering2dContext 对象设计并实现一款具有缩放、裁剪、旋转和灰度、亮度、模糊等特效处理功能的图片编辑器。

6.3.1 PhotoViewPicker

PhotoViewPicker(图库选择器类)用于开发选择图片/视频或保存图片/视频等应用场景,它由 ArkTS 开发框架的"@ohos.file.picker"模块提供,使用 PhotoViewPicker 前需要先导入该模块及创建 PhotoViewPicker 实例后,才可以使用 select 方法选择图片/视频及 save 方法保存图片/视频。导入模块及创建 PhotoViewPicker 实例的代码如下:

```
1    import picker from "@ohos.file.picker"              //导入模块
2    let photoPicker =new picker.PhotoViewPicker()       //创建实例
```

1. 选择图片或视频

(1) select(option?: PhotoSelectOptions): Promise<PhotoSelectResult>:异步选择模式拉起 photoPicker 界面供用户选择一个或多个图片/视频,并以 Promise 形式返回选择结果集。option 参数为 PhotoSelectOptions 类型,表示 photoPicker 选择选项,该类型对象的参数及功能说明如表 6.10 所示;若省略该参数,则默认选择图片或视频类型的媒体文件,选择媒体文件的最大数量为 50。返回值类型为 Promise<PhotoSelectResult>,表示 Promise 回调函数返回一个 PhotoSelectResult 类型对象,该类型的参数及功能说明如表 6.11 所示。

表 6.10 PhotoSelectOptions 的参数及功能说明

参 数 名	类 型	必 填	功 能 说 明
MIMEType	PhotoViewMIMETypes	否	表示可选择的媒体文件类型,其值包括 IMAGE_TYPE(图片)、VIDEO_TYPE(视频)、IMAGE_VIDEO_TYPE(图片/视频);若无此参数,则默认为图片和视频类型
maxSelectNumber	number	否	表示选择媒体文件的最大值数量,默认值为 50,最大值为 500

表 6.11 PhotoSelectResult 的属性及功能说明

属 性 名	类 型	可 读	可 写	功 能 说 明
photoUris	Array<string>	是	是	表示选择的媒体文件 uri 数组
isOriginalPhoto	boolean	是	是	表示选择的媒体文件是否为原图

（2）select(option：PhotoSelectOptions，callback：AsyncCallback＜PhotoSelectResult＞)：void；异步选择模式拉起 photoPicker 界面供用户选择一个或多个图片/视频，并以 callback 函数返回一个 PhotoSelectResult 类型的选择结果集。option 参数为 PhotoSelectOptions 类型，表示 photoPicker 选择选项。

2. 保存图片或视频

（1）save(option？：PhotoSaveOptions)：Promise＜Array＜string＞＞：异步保存模式拉起 photoPicker 界面供用户保存一个或多个图片/视频，并以 Promise 形式返回一个保存文件的 uri 数组。option 参数为 PhotoSaveOptions 类型，表示 photoPicker 界面保存图片或视频文件的选项，该类型对象的参数及功能说明如表 6.12 所示；若省略该参数，则需要用户在 photoPicker 界面自行输入保存的文件名。返回值类型为 Promise＜Array＜string＞＞，表示 Promise 回调函数返回一个保存图片或视频文件的 Array＜string＞类型结果集。但是，此接口并不会将图片/视频保存到图库，而是保存到文件管理器。

表 6.12 PhotoSaveOptions 的参数及功能说明

参 数 名	类 型	必 填	功 能 说 明
newFileNames	Array＜string＞	否	表示在 photoPicker 界面保存图片/视频资源的文件名；若无此参数，则需要用户在 photoPicker 界面自行输入文件名

（2）save(option：PhotoSaveOptions，callback：AsyncCallback＜Array＜string＞＞)：void；异步保存模式拉起 photoPicker 界面供用户保存一个或多个图片/视频，并以 callback 函数返回一个 Array＜string＞类型结果集。option 参数为 PhotoSaveOptions 类型，表示 photoPicker 界面保存图片或视频文件的选项。但是，此接口并不会将图片/视频保存到图库，而是保存到文件管理器。

6.3.2 图片处理接口

图片处理接口模块提供了创建 PixelMap、读取图像像素数据、读取区域内的图片数据等图片处理效果。应用开发中使用该模块相关功能之前，需要先用如下代码导入"@ohos.multimedia.image"模块。

```
1    import image from '@ohos.multimedia.image'
```

1. 创建图片源实例

（1）image.createImageSource(uri：string)：ImageSource：根据 uri 创建图片源实例，返回 ImageSource 类型实例。其中，uri 参数表示图片路径，但目前仅支持应用沙箱路径；

ImageSource 为图片源类，用于获取图片的相关信息。

（2）image.createImageSource(uri：string, options：SourceOptions)：ImageSource：根据 uri 创建图片源实例，返回 ImageSource 类型实例。其中，uri 参数表示图片路径，options 参数表示图片属性，SourceOptions 类型对象的属性及功能说明如表 6.13 所示。

表 6.13 SourceOptions 的属性及功能说明

属性名	类型	可读	可写	功能说明
sourceDensity	number	是	是	表示 ImageSource 的密度
sourcePixelFormat	PixelMapFormat	是	是	表示图片像素格式，其值包括 UNKNOWN（未知格式）、RGB_565、RGBA_8888、RGBA_888、BGRA_8888、RGB_888、RGB_888、ALPHA_8、RGBA_F16、NV21、NV12
sourceSize	Size	是	是	表示创建图片大小，其值包括 height（输出图片的高）、width（输出图片的宽）

（3）image.createImageSource(fd：number)：ImageSource：根据文件描述符创建图片源实例，返回 ImageSource 类型实例。其中，fd 参数表示图片文件描述符。

（4）image.createImageSource(fd：number, options：SourceOptions)：ImageSource：根据文件描述符创建图片源实例，返回 ImageSource 类型实例。其中，fd 参数表示图片文件描述符，options 参数表示图片属性。

（5）image.createImageSource(buf：ArrayBuffer)：ImageSource：根据缓冲区创建图片源实例，返回 ImageSource 类型实例。其中，buf 参数表示图片缓冲区数组。

（6）image.createImageSource(buf：ArrayBuffer, options：SourceOptions)：ImageSource：根据图片缓冲区创建图片源实例，返回 ImageSource 类型实例。其中，buf 参数表示图片缓冲区数组，options 参数表示图片属性。

2. ImageSouce 类

ImageSouce 是图片源类，该类包含多个用于获取图片相关信息的属性和方法，ImageSource 的属性及功能说明如表 6.14 所示。

表 6.14 ImageSource 的属性和功能说明

名称	类型	功能说明
supportedFormats	Array<string>	表示支持的图片格式，包括 PNG、JPEG、BMP、GIF、WebP 和 RAW 等

（1）getImageInfo(index?：number)：Promise<ImageInfo>：异步获取图片信息，结果以 Promise 形式返回。index 参数表示创建图片源时的序号，省略时默认为 0；返回值类型为 Promise<ImageInfo>，表示 Promise 回调函数返回一个 ImageInfo 类型对象，ImageInfo 类型对象的属性及功能说明如表 6.15 所示。

表 6.15　ImageInfo 的属性及功能说明

属 性 名	类　　型	可　读	可　写	功　能　说　明
size	Size	是	是	表示图片大小
density	number	是	是	表示像素密度，单位：ppi

（2）getImageInfo(index?：number，callback：AsyncCallback＜ImageInfo＞)：void：异步获取图片信息，结果以 callback 形式返回。index 参数表示创建图片源时的序号，省略时默认为 0；callback 表示获取图片信息回调，异步返回图片信息对象。

【例 6-5】　设计如图 6.12 所示的图片属性显示页面，点击"打开图片"按钮，弹出 photoPicker 界面供用户选择要显示属性的图片，在 photoPicker 界面上选择图片后，该图片会显示在页面中间；点击"图片属性"按钮，在页面的最上方显示当前打开图片的高和宽。

图 6.12　图片属性显示页面

从如图 6.12 所示的页面效果可以看出，整个页面按 Column 方式布局，最上方的图片属性由 Text 实现，中间显示的图片由 Image 实现，最下方的"打开图片"和"图片属性"按钮由 Button 实现，详细实现步骤如下。

① 定义变量。

```
1    @State message: string = ''              //保存显示的图片属性信息
2    @State imgSrc: string ='/image/sport1.jpeg'  //保存图片路径，默认图片 sport1.jpeg
```

② 自定义 openPic()方法获得图片路径。

PhotoViewPicker 图库选择器对象可以从设备的相册中选择图片，调用其 select()方法返回选中图片的路径，实现代码如下。

```
1    async openPic(): Promise<string>{
2        let pso =new picker.PhotoSelectOptions()
3        pso.MIMEType =picker.PhotoViewMIMETypes.IMAGE_TYPE    //设置可选择图片类型
4        pso.maxSelectNumber =1                                //设置选择的图片最大数量
```

```
5       let photoPicker = new picker.PhotoViewPicker()
6       let psr = await photoPicker.select(pso)          //弹出图库选择器
7       return psr.photoUris[0]
8   }
```

③ 功能实现。

```
1   struct P6_5{
2     //定义变量
3     //定义openPic()方法
4     build() {
5       Column() {
6         Text(this.message).fontSize(30)
7         Image(this.imgSrc).objectFit(ImageFit.Contain).width("100%")
  .height("45%")
8         Row() {
9           Button("打开图片").onClick(async () =>{
10            try {
11              this.imgSrc = await this.openPic()        //调用openPic()方法打开图片
12              this.message = `图片正常打开`
13            } catch (e) {
14              this.message = `图片打开失败:${e}`
15            }
16          }).type(ButtonType.Normal).fontSize(30)
17          Button("图片属性").onClick(async () =>{
18            try {
19              let file = fs.openSync(this.imgSrc)
20              var imageSource = image.createImageSource(file.fd)
21              var info = await imageSource.getImageInfo()
22              this.message = `图片属性,高:${info.size.height},宽:${info.size
  .width}`
23            } catch (e) {
24              this.message = `显示图片属性失败:${e}`
25            }
26          }).type(ButtonType.Normal).fontSize(30)
27        }.justifyContent(FlexAlign.SpaceAround).width("100%")
28      }.width('100%')
29    }
30  }
```

上述第11行代码表示点击"打开图片"按钮调用openPic()方法返回在图库选择器中选择的图片路径；上述第19～22行代码表示首先根据图片路径获得该图片的文件描述符，然后调用createImageSource()方法创建ImageSource对象，最后再由ImageSource对象的getImageInfo()方法获得图片属性。

(3) createPixelMap(options?：DecodingOptions)：Promise＜PixelMap＞：根据图片解码参数异步创建PixelMap对象，结果以Promise形式返回。options参数表示解码参数，DecodingOptions类型对象用于设置图像解码选项，其属性及功能说明如表6.16所示；返回值类型为Promise＜PixelMap＞，表示Promise回调函数返回一个PixelMap类型对象，PixelMap类是图像像素类，用于读取或写入图像数据以及获取图像信息，其包含的方法及功能说明如表6.17所示。

表 6.16　DecodingOptions 的属性及功能说明

属性名	类型	可读	可写	功能说明
sampleSize	number	是	是	表示缩略图采样大小
rotate	number	是	是	表示旋转角度
editable	boolean	是	是	表示是否可编辑，其值为 false 时图片不可二次编辑（如 crop）
desiredSize	Size	是	是	表示期望输出大小
desiredRegion	Region	是	是	表示解码区域
desiredPixelFormat	PixelMapFormat	是	是	表示解码的像素格式
index	number	是	是	表示解码图片序号
fitDensity	number	是	是	表示图像像素密度，单位：ppi

表 6.17　PixelMap 类的方法及功能说明

方法名	功能说明	参数说明
readPixelsToBuffer(dst：ArrayBuffer)：Promise＜void＞	表示读取图像像素数据，结果写入 ArrayBuffer	dst 参数表示方法执行结束后，获取的图像像素数据写入缓冲区
readPixels(area：PositionArea)：Promise＜void＞	表示读取指定区域内的图片数据	area 参数表示指定区域
writePixels(area：PositionArea)：Promise＜void＞	表示将 PixelMap 写入指定区域	area 参数表示指定区域
writeBufferToPixels(src：ArrayBuffer)：Promise＜void＞	表示读取缓冲区中的图片数据后写入 PixelMap	src 参数表示图像像素数据
getImageInfo()：Promise＜ImageInfo＞	表示获取 ImageInfo 类型的图像像素信息	
getBytesNumberPerRow()：number	表示获取图像像素每行字节数	
getDensity()：number	表示获取当前图像像素的密度	
opacity(rate：number)：Promise＜void＞	表示通过设置透明比例来让 PixelMap 达到对应的透明效果	rate 参数表示透明比例的值（取值范围为 0～1）
createAlphaPixelmap()：Promise＜PixelMap＞	表示根据 Alpha 通道的信息生成一个仅包含 Alpha 通道信息的 PixelMap 类型对象（可用于阴影效果）	
scale(x：number, y：number)：Promise＜void＞	表示根据输入的宽高对图片进行缩放	x 参数表示宽度的缩放倍数，y 参数表示高度的缩放倍数
translate(x：number, y：number)：Promise＜void＞	表示根据输入的坐标对图片进行位置变换	x 参数表示区域横坐标，y 参数表示区域纵坐标
rotate(angle：number)：Promise＜void＞	表示根据输入的角度对图片进行旋转	angle 参数表示图片旋转的角度

续表

方 法 名	功 能 说 明	参 数 说 明
flip(horizontal: boolean, vertical: boolean): Promise＜void＞	表示根据输入的条件对图片进行翻转	horizontal参数表示水平翻转，vertical参数表示垂直翻转
crop(region: Region): Promise＜void＞	表示根据输入的尺寸对图片进行裁剪	region参数表示裁剪的尺寸，Region类型包括size(Size,区域大小)、x(number,区域横坐标)和y(number,区域纵坐标)等属性
release(): Promise＜void＞	表示释放PixelMap对象	

（4）createPixelMap(options?: DecodingOptions, callback: AsyncCallback＜PixelMap＞): void：根据图片解码参数异步创建PixelMap对象，使用callback异步回调。options参数表示解码参数，callback参数表示获取PixelMap类型对象的回调函数。

【例6-6】 设计如图6.13所示的图片旋转页面，点击"打开图片"按钮，弹出如图6.14所示的photoPicker界面供用户选择要旋转的图片，在photoPicker界面上选择图片后，该图片会显示在页面中间；点击"顺时针旋转"按钮，图片按顺时针方向旋转90°，点击"逆时针旋转"按钮，图片按逆时针方向旋转90°。

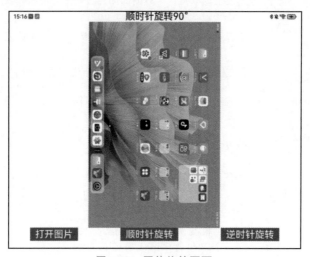

图6.13 图片旋转页面

从如图6.13所示的页面效果可以看出，整个页面按Column方式布局，最上方的图片旋转角度由Text实现，中间显示的图片由Image实现，最下方的"打开图片""顺时针旋转"和"逆时针旋转"按钮由Button实现，详细实现步骤如下。

① 定义变量。

```
1    @State message: string = ''           //保存显示的旋转角度信息
2    @State imgSrc: PixelMap = undefined   //保存图片对应的PixelMap
3    @State angle: number = 0              //保存旋转角度
```

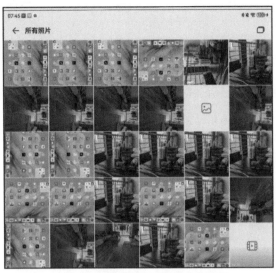

图 6.14 photoPicker 选择图片界面

② 自定义 openPixMap()方法获得图片的 PixelMap。

PhotoViewPicker 图库选择器对象可以从设备的相册中选择图片,调用其 select()方法返回选中图片的路径后,首先通过"@ohos.file.fs"模块中的 openSync()方法获得该图片对应的 File 类型对象,然后调用 createImageSource()方法创建 ImageSource 类型对象,最后根据 ImageSource 类中的 createPixelMap()方法创建 PixelMap 类型对象。详细实现代码如下。

```
1   async openPixMap(): Promise<PixelMap>{
2       //与例 6-5 的 openPic()方法的第 2～6 行代码一样,此处略
3       let file = fs.openSync(psr.photoUris[0])
4       let imageSource: image.ImageSource = image.createImageSource(file.fd)
5       let decodingOptions: image.DecodingOptions = {
6           editable: true,
7           desiredPixelFormat: 0,
8       }
9       let pixelMap = await imageSource.createPixelMap(decodingOptions)
10      fs.closeSync(file)
11      return pixelMap
12  }
```

③ 功能实现。

应用启动时,点击"打开图片"按钮,首先使用图库选择器对象从相册中选择图片,并调用 openPixMap()自定义方法获得该图片对应的 PixelMap 类型对象后,将其显示在页面上的图片显示区;点击"顺时针旋转"按钮,调用 PixelMap 类的 rotate(+90)方法按顺时针方向旋转 90°;点击"逆时针旋转"按钮,调用 PixelMap 类的 rotate(-90)方法按逆时针方向旋转 90°。详细实现代码如下。

```
1   struct P6_6{
2     //自定义变量
3     //自定义 PixMap()方法获得 PixelMap 类型对象
4     build() {
5       Column() {
6         Text(this.message).fontSize(30)
7         Image(this.imgSrc).objectFit(ImageFit.Contain).width("100%").height("45%")
8         Row() {
9           Button("打开图片").onClick(async () =>{
10            try {
11              this.angle =0
12              this.imgSrc =await this.openPixMap()
13              this.message =`图片正常打开`
14            } catch (e) {
15              this.message =`图片打开失败:${e}`
16            }
17          }).type(ButtonType.Normal).fontSize(30)
18          Button("顺时针旋转").onClick(async () =>{
19            try {
20              this.angle =this.angle+90
21              await this.imgSrc.rotate(+90)
22              this.message =`顺时针旋转${this.angle}`
23            } catch (e) {
24              this.message =`图片旋转失败:${e}`
25            }
26          }).type(ButtonType.Normal).fontSize(30)
27          Button("逆时针旋转").onClick(async () =>{
28            try {
29              this.angle =this.angle-90
30              await this.imgSrc.rotate(-90)
31              this.message =`逆时针旋转${this.angle}`
32            } catch (e) {
33              this.message =`图片旋转失败:${e}`
34            }
35          }).type(ButtonType.Normal).fontSize(30)
36        }.justifyContent(FlexAlign.SpaceAround).width("100%")
37      }.width('100%')
38    }
39  }
```

上述第 11 行代码表示打开图片时将图片的旋转角度置为 0；第 20～22 行代码表示点击"顺时针旋转"按钮后，图片顺时针方向旋转 90°，并将旋转的角度累计值显示在页面的最上方；第 29～31 行代码表示点击"逆时针旋转"按钮后，图片逆时针方向旋转 90°，并将旋转的角度累计值显示在页面的最上方。

3. 创建 ImagePacker 实例

image.createImagePacker()：ImagePacker：创建 ImagePacker 实例，返回值为 ImagePacker 类型对象。

4. ImagePacker 类

ImagePacker 类是打包器类，它包含多个用于图片压缩和打包的属性和方法。

ImagePacker 的属性及功能说明如表 6.18 所示。

表 6.18　ImagePacker 的属性和功能说明

名　称	类　型	功　能　说　明
supportedFormats	Array<string>	表示支持打包的图片格式,包括 JPEG、WebP 和 PNG 等

(1) packing(source:ImageSource, option:PackingOption):Promise<ArrayBuffer>:图片压缩或重新打包,结果以 Promise 形式返回。source 参数表示打包的图片源;option 参数用于设置打包参数,该参数类型为 PackingOption,其属性及功能说明如表 6.19 所示。返回值类型为 Promise<ArrayBuffer>,表示 Promise 回调函数返回一个 ArrayBuffer 类型对象。

表 6.19　PackingOption 的属性及功能说明

属性名	类型	可读	可写	功　能　说　明
format	string	是	是	表示目标格式
quality	number	是	是	表示 JPEG 编码中设定输出图片质量的参数(1～100)
bufferSize	number	是	是	表示接收编码数据的缓冲区大小(单位:B,默认为 10MB)

(2) packing(source:ImageSource, option:PackingOption, callback:AsyncCallback<ArrayBuffer>):void:图片压缩或重新打包,使用 callback 形式返回结果。source 和 option 参数功能说明与上述一样;callback 参数用于获取图片打包回调,回调返回一个 ArrayBuffer 类型对象。

(3) packing(source:PixelMap, option:PackingOption):Promise<ArrayBuffer>:图片压缩或重新打包,结果以 Promise 形式返回。source 参数表示打包的 PixelMap 源;option 参数用于设置打包参数。返回值类型为 Promise<ArrayBuffer>,表示 Promise 回调函数返回一个 ArrayBuffer 类型对象。

(4) packing(source:PixelMap, option:PackingOption, callback:AsyncCallback<ArrayBuffer>):void:图片压缩或重新打包,使用 callback 形式返回结果。source 参数表示打包的 PixelMap 源;option 参数用于设置打包参数。

(5) release():Promise<void>:释放图片打包实例,结果以 Promise 形式返回。

(6) release(callback:AsyncCallback<void>):void:释放图片打包实例,使用 callback 形式返回结果。

【例 6-7】　在例 6-6 的基础上,增加保存图片功能。点击如图 6.15 所示的"保存图片"按钮,在弹出如图 6.16 所示的 photoPicker 选择器中选择保存位置后,就可以将页面上显示的图片保存到相册中。

在如图 6.13 所示的页面中用 Button 组件实现"保存图片"按钮效果,并按如下步骤实现保存图片功能详细。

(1) 自定义 savePhoto() 方法保存图片文件。

首先调用 PhotoViewPicker 图库选择器的 save() 方法返回图片保存在图库中的路径,

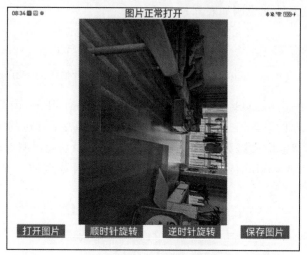

图 6.15 保存图片页面

图 6.16 photoPicker 选择保存图片位置

然后通过"@ohos.file.fs"模块中的 openSync()方法以读写方式打开该路径下的图片文件,若没有,则创建,并调用 write()方法将 Buffer 中的数据写入该图片文件。详细实现代码如下。

```
1    async savePhoto(buffer?: ArrayBuffer) {
2      try {
3        let imgName = "IMG_" + Date.parse(new Date().toString()) + ".jpg"
4        let pso = new picker.PhotoSaveOptions();
5        pso.newFileNames = [imgName]
6        let photoPicker = new picker.PhotoViewPicker();
```

```
 7         let psr = await photoPicker.save(pso)
 8         if (psr.length===0) {
 9           console.info("nnutc","用户取消保存")
10         }
11         let file = fs.openSync(psr[0], fs.OpenMode.READ_WRITE)
12         await fs.write(file.fd, buffer)
13         promptAction.showToast({
14           message: `图片保存成功`,
15           duration: 2000
16         })
17       } catch (err) {
18         console.error('nnutc.保存图片失败：' +err);
19       }
20     }
```

上述第 3 行代码表示以 "IMG_当前时间.jpg" 形式作为文件名；第 4～7 行代码表示通过图库选择器获得图片的保存位置；第 11、12 行代码表示以读写方式打开图库中的 "IMG_当前时间.jpg" 文件，并将 Buffer 中的内容写入该文件。

(2) 添加 "保存图片" 按钮点击事件。

点击 "保存图片" 按钮后，首先创建 ImagePacker 图片打包器，并调用其 packing() 方法将 Image 组件中显示的 PixelMap 对象压缩后保存在 buffer 中，然后调用自定义的 savePhoto() 方法将 buffer 中的内容保存到图片文件中，详细代码如下。

```
 1   Button("保存图片").onClick(async () =>{
 2       try {
 3         let imgPackerApi = image.createImagePacker()
 4         let packOption: image.PackingOption ={
 5           format: "image/jpeg",
 6           quality: 100
 7         }
 8         var buffer = await imgPackerApi.packing(this.imgSrc, packOption)
 9         await this.savePhoto(buffer)
10       } catch (e) {
11         this.message = `图片旋转失败:${e}`
12       }
13   }).type(ButtonType.Normal).fontSize(30)
```

6.3.3　Canvas 组件

Canvas(画布)组件用于自定义绘制图形，其接口格式如下。

```
 1   Canvas(context? : CanvasRenderingContext2D)
```

context 参数用于设置 CanvasRendering2dContext 对象。为了满足各种应用开发场景的需要，Canvas 组件除支持通用属性和通用事件外，还支持如下事件。

onReady(event：() => void)：Canvas 组件初始化完成时或者 Canvas 组件发生大小变化时的事件回调，当该事件被触发时画布被清空，该事件之后 Canvas 组件的宽度和高度确定，此时，既可以获取 Canvas 组件的宽度和高度，也可以使用 Canvas 相关 API 绘制图形。但是,当 Canvas 组件仅发生位置变化时,只触发 onAreaChange 事件,不触发 onReady 事件。

【例 6-8】 设计如图 6.17 所示的画布页面,画布的宽度为"100%"、高度为"50%"、背景色为黄色的实现代码如下。

图 6.17 画布页面

```
1    struct P6_8 {
2      private settings: RenderingContextSettings =new RenderingContextSettings(true)
3      private ctx: CanvasRenderingContext2D =new CanvasRenderingContext2D(this
         .settings)
4      build() {
5        Flex({ direction: FlexDirection.Column, alignItems: ItemAlign.Center }) {
6          Canvas(this.ctx)
7            .width('100%')                    //设置画布宽度
8            .height('50%')                    //设置画布高度
9            .backgroundColor('#ffff00')       //设置画布背景色
10           .onReady(() =>{
11              //事件回调功能代码
12           })
13       }.width('100%').height('100%')
14     }
15   }
```

6.3.4 CanvasRenderingContext2D

通过 CanvasRenderingContext2D 对象可以在 Canvas 组件上绘制指定特征的矩形、文本、图片等图形,它指定的特征属性及功能说明如表 6.20 所示。CanvasRenderingContext2D 的接口格式如下。

```
1    CanvasRenderingContext2D(settings?: RenderingContextSettings)
```

settings 参数为 RenderingContextSettings 类型,用于配置 CanvasRenderingContext2D 对象是否开启抗锯齿。RenderingContextSettings 的接口格式如下。

```
1    RenderingContextSettings(antialias?: boolean)
```

antialias 参数用于设置是否开启抗锯齿,其值包括 true 和 false(默认值,不开启)。

表 6.20　CanvasRenderingContext2D 属性及功能说明

属性名	类型	功能说明
fillStyle	string ｜ number ｜ Canvas-Gradient ｜ CanvasPattern	表示绘制图形的填充色，其中，string 类型表示设置填充区域的颜色（默认值为 black）；number 类型表示设置填充区域的颜色（默认值为 #000000）；CanvasGradient 类型表示渐变对象，使用 createLinearGradient()方法创建；CanvasPattern 类型，使用 createPattern()方法创建
lineWidth	number	表示绘制线条的宽度
strokeStyle	string ｜ number ｜ Canvas-Gradient ｜ CanvasPattern	表示线条的颜色，类型说明与 fillStyle 属性一样
lineCap	CanvasLineCap	表示线端点的样式，属性值包括 butt（默认值，线端点以方形结束）、round（线端点以圆形结束）、square（线端点以方形结束）
lineJoin	CanvasLineJoin	表示线段间相交的交点样式，属性值包括 miter（默认值，在相连部分的外边缘处进行延伸，使其相交于一点，形成一个菱形区域，该属性可以通过设置 miterLimit 属性展现效果）、round（在线段相连处绘制一个扇形，扇形的圆角半径是线段的宽度）、bevel（在线段相连处使用三角形为底填充，每个部分矩形拐角独立）
miterLimit	number	表示斜接面限制值，该值指定了线条相交处内角和外角的距离，默认值为 10
font	string	表示文本绘制中的字体样式，语法格式为：ctx.font="font-size font-family"或 ctx.font="font-style font-weight font-size font-family"，默认值为"normal normal 14px sans-serif"。其中，font-style 用于指定字体样式（可选，包括 normal、italic）；font-weight 用于指定字体的粗细（可选，包括 normal、bold、bolder、lighter、100、200、300、400、500、600、700、800、900）；font-size 用于指定字号和行高（可选）；font-family 用于指定字体系列（可选，包括 sans-serif、serif、monospace）
textAlign	CanvasTextAlign	设置文本绘制中的文本对齐方式，属性值包括 left（默认值，左对齐）、right（右对齐）、center（居中对齐）、start（对齐界线开始的地方）、end（对齐界线结束的地方）
textBaseline	CanvasTextBaseline	表示文本绘制中的水平对齐方式，属性值包括 alphabetic（默认值，文本基线是标准的字母基线）、top（文本基线在文本块的顶部）、hanging（文本基线是悬挂基线）、middle（文本基线在文本块的中间）、ideographic（文字基线是表意字基线）、bottom（文本基线在文本块的底部）

续表

属 性 名	类 型	功 能 说 明
globalAlpha	number	表示透明度(0.0 为完全透明、1.0 为完全不透明)
lineDashOffset	number	表示画布的虚线偏移量,默认值为 0.0
globalCompositeOperation	string	表示合成操作的方式,属性值如表 6.21 所示
shadowBlur	number	表示绘制阴影时的模糊级别,值越大越模糊,默认值为 0.0
shadowColor	string	表示绘制阴影时的阴影颜色,默认值为透明黑色
shadowOffsetX	number	表示绘制阴影时和原有对象的水平偏移值,默认值为 0
shadowOffsetY	number	表示绘制阴影时和原有对象的垂直偏移值,默认值为 0
imageSmoothingEnabled	boolean	表示绘制图片时是否进行图像平滑度调整,属性值包括 true(默认值,启用)和 false
height	number	表示组件高度
width	number	表示组件宽度
imageSmoothingQuality	ImageSmoothingQuality	如果 imageSmoothingEnabled 为 true 时,用于设置图像平滑度,默认值为 ImageSmoothingQuality.low
direction	CanvasDirection	表示绘制文字时使用的文字方向,默认值为 CanvasDirection.inherit
filter	string	表示图像的滤镜,属性值包括 none(默认值,无滤镜效果)、blur(给图像设置高斯模糊)、brightness(给图片应用一种线性乘法,使其看起来更亮或更暗)、contrast(调整图像的对比度)、grayscale(将图像转换为灰度图像)、hue-rotate(给图像应用色相旋转)、invert(反转输入图像)、opacity(转换图像的透明程度)、saturate(转换图像饱和度)、sepia(将图像转换为深褐色)

表 6.21　globalCompositeOperation 属性值及功能说明

类 型	功 能	类 型	功 能
source-over	在现有绘制内容上显示新内容(默认值)	source-atop	在现有绘制内容顶部显示新内容
source-in	在现有绘制内容中显示新内容	source-out	在现有绘制内容之外显示新内容
destination-over	在新绘制内容上方显示现有内容	destination-atop	在新绘制内容顶部显示现有内容
destination-in	在新绘制内容中显示现有内容	destination-out	在新绘制内容外显示现有内容

类型	功能	类型	功能
lighter	显示新绘制内容和现有内容	copy	显示新绘制内容而忽略现有内容
xor	使用异或操作对新绘制内容与现有绘制内容进行融合		

为了在 Canvas 组件上绘制矩形、文本、图片等二维图形，CanvasRenderingContext2D 对象提供了绘制、清除不同类型图形的方法。

1. 绘制填充矩形

fillRect(x：number, y：number, width：number, height：number)：void：在 Canvas 组件上绘制一个填充矩形。参数及功能说明如表 6.22 所示。

表 6.22 fillRect 参数及功能说明

参数名	类型	功能说明	参数名	类型	功能说明
x	number	指定矩形左上角点的 x 坐标，默认值为 0	y	number	指定矩形左上角点的 y 坐标，默认值为 0
width	number	指定矩形的宽度	height	number	指定矩形的高度

2. 绘制矩形框

strokeRect(x：number, y：number, width：number, height：number)：void：在 Canvas 组件上绘制一个有边框的矩形，矩形内部不填充。参数及功能说明如表 6.22 所示。

3. 删除绘制内容

clearRect(x：number, y：number, width：number, height：number)：void：删除指定区域内的绘制内容。参数及功能说明如表 6.22 所示。

【例 6-9】 在例 6-8 的基础上设计如图 6.18 所示的页面，用户在页面上选择"填充矩形"单选按钮，点击"绘矩形"按钮后会在页面左上角(10,10)位置处绘制宽和高均为 100 的填充矩形，填充色为红色；用户在页面上选择"矩形框"单选按钮，点击"绘矩形"按钮后会在页面左上角(10,150)位置处绘制宽和高均为 100 的矩形框，矩形的边框颜色为蓝色；点击"橡皮擦"按钮，擦除页面上的所有图形。详细实现步骤如下。

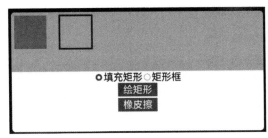

图 6.18 绘制矩形页面

(1) 定义变量。

```
1   private settings: RenderingContextSettings = new RenderingContextSettings
    (true)                                        //开启抗锯齿
2   private ctx: CanvasRenderingContext2D = new CanvasRenderingContext2D(this.
    settings)
3   @State screenWidth: number = 0               //设备的屏幕宽度
4   @State screenHeight: number = 0              //设备的屏幕高度
5   @State graphicType: number = undefined       //图形类型,0-填充矩形,1-矩形框
```

(2) 获取设备的屏幕尺寸。

由于在点击"橡皮擦"按钮后,需要将画布上绘制的图形全部清除,也就是调用clearRect()方法删除画布区域的内容,按照例6-9的功能需求,画布的宽度为设备的屏幕宽度,高度为设备的屏幕高度的一半,当页面加载时调用"@ohos.display"模块中的getDefaultDisplaySync()方法获取与设备屏幕相关的属性,实现代码如下。

```
1   aboutToAppear() {
2       let displayScreen = display.getDefaultDisplaySync()
3       this.screenWidth = displayScreen.width    //获得屏幕宽度
4       this.screenHeight = displayScreen.height  //获得屏幕高度
5   }
```

(3) 图形类型选项功能的实现。

从如图6.18所示的页面显示效果可以看出,图形类型选项由Row布局的Radio组件和Text组件实现,实现代码如下。

```
1   Row() {
2       Radio({ value: "0", group: "graphicType" }).onChange((isChecked) =>{
3           if (isChecked) this.graphicType = 0   //0代表绘制填充矩形
4       })
5       Text("填充矩形").fontSize(30)
6       Radio({ value: "1", group: "graphicType" }).onChange((isChecked) =>{
7           if (isChecked) this.graphicType = 1   //1代表绘制矩形框
8       })
9       Text("矩形框").fontSize(30)
10  }
```

(4) 绘矩形按钮功能的实现。

当点击"绘矩形"按钮后,根据代表图形类型的graphicType变量值绘制图形,实现代码如下。

```
1   Button("绘矩形").onClick(() =>{
2       if (this.graphicType == 0) {
3           this.ctx.fillStyle = "#ff0000"        //设置矩形填充色
4           this.ctx.fillRect(10,10,100,100)      //绘制填充矩形
5       } else {
6           this.ctx.strokeStyle = "#0000ff"      //设置边框线颜色
7           this.ctx.lineWidth = 5                //设置边框线粗细
```

```
8                this.ctx.strokeRect(150,10,100,100)    //绘制矩形框
9            }
10       }).type(ButtonType.Normal).fontSize(30)
```

上述第3、4行代码表示在画布上绘制填充色为红色的矩形;第6~8行代码表示在画布上绘制边框线为红色、粗细为5的矩形框。

(5)橡皮擦按钮功能的实现。

当点击"橡皮擦"按钮后,清除画布上绘制的所有图形,实现代码如下。

```
1   Button("橡皮擦").onClick(() =>{
2            this.ctx.clearRect(0,0,this.screenWidth, this.screenHeight/2)
3        }).type(ButtonType.Normal).fontSize(30)
```

上述第2行代码表示清除左上角(0,0)坐标开始、宽度为屏幕宽度、高度为屏幕高度一半的矩形区域内容。

4. 绘制填充类文本

fillText(text: string, x: number, y: number, maxWidth?: number): void: 绘制填充类文本。参数及功能说明如表6.23所示。

表6.23 fillText参数及功能说明

参数名	类型	功能说明	参数名	类型	功能说明
text	string	指定需要绘制的文本内容	x	number	指定绘制文本的左下角x坐标
y	number	指定绘制文本的左下角y坐标	maxWidth	number	指定文本允许的最大宽度

5. 绘制描边类文本

strokeText(text: string, x: number, y: number, maxWidth?: number): void: 绘制描边类文本。参数及功能说明如表6.23所示。

6. 获取文本测算对象

measureText(text: string): TextMetrics: 获取一个文本测算的对象,通过该对象可以获取指定文本的宽度值。text参数表示需要进行测量的文本,返回值类型为TextMetrics,该类型的width属性用于获取指定字体的宽度。

【例6-10】 在例6-9的基础上设计如图6.19所示的页面,用户点击"绘文本"按钮后会

图6.19 绘制文本页面

分别在页面左上角(10,50)、(10,100)位置处绘制填充类文本和描边类文本"欢迎学习 OpenHarmony",并在页面的(10,150)位置处显示所绘制文本的宽度。实现代码如下:

```
1    Button("绘文本").onClick(()=>{
2         this.ctx.font='100px sans-serif'
3         this.ctx.fillStyle="#ff0000"
4         this.ctx.fillText("欢迎学习 OpenHarmony!",10,50)      //绘制填充文本
5         this.ctx.strokeText("欢迎学习 OpenHarmony!",10,100)   //绘制描边文本
6         this.ctx.fillText("width:"+this.ctx.measureText("欢迎学习 OpenHarmony!").width,10,150)
7    }).type(ButtonType.Normal).fontSize(30)(1)定义变量
```

7. 绘制路径

(1) beginPath():void:创建一个新的绘制路径。

(2) moveTo(x: number, y: number):void:路径从当前点移动到指定点,参数(x,y)表示指定点坐标。

(3) lineTo(x: number, y: number):void:从当前点到指定点进行路径连接,参数(x,y)表示指定点坐标。

(4) stroke(path?: Path2D):void:进行边框绘制操作,参数 path 为 Path2D 类型,该类型为路径对象,支持通过对象的接口进行路径的描述,并通过 Canvas 的 stroke()方法或者 fill()方法进行绘制。

(5) fill():void:对封闭路径进行填充。

(6) closePath():void:结束当前路径形成一个封闭路径。

【例 6-11】 在例 6-10 的基础上设计如图 6.20 所示的页面,用户点击"涂鸦"按钮后,就可以在页面上自由绘制图形。实现步骤如下。

图 6.20 涂鸦页面

① 定义变量。

```
1    @State x1: number=0          //绘制起点坐标 X
2    @State y1: number=0          //绘制起点坐标 Y
3    @State x2: number=0          //绘制终点坐标 X
4    @State y2: number=0          //绘制终点坐标 Y
5    @State flag: boolean=false   //保存是否 Pan 手势按下
6    @State draw: boolean=false   //保存是否可以涂鸦
```

② 给 Canvas 绑定触摸事件和手势识别事件。

当开始触摸屏幕时,将当前位置的坐标(x1,y1)作为绘制直线的起始点。如果此时识别到当前手指按下,则在坐标(x1,y1)与坐标(x2,y2)之间连线。如果此时识别到当前手指抬起,则连线停止。实现代码如下。

```
1     Canvas(this.ctx).width('100%').height('50%').backgroundColor('#ffff00')
2         .onReady(()=>{})
3         .gesture(PanGesture({ direction: PanDirection.All })
4           .onActionStart((event: GestureEvent)=>{
5             this.flag=true
6           })
7           .onActionEnd((event: GestureEvent)=>{
8             this.flag=false
9           })
10        )
11        .onTouch((event)=>{
12          if (this.draw) {                              //点击"涂鸦"按钮
13            this.x1=event.touches[0].screenX            //获取当前触摸点 X 坐标
14            this.y1=event.touches[0].screenY            //获取当前触摸点 Y 坐标
15            if (this.flag) {                            //手指按下
16              this.ctx.beginPath()
17              this.ctx.lineWidth = 6
18              this.ctx.strokeStyle = '#0000ff'
19              this.ctx.moveTo(this.x1, this.y1)
20              this.ctx.lineTo(this.x2, this.y2)
21              this.ctx.stroke()
22            }
23          }
24        })
```

上述第 4~6 行代码表示当前手指按下时,将 flag 值置为 true,则说明可以在坐标(x1,y1)与坐标(x2,y2)之间绘制直线;第 7~9 行代码表示当前手指抬起时,将 flag 值置为 false,则说明绘制直线停止。

③ 涂鸦按钮的功能实现。

当点击"涂鸦"按钮后,就可以获取触摸点坐标(x1,y1),并将其作为直线的起点。启动每隔 0.1s 就执行一次事件的计时器获取当前触摸点的坐标(x2,y2),并将其作为直线的终点。实现代码如下。

```
1     Button("涂鸦").onClick(()=>{
2         this.draw =true                    //可以涂鸦
3         setInterval(()=>{                  //计时器
4           this.x2=this.x1
5           this.y2=this.y1
6         }, 100)
7     }).type(ButtonType.Normal).fontSize(30)
```

(7) bezierCurveTo(cp1x: number, cp1y: number, cp2x: number, cp2y: number, x: number, y: number): void: 创建三次贝塞尔曲线的路径。参数(cp1x,cp1y)表示第一个贝塞尔曲线参数坐标,参数(cp2x,cp2y)表示第二个贝塞尔曲线参数坐标,参数(x,y)表示路径

结束时的坐标。

例如,下列代码可以在画布上绘制一个三次贝塞尔曲线。

```
1    this.ctx.beginPath()
2    this.ctx.bezierCurveTo(20,100,200,100,200,20)
3    this.ctx.stroke()
```

(8) quadraticCurveTo(cpx：number, cpy：number, x：number, y：number)：void：创建二次贝塞尔曲线的路径。参数(cpx,cpy)表示贝塞尔曲线参数坐标,参数(x,y)表示路径结束时的坐标。

例如,下列代码可以在画布上绘制一个二次贝塞尔曲线。

```
1    this.ctx.beginPath()
2    this.ctx.moveTo(20,20)
3    this.ctx.quadraticCurveTo(100,100,200,20)
4    this.ctx.stroke()
```

(9) arc(x：number, y：number, radius：number, startAngle：number, endAngle：number, anticlockwise?：boolean)：void：绘制弧线路径。参数(x,y)表示弧线圆心点坐标,参数 radius 表示弧线的圆半径,参数 startAngle 表示弧线的起始弧度,参数 endAngle 表示弧线的终止弧度,参数 anticlockwise 表示是否逆时针绘制圆弧(默认值为 false)。

例如,下列代码可以在画布上绘制一个弧线。

```
1    this.ctx.beginPath()
2    this.ctx.arc(100,75,50,0,6.28)
3    this.ctx.stroke()
```

(10) arcTo(x1：number, y1：number, x2：number, y2：number, radius：number)：void：依据圆弧经过的点和圆弧半径创建圆弧路径。参数(x1,y1)表示圆弧经过的第一个点坐标,参数(x2,y2)表示圆弧经过的第二个点坐标,参数 radius 表示圆弧的半径。

例如,下列代码可以在画布上绘制一个圆弧。

```
1    this.ctx.beginPath()
2    this.ctx.moveTo(100,20)
3    this.ctx.arcTo(150,20,150,70,50)
4    this.ctx.stroke()
```

(11) ellipse(x：number, y：number, radiusX：number, radiusY：number, rotation：number, startAngle：number, endAngle：number, anticlockwise?：boolean)：void：在规定的矩形区域绘制椭圆路径。参数(x,y)表示椭圆圆心坐标,参数 radiusX 表示椭圆 x 轴的半径长度,参数 radiusY 表示椭圆 y 轴的半径长度,参数 rotation 表示椭圆的旋转角度(弧度),参数 startAngle 表示椭圆绘制的起始点角度(弧度),参数 endAngle 表示椭圆绘制的结束点角度(弧度),参数 anticlockwise 表示是否以逆时针方向绘制椭圆。

例如,下列代码可以在画布上绘制一个椭圆。

```
1    this.ctx.beginPath()
2    this.ctx.ellipse(200,200,50,100,0,Math.PI * 0,2 * Math.PI, true)
3    this.ctx.stroke()
```

(12) rect(x: number, y: number, width: number, height: number): void: 绘制一个矩形路径。参数(x,y)表示矩形左上角坐标,参数 width 表示矩形的宽度,参数 height 表示矩形的高度。

例如,下列代码可以在画布上绘制一个矩形。

```
1    this.ctx.beginPath()
2    this.ctx.rect(20,20,100,100)
3    this.ctx.stroke()
```

(13) fill(fillRule?: CanvasFillRule): void: 对封闭路径进行填充。参数 fillRule 表示要填充对象的规则,其值包括 nonezero(默认值,非零规则)和 evenodd(奇偶规则)。

(14) fill(path: Path2D, fillRule?: CanvasFillRule): void: 对封闭路径进行填充。参数 path 表示填充路径;fillRule 表示要填充对象的规则,其值包括 nonezero(默认值,非零规则)和 evenodd(奇偶规则)。

(15) clip(fillRule?: CanvasFillRule): void: 设置当前路径为剪切路径。参数 fillRule 表示要剪切对象的规则,其值包括 nonezero(默认值,非零规则)和 evenodd(奇偶规则)。

(16) clip(path: Path2D, fillRule?: CanvasFillRule): void: 设置当前路径为剪切路径。参数 path 表示剪切路径;参数 fillRule 表示要剪切对象的规则,其值包括 nonezero(默认值,非零规则)和 evenodd(奇偶规则)。

8. 修饰图形

(1) rotate(angle: number): void: 针对当前坐标轴进行顺时针旋转,参数 angle 表示顺时针旋转的弧度值。

例如,下列代码表示将绘制的填充矩形和填充文本图形沿顺时针方向旋转 45°。

```
1    this.ctx.rotate(45 * Math.PI / 180)
2    this.ctx.fillRect(100,20,50,50)
3    this.ctx.fillText("OpenHarmony",200,34)
```

(2) scale(x: number, y: number): void: 设置 Canvas 画布的缩放变换属性,后续的绘制操作将按照缩放比例进行缩放。参数 x 表示设置水平方向的缩放值;参数 y 表示设置垂直方向的缩放值。

(3) transform(scaleX: number, skewX: number, skewY: number, scaleY: number, translateX: number, translateY: number): void: 设置图形的变换矩阵,对原图形各个定点的坐标分别乘以这个矩阵,就能得到新定点的坐标,矩阵变换效果可叠加。参数 scaleX 表示水平缩放值;参数 skewX 表示水平倾斜值;参数 skewY 表示垂直倾斜值;参数 scaleY 表示垂直缩放值;参数 translateX 表示水平移动值;参数 translateY 表示垂直移动值。变换后的坐标(x',y')与变换前的坐标(x,y)计算公式如下。

$$x' = scaleX \times x + skewY \times y + translateX$$
$$y' = skewX \times x + scaleY \times y + translateY$$

例如,下列代码运行后的效果如图 6.21 所示。

```
1    this.ctx.fillStyle = 'rgb(0,0,0)'
2    this.ctx.fillRect(20,20,100,100)              //原图
3    this.ctx.transform(1, 0.5, -0.5, 1, 10,10)    //变换矩阵
4    this.ctx.fillStyle = 'rgb(255,0,0)'
5    this.ctx.fillRect(20,20,100,100)
6    this.ctx.transform(1, 0.5, -0.5, 1, 10,10)    //变换矩阵
7    this.ctx.fillStyle = 'rgb(0,0,255)'
8    this.ctx.fillRect(20,20,100,100)
```

（4）setTransform（scaleX：number，skewX：number，skewY：number，scale：number，translateX：number，translateY：number）：void：该方法使用的参数和transform()方法相同，但setTransform()方法会重置现有的变换矩阵并创建新的变换矩阵，即矩阵变换效果不再叠加。

（5）translate(x：number，y：number)：void：移动当前坐标系的原点。参数x表示原点的水平平移量；参数y表示原点的垂直平移量。

例如，将实现如图6.21所示效果代码的第6行修改为如下代码，运行效果如图6.22所示。

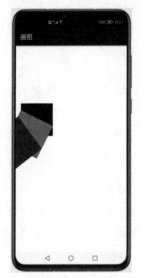 

图6.21　图形变换矩阵效果(1)　　　图6.22　图形变换矩阵效果(2)

```
1    ctx.setTransform(1, 0.5, -0.5, 1, 10,10);     //重置变换矩阵
2    ctx.translate(20,20)                          //将当前坐标原点移动(20,20)
```

9. 绘制图像

（1）drawImage(image：ImageBitmap | PixelMap, dx：number, dy：number)：void：在绘制区域左上角坐标处绘制指定图像。参数image表示源图像；参数(dx,dy)表示绘制区域左上角的坐标。

（2）drawImage(image：ImageBitmap | PixelMap, dx：number, dy：number, dw：

number,dh:number):void:在绘制区域指定坐标处绘制指定图像。参数 image 表示源图像;参数(dx,dy)表示绘制区域左上角的坐标;参数(dw,dh)表示绘制区域的宽度和高度,当绘制区域的宽度和裁切图像的宽度和高度不一致时,将图像拉伸或压缩为绘制区域的宽度和高度。

（3）drawImage(image:ImageBitmap | PixelMap, sx:number, sy:number, sw:number, sh:number, dx:number, dy:number, dw:number, dh:number):void:在绘制区域指定坐标处绘制指定图像的裁切区域。参数 image 表示源图像;参数(sx,sy)表示裁切源图像时距离源图像左上角的坐标;参数(sw,sh)表示裁切源图像时需要裁切的宽度和高度;参数(dx,dy)表示绘制区域左上角坐标;参数(dw,dh)表示绘制区域的宽度和高度,当绘制区域的宽度和裁切图像的宽度和高度不一致时,将图像拉伸或压缩为绘制区域的宽度和高度。

10. 根据画布内容创建 PixelMap 对象

getPixelMap(sx:number, sy:number, sw:number, sh:number):PixelMap:以当前 Canvas 指定区域内的像素创建 PixelMap 对象。参数(sx,sy)表示 Canvas 指定区域内的左上角 x、y 坐标;参数(sw,sh)表示 Canvas 指定区域内的宽度和高度。

【例 6-12】 设计如图 6.23 所示图片裁剪页面,单击"打开图片"按钮,弹出 photoPicker 界面供用户选择要裁剪的图片,在 photoPicker 界面上选择图片后,该图片会显示在页面上方;此时用户在图片上拖动要裁剪的区域,点击"裁剪图片"按钮,裁剪区域的图片会显示在页面下方,如图 6.24 所示;点击"保存图片"按钮,在弹出的 photoPicker 选择器中选择保存位置后,就可以将页面下方裁剪的图片保存到相册中。

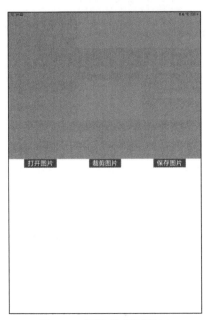

图 6.23　图片裁剪页面(1)　　　　图 6.24　图片裁剪页面(2)

从如图6.23所示的页面效果可以看出,整个页面按 Flex 方式布局,依次由 Canvas 组件显示从相册中选择中的图片;三个 Button 组件实现打开图片、裁剪图片和保存图片按钮;Canvas 组件显示裁剪的图片,详细实现步骤如下。

(1) 定义变量。

```
1    @State message: string = ''
2    @State imgSrc: PixelMap = undefined        //保存从相册打开的图片
3    @State imgDst: PixelMap = undefined        //保存裁剪的图片
4    @State canvasWidth: number = 0             //画布的宽度
5    @State canvasHeight: number = 0            //画布的高度
6    @State screenWidth: number = 0             //设备屏幕的宽度
7    @State screenHeight: number = 0            //设备屏幕的高度
8    private settings: RenderingContextSettings = new RenderingContextSettings(true)
9    private context1: CanvasRenderingContext2D = new CanvasRenderingContext2D
     (this.settings)                             //页面上方的画布内容
10   private context2: CanvasRenderingContext2D = new CanvasRenderingContext2D
     (this.settings)                             //页面下方的画布内容
11   @State x1: number = 0                      //裁剪区域左上角的 x 坐标
12   @State y1: number = 0                      //裁剪区域左上角的 y 坐标
13   @State cWidth: number = 0                  //裁剪区域的宽度
14   @State cHeight: number = 0                 //裁剪区域的高度
15   @State draw: boolean = true                //是否开始画裁剪区域
```

(2) 获取设备的屏幕尺寸。

页面上方显示打开图片的画布及页面下方显示裁剪图片的画布,它们的宽度与设备的屏幕宽度一样,高度为设备屏幕高度的一半,当页面加载时调用"@ohos.display"模块中的 getDefaultDisplaySync() 方法获取与设备屏幕相关的属性,实现代码如下。

```
1    aboutToAppear() {
2      let displayScreen = display.getDefaultDisplaySync()
3      this.screenWidth = px2vp(displayScreen.width)     //获得屏幕宽度
4      this.screenHeight = px2vp(displayScreen.height)   //获得屏幕高度
5    }
```

(3) 页面上方画布功能实现。

用户在页面上方的画布上可以由拖动操作画出一个矩形框,该矩形框区域的内容即为裁剪的图片内容。详细代码如下。

```
1    Canvas(this.context1).width(this.screenWidth).height(this.screenHeight / 2)
2      .backgroundColor('#F5DC62')
3      .onTouch((event) => {
4        if (this.draw) {
5          this.x1 = event.touches[0].x           //矩形区域左上角 x 坐标
6          this.y1 = event.touches[0].y           //矩形区域左上角 y 坐标
7        }
8      })
9      .gesture(PanGesture({ direction: PanDirection.All })
10       .onActionEnd((event: GestureEvent) => {
11         this.draw = true
12         this.cWidth = event.offsetX
```

```
13              this.cHeight =event.offsetY
14              this.context1.lineWidth =1
15              this.context1.strokeStyle ='#fff200'
16              this.context1.strokeRect(this.x1, this.y1, this.cWidth, this.cHeight)
17              this.context1.stroke()
18          }).onActionUpdate((event) =>{
19              this.draw = false
20          }))
```

上述第 3～8 行代码为画布绑定 onTouch 触摸事件,如果该触摸点为所画矩形的左上角坐标,则记录当前触摸点的坐标(x1,x2)。上述第 9～20 行代码为画布绑定 gesture 手势事件,当画布上的手势滑动停止,记录当前手势移动的横向距离(cWidth)和纵向距离(cHeight),并将其作为所画矩形的宽和高。

(4) 页面下方画布功能实现。

当用户点击"裁剪图片"按钮后,直接将 context2 的内容显示在 Canvas 组件上,实现代码如下。

```
1       Canvas(this.context2)
2           .width(this.screenWidth)
3           .height(this.screenHeight / 2)
4           .onReady(() =>{
5           })
```

(5) 图片裁剪页面的功能实现。

当用户点击"打开图片"按钮后,调用例 6-6 中自定义的 openPixMap()方法获得图片的 PixelMap;当用户点击"保存图片"按钮后,调用例 6-7 中自定义的 savePhoto()方法保存图片文件;当用户点击"裁剪图片"按钮后,首先将页面下方的画布内容清除,然后按照矩形框区域的左上角坐标及宽度、高度值创建 PixelMap 对象,最后将 PixelMap 对象显示在页面下方的画布上,详细实现代码如下。

```
1   struct P6_13{
2     //定义变量
3     //获取设备的屏幕尺寸
4     //自定义 openPixMap()方法打开相册中的图片
5     //自定义 savePhoto()方法保存图片到相册中
6     //aboutToAppear() 函数的实现
7     build() {
8       Flex({ direction: FlexDirection.Column, alignItems: ItemAlign.Center }) {
9         //页面上方画布的实现
10        Flex({ direction: FlexDirection.Row, justifyContent: FlexAlign.SpaceAround }) {
11          Button("打开图片").onClick(async () =>{
12            this.imgSrc =await this.openPixMap()      //打开图片,获得 PixMap 对象
13            var imgInfo =await this.imgSrc.getImageInfo()
14            this.canvasWidth =imgInfo.size.width      //获取打开图片的宽度
15            this.canvasHeight =imgInfo.size.height    //获取打开图片的高度
16            this.context1.drawImage(this.imgSrc, 0,0,this.canvasWidth, this.canvasHeight, 0,0,this.screenWidth, this.screenHeight / 2)
```

```
17        }).type(ButtonType.Normal).fontSize(30)
18        Button("裁剪图片").onClick(()=>{
19          this.context2.clearRect(0,0,this.screenWidth,screenHeight / 2)
20          this.imgDst =this.context1.getPixelMap(this.x1,this.y1,this.cWidth,this.cHeight)
21          this.context2.drawImage(this.imgDst, 0,0,this.cWidth,this.cHeight)
22        }).type(ButtonType.Normal).fontSize(30)
23        Button("保存图片").onClick(async () =>{
24          try {
25            let imgPackerApi =image.createImagePacker()
26            let packOption: image.PackingOption ={
27              format: "image/jpeg",
28              quality: 100,
29            }
30            var buffer =await imgPackerApi.packing(this.imgDst, packOption)
31            await this.savePhoto(buffer)
32          } catch (e) {
33            this.message =`图片保存失败:${e}`
34          }
35        }).type(ButtonType.Normal).fontSize(30)
36      }
37      //页面下方画布的实现
38    }.height('100%')
39  }
40 }
```

上述第 16 行代码表示将从相册选择的图片调用 drawImage()方法绘制到页面上方的画布上;第 21 行代码表示调用 drawImage()方法将页面上方画布上裁剪的图片内容绘制到页面下方的画布上;第 30、31 行代码表示将页面下方画布上显示的内容编码后调用自定义的 savePhoto()方法保存到相册中。

11. 保存和恢复 Canvas 的全部状态

(1) save():void:保存当前 Canvas 的状态,通常在需要保存绘制状态时调用。

(2) restore():void:恢复保存的绘图的上下文状态。

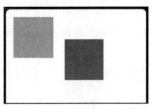

图 6.25 保存状态

例如,要实现如图 6.25 所示效果,可以使用如下代码实现。

```
1  Canvas(this.context)
2    .onReady(() =>{
3      this.context.fillStyle ="#ff0000"
4      this.context.save()          //保存当前上下文状态,绘制图形填充色为红色
5      this.context.fillStyle ="#00ff00"      //改变绘制图形的填充色为绿色
6      this.context.fillRect(20,20,100,100)    //绘制绿色矩形
7      this.context.restore()      //恢复保存的上下文状态,绘制图形的填充色为红色
8      this.context.fillRect(150,75,100,100)
9    })
```

上述第 3、4 行代码表示将绘制图形填充色设置为红色后,保存当前上下文状态;第 5、6 行代码表示在画布上绘制绿色矩形;第 7 行代码表示恢复第 4 行代码保存的上下文状态,即

将绘制图形填充色设置为红色后,在画布上绘制红色矩形。

6.3.5 案例:图片编辑器

1. 需求描述

图片编辑器应用运行后显示如图 6.26 所示主页面,点击页面上的"打开"按钮,弹出图库选择器对话框,在对话框中选择设备相册中的图片后,就可以对导入的图片进行缩放、裁剪、旋转及灰度、亮度、模糊等特效处理。点击页面上的"保存"按钮,可以将编辑处理的图片保存到设备相册中。

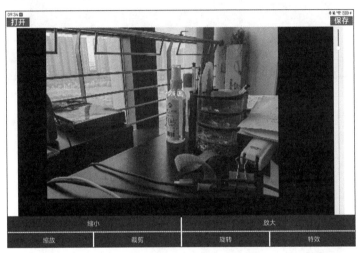

图 6.26　图片编辑器缩放页面效果

(1) 点击页面下方的"缩放"按钮,在图片下方显示"缩小"和"放大"按钮。点击"缩小"按钮,图片的宽和高按比例缩小;点击"放大"按钮,图片的宽和高按比例放大。

(2) 点击页面下方的"裁剪"按钮,在图片下方显示"原图""正方形""4∶3""16∶9"按钮。点击"原图"按钮,按原图尺寸显示图片;点击"正方形"按钮,对图片显示区的图片按宽和高相等的尺寸裁剪后显示;点击"4∶3"按钮,对图片显示区的图片按"宽∶高=4∶3"的尺寸裁剪后显示;点击"16∶9"按钮,对图片显示区的图片按"宽∶高=16∶9"的尺寸裁剪后显示。页面效果如图 6.27 所示。

(3) 点击页面下方的"旋转"按钮,在图片下方显示"顺时针""逆时针"按钮。点击"顺时针"按钮,图片顺时针旋转 90°后显示;点击"逆时针"按钮,图片逆时针旋转 90°后显示。页面效果如图 6.28 所示。

(4) 点击页面下方的"特效"按钮,在图片下方显示"原图""模糊""灰度""亮度"按钮。点击"原图"按钮,按原图效果显示图片;点击"模糊"按钮,拖动图片右侧的滑动条,按模糊效果处理页面上显示的图片;点击"灰度"按钮,将页面上显示的图片做灰度处理;点击"亮度"按钮,拖动图片右侧的滑动条,按亮度效果处理页面上显示的图片。页面效果如图 6.29 所示。

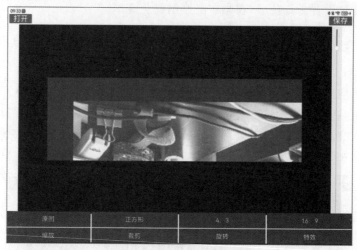

图 6.27　图片编辑器裁剪页面效果

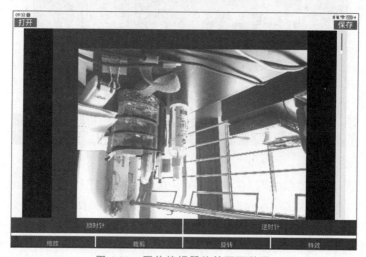

图 6.28　图片编辑器旋转页面效果

2. 设计思路

根据图片编辑器的需求描述和页面显示效果,该应用开发时需要设计一个页面,整个页面以 Column 布局,从上至下分为图片打开保存区、图片效果区、图片处理操作区。

(1) 图片打开保存区以 Row 方式布局两个 Button 按钮和一个 Blank 组件。

(2) 图片效果区分为图片显示区和滑动条区。当用户对图片进行缩放、裁剪和旋转处理时,图片显示区用 Image 组件加载图片;当用户对图片进行特效处理时,图片显示区用 Canvas 组件加载图片。滑动条由 Slider 组件实现。

(3) 图片处理操作区分为处理类别选择区和处理效果操作区。处理类别选择区位于页面底部,当用户在页面底部分别点击"缩放""裁剪""旋转"和"特效"按钮时,处理效果操作区的操作按钮会随之变化。本例为了保证页面效果的一致性,统一用 Text 组件作为处理类

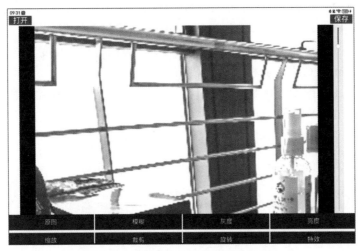

图 6.29 图片编辑器特效页面效果

别选择区、处理效果操作区的按钮效果。

3. 实现流程

(1) 创建图片编辑器应用模块。

打开 Chap06 项目，右击"Chap06"文件夹，选择 New → Module 菜单项创建名为"PicEditor"的模块。

(2) 定义变量。

```
1    @State pixelMap: image.PixelMap = undefined          //页面加载的图片对象
2    @State tempPixelMap: image.PixelMap = undefined
3    @State scaleFlag: boolean = true                     //是否点击"缩放"按钮
4    @State cutFlag: boolean = false                     //是否点击"裁剪"按钮
5    @State rotateFlag: boolean = false                  //是否点击"旋转"按钮
6    @State effectsFlag: boolean = false                 //是否点击"特效"按钮
7    @State psr: picker.PhotoSelectResult = undefined    //选择图片对象返回的结果
8    private settings: RenderingContextSettings = new RenderingContextSettings(true)
9    private ctx: CanvasRenderingContext2D = new CanvasRenderingContext2D(this
     .settings)
10   @State canvasWidth: number = 0                       //画布的宽度
11   @State canvasHeight: number = 0                      //画布的高度
12   @State min: number = 0                               //滑动条最小值
13   @State max: number = 1                               //滑动条最大值
14   @State cValue: number = 0                            //滑动条当前值
15   @State step: number = 0                              //滑动条步长
16   @State blurFlag: boolean = false                     //是否模糊效果
17   @State brightnessFlag: boolean = false               //是否亮度效果
18   @State grayscaleFlag: boolean = false                //是否灰度效果
```

上述第 3～6 行代码定义的 scaleFlag、cutFlag、rotateFlag 和 effectsFlag 变量，用于实现当用户分别点击页面底部的"缩放""裁剪""旋转"和"特效"按钮时，分别在处理效果操作区显示不同类别的操作按钮效果，默认状态下，处理效果操作区显示"缩小"和"放大"效果。

第12～15行代码定义的min、max、cValue和step变量,用于实现当用户点击"模糊"和"亮度"按钮时,初始化滑动条的min、max、value和step属性值。第16～18行代码定义的blurFlag、brightnessFlag和grayscaleFlag变量,用于实现"模糊""亮度"和"灰度"效果。

(3) 自定义getPsr()方法从相册获取PhotoSelectResult对象。

PhotoViewPicker图库选择器对象可以从设备的相册中选择图片,调用其select()方法返回选中图片的PhotoSelectResult类型对象,详细实现代码如下。

```
1    async getPsr(): Promise<picker.PhotoSelectResult>{
2        let pso = new picker.PhotoSelectOptions()
3        pso.MIMEType = picker.PhotoViewMIMETypes.IMAGE_TYPE
4        pso.maxSelectNumber = 1
5        let photoPicker = new picker.PhotoViewPicker()
6        let psr = await photoPicker.select(pso)
7        return psr
8    }
```

(4) 自定义openPixMap()方法获取PixelMap对象。

从相册获取图片的PhotoSelectResult类型对象后,首先通过"@ohos.file.fs"模块中的openSync()方法获得该PhotoSelectResult类型对象对应的File类型对象,然后调用createImageSource()方法创建ImageSource类型对象,最后根据ImageSource类中的createPixelMap()方法创建PixelMap类型对象。实现代码如下。

```
1    async openPixMap(psr): Promise<PixelMap>{
2        let file = fs.openSync(psr.photoUris[0])
3        let imageSource: image.ImageSource = image.createImageSource(file.fd)
4        let decodingOptions: image.DecodingOptions = {
5          editable: true,
6          desiredPixelFormat: 3,
7          index: 0
8        }
9        let pixelMap = await imageSource.createPixelMap(decodingOptions)
10       fs.closeSync(file)
11       return pixelMap
12   }
```

(5) 自定义reloadImage()方法重新在页面加载处理后的PixelMap对象。

图片经过"缩放""裁剪"和"旋转"等处理后,需要强制将其转换为image.PixelMap类型才能在页面正常显示,强制转换的实现代码如下。

```
1    reloadImage() {
2        this.tempPixelMap = this.pixelMap
3        this.pixelMap = {} as image.PixelMap
4        this.pixelMap = this.tempPixelMap
5    }
```

(6) 自定义cutImage()方法实现裁剪效果。

当用户点击"正方形""4∶3"和"16∶9"按钮后,调用该方法对图片进行裁剪处理。如果用户点击"正方形"按钮(即type值为1),则按照图片宽度和高度尺寸中较小的值作为裁剪尺寸对图片做裁剪(crop)操作。如果用户点击"4∶3"按钮(即 type 值为 3/4)或"16∶9"按钮(即 type 值为 9/16),则按照图片宽度不变、高度为原图片高度尺寸的 3/4 或 9/16 作为裁剪尺寸对图片做裁剪(crop)操作。详细实现代码如下。

```
1   async cutImage(type: number) {
2     let imageInfo: image.ImageInfo = await this.pixelMap.getImageInfo()
3     if (!imageInfo)   return
4     let imageHeight = imageInfo.size.height
5     let imageWith = imageInfo.size.width
6     if (type ===1) {
7       if (imageHeight >imageWith) {
8         imageHeight = imageWith
9       } else {
10        imageWith = imageHeight
11      }
12    }
13    try {
14      await this.pixelMap.crop({
15        size: { height: imageHeight * type, width: imageWith },   //裁剪尺寸
16        x: 0,                                                     //裁剪左上角 x 坐标
17        y: 0                                                      //裁剪左上角 y 坐标
18      })
19    } catch (error) {
20      console.info("nnutc", `cut error =${JSON.stringify(error)}`)
21    }
22    this.reloadImage()
23  }
```

(7) 自定义 getEffect()方法实现特效效果。

当用户点击"亮度""模糊"和"灰度"按钮后,调用该方法对图片进行特效处理。实现代码如下。

```
1   getEffect(value) {
2     let filter = effectKit.createEffect(this.pixelMap)
3     if (this.brightnessFlag) {
4       this.pixelMap = filter.brightness(value).getPixelMap()   //亮度效果
5     } else if (this.blurFlag) {
6       this.pixelMap = filter.blur(value).getPixelMap()         //模糊效果
7     } else if (this.grayscaleFlag) {
8       this.pixelMap = filter.grayscale().getPixelMap()         //灰度效果
9     }
10    this.ctx.drawImage(this.pixelMap, 0, 0, this.canvasWidth, this.canvasHeight,
   0, 0, this.canvasWidth, this.canvasHeight)
11  }
```

(8) 打开保存按钮区的功能实现。

打开保存按钮区由按水平方式布局的"打开"按钮组件、Blank 组件和"保存"按钮组件实现。当用户点击"打开"按钮时分别调用自定义的 getPsr()和 openPixMap()方法获得 PixelMap 类型对象;当用户点击"保存"按钮时,首先创建 ImagePacker 图片打包器,并调用其 packing()方法将 PixelMap 对象压缩后保存在 buffer 中,然后调用自定义的 savePhoto()方

法将 buffer 中的内容保存到图片文件中，自定义 savePhoto()方法与例 6-7 中的实现代码一样，限于篇幅，不再赘述。

```
1    Row() {
2        Button("打开").fontSize(30).type(ButtonType.Normal)
3          .onClick(async () =>{
4            this.effectsFlag = false
5            this.psr = await this.getPsr()
6            this.pixelMap = await this.openPixMap(this.psr)
7          })
8        Blank()
9        Button("保存").fontSize(30).type(ButtonType.Normal)
10         .onClick(async () =>{
11           let imgPackerApi = image.createImagePacker()
12           let packOption: image.PackingOption = {
13             format: "image/jpeg",
14             quality: 100,
15           }
16           var buffer = await imgPackerApi.packing(this.pixelMap, packOption)
17           await this.savePhoto(buffer)
18         })
19     }.width('100%').padding(10).height('5%')
```

（9）图片效果区的功能实现。

由于进行缩放、裁剪和旋转处理时用 Image 组件加载图片，进行特效处理时用 Canvas 组件加载图片，所以用条件渲染方式实现图片效果区功能。详细代码如下。

```
1    Row() {
2        Column() {
3          if (!this.effectsFlag) {
4            Image(this.pixelMap).height("100%").width("90%")
5              .objectFit(ImageFit.None)
6              .backgroundColor(Color.Black)
7          } else {
8            Canvas(this.ctx).height("100%").width("90%")
9              .onReady(async () =>{
10               this.pixelMap = await this.openPixMap(this.psr)
11               var imgInfo = await this.pixelMap.getImageInfo()
12               this.canvasWidth = imgInfo.size.width
13               this.canvasHeight = imgInfo.size.height
14               this.ctx.drawImage(this.pixelMap, 0, 0, this.canvasWidth,
     this.canvasHeight, 0, 0, this.canvasWidth, this.canvasHeight)
15             })
16         }
17       }.height('80%').width('90%').backgroundColor(Color.Black)
18       Slider({
19         value: this.cValue, min: this.min, max: this.max, step: this.step,
     style: SliderStyle.OutSet,
20         direction: Axis.Vertical
21       }).onChange((value, mode) =>{
```

```
22                this.getEffect(value)
23             }).backgroundColor(Color.Yellow).height("80%")
24        }
```

上述第 3～6 行代码表示如果当前不是对图片进行特效处理（effectsFlag 的值为 false），则页面上显示 Image 组件；否则就用第 8～16 行代码显示 Canvas 组件。第 18～24 行代码表示在图片效果显示区右侧显示滑动条，并用第 21～23 行代码为滑动条绑定了 onChange() 事件监听滑块滑动时触发的操作。

（10）图片处理操作区的功能实现。

图片处理操作区分为处理类别选择区和处理效果操作区。当用户点击处理类别选择的"缩放"按钮时，处理效果操作区显示"缩小"和"放大"按钮；当用户点击处理类别选择的"裁剪"按钮时，处理效果操作区显示"原图""正方形""4∶3"和"16∶9"按钮；当用户点击处理类别选择的"旋转"按钮时，处理效果操作区显示"顺时针"和"逆时针"按钮；当用户点击处理类别选择的"特效"按钮时，处理效果操作区显示"原图""模糊""灰度"和"亮度"按钮。为了达到这样的页面显示效果区功能，本例采用条件渲染方式实现，处理效果操作的详细代码如下。

```
1   //点击"缩放"按钮,显示"缩小"和"放大"按钮
2   if (this.scaleFlag) {
3         Row({ space: 5 }) {
4            Text("缩小")
5              .height(60).layoutWeight(1).textAlign(TextAlign.Center).fontColor(Color.Yellow)
6              .backgroundColor(Color.Blue).fontSize(25)
7              .onClick(async () =>{
8                 await this.pixelMap.scale(0.8,0.8)     //将宽和高缩小为原值的 0.8 倍
9                 this.reloadImage()
10             })
11           Text("放大")
12             //其他属性代码与第 5、6 行一样,此处略
13             .onClick(async () =>{
14                await this.pixelMap.scale(1.25, 1.25)//将宽和高放大为原值的 1.25 倍
15                this.reloadImage()
16             })
17        }.width("100%").height("5%")
18   }
19   //点击"裁剪"按钮,显示"原图""正方形""4∶3"和"16∶9"按钮
20   else if (this.cutFlag) {
21        Row({ space: 5 }) {
22           Text("原图")
23              //其他属性代码与第 5、6 行一样,此处略
24              .onClick(async () =>{
25                 this.pixelMap =await this.openPixMap(this.psr)
                                              //打开保存在 psr 中的原图
26             })
27           Text("正方形")
28              //其他属性代码与第 5、6 行一样,此处略
```

```
29          .onClick(async () =>{
30            await this.cutImage(1)         //调用 cutImage 方法以 1∶1 方式裁剪图片
31          })
32        Text("4∶3")
33          //其他属性代码与第 5、6 行一样,此处略
34          .onClick(async () =>{
35            await this.cutImage(3/ 4)      //调用 cutImage 方法以 4∶3 方式裁剪图片
36          })
37        Text("16∶9")
38          //其他属性代码与第 5、6 行一样,此处略
39          .onClick(async () =>{
40            await this.cutImage(9 / 16)    //调用 cutImage 方法以 16∶9 方式裁剪图片
41          })
42      }.width("100%").height("5%")
43    }
44    //点击"旋转"按钮,显示"顺时针"和"逆时针"按钮
45    else if (this.rotateFlag) {
46      Row({ space: 5 }) {
47        Text("顺时针")
48          //其他属性代码与第 5、6 行一样,此处略
49          .onClick(async () =>{
50            await this.pixelMap.rotate(90)    //顺时针旋转 90°
51            this.reloadImage()
52          })
53        Text("逆时针")
54          //其他属性代码与第 5、6 行一样,此处略
55          .onClick(async () =>{
56            await this.pixelMap.rotate(-90)   //逆时针旋转 90°
57            this.reloadImage()
58          })
59      }
60    }
61    //点击"特效"按钮,显示"原图""模糊""灰度"和"亮度"按钮
62    else if (this.effectsFlag) {
63      Row({ space: 5 }) {
64        Text("原图")
65          //其他属性代码与第 5、6 行一样,此处略
66          .onClick(async () =>{
67            this.pixelMap =await this.openPixMap(this.psr)
68            var imgInfo =await this.pixelMap.getImageInfo()
69            this.canvasWidth =imgInfo.size.width
70            this.canvasHeight =imgInfo.size.height
71            this.ctx.drawImage(this.pixelMap, 0, 0,this.canvasWidth, this.canvasHeight, 0,0,this.canvasWidth, this.canvasHeight)
72          })
73        Text("模糊")
74          //其他属性代码与第 5、6 行一样,此处略
75          .onClick(() =>{
76            this.blurFlag =true
77            //brightnessFlag 和 grayscaleFlag 设为 false,此处略
78            this.min =0;
79            this.max =20;
80            this.step =1
```

```
81          })
82          Text("灰度")
83            //其他属性代码与第5、6行一样,此处略
84            .onClick(() =>{
85              this.grayscaleFlag =true
86              //brightnessFlag和blurFlag设为false,此处略
87              this.getEffect(0)
88            })
89          Text("亮度")
90            //其他属性代码与第5、6行一样,此处略
91            .onClick(() =>{
92              this.brightnessFlag =true
93              // grayscaleFlag和blurFlag设为false,此处略
94              this.min =0;
95              this.max =1;
96              this.step =0.1
97            })
98        }
99    }
```

在页面底部的图片处理类别选择区中显示"缩放""裁剪""旋转"和"特效"按钮,实现代码如下。

```
1    Row({ space: 5 }) {
2        Text("缩放")
3          //其他属性代码与上述第5、6行一样,此处略
4          .onClick(() =>{
5            this.scaleFlag =true      //在处理效果操作区显示与缩放相关的按钮
6            // cutFlag、rotateFlag和effectsFlag设为false,此处略
7          })
8        Text("裁剪")
9          //其他属性代码与上述第5、6行一样,此处略
10         .onClick(() =>{
11           this.cutFlag =true        //在处理效果操作区显示与裁剪操作相关的按钮
12           // scaleFlag、rotateFlag和effectsFlag设为false,此处略
13         })
14       Text("旋转")
15         //其他属性代码与上述第5、6行一样,此处略
16         .onClick(() =>{
17           this.rotateFlag =true     //在处理效果操作区显示与旋转操作相关的按钮
18           // scaleFlag、cutFlag和effectsFlag设为false,此处略
19         })
20       Text("特效")
21         //其他属性代码与上述第5、6行一样,此处略
22         .onClick(() =>{
23           this.effectsFlag =true    //在处理效果操作区显示与特效操作相关的按钮
24           // scaleFlag、cutFlag和rotateFlag设为false,此处略
25         })
26   }.width("100%").height("5%").margin({top:16})
```

至此,图片编辑器页面的功能全部实现,在PicEditor/src/main/ets/page文件夹中创建主页面组件(Index),详细实现代码如下。

```
1   import picker from '@ohos.file.picker'
2   import image from '@ohos.multimedia.image'
3   import fs from '@ohos.file.fs'
4   import promptAction from '@ohos.promptAction'
5   import effectKit from '@ohos.effectKit'
6   @Entry
7   @Component
8   struct Index {
9     //定义变量代码
10    //自定义 getPsr()方法
11    //自定义 openPixMap()方法
12    //自定义 reloadImage()方法
13    //自定义 cutImage()方法
14    //自定义 getEffect()方法
15    build() {
16      Column() {
17        //打开保存按钮区的功能实现
18        //图片效果区的功能实现
19        //图片处理操作区的功能实现
20      }.height('100%').margin({ top: 25 })
21    }
22  }
```

小结

方舟 UI 框架既提供了 XComponent、Canvas、Video 等组件让开发者进行应用界面的设计与开发，也提供了 AVPlayer 接口、PhotoViewPicker 接口及 CanvasRenderingContext2D 对象和供开发者开发媒体播放器和绘制图形。本章从实际应用场景出发，介绍了相关组件及接口的使用方法，让读者既明白 OpenHarmony 平台中多媒体应用的开发流程，又掌握相关开发技术。

第 7 章 网络应用开发

随着移动互联网技术的发展,越来越多的移动终端设备拥有更为专业的网络性能。用户经常使用移动设备上网聊天、浏览页面及传送文件等,本章结合具体案例介绍 OpenHarmony 平台的终端设备实现数据上传、数据下载及数据浏览等功能的技术和方法。

7.1 概述

基于 OpenHarmony 平台的应用程序开发中,加载网络图片、访问服务器接口等网络请求是很常见的场景。开发者可以使用官方提供的网络数据请求、文件上传下载、Socket 网络连接等 API 实现 HTTP 访问网络、与网络实现数据交换及浏览网页等功能。

7.1.1 HTTP 访问网络

HTTP(Hyper Text Transfer Protocol,超文本传输协议)是 TCP/IP 体系中的一个应用层协议,用于定义客户端(Web 浏览器)与服务器(Web 服务器)之间交换数据的过程。即客户端连上服务器后,必须遵守一定的通信格式才能获得服务器中的某个 Web 资源,HTTP 就是要遵守的通信格式。典型的 HTTP 事务处理包括如下 4 个过程。

(1) 客户端与服务器建立连接。
(2) 客户端向服务器提出请求。
(3) 服务器接受请求,并根据请求返回相应的内容作为应答。
(4) 客户端与服务器关闭连接。

1991 年,万维网协会(World Wide Web Consortium,W3C)和互联网工程任务组(IETF)制定并发布了 HTTP 0.9 版本标准。HTTP 0.9 版本仅支持用 GET 请求方式传输 HTML(超文本标记语言)格式的字符串。随着互联网的发展,客户端通过 HTTP 传输包括文字、图像、视频和二进制文件等格式内容的需求越来越大,1996 年 5 月发布了 HTTP 1.0 版本,该版本可以传输任何格式的内容,增加了 POST、HEAD 请求方式和用于标记可能错误原因的响应状态码,引入了让 HTTP 处理请求、响应更灵活的 HTTP HEADER。通常情况下,使用 HTTP 0.9/1.0 版本进行通信时,每个 TCP 连接只能发送一个请求,一旦发送数据完毕,连接就会关闭,如果还要请求其他资源,就必须再重新建立一个新的连接,从而导致 TCP 连接的新建成本很高。为了解决 HTTP 0.9/1.0 版本建立连接和断开连接增加了网络开销的问题,1999 年推出了 HTTP 1.1 版本,该版本在支持长连接、并发连接、断点续传等性能方面做了很大的提升,增加了 OPTIONS、PUT、DELETE、TRACE 和 CONNECT 等请求方式。期间发布的 HTTPS(Hyper Text Transfer Protocol Secure,超文本传输安全协议)使用了 SSL/TLS 进行安全加密通信,确保传输过程的安全。

HTTP 访问网络时使用 GET 和 POST 方式较多。GET 方式在请求的 URL 地址后以"?参数名=值"的格式向服务器提交明文数据,多个数据之间用"&"连接,但数据容量不能超过 2KB。例如,"http://ie.nnutc.edu.cn?username=…&pwd=…"格式就属于 GET 方式访问 Web 服务器。POST 方式可以在请求的实体内容中向服务器发送数据,但这种传输方式没有数据容量限制。从它们的工作机制可以看出,GET 方式安全性非常低,POST 方式安全性就比较高,但是 GET 方式的执行效率比 POST 方式高。实际使用时,向 Web 服务器提出查询业务时一般采用 GET 方式,而进行数据的"增、删、改"业务使通常使用 POST 方式。

OpenHarmony 平台提供的"@ohos.net.http"接口模块具有 HTTP 数据请求能力,应用程序可以通过 HTTP 发起一个数据请求,支持常见的 GET、POST、OPTIONS、HEAD、PUT、DELETE、TRACE 和 CONNECT 方法。应用开发中使用该模块相关功能之前,需要先用如下代码导入"@ohos.net.http"模块。

```
1    import http from '@ohos.net.http'
```

7.1.2　Web 组件

Web 组件提供网页显示能力,利用该组件访问在线网页时需添加网络权限,其接口格式如下。

```
1    Web(options: {src: ResourceStr, controller: WebviewController})
```

src 参数用于设置网页资源地址。controller 参数用于设置控制器,通过 WebviewController 可以控制 Web 组件的各种行为,WebviewController 由"@ohos.web.webview"接口模块提供,使用前需要导入该模块;一个 WebviewController 对象只能控制一个 Web 组件,且必须在 Web 组件和 WebviewController 绑定后,才能调用 WebviewController 包含的方法(静态方法除外)。WebviewController 包含的常用方法及功能说明如下。

- static initializeWebEngine(): void:在 Web 组件初始化之前,通过此接口加载 Web 引擎的动态库文件,以提高启动性能。
- static setHttpDns(secureDnsMode: SecureDnsMode, secureDnsConfig: string): void:设置 Web 组件是否使用 HTTPDNS 解析 DNS,自 API Version 10 开始提供。secureDnsMode 参数用于设置 HTTPDNS 的模式,其值包括 OFF(表示不使用

HTTPDNS，可用于撤销之前使用的 HTTPDNS 配置）、AUTO（表示自动模式，若设定的 DNS 服务器不可用时，可自动启用系统 DNS 服务器）、SECURE_ONLY（表示强制使用设定的 HTTPDNS 进行域名解析）；secureDnsConfig 参数用于设置 HTTPDNS 服务器，必须是 HTTPS 并且只允许配置一个。

- static setWebDebuggingAccess（webDebuggingAccess：boolean）：void：设置是否启用网页调试功能。
- loadUrl（url：string | Resource，headers？：Array＜WebHeader＞）：void：加载指定的 URL。url 参数用于设置需要加载的 URL；headers 参数用于设置 URL 的附加 HTTP 请求头。

【例 7-1】 设计如图 7.1 所示的定制浏览器页面，默认打开网易首页，在输入框中输入网址后，点击"确定"按钮可以打开指定网址的页面。

图 7.1 浏览器页面效果

从如图 7.1 所示的页面效果可以看出，整个页面按 Column 方式布局，分为网址输入区和网页内容显示区。网址输入区的 TextInput 组件用于输入网址、Button 组件用于执行点击事件，它们以 Row 方式布局；网页内容显示区由 Web 组件实现。详细实现代码如下。

```
1    import web_webview from '@ohos.web.webview'
2    @Entry
3    @Component
4    struct P7_1{
5      @State urlName: string = ''            //保存输入的网址
6      @State controller: web_webview.WebviewController = new web_webview.WebviewController()
7      aboutToAppear() {
```

```
 8          web_webview.WebviewController.initializeWebEngine()
 9        }
10        build() {
11          Column() {
12            Row() {
13              TextInput({ placeholder: "请输入网址", text: this.urlName })
14                .onChange((value) =>{
15                  this.urlName =value        //获取输入框中输入的网址
16                }).fontSize(25).borderRadius(0).width("90%").height("5%")
17              Button("确定").type(ButtonType.Normal)
18                .onClick(() =>{
19                  this.controller.loadUrl(this.urlName)
20                }).fontSize(25).width("10%").height("5%")
21            }.width("100%")
22            Web({ src: "www.163.com", controller: this.controller })
23          }.width('100%').margin({ top: 30 })
24        }
25      }
```

上述第 8 行代码表示在创建 P7_1 组件的新实例后,加载 Web 引擎的动态库文件,提高启动性能。第 18~20 行代码表示点击"确定"按钮后,加载输入框中输入的网址页面。第 22 行代码表示定义 Web 组件,并将其网页资源地址设置为"www.163.com"、控制器设置为第 6 行定义的 controller。

- loadData(data：string, mimeType：string, encoding：string, baseUrl?：string, historyUrl?：string)：void：加载指定的数据。data 参数用于设置加载的数据,这些数据是按照 Base64 或者 URL 编码后的一段字符串;mimeType 参数用于设置媒体类型(MIME);encoding 参数用于设置编码类型;baseUrl 参数用于设置一个指定的 URL 路径(该路径需要遵循 HTTP、HTTPS 或 DATA 协议);historyUrl 参数用于设置用作历史记录所使用的 URL,该参数非空时,历史记录以此 URL 进行管理,但当 baseUrl 为空时,此属性无效。

例如,用下述代码代替例 7-1 的第 19 行代码,点击"确定"按钮后,浏览页面的显示效果如图 7.2 所示。

```
1    let data ="<html><head>OpenHarmony开发案例教程<title></title></head>
     <body bgcolor=\"yellow\"><h1>OpenHarmony</h1><h2>OpenHarmony</h2>
     </body></html>"
2    this.controller.loadData(data, "text/html", "UTF-8")
```

图 7.2　Web 组件加载指定数据的显示效果

- accessForward()：boolean：返回当前页面是否可前进；若可以前进，则返回 true，否则返回 false。
- forward()：void：按照历史栈前进一个页面，一般结合 accessForward()方法使用。
- accessBackward()：boolean：返回当前页面是否可后退；若可以后退，则返回 true，否则返回 false。
- backward()：void：按照历史栈后退一个页面，一般结合 accessBackward()方法使用。
- refresh()：void：刷新网页。
- clearHistory()：void：删除所有前进和后退记录。
- zoom(factor：number)：void：调整当前网页的缩放比例，同时必须确保 Web 组件的 zoomAccess 属性值为 true。factor 参数表示基于当前网页所需调整的相对缩放比例，其值需大于 0；参数值为 1 表示默认加载网页的缩放比例，参数值小于 1 为缩小比例，参数值大于 1 为放大比例。
- searchAllAsync(searchString：string)：void：异步查找网页中所有匹配关键字 searchString 的内容并高亮，结果通过 onSearchResultReceive 异步返回。
- searchNext(forward：boolean)：void：滚动到下一个匹配的查找结果并高亮。forward 参数表示滚动到匹配关键字的方向，true 表示从前向后查找，false 表示从后向前查找。
- getTitle()：string：获取当前网页的标题。
- getPageHeight()：number：获取当前网页的页面高度。
- getUrl()：string：获取当前页面的 URL 地址。
- getOriginalUrl()：string：获取当前页面的原始 URL 地址。
- getFavicon()：image.PixelMap：获取页面的 favicon 图标。
- setAudioMuted(mute：boolean)：void：设置网页静音。自 API Version 10 开始提供。
- getBackForwardEntries()：BackForwardList：获取当前 Webview 的历史信息列表。返回值为 BackForwardList 类型，该类型对象的属性及功能说明如表 7.1 所示。

表 7.1　BackForwardList 类型对象的属性及功能

名　称	类　型	说　明
currentIndex	number	当前在页面历史列表中的索引
size	number	历史列表中索引的数量，最多保存 50 条，超过时起始记录会被覆盖

【例 7-2】　在例 7-1 实现的浏览器网址输入区增加一个"工具"按钮，点击该按钮，弹出包括"后退""前进""放大""缩小""刷新""清除记录"和"查找"等按钮的工具栏；点击工具栏中的"查找"按钮，弹出包含显示查找结果、查找关键字输入框及"前一个""后一个"和"结束查找"按钮的"查找"工具栏。运行效果如图 7.3 所示。

从如图 7.3 所示的页面效果可以看出，在如图 7.1 所示的网址输入区添加一个 Button

图 7.3 含工具栏的浏览器页面效果

组件实现"工具"按钮功能;点击"工具"按钮,可以在网址输入区下方显示浏览器工具栏,浏览器工具栏由 7 个 Row 方式布局的 Button 组件实现;点击浏览器工具栏上的"查找"按钮,在浏览器工具栏下方显示查找工具栏,查找工具栏用 Text 组件显示查找结果、用 TextInput 组件输入查找关键字、用 Button 组件实现"前一个""后一个"和"结束查找"按钮。详细实现步骤如下。

(1) 定义变量。

```
1    @State webScale: number =1              //保存缩放比例
2    @State findKey: string =""              //保存查找关键字
3    @State findResultSum: number = 0        //保存查找匹配关键字的数量
4    @State findResultCurrent: number = 0    //保存当前查找匹配关键字的索引值
5    @State toolFlag: boolean = false        //保存是否显示浏览工具栏
6    @State findFlag: boolean = false        //保存是否显示查找工具栏
```

(2) "工具"按钮实现。

在例 7-1 实现代码的第 20 行下方添加如下代码,点击"工具"按钮,修改 toolFlag 变量值,若 toolFlag 的值为 true,则显示浏览器工具栏,否则不显示。实现代码如下。

```
1    Button("工具").type(ButtonType.Normal)
2        .onClick(() =>{
3            this.toolFlag =!this.toolFlag
4        }).fontSize(25).width("10%").height("5%")
```

(3) 浏览器工具栏的实现。

浏览器工具栏由 7 个 Button 组件组成,当 toolFlag 的值为 true 时,它们按 Row 方式显示在页面上,实现代码如下。

```
1   if (this.toolFlag) {
2       Row({ space: 5 }) {
3           Button("后退").type(ButtonType.Normal)
4               .onClick(() =>{
5                   this.controller.backward()         //后退一页
6               }).layoutWeight(1).fontSize(25)
7           Button("前进").type(ButtonType.Normal)
8               .onClick(() =>{
9                   this.controller.forward()          //前进一页
10              }).layoutWeight(1).fontSize(25)
11          Button("放大").type(ButtonType.Normal)
12              .onClick(() =>{
13                  this.webScale =this.webScale +0.1
14                  this.controller.zoom(this.webScale)   //放大页面
15              }).layoutWeight(1).fontSize(25)
16          Button("缩小").type(ButtonType.Normal)
17              .onClick(() =>{
18                  this.webScale =this.webScale -0.1    //缩小页面
19                  this.controller.zoom(this.webScale)
20              }).layoutWeight(1).fontSize(25)
21          Button("刷新").type(ButtonType.Normal)
22              .onClick(() =>{
23                  this.controller.refresh()          //刷新页面
24              }).layoutWeight(1).fontSize(25)
25          Button("清除记录").type(ButtonType.Normal)
26              .onClick(() =>{
27                  this.controller.clearHistory()     //清空历史记录
28              }).layoutWeight(1).fontSize(25)
29          Button("查找").type(ButtonType.Normal)
30              .onClick(() =>{
31                  this.findFlag =true                //显示查找工具栏
32              }).layoutWeight(1).fontSize(25)
33      }.width("100%").margin({ top: 5 })
34  }
```

(4) 查找工具栏的实现。

当 findFlag 的值为 true 时,查找工具栏上的 Text、TextInput 和三个 Button 组件按 Row 方式显示在页面上,当用户在输入框中输入查找关键字时,会调用 searchAllAsync()方法在页面上查找匹配内容,并将匹配关键字的数量显示在 Text 组件上,详细实现代码如下。

```
1   if (this.findFlag) {
2       Row({ space: 5 }) {
3           Text(`${this.findResultCurrent}/${this.findResultSum}匹配项`).width("10%")
4           TextInput({ placeholder: "请输入查找内容" }).width("10%")
5               .onChange((value) =>{
6                   this.findKey =value
7                   this.controller.searchAllAsync(this.findKey)    //查找匹配内容
8               }).width("10%").borderRadius(0).fontSize(25)
9           Button("前一个").type(ButtonType.Normal)
```

```
10          .onClick(() =>{
11            this.controller.searchNext(false)    //向前查找匹配内容
12            this.findResultCurrent =this.findResultCurrent -1
13          }).width("10%").fontSize(25)
14          Button("后一个").type(ButtonType.Normal)
15          .onClick(() =>{
16            this.controller.searchNext(true)     //向后查找匹配内容
17            this.findResultCurrent =this.findResultCurrent +1
18          }).width("10%").fontSize(25)
19          Button("结束查找").type(ButtonType.Normal)
20          .onClick(() =>{
21            this.findFlag =false                 //不显示查找工具栏
22          }).width("10%").fontSize(25)
23        }.width("100%").justifyContent(FlexAlign.End).margin({ top: 5 })
24      }
25      Web({ src: "www.163.com", controller: this.controller }).zoomAccess(true)
26        .onSearchResultReceive((ret) =>{
27          if (ret) {
28            this.findResultCurrent =ret.activeMatchOrdinal
                                                  //当前匹配的查找项的序号(从 0 开始)
29            this.findResultSum =ret.numberOfMatches
                                                  //所有匹配的关键字数量
30          }
31        })
```

上述第 25~31 行代码表示给 Web 组件绑定 onSearchResultReceive 监听事件,用于回调通知调用方网页内查找的结果。

为了满足各种应用开发场景的需要,Web 组件除支持部分通用属性和通用事件外,还支持如表 7.2 所示方法设置属性及如表 7.3 所示事件执行回调。

表 7.2 Web 组件的常用方法及功能

方 法 名	功 能 说 明
domStorageAccess(dSAccess: boolean)	设置是否开启文档对象模型存储接口(DOM Storage API)权限,默认未开启
fileAccess(fAccess: boolean)	设置是否开启应用中文件系统的访问,默认启用
imageAccess(imgAccess: boolean)	设置是否允许自动加载图片资源,默认允许
onlineImageAccess(olAccess: boolean)	设置是否允许从网络加载图片资源,默认允许访问
zoomAccess(zAccess: boolean)	设置是否支持手势进行缩放,默认允许执行缩放
databaseAccess(dbAccess: boolean)	设置是否开启数据库存储 API 权限,默认不开启
geolocationAccess(geoAccess: boolean)	设置是否开启获取地理位置权限,默认开启
mediaPlayGestureAccess(access: boolean)	设置有声视频播放是需要用户手动点击,默认需要;静音播放不受限
horizontalScrollBarAccess(hScrollBar: boolean)	设置是否显示横向滚动条,默认显示
verticalScrollBarAccess(vScrollBar: boolean)	设置是否显示纵向滚动条,默认显示
textZoomRatio(tZRatio: number)	设置页面的文本缩放百分比,取值为正整数,默认为 100

续表

方 法 名	功 能 说 明
initialScale(percent：number)	设置整体页面的缩放百分比，默认为100
blockNetwork(block：boolean)	设置 Web 组件是否阻止从网络加载资源，默认不阻止

表7.3　Web 组件的常用事件及功能

事 件 名	功 能 说 明
onPageBegin(callback：(event?：{url：string})=>void)	网页开始加载时触发该回调，url 参数表示页面的 URL 地址
onPageEnd(callback：(event?：{url：string})=>void)	网页加载完成时触发该回调，url 参数表示页面的 URL 地址
onProgressChange(callback：(event?：{newProgress：number})=>void)	网页加载进度变化时触发该回调，newProgress 参数表示新的加载进度(0~100)
onTitleReceive(callback：(event?：{title：string})=>void)	网页 document 标题更改时触发该回调，title 参数表示 document 标题内容
onScaleChange(callback：(event：{oldScale：number，newScale：number})=>void)	当前页面显示比例变化时触发该回调，oldScale 参数表示变化前的显示比例百分比，newScale 参数表示变化后的显示比例百分比
onScroll(callback：(event：{x：number，y：number})=>void)	通知网页滚动条滚动位置，参数(x,y)表示以网页最左上端为基准，水平滚动条和垂直滚动条滚动所在位置
onSearchResultReceive(callback：(event?：{index：number，matchsNum：number，isDone：boolean})=>void)：WebAttribute	回调通知调用方网页内查找的结果，参数 index 表示当前匹配的查找项的序号(从 0 开始)，参数 matchsNum 参数表示所有匹配到的关键词的个数，isDone 参数表示当次页内查找操作是否结束
onAudioStateChanged(callback：(event：{playing：boolean})=>void)	设置网页上的音频播放状态发生改变时的回调函数，参数 playing 表示当前页面的音频播放状态(true 表示正在播放，false 表示未播放)，自 API Version 10 开始提供

【例7-3】　在例 7-2 实现的浏览器网址输入区上方显示当前浏览网页的标题，在浏览器网址输入区下方显示当前浏览网页加载的进度条，在浏览器网址输入区显示当前页面的 URL 地址。运行效果如图 7.4 所示。

从如图 7.4 所示的页面效果可以看出，在如图 7.1 所示的网址输入区上方添加一个 Text 组件，用于显示当前浏览网页的标题；在网址输入区下方添加一个 Progress 组件，用于显示当前浏览网页加载的进度。详细实现步骤如下。

（1）定义变量。

```
1    @State message:string =""          //保存当前浏览网页的标题
2    @State loadValue:number = 0        //保存当前浏览网页加载的进度
```

（2）功能实现。

在例 7-1 实现代码的第 12 行下方添加如下代码，显示当前浏览网页的标题。

图 7.4 包含工具栏的浏览器页面效果

```
1   Text(this.message).fontSize(25).width("100%").height("5%").
    backgroundColor(Color.Gray).padding(5)
```

将例 7-1 实现代码的第 13～16 行用以下代码替换,显示当前浏览网页加载的进度。

```
1   Column(){
2       TextInput({ placeholder: "请输入网址", text: this.urlName })
3           .onChange((value) =>{
4               this.urlName =value
5           }).fontSize(25).borderRadius(0).width("80%").height("5%")
6       Progress({value:this.loadValue}).width("80%")       //设置当前进度值
    //为 loadValue
7   }
```

当网页开始加载时触发 onPageBegin()回调,将当前页面的标题显示在网址输入框上方的 Text 组件上;当网页加载进度发生变化时触发 onProgressChange()回调,将当前加载进度作为 Progress 组件的 value 属性值;当网页加载完成时触发 onPageEnd()回调,将当前页面的 URL 地址显示在 TextInput 组件上。给 Web 组件分别绑定 onPageBegin()、onProgressChange()和 onPageEnd()回调事件可以实现上述功能,即将例 7-1 实现代码的第 22 行用以下代码替换。

```
1   Web({ src: "www.163.com", controller: this.controller })
2       .onPageBegin((event)=>{
3           this.message ="定制浏览器--"+this.controller.getTitle()   //获得
    //当前网页的标题
4       })
5       .onPageEnd((event)=>{
```

```
6                this.urlName=event.url     //将回调返回的URL地址显示在网址输入框
7            })
8            .onProgressChange((value) =>{
9                this.loadValue = value.newProgress       //将回调返回的进度作为
  Progress组件的进度值
10       })
```

由于应用需要访问网络，所以需要打开项目文件夹中的 module.json5 文件，并在 module 配置项中用 requestPermissions 属性配置项添加网络访问权限（ohos.permission. INTERNET）。

7.2　股票行情查询工具的设计与实现

随着股票市场的日益壮大，越来越多的人将买卖股票作为投资理财的一种方式。为了及时了解股票的涨跌趋势，人们使用随身携带的移动终端设备查阅股票行情已经成为一种常态。本节利用 ArkTS 框架提供的数据请求接口设计并实现一个能够在线查询上证指数、深证成指、北证 50、创业板指、科创 50、沪深 300、上证 50、中证 500 等指数及指定股票最新报价、涨幅、涨跌等数据的股票行情查询工具。

7.2.1　数据请求接口

ArkTS 开发框架提供的"@ohos.net.http"模块接口可以实现 HTTP 访问网络，在导入该模块接口的 http 包，并创建 HttpRequest 对象后，就可以发出 HTTP 数据请求。

1. 创建 HTTP 请求

createHttp()：HttpRequest：创建一个 HTTP 请求，返回 HttpRequest 类型对象，它里面包含发起请求（request）、中断请求（destroy）、订阅（on）/取消（off）订阅 HTTP 响应头（HTTP Response Header）事件。

每一个 HttpRequest 对象只能对应一个 HTTP 请求，如果需要发起多个 HTTP 请求，必须为每个 HTTP 请求创建对应的 HttpRequest 对象。在调用 HttpRequest 对象方法发起请求、中断请求、订阅/取消订阅 HTTP 响应头事件前，需要先使用下列代码创建 HttpRequest 对象。

```
1    import http from '@ohos.net.http'        //导入http包
2    var httpRequest =http.createHttp()       //创建HttpRequest对象
```

2. 发起 HTTP 网络请求

（1）request(url：string，callback：AsyncCallback＜HttpResponse＞)：void：根据 url 发起 HTTP 网络请求，使用 callback 方式异步返回结果。url 参数表示发起 HTTP 网络请求的 URL 地址；callback 参数表示执行网络请求后的回调函数，该回调函数的返回值为 HttpResponse 类型。HttpResponse 类型对象的参数及功能说明如表 7.4 所示。

表 7.4　HttpResponse 类型对象的参数及功能

参 数 名	类　　型	功 能 说 明
result	string | ArrayBuffer	返回 HTTP 请求的响应内容
resultType	HttpDataType	返回返回值类型,包括 STRING(0,字符串类型)、OBJECT(1,对象类型)和 ARRAY BUFFER(2,二进制数组类型)
responseCode	ResponseCode | number	返回 HTTP 请求的响应码。若回调函数执行成功,此值为 responseCode;若执行失败,此值由 err 字段返回错误码。常见的 responseCode 响应码包括 OK(200,请求成功)、CREATED(201,成功请求并创建了新的资源)、ACCEPT(202,已接受请求,但未处理完成)、NO_CONTENT(204,成功处理,但未返回内容)、BAD_REQUEST(400,客户端请求的语法错误)、UNAUTHORIZED(401,请求要求用户的身份认证)、FORBIDDEN(403,理解请求,但拒绝执行此请求)、NOT_FOUND(404,无法根据客户端的请求找到资源)、CLIENT_TIMEOUT(408,请求时间过长,超时)、GONE(410,客户端请求的资源已经不存在)
header	Object	返回 HTTP 请求响应头,响应头为 JSON 格式字符串,具体内容需要开发者根据情况自行解析
cookies	string	返回 cookies

【例 7-4】 设计如图 7.5 所示页面,在输入框中输入网址后,点击"访问"按钮,将 HTTP 连接返回的内容显示在页面上。

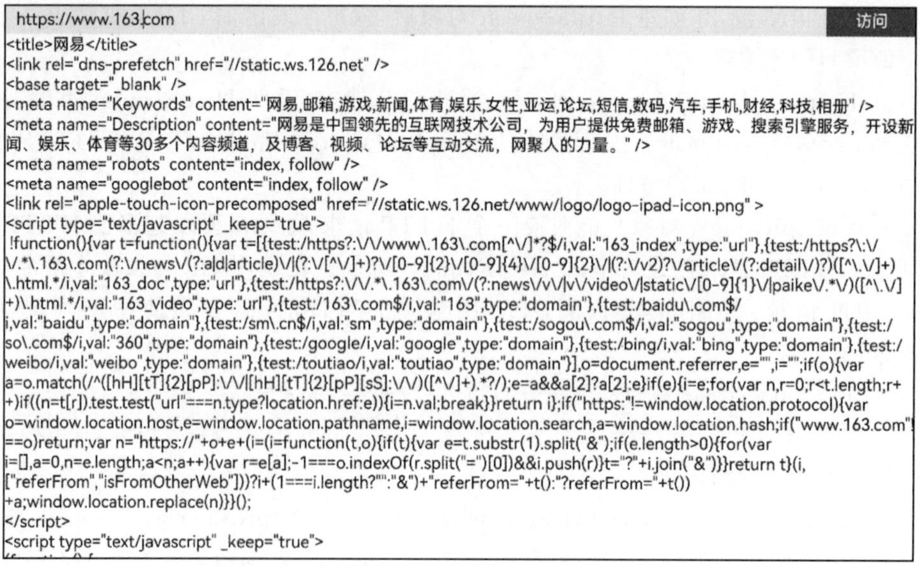

图 7.5　HTTP 网络请求返回 HTML 格式数据

从如图 7.5 所示的页面效果可以看出,整个页面按 Column 方式布局,分为网址输入区和 HTTP 连接返回内容显示区。网址输入区的 TextInput 组件用于输入网址、Button 组件用于执行点击事件,它们以 Row 方式布局;网页内容显示区由 Scroll 和 Text 组件实现。详细实现代码如下。

```
1   import http from '@ohos.net.http'
2   @Entry
3   @Component
4   struct P7_4{
5     @State message: string =''
6     @State urlName: string ='https://www.nnutc.edu.cn'
7     build() {
8       Column() {
9         Row() {
10          TextInput({ text: this.urlName }).width("90%").height("5%").borderRadius(0).fontSize(25)
11            .onChange((value) =>{
12              this.urlName =value
13            })
14          Button("访问").type(ButtonType.Normal).width("10%").height("5%").fontSize(25)
15            .onClick(() =>{
16              let httpRequest =http.createHttp()
17              httpRequest.request(this.urlName, (err, data) =>{
18                if (!err) {
19                  this.message =data.result.toString()
20                } else {
21                  this.message = `访问出错:${JSON.stringify(err)}`
22                }
23              })
24            })
25        }
26        Scroll() {
27          Text(this.message).fontSize(25)
28        }
29      }.width('100%').margin({ top: 30 })
30    }
31  }
```

上述第17~23行代码表示向输入的网址发出 HTTP 请求,并执行回调函数,如果请求成功,将 HTTP 请求的响应内容赋值给 message 变量,并在 Text 组件上显示;如果请求失败,将 HTTP 请求失败的错误信息赋值给 message 变量,并在 Text 组件上显示。

(2) request(url: string, options?: HttpRequestOptions): Promise<HttpResponse>: 根据 url 地址发起 HTTP 网络请求,使用 Promise 方式异步返回结果。url 参数表示发起 HTTP 网络请求的 URL 地址;options 参数表示请求配置项,请求配置项为 HttpRequestOptions 类型,该类型对象的参数及功能说明如表7.5所示。

表 7.5 HttpRequestOptions 类型对象的参数及功能

参 数 名	类 型	功 能 说 明
method	RequestMethod	设置请求方式,其值包括 OPTIONS、GET(默认值)、POST、HEAD、PUT、DELETE、TRACE 和 CONNECT

续表

参 数 名	类 型	功 能 说 明
extraData	string｜Object｜ArrayBuffer	设置发送请求的额外数据
expectDataType	HttpDataType	设置返回数据的类型
usingCache	boolean	设置是否使用缓存，其值包括 true（默认）、false
priority	number	设置 http/https 请求并发优先级（取值范围为[1,1000]，默认为1），值越大优先级越高
header	Object	设置 HTTP 请求头字段。默认为{"Content-Type"："application/json"}
readTimeout	number	设置读取超时时间，单位为毫秒（ms），默认为 60 000ms
connectTimeout	number	设置连接超时时间，单位为毫秒（ms），默认为 60 000ms
usingProtocol	HttpProtocol	设置使用协议，其值包括 HTTP1_1（http1.1）、HTTP2（http2）和 HTTP3（http3，自 API Version 11 开始提供）

如果在例 7-4 实现的页面输入框中输入"https://www.163.com"网址，点击"访问"按钮，则显示如图 7.5 所示的 HTML 格式数据，这种格式的数据在应用开发中很少使用，如果输入"https://qianming.sinaapp.com/index.php/AndroidApi10/index/cid/qutu/lastId/"网址，则显示如图 7.6 所示的 JSON 格式数据，这种格式的数据在应用开发中经常使用，但是都需要对数据解析后才能应用到开发场景中。

图 7.6　HTTP 网络请求返回 JSON 格式数据

【例 7-5】　解析如图 7.6 所示的 JSON 格式数据，并将标题（title）按如图 7.7 所示的列表方式显示在页面上；点击每个列表项，将该列表项对应的配图（pic）、标题（title）、用户名（uname）和用户编号（uid）等信息按如图 7.8 所示格式显示在页面上。

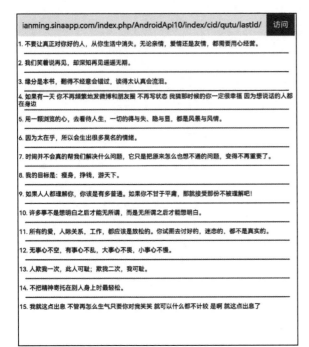

图 7.7　解析 JSON 格式数据效果（1）　　　图 7.8　解析 JSON 格式数据效果（2）

一般情况下，JSON 格式数据都是由多个属性域和子属性域组成的，如图 7.6 所示的 JSON 格式数据包含"totalRow"和"rows"两个属性域，其中，"rows"属性域对应的值包含多个数组元素，每个数组元素由如表 7.6 所示的多个子属性域组成。

表 7.6　子属性域及功能说明

属　性　名	说　　　明	属　性　名	说　　　明
id	编号	title	标题
pic	配图 url	cate_id	类别代码
pic_h	图片高度	pic_w	图片宽度
uname	用户名	uid	用户编号

本例实现时需要创建两个页面，一个页面用于输入网址和显示 HTTP 请求返回的数据列表，另一个页面用于展现对应数据列表项的配图、标题、用户名及用户编号等信息。在项目的"entry/src/main/ets/pages"文件夹下面分别创建名为"p7_5.ets"和"DetailInfo.ets"的页面，"p7_5.ets"用于输入网址和显示列表项；"DetailInfo.ets"用于显示对应列表项的配图、标题、用户名及用户编号。p7_5.ets 页面的详细代码如下。

```
1    struct P7_5{
2      @State infos: any = []        //保存 HTTP 请求返回内容经 JSON 格式数据解析后的结果
3      @State urlName: string = ''
4      build() {
5        Column() {
```

```
6          Row() {
7              //网址输入框代码与例7-4实现的第10~13行代码一样,此处略
8              Button("访问").type(ButtonType.Normal).width("10%").height("5%").fontSize(25)
9                  .onClick(async () => {
10                     let httpRequest = http.createHttp()
11                     let promise = await httpRequest.request(this.urlName)
12                     this.infos = JSON.parse(promise.result.toString())
13                 })
14         }
15         List({ space: 10, initialIndex: 0 }) {
16             ForEach(this.infos.rows, (item, index) => {
17                 ListItem() {
18                     Text(`${index +1}. ${item.title}`).fontSize(20).width('100%').height(50)
19                         .onClick(() => {
20                             router.pushUrl({ url: "pages/DetailInfo", params: this.infos.rows[index] })
21                         })
22                 }
23             })
24         }.scrollBar(BarState.On)          //按需显示滚动条
25         .divider({ strokeWidth: 2, color: Color.Blue, startMargin: 20, endMargin: 20 })
26     }.width('100%').margin({ top: 30 }).height("100%").padding(5)
27   }
28 }
```

上述第11行代码表示调用httpRequest.request()方法发出HTTP请求,并以promise方式返回请求结果;第12行代码表示将返回请求结果经JSON格式数据解析后存储到infos数组中,该数组元素包含如表7.5所示数据属性;第16~23行代码表示以循环渲染方式将infos.rows数组中每个元素的title属性值(标题)作为列表项内容显示在页面上,其中,第20行代码表示点击列表项后,跳转到DetailInfo.ets页面,并将infos.rows数组中对应的元素传递给该页面,DetailInfo.ets页面的详细代码如下。

```
1    struct DetailInfo {
2      @State detail: any = router.getParams()
3      build() {
4        Column({space:2}) {
5          Text(this.detail.title).fontSize(25)         //标题
6          Image(this.detail.pic).width(this.detail.pic_w).height(this.detail.pic_h)
                                                         //图片
7          Text(`By ${this.detail.uname}@${this.detail.uid}`).fontSize(20)
                                                         //用户名及用户编号
8        }.height("100%").width('100%').justifyContent(FlexAlign.Center)
9      }
10   }
```

上述第2行代码的detail是由p7_5.ets页面传递的实参;第5行代码表示将detail的title属性值(标题)显示在Text组件上;第6行代码表示将detail的pic属性值(图片来源)显示在Image组件上,并将pic_w和pic_h属性值设置为Image组件的宽度和高度;第7行

代码表示将 detail 的 uname(用户名)和 uid 属性值(用户编号)显示在 Text 组件上。

(3) request(url: string, options: HttpRequestOptions, callback: AsyncCallback<HttpResponse>):void:根据 url 和相关配置项发起 HTTP 网络请求,使用 callback 方式异步返回结果。

【例 7-6】 设计如图 7.9 所示天气预报页面,在城市输入框中输入城市名称,点击"查天气"按钮,将当天及未来两天的天气信息显示在页面对应位置。

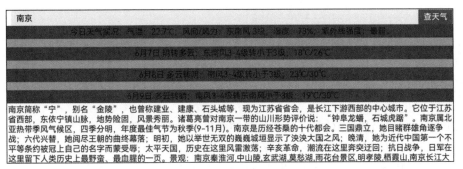

图 7.9 天气预报页面

本例开发中使用了天气预报永久免费的 Web 服务网站 http://ws.webxml.com.cn/WebServices/WeatherWebService.asmx,该网站提供的 getWeatherbyCityName()方法可以根据城市或地区名称查询获得未来三天内天气情况、现在的天气实况、天气和生活指数等。getWeatherbyCityName()方法传入 theCityName(城市或地区名称)参数后,可以返回如图 7.10 所示的 XML 格式数据。

```
▼<ArrayOfString xmlns:xsi="http://www.w3.org/2001/XMLSchema-instance" xmlns:xsd="http://www.w3.org/2001/XMLSchema"
 xmlns="http://WebXml.com.cn/">
   <string>江苏</string>
   <string>南京</string>
   <string>58238</string>
   <string>58238.jpg</string>
   <string>2024/6/7 9:33:31</string>
   <string>18℃/26℃</string>
   <string>6月7日 阴转多云</string>
   <string>东南风3-4级转小于3级</string>
   <string>2.gif</string>
   <string>1.gif</string>
   <string>今日天气实况：气温：22.7℃；风向/风力：东南风 3级；湿度：73%；紫外线强度：最弱。</string>
 ▼<string>
     感冒指数：少发，无明显降温，感冒机率较低。 运动指数：较适宜，风力稍强，推荐您进行室内运动。 过敏指数：不易发，除特殊体质，无需担心过敏问题。 穿衣指数：舒适，建议穿长袖衬衫单裤等服装。 洗车指数：较不宜，风力较大，洗车后会蒙上灰尘。 紫外线指数：最弱，辐射弱，涂擦SPF8-12防晒护肤品。
   </string>
   <string>23℃/30℃</string>
   <string>6月8日 多云转阴</string>
   <string>南风3-4级转小于3级</string>
   <string>1.gif</string>
   <string>2.gif</string>
   <string>19℃/30℃</string>
   <string>6月9日 多云转晴</string>
   <string>南风3-4级转东南风小于3级</string>
   <string>1.gif</string>
   <string>0.gif</string>
 ▼<string>
     南京简称"宁"，别名"金陵"，也曾称建业、建康、石头城等，现为江苏省省会，是长江下游西部的中心城市。它位于江苏省西部，东依宁镇山脉，地势险固，风景秀丽。诸葛亮曾对南京一带的山川形势评价说："钟阜龙蟠，石城虎踞"。南京属北亚热带季风气候区，四季分明，年度最佳气节为秋季(9-11月)。南京是历经苍桑的十代都会。三国鼎立，她目睹群雄角逐争战；六代兴替，她阅尽王朝的曲终幕落；明初，她以举世无双的巍巍城垣显示了泱泱大国之风；晚清，她为近代中国第一个不平等条约被冠上自己的名字而蒙受辱；太平天国，历史在这里风雷激荡；辛亥革命，潮流在这里奔突迂回；抗日战争，日军在这里留下人类历史上最野蛮、最血腥的一页。景观：南京秦淮河,中山陵,玄武湖,莫愁湖,雨花台景区,明孝陵,栖霞山,南京长江大桥。南京是中国的历史文化名城之一，文化古迹比较集中，有新石器时代古文化遗址多处，有三国东吴所筑石头城遗址、南京帝王的陵墓、明代朱元璋的陵墓（明孝陵等）。名胜游览地也很多，主要有中山陵、玄武湖、灵谷寺、秦淮河和栖霞山等。革命纪念地有梅园新村、雨花台等。钟山风景区为国家第一批国家重点风景名胜区，位于南京东北郊，以钟山和玄武湖为中心，是来南京旅游的旅游者的必游之地。这一带主要景观包括中山陵、明孝陵、孙权墓和灵谷寺等。南京山、水、城、林相映成趣，景色壮丽秀美，是中国著名的风景旅游城市。
   </string>
 </ArrayOfString>
```

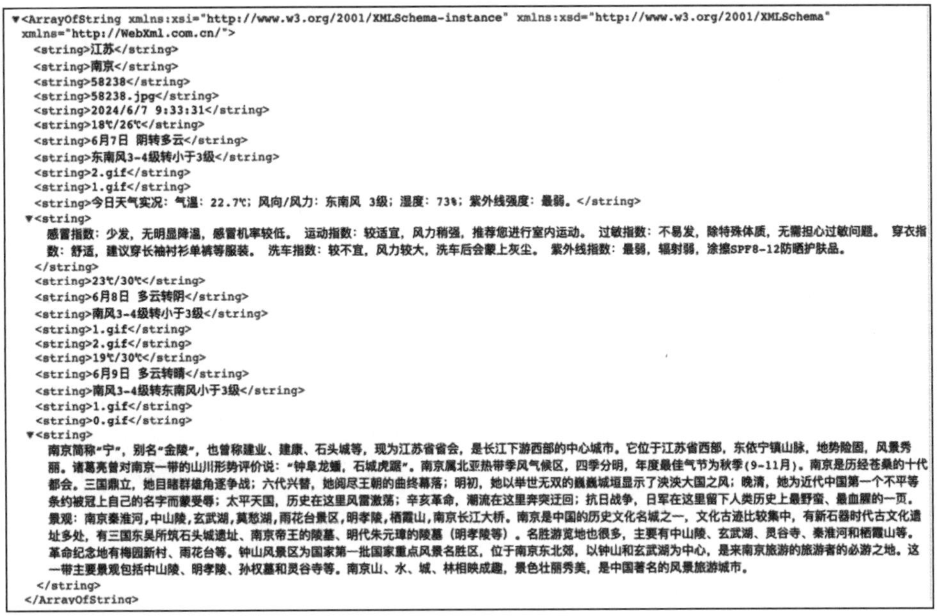

图 7.10 返回的 XML 格式数据

按照如图7.9所示效果,该页面包含1个用于输入网址的TextInput组件、1个用于"查天气"按钮的Button组件及5个分别显示今日天气状况、未来三天天气信息和当前城市或地区介绍的Text组件。详细实现步骤如下。

① 自定义获取当前事件元素内容方法。

根据标签事件类型及ParseInfo对应属性内容进行XML事件类型解析,如果当前事件元素的属性内容非空,则将其内容添加到数组列表中,实现代码如下。

```
1   let info =new ArrayList<string>()
2   function tokenFunc(name: xml.EventType, value: xml.ParseInfo): boolean {
3     if (value.getText().trim().length!=0) {
4       info.add(value.getText())
5     }
6     return true
7   }
```

上述第6行代码如果返回true,表示继续解析,否则停止解析。

② 自定义解析XML格式数据的方法。

首先对XML格式数据编码后调用xml.XmlPullParser()方法构建XmlPullParser类型对象,然后设置解析选项并调用parse()方法对XML格式数据进行解析,实现代码如下。

```
1   function parseXml(xmlContent:string){
2     let textEncoder: util.TextEncoder =new util.TextEncoder()
3     let arrayBuffer: Uint8Array =textEncoder.encodeInto(xmlContent)
4     let xmlParser: xml.XmlPullParser = new xml.XmlPullParser (arrayBuffer.
    buffer as object as ArrayBuffer, "UTF-8")
5     let parseOptions: xml.ParseOptions ={
6       supportDoctype: true,              //是否忽略文档类型,默认为false
7       ignoreNameSpace: true,             //是否忽略命名空间,默认为false
8       tokenValueCallbackFunction: tokenFunc   //按照tokenFunc函数进行XML事件
    //类型解析
9     }
10    xmlParser.parse(parseOptions)
11  }
```

XML模块提供XmlPullParser类对XML文件解析,输入为含有XML文本的ArrayBuffer或DataView,输出为解析获得的信息。

③ 定义变量。

```
1   webUrl: string = 'http://ws.webxml.com.cn/WebServices/WeatherWebService.
    asmx/getWeatherbyCityName'
2   @State cityName: string ='南京'      //保存查天气的城市或地区名称
3   @State detail: string =''            //保存今日天气状况
4   @State toDay: string =''             //保存未来三天的第一天气情况
5   @State nextDay: string =''           //保存未来三天的第二天气情况
6   @State afterDay: string =''          //保存未来三天的第三天气情况
7   @State cityInfo: string =''          //保存城市或地区的介绍
```

④ 天气预报页面的功能实现。

在输入框中输入网址并点击"查天气"按钮后,首先创建HTTP连接,然后发起HTTP

网络请求、调用自定义的parseXml()方法解析XML格式数据,最后按照如图7.9所示的页面样式将数据显示在对应位置。详细实现代码如下。

```
1    //自定义获取当前事件元素内容tokenFunc回调方法
2    //自定义解析XML格式数据的parseXml方法
3    struct P7_6{
4      //定义变量
5      build() {
6        Column() {
7          Row() {
8            TextInput({ text: this.cityName }).height("5%").width("90%").borderRadius(0).fontSize(25)
9              .onChange((value) =>{
10               this.cityName =value
11             })
12           Button("查天气").height("5%").borderRadius(0).fontSize(25).type(ButtonType.Normal)
13             .onClick(() =>{
14               info.clear()                              //将保存解析结果的数组列表清空
15               let httpRequest =http.createHttp()        //创建HTTP连接
16               let httpRequestOptions: http.HttpRequestOptions ={
17                 method: http.RequestMethod.GET,         //GET方式发出请求
18                 connectTimeout: 60000,
19                 readTimeout: 60000,
20                 extraData: { "theCityName": this.cityName}
21               }
22               httpRequest.request(this.webUrl, httpRequestOptions, (err, data) =>{
23                 if (!err) {
24                   parseXml(data.result.toString()) //解析XML格式数据
25                   this.detail =info[10]
26                   this.toDay =`${info[6]},${info[7]}`
27                   this.nextDay =`${info[13]},${info[14]},${info[12]}`
28                   this.afterDay =`${info[18]},${info[19]},${info[17]}`
29                   this.cityInfo =info[22]
30                 } else {
31                   this.detail =`访问出错:${JSON.stringify(err)}`
32                 }
33               })
34             })
35         }
36         Column( {space:25}) {
37           Text(this.detail).width("100%")
38             .fontSize(25).textAlign(TextAlign.Center).backgroundColor(Color.Green).padding(5)
39           Text(this.toDay).width("100%")       //属性设置与第38行代码一样,此处略
40           Text(this.nextDay).width("100%")     //属性设置与第38行代码一样,此处略
41           Text(this.afterDay).width("100%")    //属性设置与第38行代码一样,此处略
42         }.backgroundColor(Color.Orange)
43         Scroll() {
44           Text(this.cityInfo).width("100%").fontSize(25).padding(5)
45         }.height("20%")
46       }.width('100%').margin({ top: 30 })
47     }
48   }
```

上述第 16～21 行代码表示定义网络请求配置项,其中,第 20 行代码表示设置发送请求的额外数据,该额外数据由键值对("theCityName":this.cityName)构成。第 36～45 行代码表示将解析后的数据显示在对应的 Text 组件上。

(4) destroy():中断请求任务。

(5) on(type:'headersReceive', callback:AsyncCallback＜Object＞):void:订阅 HTTP Response Header 事件。type 参数表示订阅的事件类型,当前仅支持"headersReceive";callback 参数为 AsyncCallback＜Object＞类型,表示订阅 HTTP Response Header 事件后的回调函数。

(6) off(type:'headesrReceive', callback?:AsyncCallback＜Object＞):void:取消订阅 HTTP Response Header 事件。type 参数表示取消订阅的事件类型,当前仅支持"headersReceive";callback 参数为 AsyncCallback＜Object＞类型,表示取消订阅事件后的回调函数。

7.2.2 Swiper 组件

Swiper(滑块视图容器)组件用于容器内子组件滑动轮播显示,其接口格式如下。

```
1  Swiper(controller?: SwiperController)
```

controller 参数用于设置 Swiper 组件的控制器,实现容器内子组件的翻页功能。SwiperController 类型对象提供了如表 7.7 所示的方法实现翻页控制功能。

表 7.7 SwiperController 类型方法及功能

方 法 名	功 能 说 明
showNext():void	翻至下一页;若有切换动效,则由 duration 控制时长
showPrevious():void	翻至上一页;若有切换动效,则由 duration 控制时长
finishAnimation(callback?:() => void):void	停止播放动画;callback 表示动画结束的回调

为了满足各种应用开发场景的需要,该组件除支持通用属性和通用事件外,还支持如表 7.8 所示的属性和如表 7.9 所示的事件。

表 7.8 Swiper 组件属性及功能

属 性 名	类 型	功 能 说 明
index	number	设置当前在容器中显示的子组件索引值,默认值为 0
autoPlay	boolean	设置子组件是否自动播放,属性值包括 false(默认值,不自动)和 true
interval	number	设置使用自动播放时播放的时间间隔,单位为毫秒(ms),默认值为 3000
indicator	boolean|DotIndicator|DigitIndicator	设置可选导航点指示器样式;boolean 类型表示是否启用导航点指示器(默认值为 true),DotIndicator 表示圆点指示器样式(默认类型),DigitIndicator 表示数字指示器样式;后两种类型自 API Version 10 起开始提供

续表

属性名	类型	功能说明
digital	boolean	设置是否启用数字导航点，属性值包括 false(默认值，不启用)和 true，必须设置 indicator 才能生效数字导航点
loop	boolean	设置是否开启循环轮播，属性值包括 true(默认值，开启)和 false
duration	number	设置子组件切换的动画时长，单位为毫秒(ms)，默认值为 400
vertical	boolean	设置是否为纵向轮播，属性值包括 false(默认值，否)和 true
itemSpace	number|string	设置子组件间的间隙，默认值为 0；number 类型时默认单位为 vp，string 类型时默认单位为 px
cachedCount	number	设置预加载子组件个数，默认值为 1
disableSwipe	boolean	设置是否禁用组件滑动切换功能，属性值包括 false(默认值，否)和 true
displayCount	number|string|SwiperAutoFill	设置一页内子组件显示个数，string 类型仅支持"auto"
nextMargin	Length	设置后边距(表示露出后一项的一小部分)，默认值为 0
preMargin	Length	设置前边距(表示露出前一项的一小部分)，默认值为 0
displayMode	SwiperDisplayMode	设置主轴方向元素排列的模式，属性值包括 Stretch(默认值，表示滑动一页的宽度为 Swiper 组件自身的宽度)、AUTO_LINEAR(表示滑动一页的宽度为视窗内最左侧子组件的宽度)，自 API Version 10 起开始提供

表 7.9 Swiper 组件事件及功能

事件名	功能说明
onChange(event: (index: number) => void)	当前显示的子组件索引变化时触发该回调事件，回调返回的 index 表示当前显示的子组件索引值
onAnimationStart(event: (index: number, targetIndex: number, extraInfo: SwiperAnimationEvent) => void)	切换动画开始时触发该回调事件，回调返回的 index 表示当前显示元素的索引、targetIndex 表示切换动画目标元素的索引、extraInfo 表示动画相关信息
onAnimationEnd(event: (index: number, extraInfo: SwiperAnimationEvent) => void)	切换动画结束时触发该回调事件，回调返回的 index 表示当前显示元素的索引、extraInfo 表示动画相关信息
onGestureSwipe(event: (index: number, extraInfo: SwiperAnimationEvent) => void)	在页面跟手滑动过程中，逐帧触发该回调事件，回调返回的 index 表示当前显示元素的索引、extraInfo 表示动画相关信息

【例 7-7】 设计如图 7.11 所示的图片展示页面，分别点击"向前""向后"按钮，页面上方显示的图片及图片信息会随之向前、向后翻页；水平滑动页面底部的预览图片或点击图片，页面上方显示的图片及图片信息也会随之改变。

从如图 7.11 所示的页面效果可以看出，整个页面按 Column 方式布局，依次由 Text 组件显示"北京冬奥会精彩瞬间"、Image 组件显示图片、Text 组件显示图片对应说明信息、由

图 7.11 图片展示页面

Row 方式布局的 Button 组件显示"向前"和"向后"按钮、Swiper 组件显示可滑动图片,详细实现步骤如下。

(1) 定义变量。

```
1    @State message: string = '北京冬奥会精彩瞬间'
2    photos: Array<Resource>=[$r('app.media.sport1'),$r('app.media.sport2'),
     $r('app.media.sport3'),$r('app.media.sport4'),$r('app.media.sport7'),$r
     ('app.media.sport8'),$r('app.media.sport9')]
3    details: Array<string>=['范可新,1993年 9 月 19 日出生于黑龙江省七台河市勒利县,
     中国女子短道速滑队运动员。\n' +'曲春雨,1996 年 7 月 20 日出生于黑龙江省黑河市北安
     市,中国女子短道速滑运动员。\n' +'张雨婷,1999 年 8 月 4 日出生于黑龙江省哈尔滨市,中
     国短道速滑运动员。\n' +'任子威,1997 年 6 月 3 日出生于黑龙江省哈尔滨市,中国短道速滑
     运动员。\n' +'武大靖,1994 年 7 月 24 日出生于黑龙江省佳木斯市,中国男子短道速滑队运
     动员,短道速滑男子 500 米世界纪录保持者、奥运会纪录保持者。',
4        '任子威,1997 年 6 月 3 日出生于黑龙江省哈尔滨市,中国短道速滑运动员。',
5        //其他运动员信息,此处略
6    ]
7    swiperController: SwiperController =new SwiperController()    //Swiper 组件控制器
8    @State currentIndex: number =0;           //保存当前图片索引值
```

上述第 2 行代码中的图片资源文件存放在 resources/base/media 文件夹下,通过 $r 资源接口读取并转换成 Resource 格式。

(2) 图片展示页面的实现。

应用页面加载时,页面上方默认显示 photos 数组中第 1 个图片元素和 details 数组中第 1 个对应信息;页面上的"向前""向后"按钮分别绑定点击事件,调用 Swiper 组件控制器的

showPrevious()方法实现向前翻一页、showNext()方法实现向后翻一页；页面底部的预览图片在 Swiper 组件中用 ForEach 控制语句实现子组件渲染。详细实现代码如下。

```
1   struct P7_8 {
2     //定义变量
3     build() {
4       Column() {
5         Text(this.message).fontSize(30).fontWeight(FontWeight.Bold)    //显示
  //北京冬奥会精彩瞬间
6         Image(this.photos[this.currentIndex]).aspectRatio(1.2)   //显示图片
7         Text(this.details[this.currentIndex]).fontSize(20)   //显示图片对应信息
8         Row() {
9           Button('向前').type(ButtonType.Normal).onClick(() =>{
10            this.swiperController.showPrevious()          //向前翻一页
11          }).width("45%").fontSize(20)
12          Button('向后').type(ButtonType.Normal).onClick(() =>{
13            this.swiperController.showNext()              //向后翻一页
14          }).width("45%").fontSize(20)
15        }.width("100%").justifyContent(FlexAlign.SpaceBetween)
16        Blank()
17        Swiper(this.swiperController) {
18          ForEach(this.photos, (item: Resource, index) =>{
19            Image(item).aspectRatio(1.2)
20            .onClick(() =>{
21              this.currentIndex = index
22            })
23          })
24        }.onChange((index) =>{
25          this.currentIndex = index
26        })
27        .autoPlay(true).borderRadius(10).itemSpace(5).indicator(true).displayCount(4)
28      }.padding(5)
29      .width('100%').height("100%")
30    }
31  }
```

上述第 18～23 行代码表示在 Swiper 组件中用 ForEach 语句渲染页面底部的预览图片，并给预览图片绑定了点击事件以便获取当前点击的图片在数组中的元素下标；第 24～26 行代码表示当显示的预览图片变化时获取当前预览图片的索引值，以便在页面上方显示该图片及对应信息。

7.2.3 案例：股票行情查询工具

1. 需求描述

股票行情查询工具应用程序启动后，在页面上以滑动轮播的方式显示上证指数、深证成指、北证 50、创业板指、科创 50、沪深 300、上证 50、中证 500 等指数的相关信息；在输入框中输入需要查询的股票代码，点击"查询"按钮，股票代码、股票名称、最新报价、涨幅和涨跌等信息及当前股票的分时线图也会显示在页面上，运行效果如图 7.12 所示；点击"添加"按钮，会将当前股票的相关信息保存到自选股中，点击"自选股"按钮，打开如图 7.13 所示的自选股信息显示页面。

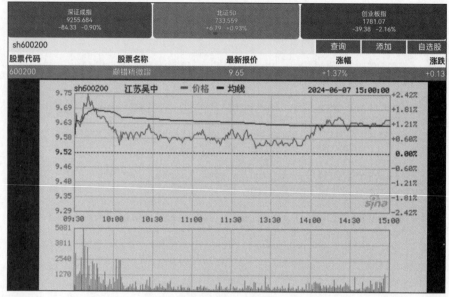

图 7.12　股票行情信息查询页面

股票代码	股票名称	最新报价	涨幅	涨跌
600300	维维股份	2.67	+2.69%	+0.07
600307	酒钢宏兴	1.20	+5.26%	+0.06
600309	万华化学	87.99	-0.91%	-0.81
831526	凯华材料	20.03	-5.65%	-1.20
300176	鸿特科技	4.58	+12.53%	+0.51
300760	迈瑞医疗	299.77	-1.61%	-4.91

图 7.13　自选股信息显示页面

（1）股票行情信息查询页面从上至下分为股指信息显示区、股票信息查询工具栏和股票信息显示区。股指信息显示区以滑动轮播方式显示股指名称、股指指数及涨幅；股票信息查询工具区可以输入股票代码及实现查询、添加和自选股等按钮的功能；股票信息显示区显示当前查询的股票信息及分时线图，股票信息包括股票代码、股票名称、最新报价、涨幅及涨跌值，如果涨幅小于零，以绿色背景色显示，否则以红色背景色显示。

（2）自选股页面从上至下分为标题区和自选股信息显示区。标题区显示"股票代码、股票名称、最新报价、涨幅、涨跌"等标题；自选股信息显示区以列表方式显示所有自选股票的股票代码、股票名称、最新报价、涨幅及涨跌值，如果涨幅小于零，以绿色背景色显示，否则以红色背景色显示。

2. 设计思路

根据股票行情查询工具的需求描述和页面显示效果，该应用开发时需要设计股票行情信息查询页面和自选股页面。

（1）股票行情信息查询页面从上至下以 Column 方式布局，股指信息显示区用 Swiper 组件实现上证指数、深证成指、北证 50、创业板指、科创 50、沪深 300、上证 50、中证 500 等指数信息的滑动轮播效果，其中每个指数的指数名称、指数值、涨跌值及涨跌幅用 Text 组件实现；股票信息查询工具区以 Row 方式布局，股票代码输入框用 TextInput 组件实现，"查询""添加"和"自选股"按钮用 Button 组件实现；股票信息显示区的"股票代码、股票名称、最新报价、涨幅、涨跌"等标题以 Row 方式布局的 Text 组件实现，与查询结果对应的"股票代码、股票名称、最新报价、涨幅、涨跌"等值也是以 Row 方式布局的 Text 组件实现，分时线图用 Web 组件实现。

（2）自选股页面从上至下以 Column 方式布局，标题区的"股票代码、股票名称、最新报价、涨幅、涨跌"等标题以 Row 方式布局的 Text 组件实现；自选股信息显示区及 List 和 ListItem 组件实现，列表项显示的股票代码、股票名称、最新报价、涨幅及涨跌值以 Row 方式布局的 Text 组件实现，如果涨幅小于零，以绿色背景色显示，否则以红色背景色显示。

为了获取股指和股票的实时信息，本例使用新浪网提供的 URL（https://hq.sinajs.cn/list=代码），其中代码由传递的参数值决定。例如，https://hq.sinajs.cn/list=sz399001 表示要访问的是深圳成指的信息；https://hq.sinajs.cn/list=sh601988 表示要访问的是上海 601988（中国银行）的股票信息；https://hq.sinajs.cn/list=bj833575 表示要访问的是北京 833575（康乐卫士）的股票信息。例如，访问 https://hq.sinajs.cn/list=sz002142 网络资源时返回的数据格式如下。

```
1  var hq_str_sz002142="宁波银行,22.19,22.18,22.39,22.46,21.91,22.38,22.39,
   68778438,1527185943.73,674547,22.38,14600,22.37,3600,22.36,12700,22.35,
   2000,22.34,109847,22.39,255400,22.40,13100,22.41,35200,22.42,39200,22.43,
   2022-05-12,15:05:37,00";
```

从返回的数据格式可以看出，返回值字符串由许多数据拼接在一起，不同含义的数据用逗号隔开，使用 split(',') 函数将字符串分隔成数组，每个数组元素下标对应的含义如表 7.10 所示。将返回的字符值分隔成数组后，按表 7.10 中的含义说明将股票名称、股票代码、最新报价、涨幅、涨跌值等解析计算后，就可以在股票行情信息查询页面和自选股页面显示。

表 7.10 数组元素下标及含义说明

下标	含义	下标	含义	下标	含义
0	股票名称	7	竞卖价，即卖一报价	18,19	买五申请股数、报价
1	今日开盘价	8	成交股票数(100 单位)	20,21	卖一股数、报价
2	昨日收盘价	9	成交金额(万元单位)	22,23	卖二股数、报价
3	当前价格	10,11	买一申请股数、报价	24,25	卖三股数、报价
4	今日最高价	12,13	买二申请股数、报价	26,27	卖四股数、报价
5	今日最低价	14,15	买三申请股数、报价	28,29	卖五股数、报价
6	竞买价，即买一报价	16,17	买四申请股数、报价	30,31	日期、时间

3. 实现流程

(1) 创建股票行情查询工具应用模块。

打开 Chap07 项目，右击"Chap07"文件夹，选择 New→Module 菜单项创建名为"Stock"的模块，默认创建 Index.ets 页面作为股票行情信息查询页面。打开项目的"stock/src/main/ets"文件夹，右击 pages 文件夹，选择 New→Page 菜单，创建名为"ListPage.ets"的页面，该页面作为自选股页面。

(2) 定义股票信息类。

股指和股票信息由股票（股指）代码、股票（股指）名称、当前报价和昨日收盘价组成，右击"stock/src/main/ets"文件夹，选择 New→Directory 菜单，创建名为"model"的文件夹，右击 model 文件夹，选择 New→TypeScript File 选项，创建名为"Stock.ts"的 Stock 类。详细代码如下：

```
1   export class Stock {
2     code: string                    //股票(股指)代码
3     name: string                    //股票(股指)名称
4     current: number                 //当前报价
5     yesterday: number               //昨日收盘价
6     constructor(code: string, name: string, current: number, yesterday: number) {
7       this.code = code
8       //其他代码与第 7 行类似，此处略
9     }
10  }
```

(3) 股票行情信息查询页面的实现。

① 定义变量。

当应用启动后，首先需要与新浪网提供股票信息的 URL 建立 HTTP 连接，并获取返回的内容，解析内容后将上证指数、深证成指、北证 50、创业板指、科创 50、沪深 300、上证 50、中证 500 等信息显示在股指显示区。定义变量的代码如下。

```
1   @State code: string = ''                           //保存输入框中输入的股票代码
2   zsCode = ["sh000001", "sz399001", "bj899050", "sz399006", "sz000688",
        "sh000300", "sh000016", "sh000905"]           //股指代码
3   @State webUrl: string = 'https://hq.sinajs.cn/list='
                                                      //新浪网提供股票信息的 URL
4   @State url: string = ''                            //保存股票分时图的 URL
5   @State zsDetails: Array<Stock>=new Array()        //保存 7 个股指的信息
6   @State gpDetails: Array<Stock>=new Array()        //保存自选股的信息
7   swiperController: SwiperController = new SwiperController()
                                                      //Swip 组件的控制器
8   @State currentIndex: number = 0;                   //保存当前股指对应的数组元素下标
9   @State webviewController: web_webview.WebviewController = new web_webview.
        WebviewController()                           //Web 组件的控制器
10  @State stock: Stock = undefined                    //保存当前股票的信息
```

② 自定义 getStockInfo() 方法获取股票（股指）相关数据。

根据股票代码及提供股票信息的新浪网 URL，调用 request() 方法发出 HTTP 网络请求，并将请求返回的结果作为返回值，实现代码如下。

```
1   async getStockInfo(code: string): Promise<string>{
2       let msg =""
3       let httpRequest =http.createHttp()
4       let httpRequestOptions: http.HttpRequestOptions = {
5         method: http.RequestMethod.GET,
6         connectTimeout: 12000,
7         readTimeout: 12000,
8         header: {
9           'Content-Type': "application/json; charset=UTF-8",
10          "referer": "http://finance.sina.com.cn"
11        },
12      }
13      try {
14          let promise =await httpRequest.request(this.webUrl +code, httpRequestOptions)
15          let info =promise.result.toString()
16          let textEncoder: util.TextEncoder =new util.TextEncoder()
17          let arrayBuffer: Uint8Array =textEncoder.encodeInto(info.toString())
18          const textDecoder =util.TextDecoder.create("GBK", { ignoreBOM: true })
19          msg =textDecoder.decodeWithStream(arrayBuffer, { stream: false })
20      } catch (e) {
21          msg =`访问出错:${JSON.stringify(e)}`
22      }
23      return msg
24  }
```

上述第 10 行代码用 referer 指定当前 HTTP 请求页面的来源页面地址，即表示当前页面是通过此来源页面里的链接进入的。因为使用新浪网提供的 URL（https://hq.sinajs.cn/list=代码）获取股票信息的来源页面地址为 https://finance.sina.com.cn，所以此处指定 referer 字段值为 https://finance.sina.com.cn。

③ 自定义 parseMsg() 方法解析网络请求返回值。

由于网络请求返回的数据为字符串，该字符串包含股票代码、名称、当前价格、昨日收盘价等信息，所以需要按照表 7.10 的说明解析为 Stock 类型的数据，实现代码如下。

```
1   parseMsg(msg: string): Stock {
2       let temp =msg.split(",")
3       if (temp.length ==0)    return new Stock("访问错误", "访问错误", 110,220)
4       let name =temp[0].split("\"")            //股票名称
5       let code =name[0].substring(13, 19)      //股票代码
6       let stock =new Stock(code, name[1], parseFloat(temp[3]), parseFloat(temp[2]))
7       return stock
8   }
```

上述第 3 行代码表示如果返回值为空，则返回封装了特殊属性值的 Stock 对象。第 4～6 行代码表示将解析出的股票代码、名称、当前价格、昨日收盘价等信息封装为 Stock 对象。

④ 自定义 getDistance() 方法获取涨跌值。

根据当前报价和昨日收盘价计算涨跌值，如果当前报价不低于昨日收盘价，则在涨跌值前添加"＋"。实现代码如下。

```
1    getDistance(current: number, yesterday: number) {
2       let t =current -yesterday
3       return  t>=0?"+"+t.toFixed(2):t.toFixed(2)
4    }
```

⑤ 自定义 getPercent()方法获取涨跌值。

根据当前报价和昨日收盘价计算涨跌幅,如果当前报价不低于昨日收盘价,则在涨跌幅前添加"+"。实现代码如下。

```
1    getPercent(current: number, yesterday: number) {
2       let t =current -yesterday
3       return  t>=0?"+"+(t / yesterday * 100).toFixed(2) +"%":(t / yesterday *
     100).toFixed(2) +"%"
4    }
```

⑥ 实现 aboutToAppear()函数。

创建页面组件的实例后,首先访问网络获得上证指数、深证成指、北证50、创业板指、科创50、沪深300、上证50、中证500等指数信息,然后调用上述定义的相关方法将它们解析后显示在页面的相应位置上,实现代码如下。

```
1    async aboutToAppear() {
2       web_webview.WebviewController.initializeWebEngine()
3       for (let index =0; index <this.zsCode.length; index++) {
4         let info =await this.getStockInfo(this.zsCode[index])
5         let stock =this.parseMsg(info)
6         this.zsDetails.push(stock)
7       }
8       this.url ="http://image.sinajs.cn/newchart/min/n/" +this.zsCode[0] +".gif"
9       this.webviewController.loadUrl(this.url)
10   }
```

上述第3~7行代码表示根据 zsCode 数组中的指数代码向 https://hq.sinajs.cn 网址发起 HTTP 访问请求,并将请求返回的信息解析后按照股票代码、股票名称、当前指数、昨日收盘指数、涨跌幅及涨跌值的格式保存到 zsDetails 数组中,以便页面加载时在页面的股指信息显示区以 Swiper 方式显示出来。

⑦ 股指信息显示区的功能实现。

股指信息显示区用 Swiper 组件实现上证指数、深证成指、北证50、创业板指、科创50、沪深300、上证50、中证500等指数信息的滑动轮播显示,实现代码如下。

```
1    Swiper(this.swiperController) {
2         ForEach(this.zsDetails, (item: Stock, index) =>{
3           Column() {
4             Text(item.name).fontSize(20).fontColor(Color.White)        //指数名称
5             Text(item.current.toString()).fontSize(20).fontColor(Color.
     White)                          //指数值
6             Row({ space: 15 }) {
7               Text (this. getDistance (item. current, item. yesterday)).
     fontSize(20).fontColor(Color.White)   //指数涨跌值
```

```
8                Text(this.getPercent(item.current, item.yesterday)).fontSize
(20).fontColor(Color.White)          //指数涨跌幅
9                }
10           }.width("20%").borderRadius(10).padding(5).justifyContent
(FlexAlign.Center)
11           .backgroundColor(item.yesterday > item.current ? Color.Green :
Color.Red)
12           .onClick(() => {
13             this.currentIndex = index
14             this.stock = this.zsDetails[this.currentIndex]
15             this.url = "http://image.sinajs.cn/newchart/min/n/" + this.
zsCode[this.currentIndex] + ".gif"
16             this.webviewController.loadUrl(this.url)
17           })
18         })
19       }
20       .onChange(async (index) => {
21         this.currentIndex = index
22       }).autoPlay(true).borderRadius(10).itemSpace(5)
23       .indicator(true).width("100%").height("12%").displayCount(3)
```

上述第11行代码表示若昨日收盘价高于当前报价，则该指数区域为绿色背景，否则为红色背景；第12~17行代码表示若点击股指信息显示区中的某个指数区域，则在股票信息显示区显示该股指的信息及对应股指的分时图。

⑧ 股票信息查询工具区的实现。

股票信息查询工具区以 Row 方式布局，股票代码输入框用 TextInput 组件实现，"查询""添加"和"自选股"按钮用 Button 组件实现。

```
1    Row({ space: 5 }) {
2        TextInput({ placeholder: "请输入股票代码", text: this.code })
3        .onChange((value) => {
4          this.code = value          //获取输入框中输入的网址
5        }).fontSize(25).borderRadius(0).width("70%").height("5%")
6        Button("查询").onClick(async () => {
7          this.url = "http://image.sinajs.cn/newchart/min/n/" + this.code + ".gif"
8          this.webviewController.loadUrl(this.url)
9          let info = await this.getStockInfo(this.code)
10         this.stock = this.parseMsg(info)
11       }).width("10%").type(ButtonType.Normal).fontSize(25)
12       Button("添加").onClick(() => {
13         this.gpDetails.push(this.stock)
14       }).width("10%").type(ButtonType.Normal).fontSize(25)
15       Button("自选股").onClick(() => {
16         router.pushUrl({ url: "pages/ListPage", params: this.gpDetails })
17       }).width("10%").type(ButtonType.Normal).fontSize(25)
18   }
```

上述第6~11行代码表示点击"查询"按钮，根据用户在输入框中输入的股票代码建立 HTTP 连接，并将返回的结果封装成 Stock 类型对象。第12~14行代码表示点击"添加"按钮，将当前股票对象 stock 添加到存放自选股票信息的 gpDetails 数组中。第15~17行代码表示点击"自选股"按钮,将 gpDetails 数组作为参数传递到 ListPage.ets 页面,并打开 ListPage.ets 页面显示所有自选股信息。

⑨ 股票信息显示区的功能实现。

股票信息显示区第一行显示"股票代码、股票名称、最新报价、涨幅、涨跌"等标题内容,第二行显示当前查询的股票与第一行标题内容对应的信息,剩余区域用 Web 组件实现分时线图的实现,详细代码如下。

```
1    Row({ space: 5 }) {
2        Text("股票代码").fontSize(25).fontWeight(FontWeight.Bold)
3        Text("股票名称").fontSize(25).fontWeight(FontWeight.Bold)
4        Text("最新报价").fontSize(25).fontWeight(FontWeight.Bold)
5        Text("涨幅").fontSize(25).fontWeight(FontWeight.Bold)
6        Text("涨跌").fontSize(25).fontWeight(FontWeight.Bold)
7    }.justifyContent(FlexAlign.SpaceBetween).width("100%")
8    if (this.stock) {
9        Row({ space: 5 }) {
10            Text(this.stock.code).fontSize(25).fontColor(Color.White)
11            Text(this.stock.name).fontSize(25).fontColor(Color.White)
12            Text(this.stock.current.toFixed(2)).fontSize(25).fontColor(Color.White)
13            Text(this.getPercent (this. stock. current, this. stock. yesterday)).fontSize(25).fontColor(Color.White)
14            Text (this.getDistance(this.stock.current, this.stock.yesterday)).fontSize(25).fontColor(Color.White)
15        }
16        .justifyContent(FlexAlign.SpaceBetween)
17        .width("100%").padding(5)
18        .backgroundColor((this.stock.current - this.stock.yesterday) > 0 ? Color.Red : Color.Green)
19    }
```

上述第18行代码表示若当前报价高于昨日收盘价,则该指数区域背景为红色,否则为绿色。

至此,股票行情信息查询页面的功能全部实现,在 stock/src/main/ets/page 文件夹中创建主页面组件(Index),详细实现代码如下。

```
1    struct Index {
2        //定义变量,此处略
3        //自定义 getStockInfo()方法
4        //自定义 parseMsg()方法
5        //自定义 getDistance()方法
6        //自定义 getPercent()方法
7        //实现 aboutToAppear()函数
8        build() {
9          Column() {
10            //股指信息显示区的功能实现
11            //股票信息查询工具区的实现
12            //股票信息显示区的功能实现
13            Web({ src: this.url, controller: this.webviewController })
14          }.height('100%')
15        }
16    }
```

(4) 自选股页面的实现。

打开自选股页面时,首先调用 router.getParams()方法,获取由股票行情信息查询页面传递的保存了自选股信息的 gpDetails 数组,然后用 ForEach 循环渲染将它们以列表项的形式显示在页面上,详细代码如下。

```
1   struct ListPage {
2     detail: any = router.getParams()
3     //自定义 getDistance()方法
4     //自定义 getPercent()方法
5     build() {
6       Column() {
7         Row({ space: 5 }) {
8           Text("股票代码").fontSize(25).fontWeight(FontWeight.Bold)
9           Text("股票名称").fontSize(25).fontWeight(FontWeight.Bold)
10          Text("最新报价").fontSize(25).fontWeight(FontWeight.Bold)
11          Text("涨幅").fontSize(25).fontWeight(FontWeight.Bold)
12          Text("涨跌").fontSize(25).fontWeight(FontWeight.Bold)
13        }.justifyContent(FlexAlign.SpaceBetween).width("100%").padding(5)
14        List({ initialIndex: 0 }) {
15          ForEach(this.detail, (item, index) =>{
16            ListItem() {
17              Row({ space: 5 }) {
18                Text(item.code).fontSize(25).fontColor(Color.White)
19                Text(item.name.trim()).fontSize(25).fontColor(Color.White)
20                Text(item.current.toFixed(2).trim()).fontSize(25).fontColor(Color.White)
21                Text(this.getPercent(item.current, item.yesterday))
22                  .fontSize(25).fontColor(Color.White)
23                Text(this.getDistance(item.current, item.yesterday))
24                  .fontSize(25).fontColor(Color.White)
25              }.justifyContent(FlexAlign.SpaceBetween).width("100%").padding(5)
26                .backgroundColor((item.current - item.yesterday) >= 0 ? Color.Red : Color.Green)
27            }
28          })
29        }.scrollBar(BarState.On).divider({ strokeWidth: 1, color: Color.White })
30        }.width('100%').margin({ top: 30 }).height("100%").padding(5)
31      }
32    }
```

至此,股票行情查询工具全部开发完成,如果在正常股票交易时间需要自动更新页面上显示的股指及股票信息,可以使用周期执行函数每隔一段时间向新浪网发出 HTTP 请求获取实时数据,然后对获得的数据按照前面介绍的方法解析并处理后显示在页面,从而实现实时刷新股票信息的效果。

小结

随着移动终端设备在人们日常生活中所扮演的角色越来越重要,移动网络应用也变得非常火爆。本章结合实际案例项目的开发过程介绍了 ArkTS 框架中 HTTP、Web 组件及网络数据请求接口的使用方法,详细阐述它们实现网络访问和数据请求的基本原理,让读者既明白了进行 OpenHarmony 平台中网络应用开发的流程,也掌握了相关技术。

第 8 章 传感器与位置服务应用开发

现在几乎所有的移动终端设置都配置了不同类型的传感器,开发者可以利用不同类型的传感器开发出各种有特色、有创意的应用程序,例如,微信中的摇一摇抽红包、水平仪等。当然也可以把传感器的应用与地图结合起来实现定位、导航等功能,本章结合传感器和 ArkTS 框架中的定位技术介绍 OpenHarmony 平台下传感器与位置服务应用的开发方法。

8.1 概述

移动终端设备中一般都会内置一些传感器,为人们提供辅助功能,例如,定位位置、判断屏幕方向、测量运动状态及外界环境中的磁场、温度、压力等。ArkTS 框架中提供了获取传感器数据的能力传感器模块接口,供开发者开发出基于 OpenHarmony 平台终端设备上运行的各类应用。

8.1.1 传感器

传感器通常由敏感元件和转换元件组成,它是一种检测装置,能感受到被测量的信息,并能将检测感受到的信息,按一定规律变换成为电信号或其他所需形式的信息输出,以满足信息的传输、处理、存储、显示、记录和控制等要求,它在自动检测和自动控制领域有很重要的应用。从物理量的角度,可以将传感器分为位移、力、速度、温度、流量、气体成分等不同类别。从使用用途的角度,OpenHarmony 平台支持的传感器分为运动类传感器、环境类传感器、方向类传感器、光线类传感器、健康类传感器和其他类传感器六大类别,每个类别中又包含多种不同功能的传感器,不同功能的传感器可能是单一的物理传感器,也可能是由多个物理传感器复合而成。OpenHarmony 平台支持的常用传感器及功能说明如表 8.1 所示。

表 8.1　OpenHarmony 平台支持的传感器及功能说明

类　别	类型(名称)	功　能　说　明
运动类	ACCELEROMETER(加速度传感器)	用于检测运动状态。测量施加在设备三个物理轴线方向(x、y、z)上的加速度(包括重力加速度),单位:m/s^2

续表

类别	类型（名称）	功能说明
运动类	ACCELEROMETER_UNCALIBRATED（未校准加速度传感器）	用于检测加速度偏差估值。测量施加在设备三个物理轴（x、y、z）上的未校准的加速度（包括重力加速度），单位：m/s^2
	LINEAR_ACCELERATION（线性加速度传感器）	用于检测每个单轴方向的线性加速度。测量施加在设备三个物理轴线方向（x、y、z）上的加速度（不包括重力加速度），单位：m/s^2
	GRAVITY（重力传感器）	用于测量重力大小。测量施加在设备三个物理轴方向（x、y、z）上的重力加速度，单位：m/s^2
	GYROSCOPE（陀螺仪传感器）	用于测量旋转的角速度，测量施加在设备三个物理轴方向（x、y、z）上的旋转角加速度，单位：rad/s
	SIGNIFICANT_MOTION（大幅度动作传感器）	用于检测设备是否存在大幅度运动。测量三个物理轴方向（x、y、z）上设备是否存在大幅度运动；如果取值为1则表示存在大幅度运动，取值为0则表示没有大幅度运动
	DROP_DETECTION（跌落检测传感器）	用于检测设备是否发生了跌落。如果取值为1则表示发生跌落，取值为0则表示没有发生跌落
	PEDOMETER_DETECTION（计步器检测传感器）	用于检测用户是否有计步的动作。如果取值为1则表示用户产生了计步行走的动作；取值为0则表示用户没有发生运动
	PEDOMETER（计步器传感器）	用于统计用户的行走步数
环境类	AMBIENT_TEMPERATURE（环境温度传感器）	用于检测环境温度，单位：℃
	MAGNETIC_FIELD（磁场传感器）	用于检测三个物理轴方向（x、y、z）上环境地磁场（单位：μT），可应用于创建指南针场景
	HUMIDITY（湿度传感器）	用于检测环境的相对湿度，用百分比（%）表示
	BAROMETER（气压计传感器）	用于测量环境气压，单位：hPa或mbar
方向类	ROTATION_VECTOR（旋转矢量传感器）	用于测量设备旋转矢量，复合传感器：由加速度传感器、磁场传感器、陀螺仪传感器合成；可应用于检测设备相对于东北天坐标系的方向场景
	ORIENTATION（方向传感器）	用于提供屏幕旋转的三个角度值，测量设备围绕三个物理轴（x、y、z）方向旋转的角度，单位：rad
光线类	PROXIMITY（接近光传感器）	用于检测可见物体相对于设备显示屏的接近或远离状态，可应用于通话中设备相对人的位置场景
	AMBIENT_LIGHT（环境光传感器）	用于检测设备周围光线强度，单位：lux；可用于自动调节屏幕亮度、检测屏幕上方是否有遮挡
健康类	HEART_RATE（心率传感器）	用于检测用户的心率数值
	WEAR_DETECTION（佩戴检测传感器）	用于检测用户是否佩戴智能穿戴
其他类	HALL（霍尔传感器）	用于检测设备周围是否存在磁力吸引，可用于设备的皮套模式

8.1.2　位置服务

位置服务(Location Based Services，LBS)又称定位服务，是指通过 GNSS(Global Navigation Satellite System，全球导航卫星系统)、基站、WLAN 和蓝牙等多种定位技术，获取各种终端设备的位置坐标(经度和纬度)，在电子地图平台的支持下为用户提供基于位置导航和查询的一种信息业务。

1. 坐标

OpenHarmony 平台以 1984 年世界大地坐标系统为参考，使用经度、纬度数据描述地球上的一个位置。

2. GNSS 定位

全球导航卫星系统(GNSS)包含 GPS(在美国海军导航卫星系统的基础上发展起来的无线电导航定位系统)、GLONASS(苏联国防部独立研制和控制的第二代军用卫星导航系统)、北斗(中国自主研发并独立运行的全球卫星导航系统)和 Galileo(由欧盟研制和建立的全球卫星导航定位系统)等，通过导航卫星、设备芯片提供的定位算法来确定设备准确位置。定位过程具体使用哪些定位系统，取决于用户设备的硬件能力。

3. 基站定位

根据设备当前驻网基站和相邻基站的位置，估算设备当前位置。此定位方式的定位结果精度相对较低，并且需要设备可以访问蜂窝网络。

4. WLAN、蓝牙定位

根据设备可搜索到的周围 WLAN、蓝牙设备位置，估算设备当前位置。此定位方式的定位结果精度依赖设备周围可见的固定 WLAN、蓝牙设备的分布，密度较高时，精度也相较于基站定位方式更高，同时也需要设备可以访问网络。

8.2　传感器的应用

移动终端设备的智能特性已经应用于各个领域，这些智能特性离不开设备上自带的各种智能传感器，如光照传感器可以采集当前环境的光强度数据，然后进行快速分析以便通过移动终端设备发出信号控制蔬菜大棚的打开与关闭等；游戏类应用可以跟踪重力传感器采集的数据，推断出用户的摇晃、旋转等手势动作。

8.2.1　传感器接口

ArkTS 开发框架提供的"@ohos.sensor"模块接口可以获取传感器数据，应用开发中使用该模块相关功能之前，需要先用如下代码导入"@ohos.sensor"模块。

```
1    import sensor from '@ohos.sensor'
```

1. 获取设备上所有传感器

(1) sensor.getSensorList(callback：AsyncCallback<Array<Sensor>>)：void：获取

设备上的所有传感器信息,使用 Callback 异步方式返回结果。callback 参数表示执行后异步返回传感器属性列表的回调函数,该回调函数的返回值为 Array＜Sensor＞类型。Sensor 类型对象的参数及功能说明如表 8.2 所示。

表 8.2 Sensor 类型对象的参数及功能

参 数 名	类 型	功 能 说 明	参 数 名	类 型	功 能 说 明
sensorName	string	返回传感器名称	maxRange	number	返回传感器测量范围的最大值
vendorName	string	返回传感器供应商	minSamplePeriod	number	返回允许的最小采样周期
firmwareVersion	string	返回传感器固件版本	maxSamplePeriod	number	返回允许的最大采样周期
hardwareVersion	string	返回传感器硬件版本	precision	number	返回传感器精度
sensorId	number	返回传感器类型 id	power	number	返回传感器功率的估计值,单位:mA

(2) sensor.getSensorList():Promise＜Array＜Sensor＞＞:获取设备上的所有传感器信息,使用 Promise 异步方式返回结果。

【例 8-1】 设计一个如图 8.1 所示的传感器列表显示页面,在页面上显示传感器名称、供应商、类型 id 及精度。

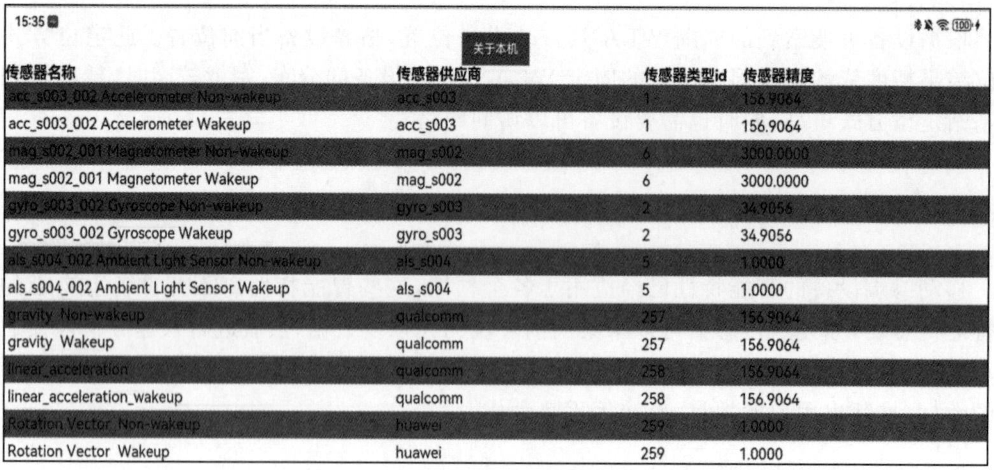

图 8.1 传感器列表显示页面

从如图 8.1 所示的页面效果可以看出,整个页面按 Column 方式布局,"关于本机"按钮由 Button 组件实现,"传感器名称、传感器供应商、传感器类型 id 及传感器精度"等标题以 Row 方式布局的 Text 组件实现,设备上所有传感器对应的传感器名称、传感器供应商、传感器类型 id 及传感器精度等值也是以 Row 方式布局的 Text 组件实现,详细实现步骤如下。

（1）自定义 getSensorInfos() 方法获取传感器列表。

```
1   getSensorInfos(): Array<sensor.Sensor>{
2     let sensorArray: Array<sensor.Sensor>=new Array()
3     try {
4       let promise =sensor.getSensorList()
5       promise.then((data) =>{
6         for (let i =0; i <data.length; i++) {
7           sensorArray.push(data[i])
8         }
9       })
10    } catch (e) {
11      sensorArray.push(e)
12    }
13    return sensorArray
14  }
```

（2）传感器列表显示页面的实现。

点击页面上的"关于本机"按钮，首先调用自定义 getSensorInfos() 方法获取传感器列表，然后使用 ForEach 语句将本设备自带的传感器名称、传感器供应商、传感器类型 id 及传感器精度循环渲染在页面上。详细实现代码如下。

```
1   struct P8_1{
2     @State sensors: Array<sensor.Sensor>=new Array()
3     //自定义 getSensorInfos()方法
4     build() {
5       Column() {
6         Row() {
7           Button("关于本机").onClick(async () =>{
8             this.sensors =await this.getSensorInfos()
9           }).type(ButtonType.Normal)
10        }
11        Row() {
12          Text("传感器名称").width("40%").fontSize(20).fontWeight(FontWeight.Bold)
13          Text("传感器供应商").width("25%").fontSize(20).fontWeight(FontWeight.Bold)
14          Text("传感器类型 id").width("10%").fontSize(20).fontWeight(FontWeight.Bold)
15          Text("传感器精度").width("25%").fontSize(20).fontWeight(FontWeight.Bold)
16        }.width("100%")
17        List(){
18          ForEach(this.sensors, (item: sensor.Sensor, index) =>{
19            ListItem(){
20              Row() {
21                Text(item.sensorName).width("40%").fontSize(20)
22                Text(item.vendorName).width("25%").fontSize(20)
23                Text(item.sensorId.toString()).width("10%").fontSize(20)
24                Text(item.power.toFixed(4)).width("25%").fontSize(20)
25              }.width("100%").padding(5)
26              .backgroundColor(index %2==0 ? Color.Gray : Color.White)
27            }
28          })
29        }
30      }.width('100%')
31  }}
```

上述第 11～16 行代码用于在页面上显示"传感器名称、传感器供应商、传感器类型 id 及传感器精度"等标题；第 17～29 行代码表示用列表方式显示每个传感器的名称、供应商、类型 id 及精度，其中，第 26 行代码表示偶数行列表项背景为灰色，奇数行列表项背景为白色。

2. 订阅传感器数据

sensor.on(type:enum<T>, callback: Callback<T>, options?: Options): void：订阅指定类型的传感器数据，使用 Callback 异步方式返回结果。type 参数表示订阅的传感器类型，其值如表 8.3 所示；callback 参数表示执行后异步返回传感器数据的回调函数，该回调函数的返回值类型与订阅的传感器类型相关，返回值类型及参数说明如表 8.4 所示；options 参数用于设置传感器上报频率，其值类型为 Options，该类型包含 interval 属性，interval 为 number 或 SensorFrequency 类型，默认值为 200 000 000ns，该属性有最小值和最大值的限制，由硬件支持的上报频率决定。

表 8.3 传感器的枚举名及说明

名称	值	说明	名称	值	说明
ACCELEROMETER	1	加速度传感器	GYROSCOPE	2	陀螺仪传感器
AMBIENT_LIGHT	5	环境光传感器	MAGNETIC_FIELD	6	磁场传感器
BAROMETER	8	气压计传感器	HALL	10	霍尔传感器
PROXIMITY	12	接近光传感器	HUMIDITY	13	湿度传感器
ORIENTATION	256	方向传感器	GRAVITY	257	重力传感器
LINEAR_ACCELEROMETER	258	线性加速度传感器	ROTATION_VECTOR	259	旋转矢量传感器
AMBIENT_TEMPERATURE	260	环境温度传感器	MAGNETIC_FIELD_UNCALIBRATED	261	未校准磁场传感器
GYROSCOPE_UNCALIBRATED	263	未校准陀螺仪传感器	SIGNIFICANT_MOTION	264	有效运动传感器
PEDOMETER_DETECTION	265	计步检测传感器	PEDOMETER	266	计步传感器
HEART_RATE	278	心率传感器	WEAR_DETECTION	280	佩戴检测传感器
ACCELEROMETER_UNCALIBRATED	281	未校准加速度计传感器			

表 8.4 返回值类型及参数说明

类型名称	参数说明
AccelerometerResponse	加速度传感器数据；包含 x、y、z 属性，分别表示施加在设备 x、y、z 轴的加速度（单位：m/s^2）
LinearAccelerometerResponse	线性加速度传感器数据；包含 x、y、z 属性，分别表示施加在设备 x、y、z 轴的线性加速度（单位：m/s^2）

续表

类型名称	参数说明
AccelerometerUncalibratedResponse	未校准加速度传感器数据；包含 x、y、z 属性和 biasX、biasY、biasZ 属性，分别表示施加在设备 x、y、z 轴未校准的加速度（单位：m/s^2）及加速度偏量（单位：m/s^2）
GravityResponse	重力传感器数据；包含 x、y、z 属性，分别表示施加在设备 x、y、z 轴的重力加速度（单位：m/s^2）
OrientationResponse	方向传感器数据；包括 alpha、beta、gamma 属性，分别表示设备围绕 z、x、y 轴的旋转角度（单位：度）
RotationVectorResponse	旋转矢量传感器数据；包含 x、y、z 和 w 属性，x、y、z 分别表示旋转矢量 x、y、z 轴分量，w 表示标题
GyroscopeResponse	陀螺仪传感器数据；包含 x、y、z 属性，分别表示设备 x、y、z 轴的旋转角速度（单位：rad/s）
GyroscopeUncalibratedResponse	未校准陀螺仪传感器数据；包含 x、y、z 属性和 biasX、biasY、biasZ 属性，分别表示设备 x、y、z 轴未校准的旋转角速度（单位：rad/s）及旋转角速度偏量（单位：rad/s）
SignificantMotionResponse	有效运动传感器数据；包含 scalar 属性，表示剧烈运动程度。测量 x、y、z 物理轴上，设备是否存在大幅度运动；若存在大幅度运动则数据上报为 1
ProximityResponse	接近光传感器数据；包含 distance 属性，表示可见物体与设备显示器的接近程度。0 表示接近，大于 0 表示远离
LightResponse	环境光传感器数据；包含 intensity 属性，表示光强（单位：lux）
HallResponse	霍尔传感器数据；包含 status 属性，表示显示霍尔状态。测量设备周围是否存在磁力吸引，0 表示没有，大于 0 表示有
MagneticFieldResponse	磁场传感器数据；包含 x、y、z 属性，分别表示 x、y、z 轴环境磁场强度（单位：μT）
MagneticFieldUncalibratedResponse	未校准磁场传感器数据；包含 x、y、z 属性和 biasX、biasY、biasZ 属性，分别表示设备 x、y、z 轴未校准环境磁场强度（单位：μT）及环境磁场强度偏量（单位：μT）
PedometerResponse	计步传感器数据；包含 steps 属性，表示用户的行走步数
PedometerDetectionResponse	计步检测传感器数据；包含 scalar 属性，表示计步器检测。检测用户的计步动作，如果取值为 1 则代表用户产生了计步行走的动作，取值为 0 则代表用户没有发生运动
HumidityResponse	湿度传感器数据；包含 humidity 属性，表示湿度值。测量环境的相对湿度，以百分比（%）表示
AmbientTemperatureResponse	温度传感器数据；包含 temperature 属性，表示环境温度（单位：℃）
BarometerResponse	气压计传感器数据；包含 pressure 属性，表示压力值（单位：百帕）
HeartRateResponse	心率传感器数据；包含 heartRate 属性，表示心率值。测量用户的心率数值（单位：bpm）
WearDetectionResponse	佩戴检测传感器数据；包含 value 属性，表示设备是否被穿戴（1 表示已穿戴，0 表示未穿戴）

3. 取消订阅传感器数据

sensor.off(type:enum<T>, callback:Callback<T>):void：取消订阅指定类型的传感器数据，使用 Callback 异步方式返回结果。type 参数表示取消订阅的传感器类型，其值如表 8.3 所示；callback 参数表示执行后异步返回取消订阅传感器的回调函数，该回调函数的返回值类型与取消订阅的传感器类型相关，返回值类型及参数说明如表 8.4 所示。

【例 8-2】 设计一个如图 8.2 所示的摇一摇抽奖页面，点击"开始抽奖"按钮，如果在 10s 内摇设备的次数达到 5 次，则在页面上显示"恭喜您，中奖了！"的信息，否则在页面显示"很遗憾，继续努力！"的信息，如图 8.3 所示。点击"停止抽奖"按钮，结束本次抽奖活动。

图 8.2　摇一摇抽奖页面效果(1)

图 8.3　摇一摇抽奖页面效果(2)

从如图 8.2 所示的页面效果可以看出，整个页面按 Column 方式布局，第一行的"开始抽奖"和"停止抽奖"按钮以 Row 方式布局的 Button 组件实现，10s 倒计时功能由 TextTimer 组件实现，"摇了＊次！""很遗憾，继续努力！"及"恭喜您，中奖了！"等提示信息由 Text 组件实现，详细实现步骤如下。

(1) 定义变量。

```
1    @State message: string = ''            //保存抽奖结果信息
2    @State info: string = ''               //保存摇一摇次数信息
3    @State count: number = 0               //保存摇一摇次数
4    controller = new TextTimerController()  //文本显示计时信息组件控制器
```

(2) "开始抽奖"按钮的功能实现。

点击"开始抽奖"按钮，订阅加速度传感器数据，如果施加在移动终端设备 x 轴的加速度超过 15 或 y 轴的加速度超过 15 或 z 轴的加速度超过 20，则表示摇设备一次，实现代码如下。

```
1    Button("开始抽奖").onClick(() =>{
2          this.count = 0
3          this.message = ""
4          this.info = ""
5          this.controller.start()              //文本显示计时信息组件开始计时
6          sensor.on(sensor.SensorId.ACCELEROMETER, (response) =>{
7            if (response.x >15|| response.y >15|| response.y >20) {
8              this.count++
9            }
10           this.info = `摇了${this.count}次！`
11         })
12   }).type(ButtonType.Normal).fontSize(20)
```

(3)"停止抽奖"按钮的功能实现。

点击"停止抽奖"按钮,文本显示计时信息组件控制器重置,并且取消订阅加速度传感器数据,实现代码如下。

```
1   Button("停止抽奖").onClick(() =>{
2         this.controller.reset()
3         sensor.off(sensor.SensorId.ACCELEROMETER)
4   }).type(ButtonType.Normal).fontSize(20)
```

(4)摇一摇抽奖页面的实现。

点击页面上的"开始抽奖"按钮后,订阅加速度传感器数据、文本显示计时信息组件开始倒计时,如果倒计时时间到或摇一摇次数达到 5 次,则取消订阅加速度传感器数据、文本显示计时信息组件控制器重置;如果在倒计时时间内摇一摇次数达到 5 次,则在页面显示"恭喜您,中奖了!",否则显示"很遗憾,继续努力!"。详细实现代码如下。

```
1   struct P8_2{
2     @State message: string =''
3     @State info: string =''
4     @State count: number =0
5     controller =new TextTimerController()
6     //定义变量,此处略
7     build() {
8       Column() {
9         Row({ space: 5 }) {
10          //"开始抽奖"按钮的功能实现,此处略
11          //"停止抽奖"按钮的功能实现,此处略
12        }
13        TextTimer({ isCountDown: true, count: 10000,controller: this.controller })
14          .onTimer((utc: number, eTime: number) =>{
15            if (eTime >=10000 || this.count >=5) {
16              sensor.off(sensor.SensorId.ACCELEROMETER)
17              this.controller.reset()
18              if (this.count >=5) {
19                this.message ="恭喜您,中奖了!"
20              } else {
21                this.message ="很遗憾,继续努力!"
22              }
23            }
24          }).fontSize(20)
25        Text(this.info).fontSize(20).fontWeight(FontWeight.Bold)
26        Text(this.message).fontSize(20).fontWeight(FontWeight.Bold)
27      }.width('100%').margin({ top: 40 })
28    }
29  }
```

但是,使用加速度传感器时,需要设置允许访问加速传感器权限,否则应用将无法获取

授权。即在module.json5配置文件的requestPermissions标签中声明如下权限。

```
1    "requestPermissions": [
2      {
3        "name": "ohos.permission.ACCELEROMETER"
4      },
```

上述第16行代码表示取消注册SensorId.ACCELEROMETER的所有回调,如果需要取消订阅SensorId.ACCELEROMETER数据的指定回调,则需要将上述第16行代码用下列代码替换。

```
1    sensor.off(sensor.SensorId.ACCELEROMETER,callback1)
```

上述代码中的callback1为取消订阅加速度传感数据的回调,该回调必须与订阅加速度传感器数据时的回调一样。

4. 获取指定类型传感器

（1）sensor.getSingleSensor(type：SensorId，callback：AsyncCallback<Sensor>)：void：获取指定传感器类型的属性信息,使用Callback异步方式返回结果。type参数表示指定的传感器类型,其值如表8.3所示；callback参数表示异步返回指定传感器属性信息的回调函数。

（2）sensor.getSingleSensor(type：SensorId)：Promise<Sensor>：获取指定传感器类型的属性信息,使用Promise异步方式返回结果。

【例8-3】 设计一个如图8.4所示的环境光强度监测页面,点击"监测"按钮,按界面格式显示当前光线强度值,如果光线强度值达到200,则界面背景色为灰色,否则背景色为如图8.5所示的白色；点击"取消"按钮,取消光照强度监测。

图8.4 光强度监测页面效果(1)

图8.5 光强度监测页面效果(2)

从如图8.4所示的页面效果可以看出,整个页面按Column方式布局,第一行的光线强度值用Text组件实现,第二行的"监测"和"取消"按钮以Row方式布局的Button组件实现,当点击"监测"按钮后,首先判断环境光传感器是否存在,如果存在,则订阅环境光传感器数据,否则在页面显示"环境光传感器不存在!",实现代码如下。

```
1    struct P8_3{
2      @State message: string = ''
3      @State color: number =Color.White          //保存页面背景色,默认为白色
4      build() {
5        Column() {
6          Text(this.message).fontSize(25)
7          Row({ space: 5 }) {
8            Button("监测").onClick(async () =>{
```

```
9              try {
10              let promise =await sensor.getSingleSensor(sensor.SensorId.AMBIENT_LIGHT)
11              if (promise) {
12                sensor.on(sensor.SensorId.AMBIENT_LIGHT, (response) =>{
13                  let l =response.intensity
14                  this.message = `当前光强度值为:${l.toFixed(4)}`
15                  if (response.intensity >=200) {
16                    this.color =Color.Gray         //将页面背景色设置为灰色
17                    return
18                  }
19                  this.color =Color.White          //将页面背景色设置为白色
20                })
21              }
22            } catch (e) {
23              this.message ="当前设备没有环境光传感器!"
24            }
25          }).type(ButtonType.Normal).fontSize(25)
26          Button("取消").onClick(() =>{
27            this.color =Color.White
28            sensor.off(sensor.SensorId.AMBIENT_LIGHT)
29          }).type(ButtonType.Normal).fontSize(25)
30        }
31      }.width('100%').backgroundColor(this.color)
32    }
33  }
```

上述第9～24行代码表示点击"监测"按钮后,首先调用getSingleSensor()方法获取sensor.SensorId.AMBIENT_LIGHT(环境光传感器)信息,如果获取到指定传感器的信息,则说明该传感器存在;其中,第12～20行代码表示订阅传感器数据,并根据回调返回的光强值改变页面的背景颜色。

5. 计算旋转矩阵

(1) sensor. getRotationMatrix (gravity: Array < number >, geomagnetic: Array <number>, callback: AsyncCallback<RotationMatrixResponse>): void: 根据重力矢量和地磁矢量计算旋转矩阵, 使用 Callback 异步方式返回结果。gravity 参数表示重力矢量; geomagnetic 参数表示地磁矢量; callback 参数表示异步返回旋转矩阵的回调函数, 其值类型为 RotationMatrixResponse, RotationMatrixResponse 类型对象的参数及功能说明如表 8.5 所示。

表 8.5 RotationMatrixResponse 类型对象的参数及功能

参 数 名	类 型	功 能 说 明
rotation	Array<number>	返回旋转矩阵
inclination	Array<number>	返回倾斜矩阵

(2) sensor. getRotationMatrix (gravity: Array < number >, geomagnetic: Array <number>): Promise<RotationMatrixResponse>: 根据重力矢量和地磁矢量计算旋转矩阵, 使用 Promise 异步方式返回结果。

6. 计算设备方向

（1）sensor.getOrientation(rotationMatrix：Array<number>，callback：AsyncCallback<Array<number>>)：void：根据旋转矩阵计算设备方向，使用 Callback 异步方式返回结果。rotationMatrix 参数表示旋转矩阵；callback 参数表示异步返回围绕 z、x、y 轴方向旋转角度的回调函数。

（2）sensor.getOrientation(rotationMatrix：Array<number>)：Promise<Array<number>>：根据旋转矩阵计算设备方向，使用 Promise 异步方式返回结果。

8.2.2 振动

ArkTS 开发框架提供的"@ohos.vibrator"模块接口可以提供控制马达振动启、停的能力，应用开发中使用该模块相关功能之前，需要先用如下代码导入"@ohos.vibrator"模块。

```
1    import vibrator from '@ohos.vibrator'
```

但是，在使用振动器时，开发者需要配置请求振动器的权限 ohos.permission.VIBRATE，才能控制振动器振动。即在 module.json5 配置文件的 requestPermissions 标签中声明如下权限。

```
1    "requestPermissions": [
2        {
3            "name": "ohos.permission.VIBRATE"
4        }
5    ],
```

（1）vibrator.startVibration(effect：VibrateEffect，attribute：VibrateAttribute，callback：AsyncCallback<void>)：void：根据指定的振动效果和振动属性触发马达振动，使用 Callback 异步回调。effect 参数表示马达振动效果，支持如表 8.6 所示的三种振动效果；attribute 参数表示马达振动属性，其类型对象的参数及功能说明如表 8.7 所示；callback 参数表示异步回调函数，当马达振动成功，err 为 undefined，否则为错误对象。

表 8.6 振动效果类型及功能

类 型 名	功 能 说 明
VibrateTime	固定时长振动类型，按照指定持续时间触发马达振动。该类型对象包括 type(string) 和 duration(number) 属性。type 的值为"time"，按照指定持续时间触发马达振动；duration 的单位为 ms，表示马达振动时长
VibratePreset	预置振动类型，按照预置振动类型触发马达振动。该类型对象包括 type(string)、effectId(string) 和 count(number) 属性，type 的值为"preset"，按照预置振动效果触发马达振动；effectId 表示预置的振动效果 ID；count 表示重复振动的次数
VibrateFromFile	自定义振动类型，按照自定义振动配置文件触发马达振动，自 API Version 10 开始支持。该类型对象包括 type(string) 和 hapticFd(HapticFileDescriptor) 属性。type 的值为"file"，按照振动配置文件触发马达振动；hapticFd 表示振动配置文件描述符

表 8.7　VibrateAttribute 类型对象的参数及功能

参 数 名	类　　型	功 能 说 明
id	number	振动器 id,默认值为 0
usage	Usage	马达振动的使用场景,包括 unknown(没有明确使用场景,最低优先级)、alarm(用于警报场景)、ring(用于铃声场景)、notification(用于通知场景)、communication(用于通信场景)、touch(用于触摸场景)、media(用于多媒体场景)、physicalFeedback(用于物理反馈场景)、simulateReality(用于模拟现实场景)

(2) vibrator.startVibration(effect：VibrateEffect,attribute：VibrateAttribute)：Promise＜void＞：根据指定的振动效果和振动属性触发马达振动,使用 Promise 异步回调。

(3) vibrator.stopVibration(stopMode：VibratorStopMode,callback：AsyncCallback＜void＞)：void：按照指定模式停止马达振动。使用 Callback 异步回调。stopMode 参数表示指定的停止振动模式,包括 VIBRATOR_STOP_MODE_TIME(停止固定时长振动)和 VIBRATOR_STOP_MODE_PRESET(停止预置振动);callback 参数表示异步回调函数,当马达停止振动成功,err 为 undefined,否则为错误对象。

(4) vibrator.stopVibration(stopMode：VibratorStopMode)：Promise＜void＞：按照指定模式停止马达振动。使用 promise 异步回调。

(5) vibrator.stopVibration(callback：AsyncCallback＜void＞)：void：停止所有模式的马达振动。使用 Callback 异步回调。callback 参数表示异步回调函数,当马达停止振动成功,err 为 undefined,否则为错误对象。自 API Version 10 开始提供。

(6) vibrator.stopVibration()：Promise＜void＞：停止所有模式的马达振动。使用 promise 异步回调。

【例 8-4】　设计一个如图 8.6 所示的设备摆放位置监测页面,点击"监测"按钮,如果设备不是水平放置,则马达振动;点击"取消"按钮,停止马达振动,并给出如图 8.7 所示的提示信息。

 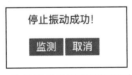

图 8.6　设备摆放位置监测页面效果(1)　　图 8.7　设备摆放位置监测页面效果(2)

从如图 8.6 所示的页面效果可以看出,整个页面设计布局与例 8-5 类似,此处略。当施加在设备 z 轴的重力加速度为 $9.8m/s^2$ 时,说明设备水平放置。点击"监测"按钮订阅重力传感器数据,如果回调返回的施加在 z 轴的重力加速度值小于 $9.8m/s^2$,则触发马达振动,否则停止马达振动;点击"取消"按钮停止马达振动。详细实现代码步骤如下。

(1) 自定义 startMyVibrator()方法开启马达振动。

开启马达振动时需要指定马达振动效果和振动属性,本例按照指定持续时间触发马达振动效果,详细代码如下。

```
1   startMyVibrator() {
2     try {
3       vibrator.startVibration({
4         type: 'time',                    //指定按照持续时间触发马达振动
5         duration: 1000,                  //指定马达振动时长为1s
6       }, {
7         id: 0,
8         usage: 'alarm'
9       }, (error) =>{
10        if (error) {
11          this.message ="开启振动失败,失败原因:" +error.message
12          return
13        }
14        this.message ="正在振动!……"
15      })
16    } catch (err) {
17      this.message ="振动马达开启异常,异常原因:" +err.message
18    }
19  }
```

(2) 自定义 stopMyVibrator()方法停止马达振动。

在调用 stopVibration()方法停止马达振动时,需要指定与马达振动启动类型一致的类型,详细代码如下。

```
1   stopMyVibrator() {
2     try {
3       vibrator.stopVibration(vibrator.VibratorStopMode.VIBRATOR_STOP_MODE_TIME,
    (error) =>{
4         if (error) {
5           this.message ="停止振动失败,失败原因:" +error.message
6           return
7         }
8         this.message ="停止振动成功!"
9       })
10    } catch (err) {
11      this.message ="振动马达停止异常,异常原因:" +err.message
12    }
13  }
```

(3) 设备摆放位置监测页面的实现。

点击页面上的"监测"按钮后,首先判断重力传感器是否存在,如果存在,则订阅重力传感器数据;如果订阅重力传感器的回调返回的施加在 z 轴的加速度达到 $9.8m/s^2$,则说明当前设备水平放置,否则设备开始振动。详细实现代码如下。

```
1   struct P8_4{
2     @State message: string = ''
3     //自定义 startMyVibrator()方法开启马达振动,此处略
4     //自定义 stopMyVibrator()方法停止马达振动,此处略
5     build() {
6       Column() {
7         Text(this.message).fontSize(25).margin({ top: 20 })
```

```
8          Row({ space: 5 }) {
9            Button("监测").onClick(async () =>{
10             try {
11               let promise =await sensor.getSingleSensor(sensor.SensorId.GRAVITY)
12               if (promise) {
13                 sensor.on(sensor.SensorId.GRAVITY, (response) =>{
14                   if (response.z >=9.8) {
15                     this.stopMyVibrator()
16                     return
17                   }
18                   this.startMyVibrator()
19                 })
20               }
21             } catch (e) {
22               this.message ="当前设备没有重力传感器!"
23             }
24           }).type(ButtonType.Normal).fontSize(25)
25           Button("取消").onClick(() =>{
26             this.stopMyVibrator()
27           }).type(ButtonType.Normal).fontSize(25)
28         }
29     } .width('100%')
30   }
31 }
```

8.2.3 案例：指南针的设计与实现

1. 需求描述

指南针应用启动后,页面上的指针会根据当前设备的方向进行指向,并在页面上显示当前的方向及与正北方向的偏移角度信息,运行效果如图 8.8 所示。

2. 设计思路

根据指南针的需求描述和页面显示效果,指南针页面从上至下以 Column 方式布局,"北"用 Text 组件实现;"西""指针"图片及"东"分别用 Text 组件、Image 组件和 Text 组件实现,并用 Row 方式布局;"南"用 Text 组件实现,"方向：****"信息用 Text 组件实现。

当指南针应用程序启动时,首先判断设备中是否存在加速度传感器和磁场传感器,如果存在,则首先订阅加速度传感器和磁场传感器数据,然后根据施加在设备 x、y、z 轴的加速

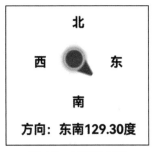

图 8.8 指南针页面

度值计算出重力矢量值和 x、y、z 轴环境磁场强度计算出地磁矢量值,最后根据重力矢量、地磁矢量值调用 getRotationMatrix( ) 方法计算出旋转矩阵,并根据旋转矩阵调用 getOrientation()方法计算出设备方向。

3. 实现流程

(1) 创建指南针应用模块。

打开 Chap08 项目，右击"Chap08"文件夹，选择 New → Module 菜单项创建名为"Compass"的模块，默认创建 Index.ets 页面作为指南针页面。并将 compass.png 图片文件保存到项目的 src/main/resources/base/media 文件夹下。

(2) 定义变量。

```
1   @State sensorList: Array<number>=[sensor.SensorId.ACCELEROMETER, sensor.
    SensorId.MAGNETIC_FIELD]                    //保存加速度传感器、地磁传感器的枚举名
2   @State sensorNames: Array<string>=["加速度传感器","磁场传感器"]        //保存传
    //感器名称
3   @State noExistSensors: ArrayList<string>=new ArrayList()    //保存设备不存在
    //的传感器名称
4   @State mGravity: Array<number>=[0,0,0]                      //保存重力矢量
5   @State mGeomagnetic: Array<number>=[0,0,0]                  //保存地磁矢量
6   @State compass: Resource =$r("app.media.compass")           //保存指南针图片
7   @State degree: number = 0                   //保存与正北方向顺时针偏移的角度
8   @State vector: string = ''                  //保存当前指南针的指向信息
```

(3) 自定义 showOrientation() 方法计算与正北方向的偏移角度。

正北方向为 0°（或 360°），以正北方向为 0°顺时针旋转 90°为正东方向、旋转 180°为正南方向、旋转 270°为正西方向。根据与正北方向顺时针偏移的弧度值计算出角度（角度范围 0°～360°），如果角度在 0°～15°或 345°～360°，则表示正北方向范围；如果角度在 15°～75°，则表示东北方向范围；如果角度在 75°～105°，则表示正东方向范围；如果角度在 105°～165°，则表示东南方向范围；如果角度在 165°～195°，则表示正南方向范围；如果角度在 195°～255°，则表示西南方向范围；如果角度在 255°～285°，则表示正西方向范围；如果角度在 285°～345°，则表示西北方向范围。详细实现代码如下。

```
1    showOrientation(ls: number) {
2      let pi =3.1415926
3      let azimuth =ls * (180 / pi)
4      azimuth = (azimuth +360) %360
5      if (azimuth <=15|| azimuth >=345) {
6        this.vector ="方向:北" +azimuth.toFixed(2) +"度"
7      } else if (azimuth >15&& azimuth <75) {
8        this.vector ="方向:东北" +azimuth.toFixed(2) +"度"
9      } else if (azimuth >=75&& azimuth <=105) {
10       this.vector ="方向:东" +azimuth.toFixed(2) +"度"
11     } else if (azimuth >105&& azimuth <165) {
12       this.vector ="方向:东南" +azimuth.toFixed(2) +"度"
13     } else if (azimuth >=165&& azimuth <=195) {
14       this.vector ="方向:南" +azimuth.toFixed(2) +"度"
15     } else if (azimuth >195&& azimuth <255) {
16       this.vector ="方向:西南" +azimuth.toFixed(2) +"度"
17     } else if (azimuth >=255&& azimuth <=285) {
18       this.vector ="方向:西" +azimuth.toFixed(2) +"度"
19     } else if (azimuth >285&& azimuth <345) {
20       this.vector ="方向:西北" +azimuth.toFixed(2) +"度"
21     }
```

```
22        return azimuth                           //返回角度值
23    }
```

(4) 自定义 listenAccelerometer()方法订阅加速度传感器数据度计算设备方向。

首先调用 sensor.on()方法订阅加速度传感器数据，并根据公式计算出重力矢量，然后调用 getRotationMatrix()方法计算出旋转矢量，再根据旋转矢量调用 getOrientation()方法计算出与正北方向的偏移弧度值，最后调用自定义的 showOrientation()方法计算出角度值及在页面上显示方向信息。详细代码如下：

```
1   listenAccelerometer() {
2     try {
3       sensor.on(sensor.SensorId.ACCELEROMETER, (response) =>{
4         this.mGravity[0] =0.97 * this.mGravity[0] +(1-0.97) * response.x
5         this.mGravity[1] =0.97 * this.mGravity[1] +(1-0.97) * response.y
6         this.mGravity[2] =0.97 * this.mGravity[2] +(1-0.97) * response.z
7         try {
8           let gravity =[this.mGravity[0], this.mGravity[1], this.mGravity[2]];
9           let geomagnetic = [this.mGeomagnetic[0], this.mGeomagnetic[1], this.mGeomagnetic[2]];
10          sensor.getRotationMatrix(gravity, geomagnetic, (error, data) =>{
11            let R =data.rotation
12            sensor.getOrientation(R, (err, data) =>{
13              this.degree =this.showOrientation(data[0])      //计算与正北方向的偏移角度
14            })
15          })
16        } catch (e) {
17          this.vector ="错误信息"+e
18        }
19      })
20    } catch (e) {
21      this.vector ="错误信息"+e
22    }
23  }
```

(5) 自定义 listenManneticField()方法订阅磁场传感器数据度计算设备方向。

首先调用 sensor.on()方法订阅磁场传感器数据，并根据公式计算出地磁矢量，然后调用 getRotationMatrix()方法计算出旋转矢量，再根据旋转矢量调用 getOrientation()方法计算出与正北方向的偏移弧度值，最后调用自定义的 showOrientation()方法计算出角度值及在页面上显示方向信息。详细代码如下：

```
1   listenManneticField() {
2     try {
3       sensor.on(sensor.SensorId.MAGNETIC_FIELD, async (response) =>{
4         this.mGeomagnetic[0] =0.97 * this.mGeomagnetic[0] +(1-0.97) * response.x
5         this.mGeomagnetic[1] =0.97 * this.mGeomagnetic[1] +(1-0.97) * response.y
6         this.mGeomagnetic[2] =0.97 * this.mGeomagnetic[2] +(1-0.97) * response.z
7         //与 listenAccelerometer()方法中的第 7～18 行代码一样,此处略
8       })
9     } catch (e) {
```

```
10        this.vector =this.vector ="错误信息"+e
11     }
12   }
```

(6) 实现 aboutToAppear() 函数。

创建页面组件的实例后,首先判断加速度传感器和磁场传感器是否存在,如果存在,则订阅它们的数据,并根据数据实现相关功能,否则在页面显示传感器不存在的信息,详细实现代码如下。

```
1   async aboutToAppear() {
2      var warnInfo =""
3      for (var index =0; index <this.sensorList.length; index++)
4        try {
5          let promise =await sensor.getSingleSensor(this.sensorList[index])
6        } catch (e) {
7          this.noExistSensors.add(this.sensorNames[index])    //将不存在的传
   //感器加入该数组
8          warnInfo =warnInfo + `${this.sensorNames[index]}不存在!`
9        }
10     if (this.noExistSensors.length >0) {
11       this.vector =warnInfo
12     } else {
13       try {
14         this.listenAccelerometer()    //订阅加速度传感器并作相应的功能处理
15         this.listenManneticField()    //订阅磁场传感器并作相应的功能处理
16       } catch (e) {
17         this.vector =this.vector ="错误信息" +e
18       }
19     }
20   }
```

(7) 指南针页面的实现。

打开指南针页面时,首先调用 aboutToAppear() 函数,获取传感器数据并进行相应处理后,将结果显示在指南针页面对应位置,详细代码如下。

```
1   struct Index {
2     //定义变量,此处略
3     //自定义 showOrientation()方法计算与正北方向的偏移角度
4     //自定义 listenAccelerometer()方法订阅加速度传感器数据度计算设备方向
5     //自定义 listenManneticField()方法订阅磁场传感器数据度计算设备方向
6     //实现 aboutToAppear()函数
7     build() {
8       Column() {
9         Text ("北") .fontSize (50) .fontWeight (FontWeight.Bold) .textAlign
    (TextAlign.Center) .width(150) .height(150)
10        Row() {
11          Text ("西") .fontSize (50) .fontWeight (FontWeight.Bold) .textAlign
    (TextAlign.Center) .width(150) .height(150)
12          Image (this.compass) .width (150) .height (150) .rotate ({ angle: this.
    degree })
13          Text ("东") .fontSize (50) .fontWeight (FontWeight.Bold) .textAlign
    (TextAlign.Center) .width(150) .height(150)
```

```
14        }
15        Text("南").fontSize(50).fontWeight(FontWeight.Bold).textAlign
    (TextAlign.Center).width(150).height(150)
16        Text(this.vector).fontSize(50).fontWeight(FontWeight.Bold)
17      }.width('100%')
18    }
19 }
```

至此,指南针页面的功能全部实现。但是,使用加速度传感器时,需要设置允许访问加速传感器权限,否则应用将无法获取授权。

8.3 位置服务的应用

移动互联网时代,移动端应用得到了蓬勃发展,尤其是在嵌入位置服务(LBS)相关功能后,基于移动终端系统的硬件和软件都实现了爆发式增长,定位、地图和导航等在各类场景中的应用,既为商家提供了商机,也让百姓生活更加方便快捷。

8.3.1 位置服务接口

从 API Version 9 开始,ArkTS 开发框架提供的"@ohos.geoLocationManager"模块接口可以实现 GNSS 定位、网络定位、地理编码、逆地理编码、国家码和地理围栏等位置服务能力,应用开发中使用该模块相关功能之前,需要先用如下代码导入"@ohos.geoLocationManager"模块,并按照如表 8.8 所示申请权限及获得用户授权。

```
1 import geoLocationManager from '@ohos.geoLocationManager'
```

表 8.8 位置权限功能说明

API 版本	申请权限	功能说明
<9	ohos.permission.LOCATION	获取到精准位置,精准度在米级别
≥9	ohos.permission.APPROXIMATELY_LOCATION	获取到模糊位置,精确度为 5km
≥9	ohos.permission.APPROXIMATELY_LOCATION ohos.permission.LOCATION	获取到精准位置,精准度在米级别

如果应用在后台运行时也需要访问设备位置,除需要将应用声明为允许后台运行外,还必须申请 ohos.permission.LOCATION_IN_BACKGROUND 权限,这样应用在切入后台之后,系统可以继续上报位置信息。

1. 开启和关闭位置变化订阅

(1) geoLocationManager.on(type:'locationChange', request:LocationRequest, callback:Callback<Location>):void:开启位置变化订阅,并发起定位请求,使用 Callback 异步方式返回结果。type 参数值为"locationChange",表示当位置发生变化时触发回调;request 参数表示位置请求参数,LocationRequest 类型对象的参数及功能说明如

表 8.9 所示；callback 参数表示执行后异步返回位置信息的回调函数，Location 类型对象的参数及功能说明如表 8.10 所示。

表 8.9 LocationRequest 类型对象的参数及功能

名称	类型	功能说明
priority	LocationRequestPriority	设置定位优先级信息。其值包括 UNSET（未设置优先级）、ACCURACY（精度优先）、LOW_POWER（低功耗优先）和 FIRST_FIX（快速获取位置优先）。仅当 scenario 的值为 UNSET 时，此参数生效；当 scenario 和 priority 的取值都为 UNSET 时，无法发起定位请求
scenario	LocationRequestScenario	设置定位场景信息。其值包括 UNSET（未设置场景信息）、NAVIGATION（导航场景）、TRAJECTORY_TRACKING（运动轨迹记录场景）、CAR_HAILING（打车场景）、DAILY_LIFE_SERVICE（日常服务使用场景）和 NO_POWER（无功耗场景）。仅当 scenario 的值为 UNSET 时，此参数生效；当 scenario 和 priority 的取值都为 UNSET 时，无法发起定位请求
timeInterval	number	设置上报位置信息的时间间隔，单位：s。默认值为 1，取值范围为大于或等于 0
distanceInterval	number	设置上报位置信息的距离间隔，单位：m。默认值为 0，取值范围为大于或等于 0
maxAccuracy	number	设置精度信息，单位：m。仅在精确位置功能场景下有效。默认值为 0，取值范围为大于或等于 0

表 8.10 Location 类型对象的参数及功能

参数名	类型	功能说明
latitude	number	返回纬度信息，正值表示北纬，负值表示南纬。取值范围为 $-90°\sim90°$
altitude	number	返回高度信息，单位：m
speed	number	返回速度信息，单位：m/s
direction	number	返回航向信息，单位：°，取值范围为 $0°\sim360°$
additions	Array<string>	返回附加信息
longitude	number	返回经度信息，正值表示东经，负值表示西经。取值范围为 $-180°\sim180°$
accuracy	number	返回精度信息，单位：m
timeStamp	number	返回位置时间戳，UTC 格式
timeSinceBoot	number	返回位置时间戳，开机时间格式
additionSize	number	返回附加信息数量，取值范围为大于或等于 0

（2）geoLocationManager.off(type:'locationChange', callback?: Callback<Location>): void：关闭位置变化订阅，并删除对应的定位请求，使用 Callback 异步方式返回结果。type 参数值为"locationChange"，表示当位置发生变化时触发回调；callback 参数表示需要取消订阅的回调函数，若无此参数，则取消当前类型的所有订阅。

【例 8-5】 设计一个如图 8.9 所示的设备位置信息显示页面，点击"开启定位"按钮，在页面上显示当前设备的经纬度、高度、精度、速度和航向等信息；点击"关闭定位"按钮，取消位置变化订阅。

从如图 8.9 所示的页面效果可以看出，整个页面设计布局以 Column 方式布局。点击"开启定位"按钮开启位置变化订阅，将回调函数返回的位置信息显示在页面相应位置；点击"关闭定位"按钮取消位置变化订阅。详细实现步骤如下。

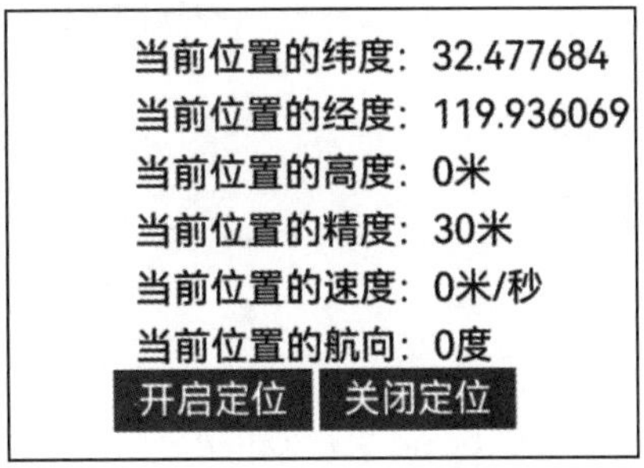

图 8.9　设备位置信息显示页面效果

（1）定义变量。

```
1    @State message: string = ''        //保存当前位置信息
2    myLatitude: number                  //保存当前位置的纬度
3    myLongitude: number                 //保存当前位置的经度
4    myAltitude: number                  //保存当前位置的高度信息
5    myAccuracy: number                  //保存当前位置精度信息
6    mySpeed: number                     //保存当前位置的速度
7    myDirection: number                 //保存当前位置的航向信息
8    myLocationChange = (location: geoLocationManager.Location) => {
9      this.myLatitude = location.latitude
10     this.myLongitude = location.longitude
11     this.myAltitude = location.altitude
12     this.myAccuracy = location.accuracy
13     this.mySpeed = location.speed
14     this.myDirection = location.direction
15     this.message = `\n
16        当前位置的纬度:${this.myLatitude}\n
17        当前位置的经度:${this.myLongitude}\n
18        当前位置的高度:${this.myAltitude}米\n
19        当前位置的精度:${this.myAccuracy}米\n
20        当前位置的速度:${this.mySpeed}米/秒\n
21        当前位置的航向:${this.myDirection}度`
22   }
```

上述第 8～22 行代码定义了一个开启和关闭位置变化订阅的回调函数，该回调函数的功能是将回调函数返回的位置信息显示在页面上。

（2）设置位置信息显示页面的实现。

打开位置信息显示页面，点击"开启定位"按钮，调用 geoLocationManager.on('locationChange')方法，以"快速获取位置优先、未设置场景信息、精度信息为1、上报位置信息时间间隔及距离间隔为 1"的方式开启位置变化订阅；点击"关闭定位"按钮，调用 geoLocationManager.off('locationChange')方法，取消位置变化订阅。详细代码如下。

```
1    struct P8_5{
2      //定义变量,此处略
3      build() {
4        Column() {
5          Text(this.message).fontSize(25).margin({ top: 20 })
6          Row({ space: 5 }) {
```

```
7       Button("开启定位").onClick(async () =>{
8         let requestInfo: geoLocationManager.LocationRequest ={
9           'priority': geoLocationManager.LocationRequestPriority.FIRST_FIX,
10          'scenario': geoLocationManager.LocationRequestScenario.UNSET,
11          'timeInterval': 1,
12          'distanceInterval': 1,
13          'maxAccuracy':1
14        }
15        try {
16          geoLocationManager.on('locationChange', requestInfo, this.myLocationChange)
17        } catch (e) {
18          this.message ="当前启动定位出错:" +e
19        }
20      }).type(ButtonType.Normal).fontSize(25)
21      Button("关闭定位").onClick(() =>{
22        try {
23          geoLocationManager.off('locationChange', this.myLocationChange)
24        } catch (e) {
25          this.message ="当前关闭定位出错:" +e
26        }
27      }).type(ButtonType.Normal).fontSize(25)
28    }
29  }.width('100%')
30   }
31 }
```

由于获取当前设备的位置服务必须获得用户授权,所以需要按照"设置"→"应用和服务"→"应用管理"→"应用程序"步骤打开如图 8.10 所示的应用信息窗口,点击该窗口中的"权限"项,弹出如图 8.11 所示的位置信息权限窗口,选择相应的位置访问信息权限。

图 8.10 应用信息窗口

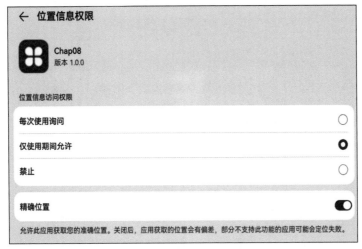

图 8.11 位置信息权限窗口

2．逆地理编码解析服务

（1）geoLocationManager．getAddressesFromLocation（request：ReverseGeoCodeRequest，callback：AsyncCallback＜Array＜GeoAddress＞＞）：void：调用逆地理编码解析服务，将坐标转换为地理位置信息描述，使用 Callback 异步方式返回结果。request 参数表示逆地理编码请求的相关参数，ReverseGeoCodeRequest 类型对象的参数及功能说明如表 8.11 所示；callback 参数表示执行后异步返回逆地理编码结果的回调函数，GeoAddress 类型对象的参数及功能说明如表 8.12 所示。

表 8.11　ReverseGeoCodeRequest 类型对象的参数及功能

名　称	类　型	功能说明
locale	string	设置位置描述信息的语言，值包括"zh"（中文）、"en"（英文）
latitude	number	设置纬度信息，正值表示北纬，负值表示南纬，取值范围为 −90°～90°
longitude	number	设置经度信息，正值表示东经，负值表示西经，取值范围为 −180°～180°
maxItems	number	设置返回位置信息的最大个数，取值范围为大于或等于 0

表 8.12　GeoAddress 类型对象的参数及功能

参 数 名	类　型	功能说明	参 数 名	类　型	功能说明
locale	string	表示位置描述信息的语言，值包括"zh"（中文）、"en"（英文）	subLocality	string	表示子城市信息
latitude	number	表示纬度信息，正值表示北纬，负值表示南纬，取值范围为 −90°～90°	roadName	string	表示路名信息

续表

参 数 名	类 型	功 能 说 明	参 数 名	类 型	功 能 说 明
longitude	number	表示经度信息,正值表示东经,负值表示西经,取值范围为-180°~180°	subRoadName	string	表示子路名信息
placeName	string	表示地区信息	premises	string	表示门牌号信息
countryCode	string	表示国家码信息	postalCode	string	表示邮政编码信息
countryName	string	表示国家信息	phoneNumber	string	表示联系方式信息
administrativeArea	string	表示省份区域信息	addressUrl	string	表示位置信息附件的网址信息
subAdministrativeArea	string	表示子区域信息	descriptions	Array\<string\>	表示附加的描述信息
locality	string	表示城市信息	descriptionsSize	number	表示附加的描述信息数量,取值范围为大于或等于0

(2) geoLocationManager.getAddressesFromLocation(request: ReverseGeoCodeRequest): Promise\<Array\<GeoAddress\>\>:调用逆地理编码解析服务,将坐标转换为地理描述,使用 Promise 异步方式返回结果。

【例 8-6】 在例 8-5 的基础上,点击"开启定位"按钮,在页面上显示如图 8.12 所示页面效果,可以按如下步骤实现。

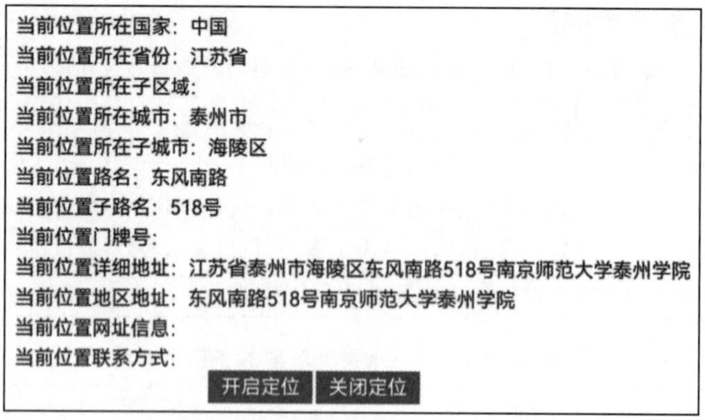

图 8.12 设备位置具体信息显示效果

(1) 自定义 myLocationDetail()方法在页面上显示设备的具体位置信息。

根据设备的经纬度值,调用 getAddressesFromLocation()方法进行逆地理编码解析,将解析后的结果按照如图 8.12 所示效果显示在页面上,详细代码如下。

```
1    async myLocationDetail(lat: number, lon: number) {
2      let rGRequest: geoLocationManager.ReverseGeoCodeRequest ={
3        locale: "zh",                    //设定位置描述信息为中文
```

```
4          latitude: lat,
5          longitude: lon,
6          maxItems: 1
7      }
8      try {
9          let promise =await geoLocationManager.getAddressesFromLocation(rGRequest)
10         this.message = `\n
11             当前位置所在国家:${promise[0].countryName}\n
12             当前位置所在省份:${promise[0].administrativeArea}\n
13             当前位置所在子区域:${promise[0].subAdministrativeArea}\n
14             当前位置所在城市:${promise[0].locality}\n
15             当前位置所在子城市:${promise[0].subLocality}\n
16             当前位置路名:${promise[0].roadName}\n
17             当前位置子路名:${promise[0].subRoadName}\n
18             当前位置门牌号:${promise[0].premises}\n
19             当前位置详细地址:${promise[0].descriptions}\n
20             当前位置地区地址:${promise[0].placeName}\n
21             当前位置网址信息:${promise[0].addressUrl}\n
22             当前位置联系方式:${promise[0].phoneNumber}`
23     } catch (e) {
24         this.message ="逆地址解析服务出错:" +e
25     }
26 }
```

(2) 定义位置发生变化时触发的回调方法。

当设备的位置发生变化时,其纬度和经度也会随之变化,此时将纬度和经度作为参数传递给自定义的 myLocationDetail() 方法,并将其转换为位置描述信息,详细代码如下。

```
1  myLocationChange =async (location: geoLocationManager.Location) =>{
2      this.myLatitude =location.latitude
3      this.myLongitude =location.longitude
4      await this.myLocationDetail(this.myLatitude, this.myLongitude)
5  }
```

上述第 4 行代码表示将代表纬度和经度的 myLatitude、myLongitude 变量作为参数,传递给自定义的 myLocationDetail() 方法,然后根据纬度和经度将地理位置的详细信息解析出来。

3. 获取当前位置

(1) geoLocationManager.getCurrentLocation(request:CurrentLocationRequest,callback:AsyncCallback<Location>):void:获取当前位置,使用 Callback 回调异步返回结果。request 参数表示设置当前位置信息请求参数,CurrentLocationRequest 类型对象及功能说明如表 8.13 所示;callback 参数表示返回当前位置信息的监听回调方法,回调方法的返回值为 Location 类型。

表 8.13　CurrentLocationRequest 类型对象的参数及功能

名　称	类　型	功　能　说　明
priority	LocationRequestPriority	与 LocationRequest 类型功能一样,此处略

续表

名称	类型	功能说明
scenario	LocationRequestScenario	与 LocationRequest 类型功能一样，此处略
timeoutMs	number	设置超时时间，单位：ms，最小为 1000ms，取值范围为大于或等于 1000
maxAccuracy	number	与 LocationRequest 类型功能一样，此处略

（2）geoLocationManager.getCurrentLocation(callback：AsyncCallback＜Location＞)：void：获取当前位置，使用 Callback 回调异步返回结果。

（3）geoLocationManager.getCurrentLocation（request?：CurrentLocationRequest）：Promise＜Location＞：获取当前位置，使用 Promise 方式异步返回结果。request 参数表示位置请求参数，返回值类型为 Promise＜Location＞。

例如，要实现例 8-6 的功能，也可以将上述实现例 8-6 中"开启定位"按钮的代码用下述代码替换。

```
1    Button("开启定位").onClick(async () =>{
2        let requestInfo: geoLocationManager.CurrentLocationRequest={
3            'priority': geoLocationManager.LocationRequestPriority.FIRST_FIX,
4            'scenario': geoLocationManager.LocationRequestScenario.UNSET,
5            'maxAccuracy': 1
6        }
7        try {
8            let promise =await geoLocationManager.getCurrentLocation(requestInfo)
9            await this.myLocationDetail(promise.latitude, promise.longitude)
10       } catch (e) {
11           this.message ="当前启动定位出错:" +e
12       }
13   }).type(ButtonType.Normal).fontSize(25)
```

4. 地理编码解析服务

（1）geoLocationManager.getAddressesFromLocationName(request：GeoCodeRequest，callback：AsyncCallback＜Array＜GeoAddress＞＞)：void：调用地理编码服务，将地理描述信息转换为具体的经纬度坐标，使用 Callback 回调异步返回结果。request 参数表示地理编码请求的相关参数，用于设置地理编码请求参数，GeoCodeRequest 类型组成如表 8.14 所示；callback 参数表示返回地理编码请求的监听回调方法，回调方法返回值为 Array＜GeoAddress＞类型。

表 8.14 GeoCodeRequest 类型对象的参数及功能

名称	类型	功能说明
locale	string	设置位置描述信息的语言，值包括"zh"（中文）、"en"（英文）
description	number	设置位置信息描述，如"上海市浦东新区××路××号"
maxItems	number	设置返回位置信息的最大个数
minLatitude	number	设置最小纬度信息，与下面三个参数一起，表示一个经纬度范围
minLongitude	number	设置最小经度信息

续表

名称	类型	功能说明
maxLatitude	number	设置最大纬度信息
maxLongitude	number	设置最大经度信息

（2）geoLocationManager.getAddressesFromLocationName(request:GeoCodeRequest)：Promise＜Array＜GeoAddress＞＞：调用地理编码服务，将地理描述信息转换为具体经纬度坐标，使用Promise方式异步返回结果。request参数表示设置地理编码请求参数；返回值类型为Promise＜Array＜GeoAddress＞＞。

8.3.2 案例：高德地图在鸿蒙中的应用

高德地图鸿蒙SDK是一套地图开发调用接口，开发者可以在鸿蒙应用中加入地图相关的功能，包括地图显示、与地图交互、在地图上绘制等功能。

1. 获取访问应用密钥（Key）

打开https://lbs.amap.com页面，进行开发者注册和实名认证；登录成功后，打开https://console.amap.com/dev/key/app页面，进入高德开放平台控制台界面，依次单击"应用管理"→"我的应用"→"创建新应用"，弹出如图8.13所示的"新建应用"对话框，在对话框相应位置填写应用名称、选择应用类型后，单击"新建"按钮，在"我的应用"下方显示新建应用的图标、名称、创建日期及相应的功能按钮，如图8.14所示。

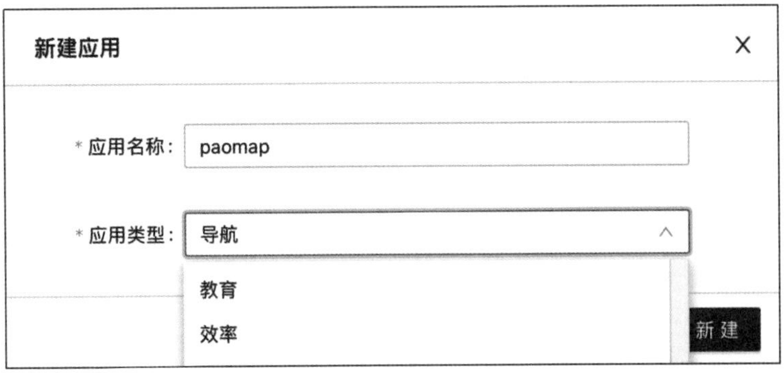

图 8.13 "新建应用"对话框界面

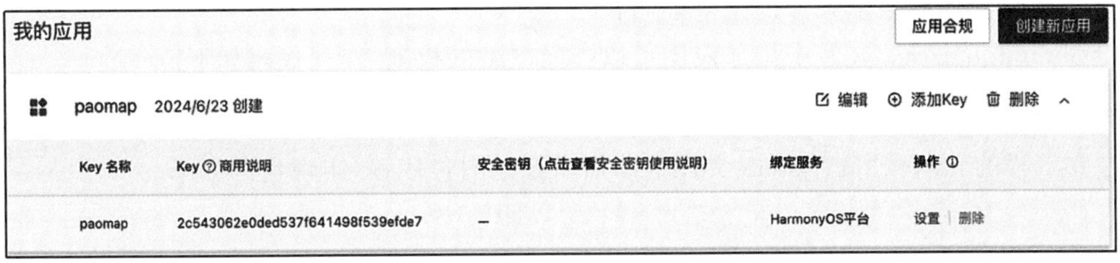

图 8.14 "我的应用"列表信息界面

单击如图 8.14 所示应用列表的"添加 Key"功能按钮,弹出如图 8.15 所示的设置应用 Key 界面,在相应位置填写 Key 名称、选择服务平台(鸿蒙应用程序应选择 HarmonyOS Next 平台)、填写 AppID(PackageName_签名)、选择"阅读并同意"复选框,单击"提交"按钮。但是,目前只能通过下述代码获取应用的 AppID。

```
1  let flag =bundleManager.BundleFlag.GET_BUNDLE_INFO_WITH_SIGNATURE_INFO
2  let bundleInfo =await bundleManager.getBundleInfoForSelf(flag)
3  let appId =bundleInfo.signatureInfo.appId
```

上述第 2 行代码表示以异步方法根据给定的 bundleFlags 获取当前应用的 BundleInfo (应用包信息)。第 3 行代码中的 signatureInfo 表示应用包的签名信息。

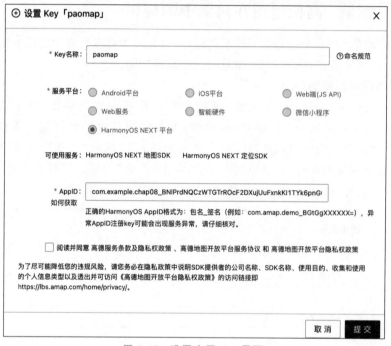

图 8.15 设置应用 Key 界面

单击如图 8.15 所示设置应用 Key 界面上的"提交"按钮后,"我的应用"界面显示如图 8.14 所示的应用 Key 名称、Key 等信息。

2. 配置应用权限及添加地图包依赖

在 module.json5 文件中添加应用可以访问网络的权限,实现代码如下。

```
1  "requestPermissions": [{"name": 'ohos.permission.INTERNET'}],
```

在工程的 oh-package.json5 文件中添加高德地图包依赖,实现代码如下。

```
1  "dependencies": {
2    "@amap/amap_lbs_common": "1.0.1",
3    "@amap/amap_lbs_map3d": "1.0.2"
4  }
```

3. 显示地图

如果应用一旦运行,就在页面上显示如图 8.16 所示的页面效果,则需要首先按照前面的步骤为当前应用添加网络权限和高德地图包依赖,然后从高德地图包中导入所需模块、设置应用在图 8.14 中获得的 Key、获得 MapView 类型对象、初始化地图及获取 AMap,最后在页面上显示 MapViewComponent 组件。详细实现代码如下。

图 8.16　显示地图页面

```
1   import { AMap, MapsInitializer, MapView, MapViewComponent, MapViewManager }
      from '@amap/amap_lbs_map3d'
2   @Entry
3   @Component
4   struct Index {
5     @State mapView: MapView = null;
6     @State aMap: AMap = null;
7     aboutToAppear() {
8       MapsInitializer.setApiKey("2c543062e0ded537f641498f539e0fde7")
9       MapViewManager.getInstance().getMapView((mapview?: MapView) =>{
10        if (!mapview) return;
11        this.mapView = mapview;
12        this.mapView.onCreate();
13        this.mapView.getMapAsync((map) =>{
14          this.aMap = map;
15        })
16      })
17    }
18    build() {
```

```
19      Column() {
20        MapViewComponent().width('100%').height('100%')
21      }.width('100%')
22    }
23  }
```

上述第 1 行代码表示从高德地图包中导入所需模块;第 8 行代码表示为应用设置 Key;第 9~16 行代码表示获取 MapView 及 AMap 对象。

4. 切换地图显示类型

目前,高德鸿蒙地图 SDK 提供了普通地图、卫星图和夜景地图等模式。应用开发时,导入如下接口模块,就可以调用 AMap 类提供的 setMapType()方法设置地图显示模式,地图显示模式的常量名称及功能说明如表 8.15 所示。

```
1  import {MapType} from '@amap/amap_lbs_map3d'
```

表 8.15　地图显示模式及功能说明

常量名称	说明	常量名称	说明
MAP_TYPE_NORMAL	普通地图	MAP_TYPE_NIGHT	夜景地图
MAP_TYPE_SATELLITE	卫星地图		

【例 8-7】　设计一个如图 8.17 所示的地图显示效果切换界面,分别点击"标准地图""卫星模式""夜间模式"按钮,界面上显示的地图会切换到相应的效果。

图 8.17　地图显示效果切换页面

从如图 8.17 所示的页面效果可以看出,整个页面按钮 Column 方式布局,第 1 行的"标准地图""卫星地图"和"夜间模式"由 Row 方式布局的 Button 实现,其他功能与显示地图代码完全一样,限于篇幅,不再赘述。"标准地图""卫星地图"和"夜间模式"按钮的实现代码如下。

```
1       Row({space:5}) {
2           Button("标准地图").onClick(() =>{
3             this.mapView.getMapAsync((map) =>{
4               map.setMapType(MapType.MAP_TYPE_NORMAL)
5               this.aMap =map
6             })
7           }).type(ButtonType.Normal).fontSize(20)
8           Button("卫星地图").onClick(() =>{
9             this.mapView.getMapAsync((map) =>{
10              map.setMapType(MapType.MAP_TYPE_SATELLITE)
11              this.aMap =map
12            })
13          }).type(ButtonType.Normal).fontSize(20)
14          Button("夜间模式").onClick(() =>{
15            this.mapView.getMapAsync((map) =>{
16              map.setMapType(MapType.MAP_TYPE_NIGHT)
17              this.aMap =map
18            })
19          }).type(ButtonType.Normal).fontSize(20)
20      }.width("100%").height("20%")
```

5. 在地图上绘制标点

高德鸿蒙地图 SDK 提供的地图上绘制能力可以在地图上绘制点标记、绘制线和绘制面等。绘制点标记主要用来在地图上标记用户位置、交通工具位置及场所位置等一切带有位置属性的事物。绘制线主要用来在地图上绘制一组经纬度(LatLng 对象)点连接而成线。绘制面主要用来在地图上绘制圆形和多边形等形状。AMap 类是地图的控制器类,包括地图图层切换、改变地图状态、添加点标记、绘制几何图形及点击等操作的各类事件监听等功能;Marker 类是在地图上绘制覆盖物类,也就是地图上的一个点绘制图标,一个 Marker 包含锚点、位置、标题及图标等属性。AMap 类及 Marker 类提供的常用方法如表 8.16 所示。

表 8.16 AMap 类及 Marker 类提供的常用方法及功能说明

类 名	方 法 名	功 能 说 明
AMap	addMarker(options:MarkerOptions)	在地图上加 Marker
	moveCamera(update:CameraUpdate)	改变地图状态
Marker	setPosition(latlng:LatLng)	设置 Marker 在地图上的经纬度位置

【例 8-8】 在例 8-7 的基础上,添加"查看当前位置"按钮,点击该按钮在地图上标注当前位置信息,显示效果如图 8.18 所示。

点击"查看当前位置"按钮,首先获取当前位置信息,根据当前位置信息中的纬度和经度,完成改变地图状态、逆地理编码解析服务及在地图上添加标注信息。详细步骤如下。

图8.18 定位并在地图上标注当前位置

(1) 定义变量。

```
1    @State mapView: MapView =null
2    @State aMap: AMap =null
3    @State title: string ="当前位置"        //保存标题
4    @State description: string =""         //保存当前位置的详细信息
```

(2) 自定义 myLocationDetail() 方法获取当前位置的详细信息。

根据当前位置的经纬度值,调用 getAddressesFromLocation() 方法进行逆地理编码解析,将解析结果中的详细位置信息显示在 Maker 对象中,详细代码如下。

```
1    async myLocationDetail(lat: number, lon: number) {
2      let rgr: geoLocationManager.ReverseGeoCodeRequest ={
3        locale: "zh",latitude: lat, longitude: lon,maxItems: 1
4      }
5      try {
6        let promise =await geoLocationManager.getAddressesFromLocation(rgr)
7        this.description =`${promise[0].descriptions}`
8      } catch (e) {
9        console.info("逆地址解析服务出错:" +e)
10     }
11   }
```

(3) 自定义 addMarker() 方法在当前位置绘制点标记。

根据当前位置的经纬度值,调用 AMap 类的 addMarker() 方法在地图上的当前位置处绘制标记。绘制的标记包含标题、详细地址信息及图标,本例中的图标文件(gpsIcon.png)

需要事先复制到项目的 src/main/resources/rawfile 目录中，详细代码如下。

```
1   addMarker(lat: number, lon: number) {
2       let options: MarkerOptions =new MarkerOptions()
3       options.setTitle(this.title)              //设置标记的标题
4       options.setSnippet(this.description)      //设置标记的文字描述
5       options.setPosition(new LatLng(lat, lon))
6       options.setIcon(new BitmapDescriptor($rawfile('gpsIcon.png'),
    'gpsIcon.png', 100,100));
7       this.aMap.addMarker(options);
8   }
```

（4）定位并在地图上标注当前位置的功能实现。

打开应用页面时，首先调用 aboutToAppear()函数，在该函数实现设置应用的 Key、获得 MapView 类型对象、初始化地图及获取 AMap 对象等功能，并在页面上用 MapView-Component 组件显示地图；然后点击"查看当前位置"按钮分别实现获取当前位置、切换地图状态到当前位置、调用 myLocationDetail()方法获取当前位置的详细信息及调用 addMarker()方法在当前位置绘制点标记等功能。具体代码如下。

```
1   import { AMap, BitmapDescriptor, CameraUpdateFactory, LatLng,
    MapsInitializer, MapView, MapViewComponent, MapViewManager, MarkerOptions }
    from '@amap/amap_lbs_map3d'
2   import { MapType } from '@amap/amap_lbs_map3d'
3   import geoLocationManager from '@ohos.geoLocationManager'
4   @Entry
5   @Component
6   struct P8_8 {
7     @State mapView: MapView =null
8     @State aMap: AMap =null
9     @State title: string ="当前位置"
10    @State description: string =""
11    //自定义 myLocationDetail()方法获取当前位置的详细信息，此处略
12    //自定义 addMarker()方法在当前位置绘制点标记，此处略
13    //实现 aboutToAppear()函数，代码与显示地图一样，此处略
14    build() {
15      Column() {
16        Row({ space: 5 }) {
17          //"标准地图"按钮功能实现代码如例 8-7，此处略
18          //"卫星地图"按钮功能实现代码如例 8-7，此处略
19          //"夜间模式"按钮功能实现代码如例 8-7，此处略
20          Button("查看当前位置").onClick(async () => {
21            let requestInfo: geoLocationManager.CurrentLocationRequest ={
22              'priority': geoLocationManager.LocationRequestPriority.FIRST_FIX,
23              'scenario': geoLocationManager.LocationRequestScenario.UNSET,
24              'maxAccuracy': 1
25            }
26            try {
27              let promise =await geoLocationManager.getCurrentLocation(requestInfo)
28              this.aMap.moveCamera(CameraUpdateFactory.newLatLngZoom(new
    LatLng(promise.latitude, promise.longitude), 15))
29              await this.myLocationDetail(promise.latitude, promise.longitude)
30              await this.addMarker(promise.latitude, promise.longitude)
```

```
31              } catch (e) {
32                  console.info("查看当前位置出错:" +e)
33              }
34          }).type(ButtonType.Normal).fontSize(25)
35      }.width("100%").height("20%")
36      MapViewComponent().width('100%').height('80%')
37    }.width('100%')
38   }
39 }
```

至此,实现了高德地图在鸿蒙中的相关应用,读者可以查阅高德地图的开发文档进行其他扩展功能的开发。

小结

近年来,基于传感器和位置的服务发展更为迅速,涉及商务、医疗、工作和生活的各方面,为用户提供定位、追踪和敏感区域警告等一系列服务。本章结合实际案例项目的开发过程介绍了加速度传感器、光照强度传感器、陀螺仪传感器和高德地图在鸿蒙中的应用开发方法,让读者能够结合实际需求开发出具有实际使用价值的应用程序。

第9章 元服务与端云一体化开发

元服务(原名为原子化服务)作为鸿蒙系统轻量化程序形态,具有免下载安装、即开即用、即用即走的特点,用户不用打开邮件服务就可以看到最新邮件列表,不用打开购物应用就可以直接浏览商品信息,这些方便快捷的直达功能就是由元服务和服务卡片实现的。利用 DevEco Studio 一套开发工具既可以支撑端侧开发,也可以支持云侧开发,不用搭建服务器,也不用运维,开发者只要聚焦业务逻辑本身,这种降本增效的应用开发就是由 DevEco Studio 提供的端云一体化协同开发实现的。本章结合具体案例介绍鸿蒙平台下的元服务、服务卡片及端云一体化的开发方法。

9.1 元服务

9.1.1 什么是元服务

元服务是鸿蒙系统提供的一种面向未来的服务提供方式,是有独立入口(用户通过点击、碰一碰或扫一扫等方式可以直接触发)、免安装(无须显式安装,由系统程序框架后台安装后就可以直接使用)、可为用户提供一个或多个便捷服务的用户程序形态。也就是说,将传统的在终端设备上安装的应用按照功能粒度进行细化,分解为一个一个的元服务,元服务之间通过一定的通信方式完成用户的功能需求,即不再依托传统的在终端设备上安装的应用就可达到用户使用目的,所以相对于传统方式需要安装应用而言,元服务更加轻量,并且可以提供更丰富的入口和实现更精准的分发。

例如,传统方式下的购物应用,首先需要购物者在设备上安装购物应用,然后打开应用并查找商品后才能放入购物车及完成支付。但是,如果开发者按照元服务理念调整设计,则可以将传统购物应用包含的"商品浏览""购物车"及"支付"等功能分解成"商品浏览""购物车"及"支付"等多个元服务,这些元服务无须安装,通过入口直达服务页面。具体来说,元服务包括如下三方面的特点。

(1) 随处可及。元服务可在负一屏、应用市场等入口发现并使用,也可以基于合适场景被主动推荐给用户使用。

(2) 服务直达。元服务支持免安装使用,用户不用打开元服务,就可以通过服务卡片获取服务内如天气、事务备忘或热点新闻等重要信息的展示和动态变化。

(3) 跨设备。元服务支持运行在"1+8+N"设备上，支持跨设备分享、跨端迁移及多端协同等功能。

元服务基于鸿蒙 API 开发，支持运行在"1+8+N"设备上，且可以在设备的多种入口触发使用。每个元服务具备独立的图标、名称、描述、快照等基础信息，同时至少需要提供一个服务卡片，在开发前必须规范做好基础信息和服务卡片的设计。

9.1.2 元服务图标

元服务图标与应用图标有明显的区别，它需要 512×512px 的 PNG 格式的图片资源。元服务名称不超过 8 个中文字符，通常既要体现品牌或服务提供方，又能精确表示服务内容。元服务的描述信息不超过 15 个中文字符，通常需要简要、准确地说明元服务的功能。元服务快照是系统分发服务时提供给用户的预览图，用于让用户快速了解服务的功能样式；它必须是 600×600px 分辨率的直角图片，且能适配深浅模式。

元服务默认在桌面上没有图标，在桌面上两个手指向中间捏合，弹出如图 9.1 所示的"服务卡片"等工具选项，点击"服务卡片"工具选项，弹出如图 9.2 所示的"服务卡片"界面，点击"其他服务卡片"选项，弹出如图 9.3 所示的"其他服务卡片"界面，点击对应的元服务图标，弹出如图 9.4 所示的元服务添加到界面，点击"添加至桌面"，则元服务卡片添加到当前桌面，点击"添加到负一屏"，则元服务卡片添加到负一屏，如图 9.5 所示。

图 9.1 服务卡片等工具

服务卡片将元服务中的重要信息以卡片形式展示在桌面，用户通过轻量交互即可实现服务直达。服务卡片支持如图 9.6 所示的微卡片、小卡片、中卡片和大卡片 4 种卡片尺寸。卡片展示的尺寸大小分别对应桌面不同的宫格数量，微卡片对应 1×2 宫格，小卡片对应 2×2 宫格，中卡片对应 2×4 宫格，大卡片对应 4×4 宫格。

9.1.3 案例：便携记分牌元服务开发

1. 需求描述

随着人们生活水平的提高，各类体育、娱乐活动越来越受到关注和重视，与之相关的比赛活动也越来越多，在这些比赛活动中，往往需要用记分牌来记录比赛双方的比分，因此设计一个便携、方便、稳定好用的记分牌很有必要。本案例基于元服务理念设计并实现一款便携记分牌，便于人们随时随地在基于鸿蒙系统的移动终端设备上使用。便携记分牌启动后首先判断有没有设置当前比赛的比赛名称、比赛双方的姓名及队服颜色，如果没有设置，则自动跳转到如图 9.7 所示的比赛信息设置页面，待用户设置完比赛信息后，打开如图 9.8 所

图 9.2 服务卡片界面

图 9.3 其他服务卡片

图 9.4 元服务添加到界面

图 9.5 添加到负一屏

示的比赛记分页面；如果已经设置，则直接打开比赛记分页面。

(1) 比赛信息设置页面从上至下分为赛事名称设置区和参赛队员信息设置区，在参赛队员信息设置区点击"点击选择队员 A 衣服颜色"和"点击选择队员 B 衣服颜色"提示信息，会在

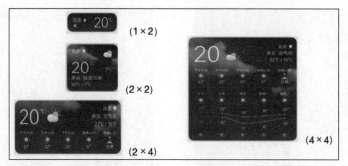

图 9.6　服务卡片的尺寸

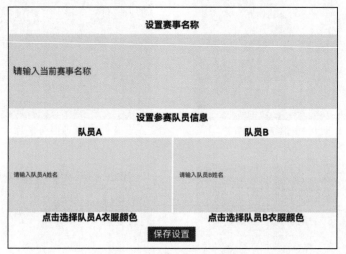

图 9.7　比赛信息设置页面

图 9.8　比赛记分页面

页面下方弹出如图 9.9 所示的"选择队员衣服颜色"可滑动面板，在面板上点击颜色块后，对应队员信息的背景色设置为该颜色。点击"保存设置"按钮，页面跳转到比赛记分页面。

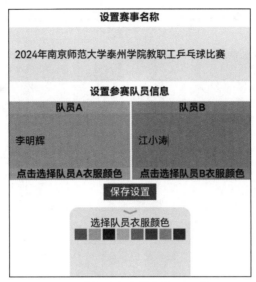

图 9.9 选择队员衣服颜色页面效果

(2) 比赛记分页面从上至下分为赛事名称显示区域、比赛记分功能区域和每局比分显示区。比赛记分功能区分为左、中、右三个区域,左侧和右侧区域分别显示比赛选手 A、选手 B 的姓名及当局比赛的得分,点击"＋"按钮,得分加 1,点击"－"按钮,得分减 1。中间区域上半部分的左侧和右侧区域分别显示比赛选手 A、选手 B 在当前比赛中赢得的局数,点击该区域的"＋"按钮,表示本局比赛结束,给赢方的得分加 1,并将左侧和右侧区域显示的比赛选手的当局比赛得分置 0。中间区域的下半部分为便携记分牌的功能按钮,点击"交换场地"按钮,左侧和右侧区域交换显示内容;点击"重置结果"按钮,将左侧和右侧区域显示的得分及中间区域上半部分显示的选手赢得的局数置 0,并删除本次赛事的所有信息;点击"显示比分"按钮,会在页面下方弹出如图 9.10 所示的"每局比分"可滑动面板组件,在面板上显示当前比赛每局比分的详细信息;点击"比赛设置"按钮,弹出如图 9.7 所示的比赛信息设置页面。

2. 设计思路

根据便携记分牌元服务的需求描述和页面显示效果,该元服务开发时需要设计比赛信息设置页面和比赛记分页面。

(1) 比赛信息设置页面从上至下以 Column 方式布局,设置赛事名称、参赛队员信息、队员 A、队员 B 及点击选择队员衣服颜色等提示信息由 Text 组件实现,赛事名称、队员姓名等信息的输入框由 TextInput 组件,选择队员衣服颜色的可滑动面板由 Panel 组件实现,保存设置按钮由 Button 组件实现。

(2) 比赛记分页面从上至下以 Column 方式布局,赛事名称显示区域由 Text 组件实现,比赛记分功能区以 Row 方式布局左侧、中间、右侧三个区域,左侧和右侧区域显示的姓名及当前得分由 Text 组件实现,"＋"和"－"按钮由 Button 组件实现;中间区域上半部分的

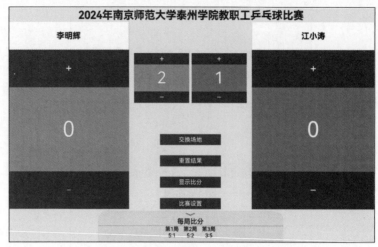

图 9.10　显示比赛每局比分页面效果

"＋"和"－"按钮由 Button 组件实现,赢得的局数由 Text 组件实现,下半部分的"交换场地""重置结果""显示比分"和"比赛设置"按钮由 Button 组件实现。

由于便携记分牌元服务启动后横屏显示,所以需要打开元服务项目工程目录下的 module.json5 文件,在 abilities 配置项目中增加 orientation 属性项,并将 orientation 属性项的值设置为 landscape。

3. 实现流程

1) 创建元服务工程

在 DevEco Studio 开发环境菜单栏依次选择 File→New→Create Project 菜单命令,在弹出的 Create Project 对话框中选择 Atomic Service(元服务)选项后,单击 Empty Ability 模板和 Next 按钮,弹出如图 9.11 所示的配置元服务项目对话框,在该对话框中配置完成工程项目信息后,单击 Finish 按钮,DevEco Studio 会自动生成元服务项目包含的资源和代码文件。

默认状态下创建的元服务项目工程级目录结构与 OpenHarmony 工程项目基本一样,模块级目录结构如图 9.12 所示。entryability 目录用于存放应用程序入口类,entryformability 目录用于存放服务卡片程序入口类,pages 目录用于存放应用程序包含的页面,widget 目录用于存放卡片页面,默认为如图 9.13 所示的 2×2 卡片页面效果,其他目录及文件与 OpenHarmony 工程项目一样,限于篇幅,不再赘述。

2) 修改元服务卡片显示效果

元服务项目创建成功后,在 DevEco Studio 环境下自动打开该项目对应的卡片文件,该卡片文件名默认为 WidgetCard.ets,其预览效果如图 9.13 所示,不同设备上的展现效果不同。但是,如果需要将元服务卡片显示效果设置为 1×2 规格,则需要按如下步骤实现。

首先,打开元服务项目的配置文件 module.json5,该配置文件中关于卡片的代码如下,其中,第 11 行代码指定了卡片配置文件的位置索引,即在项目的 src/main/resources/base/

profile 文件夹下。

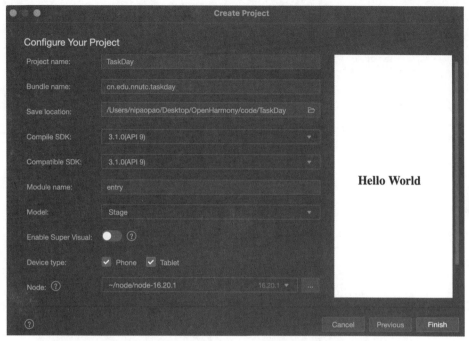

图 9.11 配置元服务项目对话框

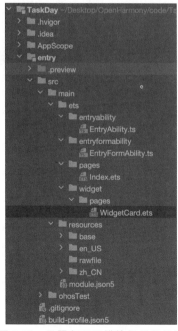

图 9.12 元服务项目模块级目录结构

图 9.13 2×2 卡片页面效果

```json
 1    "extensionAbilities": [
 2        {
 3            "name": "EntryFormAbility",
 4            "srcEntry": "./ets/entryformability/EntryFormAbility.ts",
 5            "label": "$string:EntryFormAbility_label",
 6            "description": "$string:EntryFormAbility_desc",
 7            "type": "form",
 8            "metadata": [
 9                {
10                    "name": "ohos.extension.form",
11                    "resource": "$profile:form_config"
12                }
13            ]
14        }
15    ]
```

然后,根据上述第11行代码的卡片配置文件位置索引,打开src/main/resources/base/profile文件夹下的卡片配置文件form_config.json,代码如下。

```json
 1  {
 2      "forms": [
 3          {
 4              "name": "widget",
 5              "description": "This is a service widget.",    //设置卡片的详细描述信息
 6              "src": "./ets/widget/pages/WidgetCard.ets",
 7              "uiSyntax": "arkts",
 8              "window": {
 9                  "designWidth": 720,
10                  "autoDesignWidth": true
11              },
12              "colorMode": "auto",                    //设置卡片主题样式
13              "isDefault": true,                      //是否为默认上滑卡片
14              "updateEnabled": false,                 //设置卡片是否支持定时刷新或定点刷新
15              "scheduledUpdateTime": "10:30",         //设置卡片定点刷新时刻(24小时进制)
16              "updateDuration": 1,                    //设置卡片定时刷新的周期(刷新周期30×N分钟)
17              "defaultDimension": "2*2",              //设置卡片的默认尺寸规格
18              "supportDimensions": [ "2*2" ]          //设置卡片的支持尺寸规格
19          }
20      ]
21  }
```

为了将便携记分牌元服务卡片效果设置为1×2规格,需要将上述第17、18行代码修改为如下代码。

```json
1   "defaultDimension": "1*2",
2   "supportDimensions": [ "1*2" ]
```

最后,将代表卡片的图片文件taskscore.png复制到项目的resources/base/media文件夹下,并将卡片文件WidgetCard.ets修改为如下代码,下述代码对应的卡片预览效果如图9.14所示。

```
1  build() {
2    Stack() {
3      Image($r("app.media.taskscore"))
4        //其他属性设置与默认代码一样,此处略
5      Column() {
6        Text('便携记分牌')
7          //其他属性设置与默认代码一样,此处略
8        Text(`这是一个随时随地都可以使用的记分牌`)
9          //其他属性设置与默认代码一样,此处略
10     }
11     //其他属性设置与默认代码一样,此处略
12   }
13   //其他属性设置与默认代码一样,此处略
14   .onClick(() => {
15     postCardAction(this, {
16       action: 'router',           //表示点击卡片执行路由跳转行为
17       abilityName: 'EntryAbility',//表示点击卡片跳转到EntryAbility.ets
18       params: {                   //表示跳转时传递的参数
19         message: 'add detail'
20       }
21     })
22   })
23 }
```

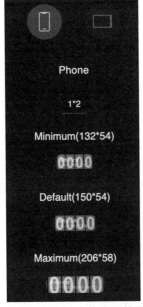

图 9.14　1×2 卡片页面效果

3) 比赛信息设置页面的实现

打开 TaskDay 项目,右击"entry/src/main/etc/pages"文件夹,选择 New→Page 菜单项创建名为"Setup.ets"的比赛信息设置页面,整个页面从上至下按 Column 方式布局。

(1) 定义变量。

```
1    @State matchName: string = ''           //保存赛事名称
2    @State aName: string = ''               //保存队员 A 姓名
3    @State aColor: string = ''              //保存队员 A 衣服颜色
4    @State bName: string = ''               //保存队员 B 姓名
5    @State bColor: string = ''              //保存队员 B 衣服颜色
6    @State colors: string[] =['#ff0000','#00ff00','#0000ff','#00ffff',
     '#ff00ff','#ab0ffa','#cdafcd','#a10011']    //可选的衣服颜色
7    @State showColors: boolean =false       //保存是否显示衣服颜色可滑动面板
8    @State flag: string ="A"                //保存为谁设置衣服颜色(A-表示队员 A,B-表示队员 B)
```

(2) 自定义 savePrefs()方法保存比赛信息。

比赛信息包括赛事名称、参赛队员姓名和衣服颜色等,本例将这些信息保存在名称为"matchInfo"的 Preferences 实例中,实现代码如下。

```
1    async savePrefs() {
2        let context =getContext(this) as common.UIAbilityContext
3        let preferences =await dataPreferences.getPreferences(context, "matchInfo")
4        await preferences.put("matchName", this.matchName)
5        await preferences.put("aName", this.aName)
6        await preferences.put("aColor", this.aColor)
7        await preferences.put("bName", this.bName)
8        await preferences.put("bColor", this.bColor)
9        await preferences.flush()
10   }
```

(3) 赛事名称相关功能的实现。

页面上的"设置赛事名称"提示信息和"请输入当前赛事名称"输入框按列方式显示,实现代码如下。

```
1    Text("设置赛事名称").fontSize(25).fontWeight(FontWeight.Bold)
2        .textAlign(TextAlign.Center).width("100%")
3    TextInput({ placeholder: "请输入当前赛事名称", text: this.matchName })
4        .onChange((value) =>{
5            this.matchName =value
6        })
7        .borderRadius(0).height("15%").fontSize(25)
```

(4) 参赛队员信息功能的实现。

参赛队员信息区域的"设置参赛队员信息"提示信息比较简单,直接用 Text 组件实现即可。比赛双方的姓名及队服颜色设置区域以 Row 方式布局,实现代码如下。

```
1    Text("设置参赛队员信息").fontSize(25).fontWeight(FontWeight.Bold)
2        .textAlign(TextAlign.Center).width("100%")
3    Row({ space: 5 }) {
4        Column() {
5            Text("队员 A").fontSize(25).fontWeight(FontWeight.Bold)
6            TextInput({ placeholder: "请输入队员 A 姓名", text: this.aName })
7                .onChange((value) =>{
8                    this.aName =value
```

```
9              }).height("15%").borderRadius(0).fontSize(25)
10            Text("点击选择队员 A 衣服颜色").fontSize(25).width("100%").
    textAlign(TextAlign.Center)
11              .onClick(()=>{
12                this.showColors =!this.showColors
13                this.flag = "A"
14              })
15          }.backgroundColor(this.aColor).justifyContent(FlexAlign.Start).
    width("50%")
16          Column() {
17            Text("队员 B").fontSize(25).fontWeight(FontWeight.Bold)
18            TextInput({ placeholder: "请输入队员 B 姓名", text: this.bName })
19              .onChange((value) =>{
20                this.bName =value
21              }).height("15%").borderRadius(0).fontSize(25)
22            Text("点击选择队员 B 衣服颜色").fontSize(25).width("100%").
    textAlign(TextAlign.Center)
23              .onClick(()=>{
24                this.showColors =!this.showColors
25                this.flag = "B"
26              })
27          }.backgroundColor(this.bColor).justifyContent(FlexAlign.Start).
    width("50%")
28        }
```

上述第 11~14 行代码表示点击"点击选择队员 A 衣服颜色"提示信息,改变状态变量 showColors 的值,以便控制是否显示选择衣服颜色的可滑动面板,同时设置 flag 的值为 "A",表示当前设置的是队员 A 的衣服颜色;第 23~26 行代码表示设置队员 B 的衣服颜色。

(5) 保存设置按钮功能的实现。

当点击"保存设置"按钮时,调用自定义的 savePrefs()方法保存比赛信息,并跳转到比赛记分页面,实现代码如下。

```
1   Button("保存设置").onClick(async () =>{
2       this.savePrefs()
3       router.pushUrl({ url: "pages/Index" })
4   }).type(ButtonType.Normal).fontSize(25)
```

(6) 定义选择衣服颜色的可滑动面板组件。

从图 9.9 可以看出,选择衣服颜色的可滑动面板由"选择队员衣服颜色"提示信息和多个颜色块组成,提示信息由 Text 组件实现,颜色块由不含文本内容的指定宽度和高度的 Text 组件实现,实现代码如下。

```
1   Panel(this.showColors) {
2       Text("选择队员衣服颜色").fontSize(25)
3       Row({ space: 5 }) {
4         ForEach(this.colors, (item, index) =>{
5           Column() {
6             Text().width("10%").height(40).backgroundColor(item).onClick(()=>{
7               if (this.flag =="A") {
```

```
8                    this.aColor =this.colors[index]
9                } else {
10                    this.bColor =this.colors[index]
11                }
12            })
13         }
14      })
15    }
16 }.type(PanelType.Foldable).width("50%").mode(PanelMode.Full)
```

4) 比赛记分页面的实现

在创建 TaskDay 项目时,"entry/src/main/etc/pages"文件夹中默认生成一个名为"Index.ets"的页面文件,本例将该页面作为比赛记分页面,整个页面从上至下以 Column 方式布局。

(1) 自定义 Member 类。

右击"phases/src/main/etc"文件夹,选择 New→Directory 菜单项创建名为"model"的文件夹,右击"phases/src/main/etc/model"文件夹,选择 New→TypeScript File 菜单项创建文件名为"Member.ts"的参赛队员类文件,详细实现代码如下。

```
1  export default class Member {
2    name:string                                    //参赛队员姓名
3    color: string                                  //参赛队员衣服颜色
4    score: number                                  //当前得分
5    winCount: number                               //赢得场次数
6    history: string[]                              //双方历史比分
7    constructor(name:string,color: string, score: number, winCount: number,
   history: string[]) {
8      this.name =name
9      this.color =color
10     this.score =score
11     this.winCount =winCount
12     this.history =history
13   }
14 }
```

(2) 定义变量。

```
1  @State matchName: string =''                     //赛事名称
2  @State aName: string =""
3  @State aColor: string ="#ff0000"
4  @State bName: string =""
5  @State bColor: string ="#0000ff"
6  @State aMember: Member =new Member(this.aName, this.aColor, 0,0,[])
7  @State bMember: Member =new Member(this.bName, this.bColor, 0,0,[])
8  @State showHistory: boolean =false    //保存是否显示每局比分可滑动组件
```

(3) 自定义 getPrefs()方法读取比赛信息。

从上述 savePrefs()方法可知,比赛信息保存在名称为"matchInfo"的 Preferences 实例中,从 matchInfo 实例中首先读出代表赛事名称的 matchName 键,如果该键值不存在,说明没有进行比赛信息设置,自动跳转至比赛信息设置页面,否则继续读出代表队员 A 的姓名、衣服颜色和代表队员 B 的姓名、衣服颜色，并分别封装成 Member 类型对象。详细实现代码如下。

```
1   async getPrefs(){
2       let context =getContext(this) as common.UIAbilityContext
3       let preferences =await dataPreferences.getPreferences(context, "matchInfo")
4       let match =await preferences.get("matchName", "")        //读出赛事名称
5       this.matchName =match.toString()
6       if (this.matchName.length ==0) {
7           router.pushUrl({ url: 'pages/Setup' })
8           return
9       }
10      let a =await preferences.get("aName", "")                //读出队员 A 姓名
11      this.aName =a.toString()                                 //在页面显示队员 A 姓名
12      let ac =await preferences.get("aColor", "#ff0000")       //读出队员 A 衣服颜色
13      this.aColor =ac.toString()
14      let b =await preferences.get("bName", "")
15      this.bName =b.toString()
16      let bc =await preferences.get("bColor", "#00ffff")
17      this.bColor =bc.toString()
18      this.aMember =new Member(this.aName, this.aColor, 0,0,[])
                                                                 //队员 A 的 Member 类对象
19      this.bMember =new Member(this.bName, this.bColor, 0,0,[])
20  }
```

（4）比赛记分功能区的左右侧功能实现。

功能区的左侧和右侧区域都是从上至下依次显示参赛队员姓名、得分加 1 按钮、得分显示、得分减 1 按钮，实现代码如下。

```
1   //左侧区域实现代码
2   Column() {
3        Text(this.aMember.name).backgroundColor(Color.White).textAlign(TextAlign.Center)
4             .fontSize(30).fontWeight(FontWeight.Bold).width("100%").height("15%")
5             Button("＋").type(ButtonType.Normal).width("100%").fontSize(40).height("20%")
6               .onClick(() =>{
7                 this.aMember.score =this.aMember.score +1     //参赛队员 A 加 1 分
8               })
9             Text(this.aMember.score.toString()).height("45%").fontSize(80).fontColor(Color.White)
10            Button("-").type(ButtonType.Normal).width("100%").fontSize(30).height("20%")
11              .onClick(() =>{
12                if (this.aMember.score >0) {
13                  this.aMember.score =this.aMember.score -1   //参赛队员 A 减 1 分
14                }
15              })
16      }.backgroundColor(this.aMember.color).width('33%').height("100%")
17  //右侧区域实现代码与左侧类似，此处略
```

上述第 12～14 行代码表示，仅当参赛队员 A 的当前得分大于 0 时才能将当前得分

减分。

(5) 自定义 clearResult()方法清除比赛信息。

点击"重置结果"按钮,调用该方法将参赛队员的当前得分、赢的比赛场次数及历史比分全部清除,同时删除保存参赛队员信息的 matchInfo 实例,实现代码如下。

```
1   async clearResult(){
2       this.aMember.score = 0
3       this.aMember.winCount = 0
4       this.aMember.history = []
5       this.bMember.score = 0
6       this.bMember.winCount = 0
7       this.bMember.history = []
8       let context = getContext(this) as common.UIAbilityContext
9       await dataPreferences.deletePreferences(context, "matchInfo")
10  }
```

(6) 比赛记分功能区的中间功能实现。

中间区域上半部分用于记录参赛队员在当前比赛中赢得的场次,点击"+"按钮,将参赛队员比分加1,并将页面上显示的当前比赛得分置为0;点击"-"按钮,将参赛队员在比赛中赢得的场次数减1。点击"交换场地"按钮,将代表参赛队员 A 和参赛队员 B 的 Member 类对象互换。点击"重置结果"按钮,调用自定义的 clearResult()方法清除相关信息。点击"显示比分"按钮,弹出显示每局比分信息的可滑动组件。点击"比赛设置"按钮,跳转到比赛设置页面。详细代码如下。

```
1   Column() {
2       Row({ space: 10 }) {
3           Column() {
4               Button("+").type(ButtonType.Normal).width("45%").height("10%").fontSize(30)
5                   .onClick(() => {
6                       this.aMember.history.push(`${this.aMember.score}:${this.bMember.score}`)
7                       this.bMember.history.push(`${this.aMember.score}:${this.bMember.score}`)
8                       this.aMember.winCount = this.aMember.winCount + 1
9                       this.aMember.score = 0
10                      this.bMember.score = 0
11                  })
12              Text(this.aMember.winCount.toString()).width("45%").height("200px")
13                  .backgroundColor(this.aMember.color).fontSize(60)
14                  .fontColor(Color.White).textAlign(TextAlign.Center)
15              Button("-").type(ButtonType.Normal).width("45%").height("10%").fontSize(30)
16                  .onClick(() => {
17                      if (this.aMember.winCount > 0) {
18                          this.aMember.winCount = this.aMember.winCount - 1
19                      }
20                  })
21          }
```

```
22              Column() {
23                Button("+").type(ButtonType.Normal).height("10%").fontSize
    (30).width("45%")
24                  .onClick(() =>{
25                    //与本代码中的第 6~10 行类似,用于将队员 B 的赢得场次加 1,此处略
26                  })
27                Text(this.bMember.winCount.toString()).width("45%").height("200px")
28                  .backgroundColor(this.bMember.color)
29                  .fontSize(60).fontColor(Color.White).textAlign(TextAlign.Center)
30                Button("-").type(ButtonType.Normal) .width("45%").fontSize
    (30).height("10%")
31                  .onClick(() =>{
32                    if (this.bMember.winCount >0) {
33                      this.bMember.winCount =this.bMember.winCount -1
34                    }
35                  })
36              }
37            }.height("60%")
38            Column({ space: 1 }) {
39              Button("交换场地") .type(ButtonType.Normal).backgroundColor(Color.Gray)
40                .width("50%").fontSize(22)
41                .onClick(() =>{
42                  let t =this.aMember
43                  this.aMember =this.bMember
44                  this.bMember =t
45                })
46              Button("重置结果").type(ButtonType .Normal).backgroundColor(Color.Gray)
47                .width("50%").fontSize(22)
48                .onClick(async () =>{
49                  await this.clearResult()
50                })
51              Button("显示比分").type(ButtonType.Normal).backgroundColor(Color.Gray)
52                .width("50%").fontSize(22)
53                .onClick(() =>{
54                  this.showHistory =!this.showHistory
55                })
56              Button("比赛设置") .type(ButtonType .Normal).backgroundColor(Color.Gray)
57                .width("50%").fontSize(22)
58                .onClick(() =>{
59                  router.pushUrl({ url: "pages/Setup" }, () =>{
60                  })
61                })
62            }.height("40%").justifyContent(FlexAlign.SpaceBetween)
63          }.width('33%').height("100%")
```

（7）定义显示每局比分信息的可滑动面板组件。

从图 9.10 可以看出,显示每局比分信息的可滑动面板由"每局比分"提示信息、"第 * 局"提示信息及相应比分组成,提示信息由 Text 组件实现,"第 * 局"提示信息及相应比分由以 Column 方式布局的 Text 组件实现,实现代码如下。

```
1  Panel(this.showHistory) {
2      Text("每局比分").fontSize(25)
```

```
 3            Divider().height(1).width("100%")
 4            Row() {
 5              ForEach(this.aMember.history, (item, index) =>{
 6                Column() {
 7                  Text(`第${index + 1}局`).width("10%").textAlign(TextAlign.Center).fontSize(20)
 8                  Text(`${item}`).width("10%").textAlign(TextAlign.Center).fontSize(20)
 9                }
10              })
11            }
12          }.width("50%").type(PanelType.Foldable).mode(PanelMode.Full)
```

上述第4~11行代码表示,根据比赛队员A或比赛队员B的历史比分数组,以循环迭代的方式将比分显示在可滑动面板组件上。

至此,比赛记分页面的主要功能模块已经设计并实现完成,根据案例的功能需求描述,在便携记分牌启动时,首先需要判断有没有设置当前比赛信息,如果没有设置,则自动跳转到比赛信息设置页面,待用户设置完比赛信息后,才能开始比赛记录,所以需要在onPageShow()函数中调用自定义的getPrefs()方法读取比赛信息。比赛记分页面的全部代码结构如下。

```
 1  import router from '@ohos.router'
 2  import common from '@ohos.app.ability.common'
 3  import Member from '../model/Member'
 4  import dataPreferences from '@ohos.data.preferences'
 5  @Entry
 6  @Component
 7  struct Index {
 8    //定义变量
 9    //自定义getPrefs()方法读出设置的比赛信息
10    //自定义clearResult()方法清空参赛队员信息及比赛信息
11    async onPageShow() {
12      await this.getPrefs()
13    }
14    build() {
15      Column() {
16        Text(this.matchName).textAlign(TextAlign.Center)
17          .fontSize(40).fontWeight(FontWeight.Bold)
18        Row({ space: 2 }) {
19          //比赛记分功能区的左侧功能实现
20          //比赛记分功能区中间功能实现
21          //比赛记分功能区的右侧功能实现
22        }
23        //显示每局比分信息的可滑动面板组件
24      }.height('100%').backgroundColor(Color.Yellow).padding(2)
25    }
26  }
```

5) 用户隐私协议设置

根据华为市场应用审核标准,每个元服务必须提供隐私声明,否则将导致提交的元服务无法正常上架。也就是说,用户使用元服务前,元服务必须引导其了解隐私声明信息,获得用户授权后,才能继续使用元服务。实际开发中,推荐在首次启动或者注册登录时就呈现隐私声明。例如,本案例实现的元服务首次启动时,弹出如图 9.15 所示的用户隐私协议弹窗引导用户阅读和授权,获得授权后才能继续使用便携记分牌元服务。详细实现步骤如下。

图 9.15 用户隐私协议弹窗效果

(1) 自定义用户隐私协议弹窗组件。

打开 TaskDay 项目,右击"entry/src/main/etc/pages"文件夹,选择 New→ArkTS File 菜单项,创建文件名为"CustomPrivacyDialog.ets"的隐私协议弹窗自定义组件。元服务首次启动时,首先弹出用户隐私协议弹窗,用户点击"同意"按钮,将代表是否同意的键值对 ("agree",true)保存在名称为 PrivacyInfo 的 Preferences 实例中,并关闭用户隐私协议弹窗和判断是否已经完成赛事信息设置,如果没有完成赛事信息,还需要跳转到设置赛事信息页面。本例中保存是否同意的键值对以自定义的 savePrivacyPrefs()方法实现,判断是否已经完成赛事信息设置的相关功能以自定义的 getMatchPrefs()方法实现,具体代码如下。

```
1   /* 保存是否同意键值对 */
2   async savePrivacyPrefs(flag:boolean) {
3       let context = getContext(this) as common.UIAbilityContext
4       let preferences = await dataPreferences.getPreferences(context, "privacyInfo")
5       await preferences.put("agree", flag)
6       await preferences.flush()
7   }
8   /* 判断是否已经完成赛事信息设置的相关功能 */
9   async getMatchPrefs(){
10      let context = getContext(this) as common.UIAbilityContext
11      let preferences = await dataPreferences.getPreferences(context, "matchInfo")
12      let match = await preferences.get("matchName", "")
13      this.matchName = match.toString()
```

```
14        if (this.matchName.length ==0) {
15          router.pushUrl({ url: 'pages/Setup' })
16          return
17        }
18    }
```

用户隐私协议弹窗整个页面以 Column 方式布局，其最上部显示的"用户隐私条款"标题信息由 Text 组件实现，中间的隐私信息提示文本由 Text 组件和 Span 组件实现，下部的"同意"和"不同意"按钮由 Button 组件实现，详细代码如下。

```
1   import router from '@ohos.router'
2   import process from '@ohos.process'
3   import common from '@ohos.app.ability.common'
4   import dataPreferences from '@ohos.data.preferences'
5   @CustomDialog
6   export default struct CustomPrivacyDialog {
7     controller: CustomDialogController
8     @State matchName: string = ''
9     //自定义 savePrivacyPrefs()保存是否同意键值对
10    //自定义 getMatchPrefs()判断是否已完成赛事信息设置的相关功能
11    build() {
12      Column({ space: 5 }) {
13        Text("用户隐私条款").fontSize(20).fontWeight(FontWeight.Bold)
14        Text() {
15          Span("为充分尊重您的隐私权,我们按照法律要求和业界成熟的安全标准,为您的个人信息提供相应的安全保护措施。请您仔细阅读")
16          Span("《隐私协议保护声明》").width('90%').fontColor(Color.Blue).fontSize(20)
17            .onClick(() =>{
18              router.pushUrl({
19                url: "pages/PrivacyPage"
20              })
21            })
22          Span("我们会严格按照约定收集、使用、存储您在使用本软件过程中的个信息以便为您提供更优质的服务,感谢您的理解与信任。")
23        }
24        Row() {
25          Button("同意").width(150).onClick(() =>{
26            this.savePrivacyPrefs(true)        //保存 true,表示同意隐私协议
27            this.controller.close()            //关闭弹窗
28            this.getMatchPrefs()               //判断是否完成赛事信息设置
29          })
30          Button("不同意").width(150).backgroundColor(Color.Gray).onClick(() =>{
31            this.savePrivacyPrefs(false)       //保存 false,表示不同意隐私协议
32            let p =new process.ProcessManager() //实例化应用进程对象
33            p.exit(0)                          //退出当前应用
34          })
35        }
36      }.width("100%").padding(10)
37    }
38  }
```

上述第 16～21 行代码表示点击《隐私协议保护声明》跳转到 PrivacyPage.ets 页面，

根据华为元服务发布规定,必须在该页面上显示详细的隐私条款信息。

(2)在元服务主页面添加隐私协议弹窗。

当元服务首次启动时,首先判断当前用户是否已同意隐私协议,如果已同意隐私协议,则直接判断当前用户是否已完成赛事信息设置;如果不同意隐私协议,则弹出用户隐私协议弹窗。打开项目的 Index.ets 文件,按照功能描述优化后的代码结构如下。

```
1   import customPrivacyDialog from './CustomPrivacyDialog'
2   //其他模块导入代码与前面一样,此处略
3   @Entry
4   @Component
5   struct Index {
6     //定义变量其他代码与前面一样,此处略
7     privacyDialogController: CustomDialogController =new CustomDialogController({
8       builder: customPrivacyDialog(),
9       autoCancel: false
10    })
11    //自定义 getPrefs()方法、clearResult()方法与前面一样,此处略
12    async getPrivacyPrefs() {
13      let context =getContext(this) as common.UIAbilityContext
14      let preferences =await dataPreferences.getPreferences(context, "privacyInfo")
15      let agree =await preferences.get("agree", false)
16      if (agree) {
17        await this.getPrefs()
18      } else {
19        this.privacyDialogController.open()
20      }
21    }
22    async onPageShow() {
23      await this.getPrivacyPrefs()
24    }
25    //其他代码与前面一样,此处略
26  }
```

上述第 7~10 行代码表示生成一个自定义的隐私协议弹窗;第 12~21 行代码表示从名称为 privacyInfo 的 Preferences 实例中,读出代表是否同意隐私协议的 agree 键,如果同意,则调用 getPrefs 判断当前用户是否已完成赛事信息设置;如果不同意,则弹出用户隐私协议弹窗。

(3)隐私协议页面的实现。

按照华为官方要求,隐私协议内容必须以网页的形式呈现,本例首先将包含隐私协议的网页传至服务器,然后在 ets/pages 文件夹下创建文件名为"PrivacyPage.ets"的隐私协议页面,然后通过访问服务器网页的方式实现隐私协议页面效果。实现代码如下。

```
1   struct PrivacyPage {
2     @State src: string ='https://www.nnutc.edu.cn/nipaopao/index.html'
3     @State controller: web_webview.WebviewController = new web_webview.WebviewController()
4     aboutToAppear() {
5       web_webview.WebviewController.initializeWebEngine()
6     }
```

```
 7       build() {
 8         Column() {
 9           Web({ src: this.src, controller: this.controller })
10         }.width('100%')
11       }
12     }
```

上述第 2 行代码定义的 src 值为隐私协议在服务器中的网址,由于该页面需要访问网络资源,所以必须在 module.json5 文件的 module 配置项中,设置 requestPermissions 属性配置项值为"ohos.permission.INTERNET",让元服务具有网络访问权限。

6) 上架并发布元服务

为了保证元服务的质量,华为官方会对提交上架的元服务进行审核,审核通过后将元服务发布至华为应用市场,供用户使用。一般为了提高元服务的上架效率,建议开发者参考华为官方提供的元服务上架规范做好自检。具体步骤如下。

(1) 生成密钥和证书请求文件。

元服务发布到华为应用市场必须进行签名校验,签名校验必须使用密钥和证书。在 DevEco Studio 开发环境菜单栏依次选择 Build→Generate Key and CSR 菜单命令,弹出如图 9.16 所示的 Generate Key and CSR 对话框(1),点击 New 按钮,在弹出的如图 9.17 所示的 Create Key Store 对话框中输入"Key store file"(密钥文件名,必须以 p12 为后缀)和"Password"(密码,必须记住,后续有用)等信息;点击 OK 按钮后返回 Generate Key and CSR 对话框(1),在该对话框中继续输入 Alias(别名,必须记住,后续有用)、设置 Validity (有效期,以年为单位)以及姓名、组织、地区等其他信息;设置完成后点击该对话框上的

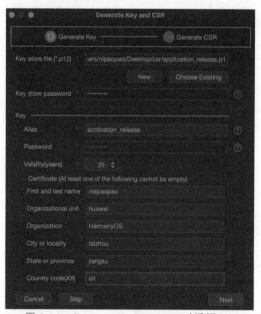

图 9.16　Generate Key and CSR 对话框(1)

图 9.17　Create Key Store 对话框

Next 按钮,弹出如图 9.18 所示的 Generate Key and CSR 对话框(2),在该对话框中设置证书文件(csr)的保存位置和文件名,点击 Finish 按钮后,就会在指定的位置生成该元服务的密钥文件和证书请求文件。

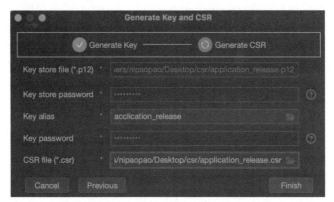

图 9.18　Generate Key and CSR 对话框(2)

(2) 生成发布证书。

登录"https://developer.huawei.com/consumer/cn/service/josp/agc/index.html#/"网址,打开华为应用市场(AppGallery Connect),弹出如图 9.19 所示的华为应用发布页面,点击页面上的"用户与访问",在左侧菜单中选择"证书",弹出如图 9.20 所示的证书列表页面,点击页面上的"新增证书"按钮,弹出如图 9.21 所示的"新增证书"对话框,在该对话框中输入证书名称、选择证书类型和上一步生成的证书请求文件,点击"提交"按钮后返回到证书列表页面,点击"下载"操作,将该发布证书下载即可。

图 9.19　华为应用发布页面

(3) 创建我的应用。

创建我的应用同样需要打开华为应用市场,在如图 9.19 所示的华为应用发布页面上点击"我的项目",弹出如图 9.22 所示的"新建项目"页面,点击页面上的"添加项目",弹出如图 9.23 所示的"创建项目"页面,输入待发布元服务的名称后,点击"创建并继续"按钮,在弹出的"开通分析服务"页面根据实际选择是否开通分析服务,本例选择不开通。

在项目创建完成后,页面跳转到如图 9.24 所示的"项目设置"页面,点击页面上的"添加应用"按钮,跳转至如图 9.25 所示的"添加应用"页面,在页面中进行相应项设置后点击"确

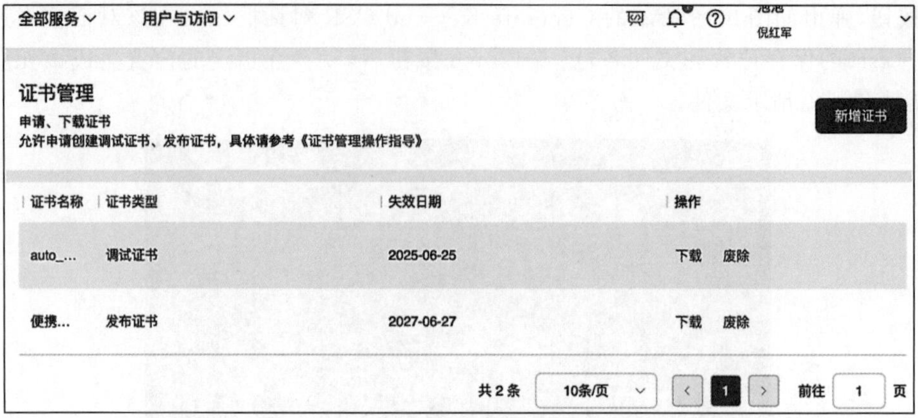

图 9.20 中显示的是证书列表页面。

图 9.20 证书列表页面

图 9.21 "新增证书"对话框

图 9.22 "新建项目"页面

图 9.23 "创建项目"页面

认"按钮,返回"项目设置"页面。

点击"项目设置"页面上的 HAP Provision Profile,打开如图 9.26 所示的 HAP Provision Profile 管理页面,点击页面上的"添加"按钮,弹出如图 9.27 所示的"HarmonyAppProvision 信息"对话框,在该对话框中设置名称、选择类型及发布证书,点击"提交"按钮后,返回 HAP Provision Profile 管理页面,点击该页面上的"下载"操作,将该签名证书下载即可。

第9章　元服务与端云一体化开发 423

图 9.24　"项目设置"页面

图 9.25　"添加应用"页面

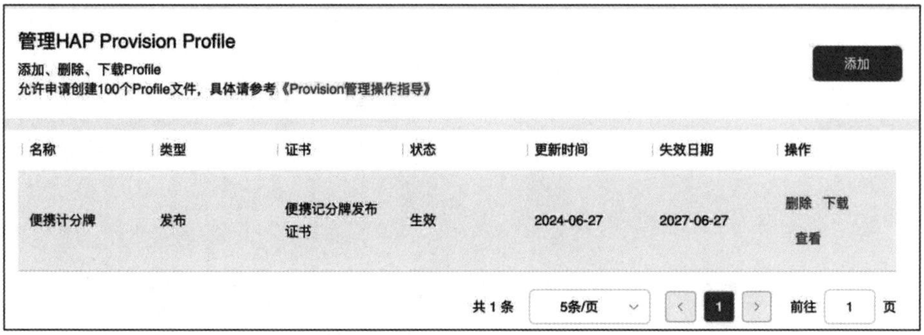

图 9.26　HAP Provision Profile 管理页面

图 9.27　HarmonyAppProvision 信息对话框

（4）签名配置。

在 DevEco Studio 开发环境菜单栏中依次选择 File→Project Structure 菜单命令，弹出 Project Structure 对话框，点击 Signing Configs 标签，在如图 9.28 所示的 Project Structure 对话框中进行相应的设置（密码、别名与前面生成密钥和证书请求文件时设置的必须一样），点击 OK 按钮完成项目的签名。

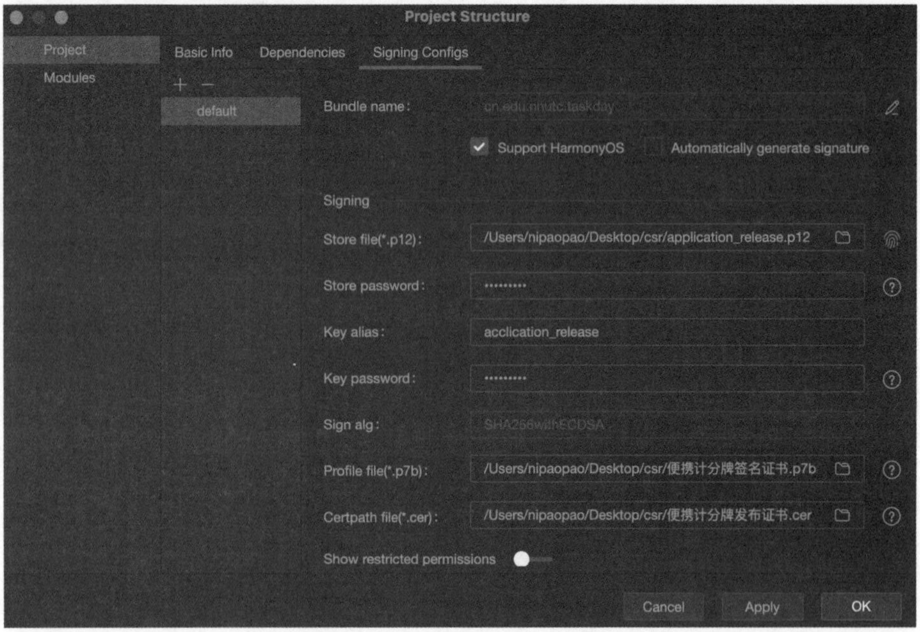

图 9.28　Project Structure 对话框

(5) 编译打包应用。

在 DevEco Studio 开发环境菜单栏中依次选择 Build→Build Hap(s)/APP(s)→Build APP(s)菜单命令,开始编译构建应用。编译构建完成后,在项目的 build/default/outputs/default 文件夹下生成一个 entry-default-signed.app 文件。

(6) 发布我的应用。

打开华为应用市场,在如图 9.19 所示的华为应用发布页面上点击"我的元服务",弹出如图 9.29 所示的我的元服务列表页面,点击页面上的"便携记分牌",弹出如图 9.30 所示的应用信息配置页面,进行相应的配置信息填写后,点击"保存"按钮保存已填写的应用信息;点击"下一步"按钮,弹出如图 9.31 所示的准备提交信息配置页面,点击"软件包管理"按钮,弹出"软件包管理"对话框,在该对话框中上传编译打包好的 entry-default-signed.app 文件后,继续填写提交信息配置,全部填写完成后,点击"提交审核"按钮,等待华为官方审核,审核通过即可成功上架。

图 9.29 我的元服务列表页面

图 9.30 应用信息配置页面

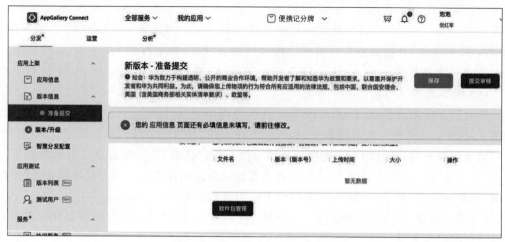

图9.31 准备提交信息配置页面

9.2 端云一体化开发

通常,基于鸿蒙系统的设备桌面上应用图标包括普通图标和服务卡片图标。服务卡片图标下方显示一条横线,用手指长时间按下服务卡片图标,就会弹出"服务卡片"和"卸载"菜单,点击"服务卡片"菜单项,就可以将应用的服务卡片添加到桌面或负一屏,此时用户不需要打开应用,就可以从服务卡片中获取应用相关的动态信息,或点击服务卡片中的某些内容,也可以跳转到应用中与点击内容相关的页面。

9.2.1 服务卡片

将元服务或应用的重要信息以卡片的形式展示在桌面后,用户可通过快捷手势使用卡片,并由轻量交互行为实现服务直达,减少层级跳转。卡片常用于嵌入其他应用(当前卡片使用方只支持系统应用,如桌面)中作为其界面显示的一部分,并支持拉起页面、发送消息等基础的交互功能。

1. 服务卡片的运行机制

长按桌面上的应用图标后弹出快捷操作菜单,在快捷操作菜单中点击"服务卡片"菜单命令;或长按桌面上的服务卡片后弹出快捷操作菜单,在快捷操作菜单中点击"更多服务卡片"菜单命令,即可进入更多服务卡片界面,用户在此界面上既可以选择不同尺寸和服务内容的卡片,也可以长按将卡片拖放到桌面上。

卡片提供方可以是元服务,也可以是普通应用,它提供卡片的显示内容、控件布局及控件点击处理逻辑。卡片使用方可以是系统桌面,也可以是系统服务中心,它是显示卡片内容的宿主应用,控制卡片在宿主中展示的位置。卡片管理服务用于管理系统中所添加卡片的常驻代理服务,提供 formProvider 和 formHost 的接口能力,同时提供卡片对象的管理与使用以及卡片周期性刷新等能力。卡片渲染服务用于管理卡片渲染实例,渲染实例与卡片使用方上的卡片组件一一绑定;卡片渲染服务运行卡片页面代码文件进行渲染,并将渲染后的数据发送至卡片使用方对应的卡片组件。ArkTS 开发框架提供了以下接口模块配置文件供开发者开发不同场景下的服务卡片。

(1) FormExtensionAbility(卡片扩展模块)提供卡片创建、销毁、刷新等生命周期回调。

(2) FormExtensionContext(FormExtensionAbility 的上下文环境模块)提供 FormExtensionAbility 具有的接口和能力。

(3) formProvider(卡片提供方模块)提供卡片提供方相关的接口能力,可通过该模块提供接口实现更新卡片、设置卡片更新时间、获取卡片信息、请求发布卡片等。

(4) formInfo(卡片信息模块)提供了卡片信息和状态等相关类型。

(5) formBindingData(卡片数据绑定模块)提供卡片数据绑定的能力,包括 FormBindingData 对象的创建、相关信息的描述。

(6) 页面布局模块提供与传统应用开发相同的声明式范式的 UI 接口能力、用于卡片内部和提供方应用间交互的 postCardAction 特有能力等,该模块主要用于实现卡片页面文件,卡片页面文件的文件名默认为 WidgetCard.ets。

(7) module.json5 配置文件中的 extensionAbilities 标签用于配置 FormExtensionAbility 相关信息。

(8) form_config.json 配置文件用于配置卡片的相关信息,卡片文件的文件名默认为 WidgetCard.ets。

2. 服务卡片的分类

为了降低不同业务场景下不必要的内存资源开销,服务卡片分为动态卡片和静态卡片,由 src/main/resources/base/profile 文件夹下 form_config.json 配置文件中的 isDynamic 字段区分,isDynamic 的默认值为 true,即默认生成的服务卡片为动态卡片,但是自 API Version 10 开始提供。动态卡片适用于有复杂业务逻辑和交互的场景,功能丰富但内存开销较大;静态卡片适用于静态图展示,功能简单但可有效控制内存开销。动态卡片和静态卡片支持的能力如表 9.1 所示。

表 9.1 动态卡片和静态卡片支持的能力

卡片类别	卡片能力					
	组件能力	布局能力	事件能力	自定义动效	自定义绘制	逻辑代码执行
动态卡片	支持	支持	受限支持	不支持	支持	支持
静态卡片	支持	支持	支持	支持	支持	支持

【例 9-1】 设计一个如图 9.32 所示的"校园门户"服务卡片,点击服务卡片上的"综合新闻""教学科研""学院风采"及"人才培养"等,可以打开与之对应的详情信息页面。例如,点击卡片上的"教学科研"图标及文本,打开教学科研新闻详情页面,效果如图 9.33 所示。详细实现步骤如下。

图 9.32 "校园门户"服务卡片

图 9.33 教学科研新闻详情页面

(1) 创建应用工程项目。

在 DevEco Studio 开发环境菜单栏中依次选择 File→New→Create Project 菜单命令,在弹出的 Create Project 对话框中选择 Application(应用)选项后,点击 Empty Ability 模板和 Next 按钮,弹出如图 9.34 所示的校园门户应用项目配置对话框,在该对话框中配置完成工程项目信息后,单击 Finish 按钮,DevEco Studio 会自动生成该项目包含的资源和代码文件。

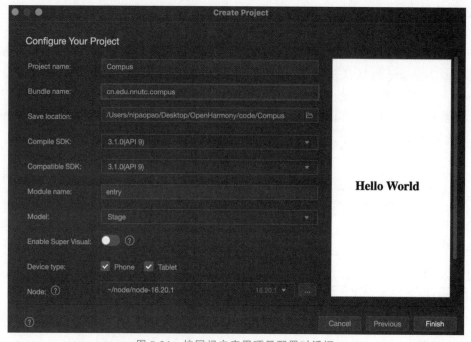

图 9.34 校园门户应用项目配置对话框

(2) 在工程项目中添加服务卡片。

右击工程项目的 entry 目录,在弹出的快捷菜单中选择 New→Service Widget 命令,在弹出的服务卡片模板选择对话框中选择 Image With Information 模板后,点击 Next 按钮,弹出如图 9.35 所示的服务卡片配置对话框。

图 9.35　服务卡片配置对话框

其中,Service widget name 输入框用于输入服务卡片名称;Description 输入框用于输入服务卡片描述信息;Language 用于指定服务卡片的编程语言;Support dimension 选项用于配置卡片支持的规格,2×2 规格必须支持,开发者可以根据应用场景选择其他一个或多个卡片规格;Ability name 输入框用于输入服务卡片对应 Ability 的名称。在配置完成上述服务卡片信息后,点击 Finish 按钮即可完成在当前工程项目中创建一个服务卡片,本例按照图 9.35 的配置,会在 src/main/ets 目录下自动生成一个 widget 文件夹,该文件夹的 pages 目录下自动生成一个 WidgetCard.ets 卡片文件,开发者可以用卡片 UI 的设计组件设计卡片的样式及点击事件。重复前述的操作步骤,也可以在当前工程项目中再创建其他服务卡片。

(3) 创建"人才培养"新闻详情页面。

根据本例的功能需求描述,点击服务卡片上的"综合新闻""教学科研""学院风采"及"人才培养"等,可以打开与之对应的详细信息页面。右击工程项目的 src/main/etc/page 目录,在弹出的快捷菜单中选择 New→Page 命令,弹出如图 9.36 所示的 New Page 配置对话框。在 Page name 输入框中输入新建的 Page 的名称,本例输入"RcPage",表示人才培养页面,其他设置用默认值,点击 Finish 按钮;右击工程项目的 src/main/etc 目录,在弹出的快捷菜单中选择 New→Ability 命令,弹出如图 9.37 所示的 New Ability 配置对话框。在 Ability name 输入框中输入新建的 Ability 的名称,本例输入"RCAbility",表示人才培养页面对应的 Ability,其他设置用默认值,点击 Finish 按钮,此时在 src/main/etc 目录下生成一个 rcability 文件夹,在该文件夹自动生成一个 RcAbility.ts 文件,打开该文件,修改其中 loadContent() 函数代码,将 RcPage.ets 页面文件与 RcAbility.ts 文件建立关联,修改后的代码如下。

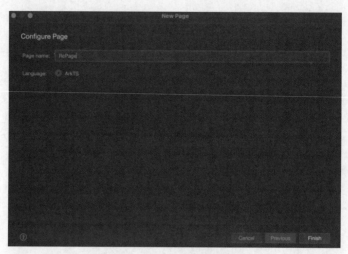

图 9.36 New Page 配置对话框

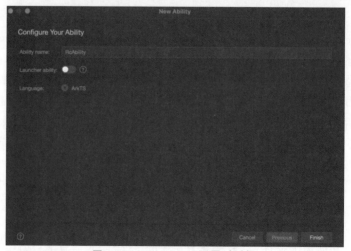

图 9.37 New Ability 配置对话框

```
1    windowStage.loadContent('pages/RcPage', (err, data) =>{
2        //其他功能代码,此处略
3    });
```

重复前述操作步骤,可以在当前工程项目中创建"综合新闻""教学科研""学院风采"等页面。

(4) 服务卡片的功能实现。

首先将代表综合新闻的图片文件(zh_news.png)、教学科研的图片文件(jk_news.png)、学院风采的图片文件(xy_news.png)和人才培养的图片文件(rc_news.png)复制到src/main/resources/base/media文件下。然后按照如图9.32所示的服务卡片显示效果,整个卡片按Column方式布局,每一行的内容按Row方式布局。实现代码如下。

```
1   struct WidgetCard {
2     build() {
3       Column() {
4         Row() {
5           Column() {
6             Image($r('app.media.zh_news')).width("50%").height("50%")
7               .objectFit(ImageFit.Contain)
8             Text("综合新闻").fontSize(10).width("50%").textAlign(TextAlign.Center)
9               .fontWeight(FontWeight.Medium)
10          }.justifyContent(FlexAlign.Center).width("50%").height("100%")
11          .onClick(()=>{
12            postCardAction(this, {
13              abilityName: "EntryAbility",
14              action: "router",
15              params: {
16                message: "50%"           //设置页面跳转参数
17              }
18            })
19          })
20          Column() {
21            Image($r('app.media.jk_news'))
22              //其他属性代码与第6、7行一样,此处略
23            Text("教学科研")
24              //其他属性代码与第8、9行一样,此处略
25          }.justifyContent(FlexAlign.Center).width("50%").height("100%")
26          .onClick(()=>{
27            postCardAction(this, {
28              abilityName: "JkAbility",
29              //其他代码与第14~17行一样,此处略
30            })
31          })
32        }.height("50%")
33        Row() {
34          Column() {
35            Image($r('app.media.xy_news'))
36              //其他属性代码与第6、7行一样,此处略
37            Text("学院风采")
38              //其他属性代码与第8、9行一样,此处略
39          }.justifyContent(FlexAlign.Center).width("50%") .height("100%")
40          Column() {
41            Image($r('app.media.rc_news')).
```

```
42                    //其他属性代码与第 6、7 行一样,此处略
43                    Text("人才培养")
44                    //其他属性代码与第 8、9 行一样,此处略
45                }.justifyContent(FlexAlign.Center).width("50%").height("100%")
46            }
47            .height("50%")
48        }.height("100%")
49    }
50 }
```

9.2.2 端云一体化开发

传统的开发模式基本是前后端分离的,前端负责 UI 的开发,后端负责数据业务和功能接口的实现,而且后端一般都需要部署到服务器上,这样不仅增加了服务器的运维成本,而且技术难度也相对较大。开发者将华为提供的 Serverless 和元服务结合起来,使用同一开发环境和同一种开发语言同时开发前后端,既节约了开发者的学习成本,也降低了开发难度,从而让开发者更专注于应用本身。当然,使用端云一体化开发服务时,会开通并使用云函数、云数据库、云存储等云端服务,产生的费用取决于云端服务的使用情况,各服务都有一定免费额度,超过额度需要收取费用。

1. 工程项目目录结构

端云一体化开发工程目录主要分为端侧工程(Application)、云侧工程(CloudProgram)两个子工程。

1) 端侧工程

端侧工程主要用于开发应用端的业务代码,其主要目录结构与普通的 OpenHarmony 应用工程项目一样。在项目的 src/main/resources/rawfile 目录下有一个文件名为 agconnect-services.json 的配置文件,该文件主要用于保存与云端后台连接的配置信息,如华为云端地址、客户端签名(client_secret)和密钥(api_key)等,建议开发者从控制台下载后复制到此目录。

2) 云侧工程

云开发工程中包含为开发应用提供的云函数和云数据库服务资源,其目录结构如图 9.38 所示。clouddb 是云数据库目录,其中包含 dataentry 目录、objecttype 目录及 db-config.json 文件,dataentry 是用于存放数据条目文件的目录(该目录下默认存放一个与云开发模板配套的数据条目示例文件),objecttype 是用于存放对象类

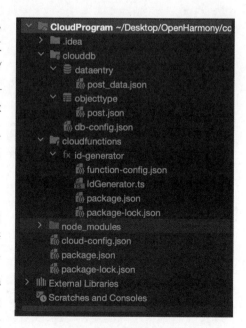

图 9.38 云侧工程目录结构

型文件的目录(该目录下默认存放一个与云开发模板配套的对象类型示例文件),db-config.json 是模块配置文件(主要包含如默认存储区名称、默认数据处理位置等云数据库工程的配置信息)。cloudfunctions 是云函数目录,其中包含各个函数目录,每个函数目录下又包含函数配置文件、入口文件、依赖文件等资源文件,id-generator 目录是默认生成的与开发模板配套的示例函数目录。node_modules 是存放所有第三方依赖的目录,包含"typescript"和"@types/node"公共依赖。cloud-config.json 是云开发工程配置文件,包含应用名称与 ID、项目名称与 ID、启用的数据处理位置、支持的设备类型等。package.json 文件定义了"typescript"和"@types/node"公共依赖。package-lock.json 文件记录当前状态下实际安装的各个 npm package 的具体来源和版本号。

2. 服务介绍

开发者使用 DevEco Studio 成功创建工程并关联云开发资源后,会为工程自动执行一些初始化配置,并自动开通认证服务、云函数、云数据库、云托管、API 网关、云存储等与云开发相关的服务。

1) 认证服务

认证服务可以为应用快速构建安全可靠的用户认证系统,开发者只需在应用中访问认证服务的相关能力,而不需要关心云侧的设施和实现。开发者可以通过在应用中集成认证服务 SDK 来方便快捷地向用户推出注册、登录等相关功能,并向用户提供手机账号、邮箱账号、第三方账号、匿名账号及自有账号等的一种或多种认证方式完成认证服务。

2) 云托管

云托管是一项提供内容托管的服务,包括网站托管和存储加速功能,为用户提供安全快速的内容访问能力。云托管服务提供了方便快捷的网页应用部署能力,开发者无须关注域名申请、证书管理等安全配置,也不需要关注页面分发,只需要聚焦网站托管的内容,如界面交互、页面样式和业务逻辑等,即可构建高安全、快速访问的网站。托管网站一经上线即会面向所有人开放。

3) 云函数

云函数是一项 Serverless 计算服务,提供 FaaS(Function as a Service,函数即服务)能力,一方面云函数将开发测试的对象聚焦到函数级别,可以帮助开发者大幅简化应用开发与运维相关的事务,另一方面开发者可以通过在应用中集成云函数 SDK,便捷操作云数据库、云存储等,提升业务功能构建的便利性。云函数可以根据函数的实际流量对函数进行弹性伸缩,开发者无须对服务器资源进行管理,解决了开发者运维管理的难题。

4) API 网关

API 网关服务支持多种 API 源(如云函数、开发者自身 Web 服务),能够帮助开发者将来自云函数的函数、自身的 Web 服务以 API 的形式进行统一的封装管理,协助开发者完成 API 的创建、维护、发布等全生命周期管理。

5) 云存储

云存储是一种稳定安全的对象存储服务,使用云存储服务可以跨平台存储图片、音频和视频等内容,为用户提供高品质的文件上传、下载和分享服务等。

6) 云数据库

云数据库是一款端云协同的数据库产品,提供端云数据的协同管理、统一的数据模型和丰富的数据管理 API 等能力。在保证数据的可用性、可靠性、一致性及安全性的基础上,能够实现数据在客户端和云端之间的无缝同步,并为应用提供离线支持,以帮助开发者快速构建端云、多端协同的应用。同时,云数据库作为华为应用市场(AGC)关键服务之一,为 AGC 构建了 MBaaS(Mobile Backend as a Service,移动后端即服务)能力,从而让应用开发者聚焦于应用本身的业务,极大地提升开发者的生产效率。

云数据库采用基于对象模型的数据存储结构。数据以对象的形式存储在不同的存储区中,每一个对象都是一条完整的数据记录。对象类型用于定义存储对象的集合,不同的对象类型对应不同的数据结构。存储区是一个独立的数据存储区域,每个存储区拥有完全相同的对象类型定义。可以通过 AGC 控制台,定义对象类型、创建存储区和管理数据。云数据库支持多种数据类型,包括简单的字符串、数值以及文本等。

云数据库提供基于对象操作的 API,支持单个或批量操作对象,如新增、修改、删除和查询等。云数据库具有高效且灵活的查询能力,通过多个谓词查询的组合,实现查询结果数据的过滤、排序、限定返回结果集包含的数量,对查询结果进行分页等。同时,云数据库支持数据实时同步,通过对需要关注的数据进行订阅,并利用云数据库的数据同步功能,将发生变化的数据在端云、多设备间进行实时更新。

云数据库提供多重数据安全策略。基于隐私或者敏感数据的全程加密管理能力,加密字段的数据在端侧会被加密,然后再以密文形式发送并存储到云侧,只有应用用户依据其输入的密码才能获取密钥信息并访问自己的加密数据。基于角色的权限管理模型,来保证数据的安全。

【例 9-2】 为华为应用市场的"实验室安全测试"项目,创建保存学生学号(字段名称为 StudNo、类型为 string)和密码(字段名称为 StuPwd、类型为 string)的学生信息对象类型(StudentInfo)。详细实现步骤如下。

(1) 打开项目的云数据库页面。

登录"https://developer.huawei.com/consumer/cn/service/josp/agc/index.html#/"网址,打开华为应用市场(AppGallery Connect),点击"我的项目",在项目列表中点击项目名称(本例项目名称为"实验室安全测试"),在弹出页面的左侧导航栏选择"云开发"→"云数据库",弹出如图 9.39 所示的云数据库对象列表页面。

(2) 新增学生信息对象类型。

点击如图 9.39 所示云数据库对象列表页面上的"新增"按钮,弹出如图 9.40 所示的用于输入对象类型名称的"新增对象类型"对话框,在该对话框的"对象类型名"编辑框中输入对象类型名(本例为"StudentInfo"),点击"下一步"按钮,弹出如图 9.41 所示的用于新增字段的"新增对象类型"对话框,点击该对话框上的"新增字段"按钮,则可以在页面上增加一行字段,开发者可以根据需要输入字段名称,选择数据类型及其他与字段有关的信息,点击"下一

图 9.39 云数据库对象列表页面

步"按钮,弹出如图 9.42 所示的用于设置索引的"新增对象类型"对话框,点击"下一步"按钮,弹出如图 9.43 所示的用于设置数据权限的"新增对象类型"对话框。

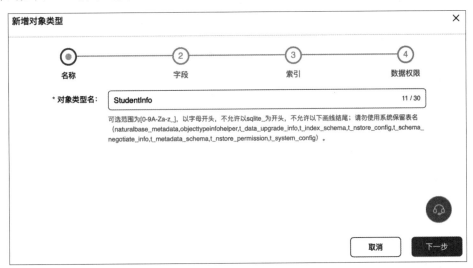

图 9.40 "新增对象类型"对话框(输入对象类型名)

　　设置完对象类型名称、字段、索引及数据操作权限,点击如图 9.43 所示对话框上的"确定"按钮,返回如图 9.39 所示的云数据库对象类型列表页面,在该页面可以查看已创建的对象类型。

　　(3) 新增存储区。

　　点击如图 9.39 所示云数据库对象列表页面上的存储区选项,在弹出的页面上点击"新增"按钮,弹出如图 9.44 所示的"新增存储区"对话框,输入存储区名称(本例为

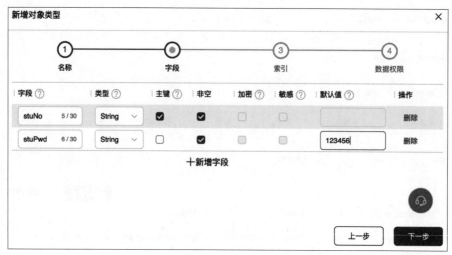

图 9.41 "新增对象类型"对话框(新增字段)

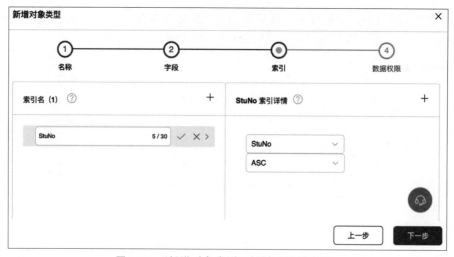

图 9.42 "新增对象类型"对话框(设置索引)

"SecurityExam")后点击"确定"按钮。

(4)向学生信息对象中新增数据。

首先,选中如图 9.39 所示云数据库对象列表中的 StudentInfo,点击"导出"按钮,弹出如图 9.45 所示的"导出"对话框,选择导出文件格式(本例选择"json 格式"),点击"确定"按钮,导出对象类型文件。

接着,将导出的对象类型文件复制一份,并按照如下代码在该文件中添加学生信息。

```
1   {
2     "cloudDBZoneName": "SecurityExam",
3     "objectTypeName":"StudentInfo",
4     "objectTypes": [
```

图 9.43 "新增对象类型"对话框(设置数据权限)

图 9.44 "新增存储区"对话框

图 9.45 导出对象类型文件对话框

```
 5              {
 6                  "indexes": [
 7                      {
 8                          "indexName": "StuNo",
 9                          "indexList": [{"fieldName": "StuNo", "sortType": "ASC"}]
10                      }
11                  ],
12                  "objectTypeName": "StudentInfo",
13                  "fields": [
14                      {
15                          "isNeedEncrypt": false,
16                          "fieldName": "StuNo",
17                          "notNull": true,
18                          "isSensitive": false,
19                          "belongPrimaryKey": true,
20                          "fieldType": "String"
21                      },
22                      {
23                          "isNeedEncrypt": false,
24                          "fieldName": "StuPwd",
25                          "notNull": true,
26                          "isSensitive": false,
27                          "defaultValue": "123456",
28                          "belongPrimaryKey": false,
29                          "fieldType": "String"
30                      }
31                  ]
32              }
33          ],
34      "objects": [
35          {"StuNo": "09040101", "StuPwd": "09040101"},
36          {"StuNo": "09040102","StuPwd": "09040102"}
37      ]
38  }
```

上述第 2 行代码用于设置云数据库存储区名称；第 3 行代码用于设置对象类型文件名称；第 4～33 行代码用于设置对象类型文件的索引、字段等相关属性；第 34～37 行代码用于设置 StudentInfo 对象类型文件中包含的记录内容，例如，第 35 行代码表示该记录的 StuNo 字段值为"09040101"、StuPwd 字段值为"09040101"。

最后，点击如图 9.39 所示云数据库对象列表页面上的数据选项，在弹出的页面上选择存储区名称和对象类型名称，弹出如图 9.46 所示的数据列表对话框，点击对话框中的"导入"按钮，选择上述已经添加完学生信息的 JSON 文件即可将本地的文件导入云数据库。当然，也可以点击对话框中的"新增"按钮，在弹出的新增数据对话框中输入学生信息记录内容。

【例 9-3】 在例 9-2 的基础上，为华为应用市场的"实验室安全测试"项目创建保存考试信息的对象类型（ExamInfo），该对象类型包含考生信息（字段名称为 StuNo、类型为 String）、考试时间信息（字段名称为 examTime、类型为 String）和考试分数信息（字段名称 examScore、类型为 String）。在端侧可以对考试信息表实现增、删、改、查等操作，详细实现

图 9.46 数据列表对话框

步骤如下。

（1）创建端云一体化工程。

在 DevEco Studio 开发环境菜单栏中依次选择 File→New→Create Project 菜单命令，弹出如图 9.47 所示的 Create Project 对话框，在对话框中选择 Application(应用)选项后，点击 Empty Ability with CloudDev 模板和 Next 按钮，弹出如图 9.48 所示的配置项目对话

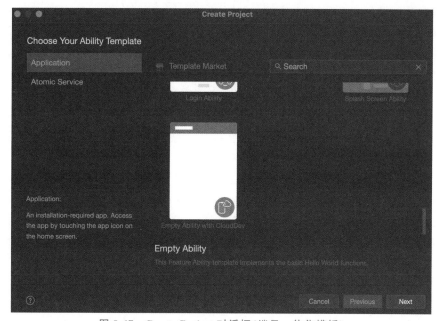

图 9.47　Create Project 对话框（端云一体化模板）

框,在该对话框中配置完成工程项目信息后,点击 Next 按钮。Empty Ability with CloudDev 模板已经帮开发者配置好 SDK 及提供了用户认证、云函数及云存储等示例代码,开发者可以根据应用需求编辑修改这些代码,从而达到应用本身的开发目标。

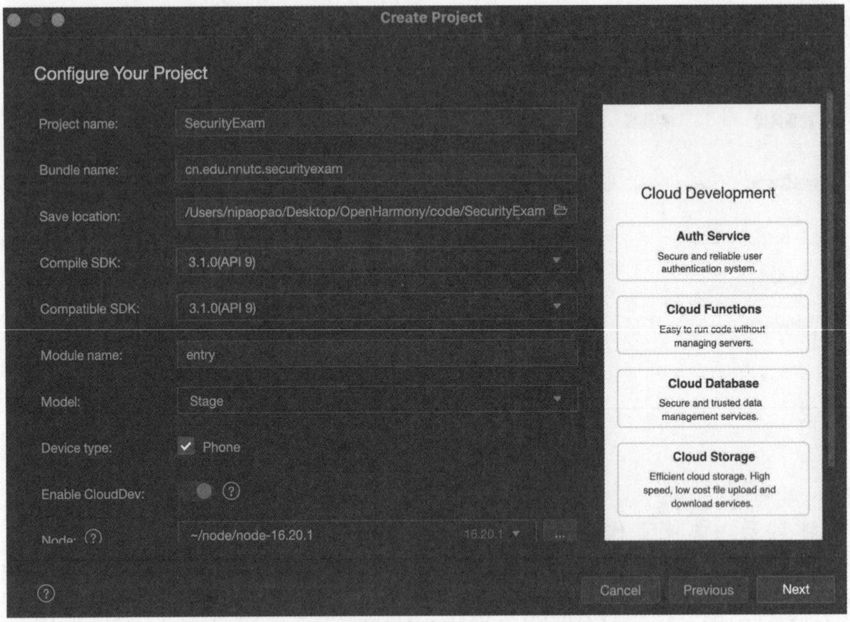

图 9.48　Create Project 对话框(工程项目配置)

创建端云一体化工程项目时,需要关联云开发所需的资源,即在 DevEco Studio 开发环境中选择开发者的华为开发者账号加入的开发者团队,将该团队在华为应用市场相同包名的应用关联到当前工程。若开发者尚未登录 DevEco Studio,点击图 9.48 中的 Next 按钮后,在弹出的对话框中点击 sign in 按钮,开发者可以使用已实名认证的华为开发者账号完成登录。登录成功后,如果华为应用市场有与本工程项目包名相同的应用,则会在对话框中显示应用列表,如图 9.49 所示。

如果华为应用市场没有与本工程项目包名相同的应用,则会在对话框中提示开发者可以在华为应用市场创建与本工程项目包名相同的应用,如图 9.50 所示。

点击图 9.50 中的 AppGallery Connect 提示,跳转到如图 9.22 所示的华为应用市场新建项目页面,点击"添加项目"后,弹出如图 9.23 所示的"创建项目"对话框,在该对话框中输入应用名称(本例名称为"实验室安全测试"),点击"确定"按钮跳转到"设置数据处理位置"页面(本例选择启用,默认为中国),点击"下一步"按钮,弹出如图 9.51 所示的"添加应用"页面,配置完相关信息后(配置信息中的包名与创建项目时的包名完全一样),点击"确认"按钮,此时在华为应用市场中就创建了与当前工程项目关联的应用。

(2) 添加考试信息类型文件。

点击如图 9.39 所示云数据库对象列表页面上的"新增"按钮,弹出如图 9.40 所示的用于

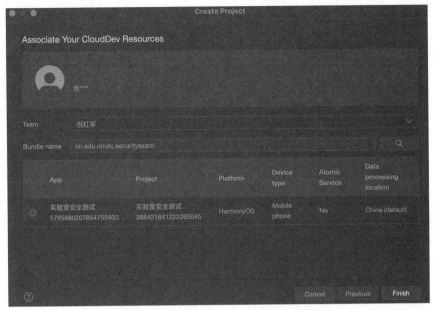

图 9.49　与工程项目包名相同的应用列表

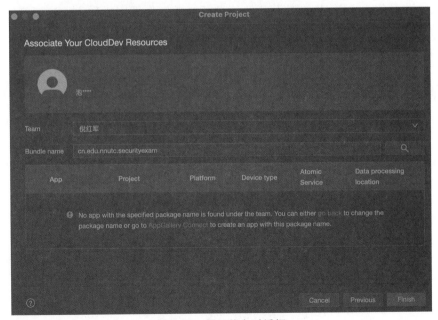

图 9.50　提示信息对话框

输入对象类型名称的"新增对象类型"对话框,在该对话框的"对象类型名"编辑框中输入对象类型名"ExamInfo",然后按照例 9-2 的步骤完成该对象类型文件创建。由于考生信息(StuNo)、考试时间信息(examTime)和分数信息(examScore)都不能作为主键,但是云数据

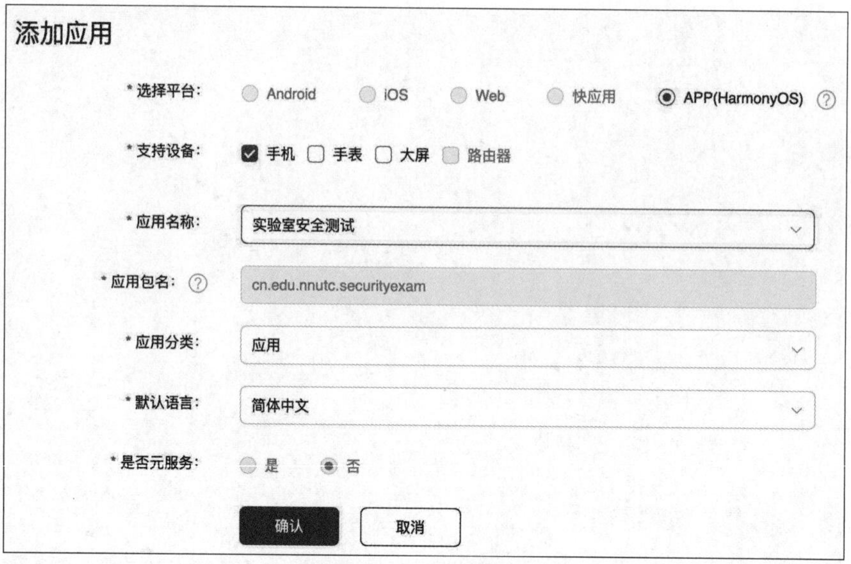

图 9.51 添加应用页面

库创建时必须指定一个主键,所以本例增加了一个 examId 字段代表考试成绩流水号(用时间表示),并将其作为主键,其类型为 String。同时,考生作答完成后,点击"提交"按钮会将考试信息写到该文件中,所以设置该表的操作权限为所有人都具有 query(查询)、upsert(修改插入)和 delete(删除)权限。

(3) 集成 SDK。

① 配置应用信息。

打开华为应用市场,点击"我的项目",在项目列表中点击项目名称后,点击"常规"选项卡中的"下载 agconnect-services.json 文件"按钮,下载默认包含 AGC 为应用分配的客户端密钥、API 密钥信息的配置文件,并将其复制到 DevEco Studio 项目的 AppScope/resources/rawfile 目录下,如果 rawfile 目录不存在,则需要开发者创建。

② 配置 SDK 依赖。

打开 DevEco Studio 应用级(一般为 entry)下的 oh-package.json5 文件,并在该文件中添加如下代码。

```
1  {
2    //此处代码与原代码一样
3    "dependencies": {
4      "@hw-agconnect/cloud": "^1.0.1",
5      "@hw-agconnect/hmcore": "^1.0.1",
6      "@hw-agconnect/auth-component": "^1.0.0",
7      "long": "5.2.1"
8    }
9  }
```

上述第 4、5 行代码表示添加 SDK 依赖代码。添加或做如上所示代码修改后,需要点击

DevEco Studio 开发环境编辑窗口右上方的 Sync Now 按钮同步 SDK 依赖。

③ 集成 AGC SDK。

打开项目 entry/src/main/ets/enrtyability 目录下的 EntryAbility.ts 文件，在该文件的 onCreate() 函数中添加如下代码。

```
1   import { initialize } from '@hw-agconnect/hmcore';
2   export default class EntryAbility extends UIAbility {
3     async onCreate() {
4       let input = await this.context.resourceManager.getRawFileContent ('agconnect-services.json')
5       let jsonString = util.TextDecoder.create('utf-8', {
6         ignoreBOM: true
7       }).decodeWithStream(input, {
8         stream: false
9       });
10      initialize(this.context, JSON.parse(jsonString));
11      //其他代码不变,此处略
12    }
13    //其他代码不变,此处略
14  }
```

由于需要访问云数据库，所以需要在"entry/src/main/module.json5"文件中用如下代码添加网络权限。

```
1   "requestPermissions": [
2     {
3       "name": "ohos.permission.INTERNET"
4     }
5   ]
```

(4) 使用数据库。

① 加载对象类型文件。

打开如图 9.39 所示云数据库对象列表页面，选中要加载对象类型文件(本例为 StudentInfo 和 ExamInfo)，点击"导出"按钮，弹出如图 9.45 所示的导出对象类型文件对话框，分别导出"json 格式"文件和"js 格式"文件(客户端)。将 JSON 格式文件名修改为 app-schema.json，JS 格式文件一般为压缩文件，需要将其解压，解压后的文件夹中一般包含与对象类型文件名称相同 JS 文件，本例解压后的文件名为 StudentInfo.js 和 ExamInfo.js。然后，将 app-schema.json 文件和 JS 文件复制到 entry/src/main/ets/model 目录下，如果 model 目录不存在，则需要开发者创建。如果目录已经存在这些文件，则需要覆盖原文件。

② 向考试信息表中添加记录条目。

upsert() 方法表示将一个或者多个对象写入当前存储区。如果在存储区中已经存在与主键相同的对象，则更新已有的对象；如果不存在，则写入一个或者多个新的对象。调用 upsert() 方法如果执行添加或更新成功，则可以获取添加或更新记录条目的数量，否则可以获取错误信息。在调用 upsert() 方法写入多个对象时，数据总大小不能超过 2MB 或数据总条数不能超过 1000 条，否则会导致写入失败。

例如,在页面上添加一个插入考试信息的 Button 组件,点击"插入考试信息"按钮,向云数据库中插入记录条目,实现代码如下。

```
1   import schema from '../model/app-schema.json'
2   import { StudentInfo } from '../model/StudentInfo'
3   import { ExamInfo } from '../model/ExamInfo'
4   import cloud from '@hw-agconnect/cloud'
5   Button("插入考试信息").onClick(async () =>{
6       try {
7           let examId =Date.parse(new Date().toString()) +""
8           const record =
9               await cloud.database({ objectTypeInfo: schema, zoneName: "SecurityExam" })
10                  .collection(ExamInfo)
11                  .upsert({
12                      "stuNo": "09010201",
13                      "examTime": examId,
14                      "examScore": "90.0",
15                      "examId": examId
16                  });
17          this.message = `插入成功:${record}条记录`
18      } catch (e) {
19          this.message = `插入错误:${JSON.stringify(e)}`
20      }
21  })
```

上述第 7 行代码表示根据日期值生成唯一的 examId;第 9 行代码表示打开 SecurityExam 存储区的云数据库;第 10 行代码表示对 ExamInfo 对象类型文件进行操作;第 11～16 行代码表示向 ExamInfo 中插入指定的记录条目内容。

③ 从考试信息表中删除记录条目。

delete()方法表示删除一个对象或者一组对象。调用 delete()方法删除数据时,云数据库会根据传入对象的主键删除相应的数据;如果删除成功,则可以获取删除记录条目的数量,否则可以获取错误信息。在调用 delete()方法删除一组对象时,只要其中有一个对象没有删除成功,那么本次删除操作将全部失败。

例如,在页面上添加一个删除考试信息的 Button 组件,点击"删除考试信息"按钮,从云数据库中删除记录条目,实现代码如下。

```
1   Button("删除考试信息").onClick(async () =>{
2       try {
3           let examId ="1719901573000"
4           const record =
5               await cloud.database({ objectTypeInfo: schema, zoneName: "SecurityExam" })
6                  .collection(ExamInfo)
7                  .delete({
8                      "examId": examId
9                  });
10          this.message = `删除成功:${record}条记录`
```

```
11          } catch (e) {
12              this.message = `删除错误:${JSON.stringify(e)}`
13          }
14      })
```

上述第 3 行代码表示指定要删除记录条目的 examId；第 7～9 行代码表示从 ExamInfo 对象类型文件中删除指定的记录条目。

④ 从考试信息表中查询记录条目。

query()方法表示从存储区查询满足条件的对象，同时也可以通过排序谓词对查询结果排序，或者通过限定查询返回数量谓词限定查询结果返回的数量。

例如，在页面上添加一个查询全部考试信息的 Button 组件，点击"全部考试信息"按钮，从云数据库中查询全部记录条目，实现代码如下。

```
1   Button("全部考试信息").onClick(async () =>{
2       try {
3           const resultArray =
4             await cloud.database({ objectTypeInfo: schema, zoneName: "SecurityExam" })
5               .collection(ExamInfo)
6               .query().get()
7           this.message = `查询成功:${JSON.stringify(resultArray)}`
8       } catch (e) {
9           this.message = `查询错误:${JSON.stringify(e)}`
10      }
11  })
```

上述第 6 行代码表示在无查询条件时，获取一个对象类型中所有的对象，也就是本例中 ExamInfo 类型对象中的全部记录条目。

例如，在页面上添加一个查询部分考试信息的 Button 组件，点击"部分考试信息"按钮，从云数据库中查询考生信息为"09010201"的记录条目，实现代码如下。

```
1   Button("部分考试信息").onClick(async () =>{
2       try {
3           let stuNo ="09010201"
4           const resultArray =
5             await cloud.database({ objectTypeInfo: schema, zoneName: "SecurityExam" })
6               .collection(ExamInfo)
7               .query().equalTo("stuNo",stuNo)
8               .get()
9           this.message = `查询成功:${JSON.stringify(resultArray)}`
10      } catch (e) {
11          this.message = `查询错误:${JSON.stringify(e)}`
12      }
13  })
```

在进行条件查询时，DatabaseZoneQuery 类提供了如表 9.2 所示的谓词来构造查询条件，云数据库会基于指定的查询条件从存储区中获取到对应的对象并返回查询结果。

表 9.2　谓词及功能说明

方 法 名	功 能 说 明
equalTo(field：string，value：any)	匹配 field 字段为 value 的记录
notEqualTo(field：string，value：any)	匹配 field 字段不为 value 的记录
greaterThan(fieldName：string，value：any)	匹配 field 字段大于 value 的记录
greaterThanOrEqualTo（fieldName：string，value：any)	匹配 field 字段大于或等于 value 的记录
lessThan(fieldName：string，value：any)	匹配 field 字段小于 value 的记录
lessThanOrEqualTo(fieldName：string，value：any)	匹配 field 字段小于或等于 value 的记录
in(fieldName：string，values：any[])	匹配 field 字段被指定数组 values 包含的记录
beginsWith(fieldName：string，value：any)	匹配 field 字段以指定 value 子串开头的记录
endsWith(fieldName：string，value：any)	匹配 field 字段以指定 value 子串结束的记录
contains(fieldName：string，value：any)	匹配 field 字段包含 value 的记录
isNull(fieldName：string)	匹配 field 字段为空的记录
isNotNull(fieldName：string)	匹配 field 字段不为空的记录
orderByAsc(fieldName：string)	设置按 field 字段升序排列
orderByDesc(fieldName：string)	设置按 field 字段降序排列
limit(count：number，offset?：number)	设置返回查询结果集中的记录条目数量，返回从首个对象开始获取前 count 个对象，若 offset 有值，返回从以 offset 为下标位置开始的 count 个对象
or()	或条件
and()	与条件
beginGroup()	添加左括号
endGroup()	添加右括号
get()	构造条件完成后，必须调用此方法才会执行查询

9.2.3　案例：实验室安全测试系统的开发

1. 需求描述

为了避免实验室安全事故的发生，现在几乎所有高校都建立了实验室的安全准入制度，对进入实验室的师生必须进行安全技能和操作规范培训，并且规定未取得合格成绩者不得进入实验室。所以设计一个科学合理的实验室安全测试系统，有助于学生掌握必要的实验室安全知识和操作技能。本例基于华为端云一体开发理念设计并实现一款实验室安全测试系统，便于人们在鸿蒙系统平台上使用。长按桌面上的"实验室安全测试"系统应用图标，可以在桌面或负一屏添加如图 9.52 所示的登录页面服务卡片和如图 9.53 所

图 9.52　登录页面服务卡片

示的测试页面服务卡片。

点击如图 9.52 所示的登录页面服务卡片，打开如图 9.54 所示的系统登录页面，如果输入的考生考号和考试密码正确，则打开如图 9.55 所示的测试页面，否则在登录页面显示出错信息。点击如图 9.53 所示的测试页面服务卡片，也会打开如图 9.55 所示的测试页面。

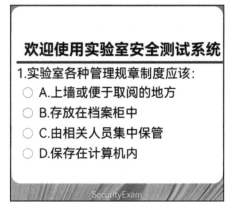

图 9.53　测试页面服务卡片

图 9.54　登录页面

图 9.55　测试页面

（1）用户在登录页面的相应位置输入考生考号和考试密码后，点击"登录"按钮，如果考生考号和考试密码正确，则打开如图 9.55 所示的测试页面，否则在页面上显示出错提示信息；点击"取消"按钮，则退出实验室安全测试系统。

（2）测试页面从上至下分为考生信息显示区、测试题显示区（包含题目内容和供选答案选项）、答案显示区和按钮区。用户点击"向后"按钮，页面显示下一道测试题内容（包括题目和选项）；用户点击"向前"按钮，页面显示前一道测试题内容；用户点击"提交"按钮，在页面上显示考生答案和标准答案信息，并将当前的考试信息保存。

2. 设计思路

根据实验室安全测试系统的需求描述和页面显示效果，该系统开发时需要设计登录页面、测试页面及相应的服务卡片。

（1）登录页面从上至下以 Column 方式布局，最上方和最下方用 Image 组件显示图片；考生考号和考试密码的输入框用 TextInput 组件实现；按钮区以 Row 方式布局，"登录"和"取消"按钮由 Button 组件实现；输入考生考号和考试密码后，点击"登录"按钮，会访问云端 SecurityExam 数据区的 StudentInfo 数据对象，StudentInfo 数据对象中保存了所有考生的考号和密码。

（2）测试页面从上至下以 Column 方式布局，考生信息显示区用 Text 组件显示"欢迎*****使用实验室安全测试系统"和 Divider 组件显示分隔线；测试题目显示区根据如表 9.3 所示的测试题目结构进行设计，其中，题目内容由 Text 组件实现，供选答案选项由两个 Radio 组件（判断题）或 4 个 Radio 组件（单项选择题）实现；答案显示区由两个 Text 组件实现；按钮区由三个 Button 组件实现。

表 9.3 测试题目表结构

字段名	含义	数据类型	字段名	含义	数据类型
tiNo	题目序号	Integer	tiType	题目类型	String
tiContent	题目内容	String	tiQA	选项 A	String
tiQB	选项 B	String	tiQC	选项 C	String
tiQD	选项 D	String	tiAnswer	标准答案	String
tiReply	考生答案	String			

3. 实现流程

（1）在工程中加载对象类型文件。

① 在云端创建包含测试题内容的云数据库。

首先，打开华为应用市场，点击"我的项目"，在项目列表中点击项目名称（本例项目名称为实验室安全测试），在弹出页面的左侧导航栏选择"云开发"→"云数据库"，弹出如图 9.39 所示的云数据库对象列表页面，点击页面上的"新增"按钮，在弹出的对话框中输入对象类型名"TestPaper"，然后按照例 9-2 的步骤和表 9.3 的字段名及类型说明完成 TestPaper 对象类型文件的创建。

然后，在如图 9.39 所示的云数据库对象列表中选中 TestPaper，点击"导出"按钮，按照前面介绍的方法以 JSON 格式导出该对象类型文件。

接着，将导出的对象类型文件复制一份，并按照如下代码在该文件中添加测试题目内容信息后，再根据前面介绍的方法将以下代码保存的文件导入云数据库。

```
1   {
2       "cloudDBZoneName": "SecurityExam",
3       "objectTypeName":"TestPaper",
4       "objectTypes": [
```

```
  5         {
  6             "indexes":[],
  7             "objectTypeName":"TestPaper",
  8             "fields":[
  9                 { //字段属性代码,此处略 }
 10             ]
 11         }
 12     ],
 13     "objects":[
 14         {
 15             "tiNo":1,
 16             "tiType":"判断题",
 17             "tiContent":"在有爆炸和火灾危险场所使用手持式或移动式电动工具时,必须采用有防爆措施的电动工具。",
 18             "tiQA":"A.对",
 19             "tiQB":"B.错",
 20             "tiQC":"null",
 21             "tiQD":"null",
 22             "tiAnswer":"A",
 23             "tiReply":"null"
 24         },
 25         //其余判断题代码,此处略
 26         {
 27             "tiNo":21,
 28             "tiType":"单项选择题",
 29             "tiContent":"低压验电笔一般适用于交、直流电压为( )V以下。",
 30             "tiQA":"A.220",
 31             "tiQB":"B.380",
 32             "tiQC":"C.500",
 33             "tiQD":"D.800",
 34             "tiAnswer":"C",
 35             "tiReply":"null"
 36         },
 37         //其余单项选择题代码,此处略
 38     ]
 39 }
```

② 加载对象类型文件。

首先在如图 9.39 所示的云数据库对象列表中选中 TestPaper、StudentInfo 和 ExamInfo,然后分别导出 JSON 格式文件和 JS 格式文件(客户端)。将 JSON 格式文件名修改为"app-schema.json",将 JS 格式文件一般为压缩文件,需要将其解压,解压后的文件夹中一般包含与对象类型文件名称相同 JS 文件,本例解压后的文件名为 TestPaper.js、StudentInfo.js 和 ExamInfo.js。然后,将 app-schema.json 文件和 JS 文件复制到 entry/src/main/ets/model 目录下。

(2) 登录页面的实现。

打开例 9-3 创建的端云一体化工程,右击"entry/src/main/etc/pages"文件夹,选择 New→Page 菜单项创建名为"Login.ets"的登录页面,整个页面从上至下按 Column 方式布局。点击"登录"按钮,根据端侧输入的考生考号和考试密码访问云数据库,如果访问成功则

页面跳转至如图 9.55 所示的测试页面,并将考生考号以 AppStorage 方式保存,以便在测试页面获取;否则在登录页面显示登录信息。详细实现代码如下。

```
1    import schema from '../model/app-schema.json'
2    import { StudentInfo } from '../model/StudentInfo'
3    import cloud from '@hw-agconnect/cloud'
4    import router from '@ohos.router'
5    import common from '@ohos.app.ability.common'
6    @Entry
7    @Component
8    struct Login {
9      @State message: string =''              //保存登录信息
10     @State ksNo: string =''                  //保存考生考号
11     @State ksPwd: string =''                 //保存考试密码
12     context =getContext(this) as common.UIAbilityContext
13     build() {
14       Column() {
15         Image($r('app.media.security1')).objectFit(ImageFit.Fill).height("20%").width("60%")
16         Column({ space: 10 }) {
17           TextInput({ text: this.ksNo, placeholder: "请输入考生考号" })
18             .onChange((value) => {
19               this.ksNo =value            //从输入框获取考生考号
20             }).borderRadius(0).fontSize(30).placeholderFont({ size: 30 })
21             .fontWeight(FontWeight.Bold)
22           TextInput({ text: this.ksPwd, placeholder: "请输入考试密码" })
23             .onChange((value) => {
24               this.ksPwd =value           //从输入框获取考试密码
25             }).borderRadius(0).fontSize(30).placeholderFont({ size: 30 })
26             .type(InputType.Password).fontWeight(FontWeight.Bold)
27           Row({ space: 10 }) {
28             Button("登录").onClick(async () => {
29               try {
30                 const resultArray =
31                   await cloud.database({ objectTypeInfo: schema, zoneName: "SecurityExam" })
32                     .collection(StudentInfo).query()
33                     .equalTo("StuNo", this.ksNo).and().equalTo("StuPwd", this.ksPwd)
34                     .get()
35                 if (resultArray.length >0) {
36                   router.pushUrl({
37                     url: "pages/Exam"       //跳转测试页面
38                   })
39                   AppStorage.SetOrCreate("ksNo",this.ksNo)   //保存考生考号
40                   return
41                 }
42                 this.message = `登录失败:考试号或登录密码错误!`
43               } catch (e) {
44                 this.message = `访问云数据库失败:${JSON.stringify(e)}`
45               }
46             }).type(ButtonType.Normal).fontSize(30)
47             Button("取消").onClick(() => {
```

```
48              this.context.terminateSelf()
49           }).type(ButtonType.Normal).fontSize(30)
50         }
51         Text(this.message).fontSize(30)
52       }.width('60%')
53       Image($r('app.media.security2')).objectFit(ImageFit.Fill).height("
   10%").width("60%")
54     }.justifyContent(FlexAlign.SpaceBetween).width("100%").height('100%')
55   }
56 }
```

（3）测试页面的实现。

打开例 9-3 创建的端云一体化工程，右击"entry/src/main/etc/pages"文件夹，选择 New→Page 菜单项创建名为"Exam.ets"的测试页面，整个页面从上至下按 Column 方式布局。当页面加载时，首先访问云数据库，并将云数据库中的所有测试题内容保存到端侧的数组中，然后按照如图 9.55 所示效果显示在页面上。点击页面上的"向前"或"向后"按钮，页面上显示的测试题目内容会随之更新；点击页面上的"提交"按钮，在页面上显示考生答案和标准答案，并将本次考试结果保存到云数据库中。详细实现代码如下。

① 定义变量。

```
1  ksNo: string =AppStorage.Get("ksNo")
2  @State message: string = ``
3  @State index: number =0                    //保存当前测试题的索引下标
4  @State testDetails: Array<TestPaper>=new Array()  //保存所有测试题内容
5  @State currentTest: TestPaper =new TestPaper()    //保存当前测试题内容
6  @State userAnswer: Array<string>=new Array(25)    //保存考生答案
7  @State standardAnswer: Array<string>=new Array()  //保存标准答案
8  @State flag: number =Visibility.Hidden        //保存是否显示考生答案和标准答案
9  @State aSelected: boolean =false              //保存选项 A 是否选中
10 @State bSelected: boolean =false              //保存选项 B 是否选中
11 @State cSelected: boolean =false              //保存选项 C 是否选中
12 @State dSelected: boolean =false              //保存选项 D 是否选中
```

上述第 1 行代码表示以 AppStorage 方式获取登录页面执行时保存的考生考号。

② 自定义 setSelected()方法设置页面上单选按钮的选中状态。

点击"向前"或"向后"按钮时，页面上的单选按钮选中状态会根据考生答案的变化而变化。即如果前一题的考生答案为"A"，则表示代表 A 选项的单选按钮选中，其他选项的单选按钮均为未选中；如果考生还未作答，则所有选项的单选按钮均为未选中。实现代码如下。

```
1  setSelected(selected: string) {
2      switch (selected) {
3        case "A":
4          this.aSelected =true
5          this.bSelected =false
6          this.cSelected =false
7          this.dSelected =false
8          break;
9        case "B":
10         this.bSelected =true
```

```
11            //aSelected、cSelected、dSelected 的值为 false,此处略
12            break;
13          case "C":
14            this.cSelected=true
15            //aSelected、bSelected、dSelected 的值为 false,此处略
16            break;
17          case "D":
18            this.dSelected=true
19            //aSelected、bSelected、cSelected 的值为 false,此处略
20            break;
21          default:
22            this.aSelected=false
23            this.bSelected=false
24            this.cSelected=false
25            this.dSelected=false
26        }
27      }
```

上述第 21~25 行代码表示如果考生还未作答,则所有选项的单选按钮的选中状态为 false。

③ 实现 aboutToAppear()函数。

创建 Exam 页面组件的实例后,首先访问云数据库获得安全测试题目内容,并将题目内容和标准答案分别保存在本地数组变量中,实现代码如下。

```
1   async aboutToAppear() {
2     try {
3       let resultArray: Array<TestPaper>=
4         await cloud.database({ objectTypeInfo: schema, zoneName:
    "SecurityExam" })
5         .collection(TestPaper).query().orderByAsc("tiNo").get()
6       if (resultArray.length >0) {
7         resultArray.forEach((element: TestPaper, index) =>{
8           this.testDetails.push(element)              //保存到本地数组变量
9           this.standardAnswer.push(element.tiAnswer)   //保存标准答案
10        });
11        this.currentTest =this.testDetails[0]      //默认在页面显示第 1 条测试题目
12        return
13      }
14      this.message = `没有测试题目!`
15    } catch (e) {
16      this.message = `访问云数据库出错:${JSON.stringify(e)}`
17    }
18  }
```

上述第 4、5 行代码表示从云数据库 TestPaper 中获取全部记录条目,并按照题号(tiNo)升序排列。

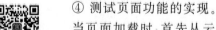

④ 测试页面功能的实现。

当页面加载时,首先从云数据库 TestPaper 中获取全部安全测试题目内容,然后按如图 9.55 所示效果显示在页面上,点击"向前""向后"和"提交"按钮分别执行相应功能,详细实现代码如下。

```
1    import { ExamInfo } from '../model/ExamInfo'
2    import { TestPaper } from '../model/TestPaper'
3    //其他导入模板代码与登录页面功能实现一样,此处略
4    @Entry
5    @Component
6    struct Exam {
7      //定义变量,此处略
8      //自定义 setSelected() 方法,此处略
9      //实现 aboutToAppear() 函数,此处略
10     build() {
11       Column({space:5}) {
12         Text(`欢迎${this.ksNo}使用实验室安全测试系统`)
13           .fontSize(30).fontWeight(FontWeight.Bold)
14         Divider().strokeWidth(4).color(Color.Brown)
15         Text(`${this.currentTest.tiNo}.${this.currentTest.tiContent}`)
16           .fontSize(25).width("100%").textAlign(TextAlign.Start)
17         Row() {
18           Radio({ value: "A", group: "option" }).checked(this.aSelected).height(20).width(30)
19             .onChange((isChecked) => {
20               if (isChecked) {
21                 this.userAnswer[this.index] = "A"
22                 this.aSelected = true
23               }
24             })
25           Text(`${this.currentTest.tiQA}`).fontSize(25).width("100%")
26         }.width("100%")
27         Row() {
28           Radio({ value: "B", group: "option" }).checked(this.bSelected).height(20).width(30)
29             .onChange((isChecked) => {
30               if (isChecked) {
31                 this.userAnswer[this.index] = "B"
32                 this.bSelected = true
33               }
34             })
35           Text(`${this.currentTest.tiQB}`).fontSize(25).width("100%")
36         }.width("100%")
37         if (this.currentTest.tiType == "单项选择题") {
38           Row() {
39             Radio({ value: "C", group: "option" }).checked(this.cSelected).height(20).width(30)
40               .onChange((isChecked) => {
41                 if (isChecked) {
42                   this.userAnswer[this.index] = "C"
43                   this.cSelected = true
44                 }
45               })
46             Text(`${this.currentTest.tiQC}`).fontSize(25).width("100%")
47           }.width("100%")
48           Row() {
49             Radio({ value: "D", group: "option" }).checked(this.dSelected).height(20).width(30)
```

```
50              .onChange((isChecked) =>{
51                if (isChecked) {
52                  this.userAnswer[this.index] ="D"
53                  this.dSelected =true
54                }
55              })
56              Text(`${this.currentTest.tiQD}`).fontSize(25).width("100%")
57            }.width("100%")
58          }
59          Text(`您的答案:${this.userAnswer.toString()}`).backgroundColor
    (Color.Yellow)
60            .visibility(this.flag).width("100%").fontSize(20)    //显示考生答案
61          Text(`标准答案:${this.standardAnswer.toString()}`).backgroundColor
    (Color.Yellow)
62            .visibility(this.flag).width("100%").fontSize(20)    //显示标准答案
63          Row({ space: 10 }) {
64            Button("向前").onClick(() =>{
65              if (this.index >0) {
66                this.index =this.index -1
67                this.currentTest =this.testDetails[this.index]
68                this.setSelected(this.userAnswer[this.index])
69              }
70            }).type(ButtonType.Normal).fontSize(20)
71            Button("向后").onClick(() =>{
72              if (this.index <this.testDetails.length -1) {
73                this.index =this.index +1
74                this.currentTest =this.testDetails[this.index]
75                this.setSelected(this.userAnswer[this.index])
76              }
77            }).type(ButtonType.Normal).fontSize(20)
78            Button("提交").onClick(() =>{
79              this.flag =Visibility.Visible
80              //将本次考试结果写入云数据库的考试信息表中,代码与例9-3类似,此处略
81            }).type(ButtonType.Normal).fontSize(20)
82          }
83        }.width('100%').margin({top:25,left:10,right:10})
84      }
85  }
```

上述第15、16行代码表示在页面上显示测试题目;第17~26行代码表示在页面上显示选项A的内容;第27~36行代码表示在页面上显示选项B的内容;第37~58行代码表示如果当前题目类型为单项选择题,则显示选项C和选项D的内容;第64~70行代码表示点击"向前"按钮,如果当前索引下标值不是第一道题,则该值减1,即当前页面上显示上一道题目;第71~77行代码表示点击"向后"按钮,如果当前索引下标值不是最后一道题,则该值加1,即当前页面上显示下一道题目。

(4) 在工程项目中添加服务卡片。

① 登录页服务卡片的实现。

右击工程项目的entry目录,在弹出的快捷菜单中选择New→Service Widget命令,在弹出的服务卡片模板选择对话框中选择Hello World模板后,点击Next按钮,弹出服务卡

片配置对话框,并按照如图9.56所示的内容配置登录页面的服务卡片。点击 Finish 按钮,会在 src/main/ets 目录下自动生成一个 loginwidget 文件夹,该文件夹的 pages 目录下自动生成一个 LoginwidgetCard.ets 卡片文件,开发者可以用卡片 UI 的设计组件设计卡片的样式及点击事件。如图9.52所示服务卡片文件的代码如下。

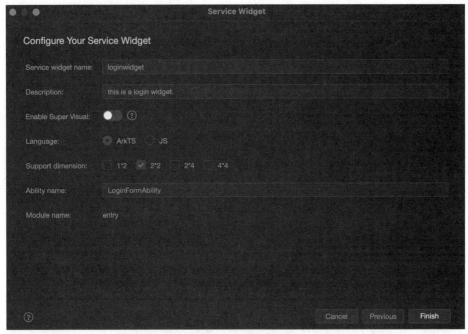

图 9.56 登录页面服务卡片配置对话框

```
1   struct LoginwidgetCard {
2     build() {
3       Row() {
4         Column() {
5           Image($r('app.media.security')).objectFit(ImageFit.Fill).height("50%")
6           Text("实验室安全测试").fontSize(18)
7         }.width("100%")
8       }.height("100%")
9       .onClick(() =>{
10        postCardAction(this, {
11          action: "router",
12          abilityName: "EntryAbility"
13        });
14      })
15    }
16  }
```

② 安全测试页服务卡片的实现。

右击工程项目的 entry 目录,在弹出的快捷菜单中选择 New→Service Widget 命令,在弹出的服务卡片模板选择对话框中选择 Hello World 模板后,点击 Next 按钮,弹出服务卡片配置对话框,并按照如图 9.57 所示的内容配置安全测试页面的服务卡片。点击 Finish 按钮,会在 src/main/ets 目录下自动生成一个 examwidget 文件夹,该文件夹的 pages 目录下自动生成一个 ExamwidgetCard.ets 卡片文件,开发者可以用卡片 UI 的设计组件设计卡片的样式及点击事件。由于点击该卡片,打开安全测试页面,所以需要创建与 Exam.ets 安全测试页面相关联的 Ability(本例为 ExamAbility.ts),并将该文件中加载页面的代码修改为如下代码。

图 9.57 安全测试页面服务卡片配置对话框

```
1    windowStage.loadContent('pages/Exam', (err, data) =>{
2        //其他代码不变,此处略
3    });
```

根据如图 9.53 所示的安全测试页面服务卡片显示效果,ExamwidgetCard.ets 卡片文件的代码如下。

```
1    struct ExamwidgetCard {
2      build() {
3        Row() {
4          Column({ space: 5 }) {
5            Column({ space: 5 }) {
6              Text(`欢迎使用实验室安全测试系统`).fontSize(30).fontWeight(FontWeight.Bold)
7              Divider().strokeWidth(4).color(Color.Brown)
8            }
9            Text(`1.实验室各种管理规章制度应该:`)
```

```
10            .fontSize(25).width("100%").textAlign(TextAlign.Start)
11        Row() {
12          Radio({ value: "A", group: "option" }).checked(false).height(20).width(30)
13          Text(`A.上墙或便于取阅的地方`).fontSize(25).width("100%")
14        }.width("100%")
15        Row() {
16          Radio({ value: "B", group: "option" }).checked(false).height(20).width(30)
17          Text(`B.存放在档案柜中`).fontSize(25).width("100%")
18        }.width("100%")
19        Row() {
20          Radio({ value: "C", group: "option" }).checked(false).height(20).width(30)
21          Text(`C.由相关人员集中保管`).fontSize(25).width("100%")
22        }.width("100%")
23        Row() {
24          Radio({ value: "D", group: "option" }).checked(false).height(20).width(30)
25          Text(`D.保存在计算机内`).fontSize(25).width("100%")
26        }.width("100%")
27      }.width('100%').margin({ top: 25, left: 10, right: 10 })
28    }.height("100%")
29    .onClick(() =>{
30      postCardAction(this, {
31        action: "router",
32        abilityName: "ExamAbility",
33      })
34    })
35  }
36 }
```

上述第 29~34 行代码表示点击安全测试服务卡片,跳转到 ExamAbility.ets 绑定的安全测试页面(Exam.ets 文件)。至此,实验室安全测试系统全部设计和开发完毕,读者可以根据本例的设计思路应用到其他考试系统中。

小结

元服务是鸿蒙系统面向未来提供的一种用户程序形态;服务卡片的核心理念在于提供给用户容易使用、一目了然的信息内容;端云一体化开发借助 AGC 云端提供的云函数、云数据库、云存储等能力,极大地为开发者在开发、部署和运维应用等方面降本增效。本章详细介绍了元服务、服务卡片的区别和联系,并结合"便携记分牌""校园门户"和"实验室安全测试系统"等案例的实现过程阐述了元服务、服务卡片及端云一体化的开发方法,让读者掌握与之相关的开发流程和相关技术,使读者能够降低开发成本、高效开发实际应用打下坚实的基础。